职业教育新形态教材

农业高等职业教育本科系列教材

职业教育农业农村部"十四五"规划教材(NY-2-00016)

第二批国家级职业教育教师教学创新团队建设成果

基础应用化学

何春玫　主编

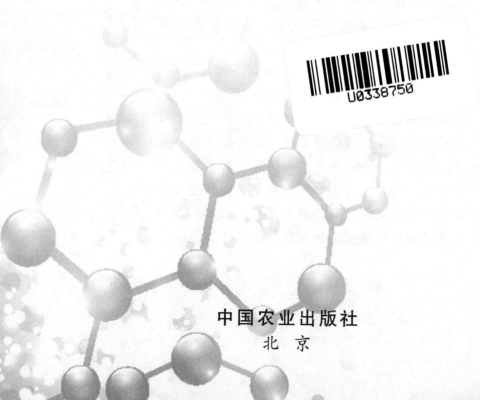

中国农业出版社

北　京

内容简介

　　本教材是职业教育新形态教材，同时也是第二批国家级职业教育教师教学创新团队建设成果之一。教材围绕高等职业学校涉农专业的化学基础课程编写，旨在为学生学习涉农专业知识和技能奠定良好的化学基础。本教材将无机化学、分析化学和有机化学的基本内容进行优化和精选，加强基础，突出重点，弱化复杂公式、烦琐计算的推导以及深奥的化学理论分析和阐述，将教学内容与涉农专业知识相结合，更注重实用性，吸收了新技术、新工艺、新规范，融入课程思政元素，体现职业教育特色。

　　本教材共十一个项目，分别介绍了溶液、化学平衡、分析化学数据处理、滴定分析法、酸碱滴定法、其他常用滴定分析法、分光光度分析技术、烃、烃的衍生物、杂环化合物和生物碱以及糖、脂和蛋白质等。各项目均配有思政课堂、课堂活动、知识拓展、实验技能训练及自测题等互动内容，学生可通过扫描二维码信息获得答案和技能操作指导等数字资源。

编审人员

主　编　何春玫

副主编　向卫华　梁宇宁　苏绍烊　石　敏

参　编（以姓氏笔画为序）

　　　　　王小玲　韦英亮　周剑青　倪树生

审　稿　余德润

F 前言
Foreword

　　本教材是编者在多年从事高等职业学校涉农专业的化学基础教学和教改实践以及企业生产实践的基础上编写的，旨在为涉农专业学生学习涉农专业知识和技能奠定良好的化学基础。基础应用化学是畜牧类、农学类、食品类、药学类等涉农专业的一门重要基础课。本教材将教学内容与涉农专业知识相结合，更注重实用性，填补涉农专业职业本科化学课程教材的空白。教材内容弱化了复杂公式和烦琐计算的推导以及深奥的化学理论分析和阐述，进行"岗课赛证"融通，对接工作岗位、职业技能竞赛和职业技能证书的知识点、技能点以及专业职业标准，注重产教融合，对接新技术、新工艺、新规范，并融入课程思政元素，体现职业本科教育的社会适应性和社会实践性。本教材融入了形式丰富、互动性强的融媒体信息，以纸质教材为载体，嵌入微课、视频、动画、图片等，提升教材的吸引力以及教学效果，更有效地服务网络教学、探究式教学、混合式教学等新型教学模式。

　　本教材共十一个项目，分别介绍了溶液、化学平衡、分析化学数据处理、滴定分析法、酸碱滴定法、其他常用滴定分析法、分光光度分析技术、烃、烃的衍生物、杂环化合物和生物碱，以及糖、脂和蛋白质等。各项目均配有思政课堂、课堂活动、知识拓展、实验技能训练及自测题等互动内容，学生可通过扫描二维码信息获得配套的答案和技能操作指导等数字资源。

本教材由广西农业职业技术大学何春玫主编，具体编写分工如下：广西师范大学梁宇宁编写项目一，何春玫编写项目二、项目四、项目五，广西壮族自治区分析测试研究中心韦英亮编写项目三，广西农业职业技术大学石敏编写项目六，广西天泰工程检测有限公司倪树生和广西农业职业技术大学周剑青共同编写项目七，广西农业职业技术大学向卫华编写项目八，广西农业职业技术大学苏绍烊编写项目九、项目十，广西农业职业技术大学向卫华和王小玲共同编写项目十一。全书由何春玫统稿，江西生物科技职业学院余德润审稿。

本教材在编写过程中得到了各参编单位的大力支持，在此致以诚挚的谢意。由于编者的水平和能力有限，书中若有不妥或疏漏之处，恳请读者不吝赐教、批评指正。

编　者

2022 年 5 月

目录
Contents

项目一　溶　液

【思政课堂】

2020 年，新冠病毒疫情暴发。疫情防控期间，酒精是居家消毒的常备品。市售酒精包括 75％乙醇、95％乙醇和无水乙醇 3 种。其中 75％乙醇可以进入细菌或病毒的细胞内，使细菌或病毒的蛋白质变性，有效灭活细菌或病毒，所以常用于皮肤表面的消毒灭菌处理，防止感染。95％乙醇和无水乙醇则会使细菌或病毒的细胞膜蛋白质变性，从而在细菌表面形成保护膜，阻止了乙醇进入细菌体内，难以将细菌杀灭。95％乙醇常用于紫外线仪器等的擦拭，也可以用作酒精灯、拔火罐的燃料。

疫情期间，我们要掌握酒精消毒知识，提高卫生防护意识，为国家防疫工作贡献一份力量。

任务一　分　散　系

一、分散系的概念

分散系是把一种(或多种)物质分散在另一种(或多种)物质中所形成的体系。其中被分散成微粒的物质称为分散质，起容纳分散质作用的物质称为分散剂。如食盐(分散质)分散在水(分散剂)中形成食盐水溶液(分散系)，微小水滴(分散质)分散在空气(分散剂)中形成雾(分散系)，矿物(分散质)分散在岩石(分散剂)中形成矿石(分散系)。

> **【课堂活动 1-1】**
>
> C919 中型客机是我国按照国际民航规章自行研制、具有自主知识产权的中型喷气式民用飞机，座级 158～168 座，航程 4 075～5 555 km，于 2017 年 5 月 5 日成功首飞。它的结构设计完全由中国商用飞机有限责任公司自主完成，并实现生产制造全国产化。在机体主结构上，设计人员大量使用了世界先进的第三代铝锂合金材料。
>
> 铝锂合金材料被认为是目前航空航天业首选的理想轻质高耐损伤金属材料。锂元素虽然只占铝合金重量的 2% 左右，但在同等承载的条件下，却可以比常规铝合金减轻重量 5% 以上。同时，铝锂合金的损伤容限性能和抗腐蚀性能也更强，使用铝锂合金可以实现结构减重并大大提高飞机寿命。
>
> 思考：铝锂合金的分散质和分散剂分别是什么？

扫码看答案

课堂活动 1-1

二、分散系的分类

(一)按分散质和分散剂的状态分类

物质的状态分为气态、液态和固态，根据分散质和分散剂的状态不同，它们之间可组合成 9 种类型的分散系(表 1-1)。

表 1-1　按分散质和分散剂的状态分类

分散系序号	分散质	分散剂	实例
1	气	气	空气
2	气	液	泡沫、汽水
3	气	固	泡沫塑料
4	液	气	云、雾
5	液	液	消毒酒精(75%，V/V)
6	液	固	珍珠、硅胶
7	固	气	烟、灰尘
8	固	液	生理盐水
9	固	固	合金、有色玻璃

(二)按分散质粒子直径大小分类

当分散剂是水或其他液体时，按照分散质粒子直径大小，分散系可分为溶液、胶体和浊液3种类型(表1-2)。分散质粒子直径大小不同，具有不同的扩散速度、膜的通透性和滤纸的通透性。

表1-2　按分散质粒子直径大小分类

分散系	分散质粒子直径(d)	实例
溶液	$d<1$ nm	NaCl 溶液、酒精溶液
胶体	1 nm$<d<$100 nm	$Fe(OH)_3$ 胶体、肥皂液
浊液	$d>$100 nm	泥水

任务二　常用溶液的浓度计算及配制

溶液是指由一种或一种以上的物质以分子或离子的形式分散在另一种物质中形成的均一、稳定的混合物。溶液的浓度是指一定量的溶液(或溶剂)中所含溶质的量。常用溶液浓度的表示方式有质量分数、体积分数、体积比浓度、物质的量浓度、质量浓度、质量摩尔浓度。

一、浓溶液稀释

在生产实践过程中，常常需要对浓溶液进行稀释使用。在用浓溶液配制稀溶液时，溶液的体积发生了变化，但溶液中溶质的物质的量(或质量)始终保持不变，变化的是溶剂的量，即在溶液稀释前后，溶液中溶质的物质的量(或质量)相等。

$$n_浓=n_稀 \tag{1-1}$$

或

$$m_浓=m_稀 \tag{1-2}$$

式中，$n_浓$ 为浓溶液中溶质的物质的量(mol)；$n_稀$ 为稀溶液中溶质的物质的量(mol)；$m_浓$ 为浓溶液中溶质的质量(g)；$m_稀$ 为稀溶液中溶质的质量(g)。

二、常用溶液浓度的表示方法及配制

(一)质量分数

质量分数是指单位质量溶液中所含溶质 B 的质量。用符号 ω_B 或 $\omega(B)$ 表示。常用于溶质为固体的溶液浓度表示。

$$\omega_B=\frac{m_B}{m} \tag{1-3}$$

式中，ω_B 为质量分数(无量纲，可用小数或百分数表示)；m 为溶液的质量(g 或 kg)；m_B 为溶质 B 的质量(g 或 kg)。

【例 1-1】 用电子天平称取固体 NaCl 10 g，溶解于 90 g 水中，搅拌均匀。试计算该溶液的质量分数ω_{NaCl}。

解： 已知$m_{NaCl}=10\text{ g}$，$m_{水}=90\text{ g}$，所以$m_{溶液}=m_{NaCl}+m_{水}=100\text{ g}$

$$\omega_{NaCl}=\frac{m_{NaCl}}{m_{溶液}}=\frac{10}{10+90}=0.1$$

也可以表示为：$\omega_{NaCl}=10\%$

(二)体积分数

体积分数是指单位体积溶液中所含溶质 B 的体积。用符号φ_B或$\varphi(B)$表示。常用于溶质为液体的溶液浓度表示。

$$\varphi_B=\frac{V_B}{V} \tag{1-4}$$

式中，φ_B为体积分数浓度（无量纲，可用小数或百分数表示）；V为溶液的体积（mL 或 L）；V_B为溶质 B 的体积（mL 或 L）。

【例 1-2】 用量筒取 60 mL 无水乙醇于小烧杯中，加入蒸馏水至溶液体积为 100 mL，试计算该溶液的体积分数。

解： 已知$V_{NaCl}=60\text{ mL}$，$V=100\text{ mL}$

$$\varphi_{NaCl}=\frac{V_{NaCl}}{V}=\frac{60}{100}=0.6$$

也可以表示为：$\varphi_{NaCl}=60\%$

(三)体积比浓度

用两种液体配制溶液时，为了操作方便，有时用两种液体的体积比表示浓度，称为体积比浓度。体积比浓度只在对浓度要求不太精确时使用，是生产实践中一种简易的配制方法。

例如配制盐酸(1∶3)或盐酸(1＋3)的溶液，就是用 1 体积市售浓盐酸和 3 体积水进行配制。

【例 1-3】 如何用市售浓盐酸配制 100 mL 盐酸(1＋3)的溶液？

解： 已知所需配制的盐酸体积比浓度为 1∶3，所以

$$V_{浓盐酸}=\frac{1}{1+3}\times 100=25\text{ mL}$$

$$V_{水}=\frac{3}{1+3}\times 100=75\text{ mL}$$

配制方法：用量筒取 25 mL 浓盐酸，边搅拌边缓慢注入预装了 75 mL 蒸馏水的烧杯中，搅拌均匀。将配好的溶液转移至一个干净、干燥的试剂瓶中保存，贴好标签。

(四)物质的量浓度

物质的量浓度是指单位体积溶液中所含溶质 B 的物质的量，是最常见的溶液浓度表示方法，用符号c_B或$c(B)$表示，SI 单位为"摩尔每立方米"，即 mol/m^3，常用单位为"摩尔每升"，即 mol/L。常用于溶质为固体或液体的溶液浓度表示。

$$c_B=\frac{n_B}{V} \tag{1-5}$$

根据

$$n_B = \frac{m_B}{M_B} \qquad (1-6)$$

可得

$$c_B = \frac{m_B}{M_B V} \qquad (1-7)$$

式中，n_B 为溶质 B 的物质的量(mol)；V 为溶液的体积(L)；m_B 为溶质 B 的质量(g)；M_B 为溶质 B 的摩尔质量(g/mol)。

在使用物质的量浓度 c_B 时，必须用化学式指明 B 的基本单元。如 $c_{NaOH} = 0.1$ mol/L 或 $c_{NaOH} = 0.1$ mol/L。

1. 溶质为固体的溶液配制及计算

【例 1-4】 如何配制 100 mL 0.1 mol/L 的 Na_2CO_3 溶液？（$M_{Na_2CO_3} = 106$ g/mol）

解：(1)计算。已知 $c_{Na_2CO_3} = 0.1$ mol/L，$M_{Na_2CO_3} = 106$ g/mol，$V = 100$ mL $= 0.1$ L

$$由\ c_{Na_2CO_3} = \frac{m_{Na_2CO_3}}{M_{Na_2CO_3} V}$$

$$可得\ m_{Na_2CO_3} = c_{Na_2CO_3} \times M_{Na_2CO_3} \times V$$

$$= 0.1\ mol/L \times 106\ g/mol \times 0.1\ L$$

$$= 1.06\ g$$

(2)配制方法。用电子天平称量 1.06 g Na_2CO_3 固体于一个小烧杯中，加适量水溶解后，继续加水稀释至 100 mL。搅拌均匀，将配好的溶液转移至一个干净、干燥的试剂瓶中保存，贴好标签。

2. 溶质为液体的溶液配制及计算 对于溶质 B 摩尔质量为 M(g/mol)、质量分数为 ω(%)、密度为 ρ(g/cm³)的溶液，其物质的量浓度为

$$c_B = \frac{n_B}{V_{溶液}} = \frac{m}{M \cdot V} = \frac{1\ 000 \rho \omega}{M} \qquad (1-8)$$

【例 1-5】 如何用市售浓 H_2SO_4(质量分数 98%，密度 1.84 g/cm³)配制 1 000 mL 0.1 mol/L 的 H_2SO_4 溶液？（$M_{H_2SO_4} = 98$ g/mol）

解：(1)计算。

$$c_{浓H_2SO_4} = \frac{1\ 000 \rho \omega}{M} = \frac{1\ 000 \times 1.84 \times 98\%}{98} = 18.4\ mol/L$$

已知 $c_{稀H_2SO_4} = 0.1$ mol/L，$V_{稀H_2SO_4} = 1\ 000$ mL $= 1$ L

根据浓溶液稀释公式 $n_{浓溶液} = n_{稀溶液}$ 和 $c_B = \frac{n_B}{V_{溶液}}$

$$可得\ c_{浓溶液} \times V_{浓溶液} = c_{稀溶液} \times V_{稀溶液}$$

$$18.4\ mol/L \times V_{浓溶液} = 0.1\ mol/L \times 1\ L$$

$$V_{浓溶液} = 0.005\ 4\ L = 5.4\ mL$$

(2)配制方法。用量筒取 5.4 mL 浓硫酸，边搅拌边沿杯壁缓慢注入预装了约 100 mL 水的烧杯中，冷却，继续加水稀释至 1 000 mL，搅拌均匀。将配好的溶液转移至一个干净、干燥的试剂瓶中保存，贴好标签。

【课堂活动1-2】

(1)用电子天平称取固体 Na_2CO_3 5.300 0 g 于小烧杯中，加适量水溶解后定量转移至 250.0 mL 容量瓶中定容，摇匀。试计算该溶液的物质的量浓度。

(2)称取固体 NaOH 4.0 g，加适量水溶解后稀释至 1 000 mL，搅拌均匀。试计算该溶液的物质的量浓度。

(3)从 1 L 1 mol/L 蔗糖溶液中分别取出 100 mL、10 mL、1 mL 于小试管中（表1-3），请问取出的溶液的物质的量浓度和所含蔗糖的物质的量各是多少？从结果可以得出什么结论？

扫码看答案

课堂活动1-2

表1-3 数据记录

项目	100 mL	10 mL	1 mL
物质的量浓度 c/(mol/L)			
物质的量 n/mol			

(五)质量浓度

质量浓度是指单位体积溶液中所含溶质 B 的质量，用符号 ρ_B 表示。常用于溶质为固体的溶液浓度表示。

$$\rho_B = \frac{m_B}{V} \tag{1-9}$$

式中，ρ_B 为质量浓度（kg/L 或 g/L）；V 为溶液的体积（L）；m_B 为溶质 B 的质量（kg 或 g）。

例如，10 g/L 酚酞指示剂的配制方法是称取 1 g 酚酞，用适量 95% 乙醇溶解后稀释至 100 mL。

【例1-6】 高锰酸钾能有效杀灭大多数鱼类体外寄生虫，特别是对指环虫、车轮虫、斜管虫，它的杀灭率接近 100%，其功效优于敌百虫、甲苯咪唑等杀虫剂，具有不产生耐药性和药物蓄积的优点。

(1)称取 1.00 g 高锰酸钾，加少量蒸馏水溶解后，定量转移到 1 L 容量瓶中，加水至稀释刻度，摇匀。其质量浓度为多少？

(2)用移液管移取上述溶液 2.00 mL，置于 100 mL 容量瓶中，加水至稀释刻度，摇匀。其质量浓度又为多少？

解：(1) $\rho_B = \frac{m_B}{V_{溶液}} = \frac{1.00\ g}{1\ L} = 1.00\ g/L$

(2)根据稀释公式：

$$\rho_{浓} V_{浓} = \rho_{稀} V_{稀}$$

可得 1.00 g/L × 2.00 mL = $\rho_{稀}$ × 100 mL

$$\rho_{稀} = 0.02\ g/L = 20\ mg/L$$

(六)质量摩尔浓度

质量摩尔浓度是指溶液中溶质的物质的量除以溶剂的质量，用符号 b_B 表示，单位为

mol/kg，常用于溶质为固体的溶液浓度表示。

$$b_B = \frac{n_B}{m_A} = \frac{m_B}{M_B m_A} \tag{1-10}$$

式中，n_B 为溶质 B 的物质的量(mol)；m_A 为溶剂的质量(kg)。

【**例 1-7**】 内燃车辆的发动机在使用时需要冷却，汽车冷却系统的工作状态直接影响车辆的正常运行及车辆的使用寿命。高原地区压力低，沸点会降低，容易造成汽车发动机的冷却液沸腾，最好选择沸点高的防冻液。另外，高原地区的气温偏低，防冻液的冰点应低于当地的最低气温。目前汽车常用乙二醇防冻液，其主要成分为水和乙二醇。

用 40% 的乙二醇和 60% 的软水混合成的防冻液，其防冻温度为 −25℃；当防冻液中乙二醇和水各占 50% 时，防冻温度为 −35℃。试计算由 40 g 乙二醇($C_2H_6O_2$)和 60 g 水组成的防冻溶液的质量摩尔浓度($M_B=61.2$ g/mol)。

解：已知 $M_B=61.2$ g/mol，$m_{乙二醇}=40$ g，$m_水=60$ g，得

$$b_B = \frac{m_{乙二醇}}{M_{乙二醇} m_水} = \frac{40}{61.2 \times 60 \times 10^{-3}} = 10.9 \text{ mol/kg}$$

任务三　稀溶液的依数性

溶液由溶质和溶剂组成。浓度很稀的溶液具有共同的性质规律，如稀溶液的蒸气压下降、沸点升高、凝固点降低及产生溶液渗透压等，稀溶液的这些性质由溶液中溶质粒子数目的多少决定，而与溶质的物理性质和化学性质无关，称为稀溶液的依数性。溶液的依数性规律只有溶液的浓度很稀时才有，而且溶液浓度越稀，规律性越强。

一、溶液的蒸气压下降

一定温度下，将某一纯溶剂置于密闭的容器中，当液体的蒸发速度与其蒸气的凝结速度相等时，液体与其蒸气处于两相平衡状态，如图 1-1a 所示，此时密闭容器的蒸气压力即为该溶剂的蒸气压。在一定的温度下，不同溶剂的蒸气压不同，相同溶剂的蒸气压则是一个定值。温度越高，溶剂的蒸气压越大。

溶剂中加入少量难挥发的溶质，会降低单位体积溶液内所含可挥发溶剂分子的数目，溶液表面也会被部分难挥发的溶质所占据，在单位时间内逸出液面的溶剂分子数相应减

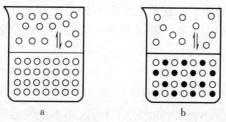

a   b

图 1-1　纯水中液气平衡和溶剂中加入少量难挥发溶质后的液气平衡

a. 纯水中液气平衡　b. 溶剂中加入少量难挥发溶质后的液气平衡

少，如图 1-1b 所示，在一定温度下达到平衡时，溶液液面上方溶剂的蒸气压低于纯溶剂的蒸气压，这种现象称为溶液的蒸气压下降。溶液浓度越大，蒸气压下降越多。

二、溶液的沸点升高

液体的沸点是指液体的蒸气压等于外界大气压时的温度。可见，液体的沸点与外界大气压有关，外界压力越大，沸点越高。液体在 101.325 kPa(1 大气压)下的沸点称为正常沸点。例如纯水的正常沸点是 100℃(373.15 K)，而在中国人民解放军海拔最高的哨所——河尾滩边防哨所(海拔 5 418 m)，水的沸点大约是 82℃，该哨所被称为"生命禁区的禁区"。

当溶剂中加入少量难挥发的溶质时，由于溶液的蒸气压下降，溶液在溶剂的正常沸点时并不沸腾，必须升高溶液的温度，使更多的溶剂分子蒸发，当溶液的蒸气压与外界压力相等时，溶液才开始沸腾，这种溶液的沸点比纯溶剂的沸点高的现象称为溶液的沸点升高。稀溶液沸点的升高与溶液的浓度成正比，当溶液沸腾以后，由于溶剂不断蒸发，溶液浓度不断增大，所以溶液的沸点也会升高。

钢铁工件进行氧化热处理就是应用沸点升高原理。每升含 550~650 g NaOH 和 100~150 g $NaNO_2$ 的处理液，其沸点高达 410~420 K。同样的道理，由于含杂质的化合物可以看作是一种溶液，因此有机化学试验中常用测定沸点或熔点的方法来检验化合物的纯度。

三、溶液的凝固点降低

凝固点是指在一定外压下，当物质的液相蒸汽压等于固相蒸汽压时，液态纯物质与其固态纯物质平衡共存时的温度。例如，在一个标准大气压下，纯水的凝固点为 273.15 K(0℃)，此时水和冰的蒸气压相等，此温度又称为冰点。

当向处于凝固点的冰水体系(273.15 K)中加入少量难挥发非电解质后，由于该物质只溶解于液相的水中而不会溶解于固相的冰中，从而导致液相的蒸气压小于固相的，在此温度下的固液相蒸气压平衡被打破，冰将会不断融化。若要使该溶液和冰能够共存，就必须降低温度。由此可见，溶液的凝固点总是比纯溶剂的低，这种现象称为溶液的凝固点降低。例如，海水的凝固点比纯水的低，约为-2℃。

溶液的凝固点下降有一定的实际意义，生活中常常利用溶液凝固点降低的原理来制作防冻剂和制冷剂。例如将食盐与冰或雪混合，可以使溶液的凝固点降低到 251 K；将氯化钙与冰或雪混合，可以使溶液的凝固点降低到 218 K。制冷剂常用于水产和食品的贮藏和运输中。此外，冬天在室外施工，建筑工人常在砂浆中加入食盐或氯化钙防止砂浆结冰。在汽车和坦克的散热水箱中加入乙二醇或甘油，可以使溶液的凝固点下降，防止水结冰。

四、溶液的渗透压

(一)渗透现象

半透膜是一种只允许较小分子(如水分子)通过而不允许溶质分子(如蔗糖分子)通过的薄膜，如鸡蛋衣、肠衣、细胞膜、毛细血管壁等。

将一小块蔗糖放入一杯纯水中，一段时间后，整杯水都变甜了，这是由于出现了扩散现象，说明分子是运动的。若将等体积的纯水和蔗糖溶液分别装在用半透膜隔开的 U 形管两侧(图 1-2a)，开始时，两侧溶液的高度一样，过一段时间后，可以观察到蔗糖溶液的液面升高，而纯水侧的液面下降，说明纯水侧有一部分水分子自发地通过半透膜进入了蔗糖溶液侧，当两侧的水分子通过半透膜的扩散速度相等时，渗透达到平衡状态(图 1-2b)。这种由于半透膜两侧溶质粒子浓度的差异，溶剂分子自发通过半透膜由纯溶剂进入溶液的现象称为渗透现象。

可见，溶剂分子总是从纯溶剂(稀溶液)通过半透膜向溶液(浓溶液)方向渗透。

(二)渗透压

如图 1-2b 所示，由于渗透现象，蔗糖溶液侧的液面比纯水侧的高，若要使两侧液面高度相等并维持渗透平衡，即阻止渗透现象发生，则需要在蔗糖溶液的液面上施加一个额外的压力(图 1-2c)。像这种在一定的温度下，为阻止渗透现象发生而向溶液施加的最小压力称为该溶液的渗透压，用符号 Π 表示，单位为 Pa 或 kPa。渗透压相等的两种溶液称为等渗溶液。渗透压高的溶液称为高渗溶液，渗透压低的溶液称为低渗溶液。

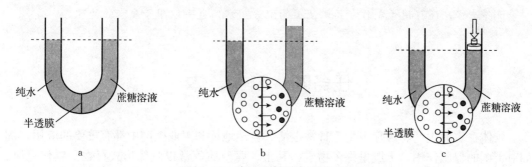

图 1-2 渗透现象和渗透压示意
a. 渗透开始   b. 渗透平衡   c. 施加渗透压

总之，渗透压是溶液的一种性质，只有半透膜存在时，才表现出来。

(三)渗透压与浓度和温度的关系

1886 年，荷兰化学家范特霍夫根据实验数据提出了渗透压定律，该定律也称范特霍夫定律：

$$\Pi = c_B RT \tag{1-11}$$

式中，Π 为溶液的渗透压(kPa)；c_B 为稀溶液的物质的量浓度(mol/L)；R 为摩尔气体常数，数值为 8.31 kPa·L/(mol·K)；T 为热力学温度(K)。

可见，在一定的温度下，渗透压大小只与溶液的物质的量浓度有关，而与溶质的本性无关。对于难挥发的非电解质或电解质稀溶液来说，当温度一定时，只要物质的量浓度相同，渗透压就近似相等。

(四)渗透压的应用

渗透压在食品工业、农业生产及医学等方面均有广泛应用。

在食品工业生产中，通过加入食盐或食糖，提高食品的渗透压可防止食品腐败变质，例如制作咸菜、果脯、蜜饯等。在农业生产上，施肥时，若一次性给农作物施肥过多，会使土壤溶液浓度过高，大于植物细胞浓度，植物细胞不能吸水，反而会失水，导致植物因

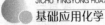

失水而枯萎，出现"烧苗"现象。

正常人体血浆的渗透浓度范围为 $280 \sim 320$ mmol/L，人体血浆的渗透压与细胞的渗透压相近。在医学上规定，凡是渗透浓度在 $280 \sim 320$ mmol/L 范围内或接近该范围的溶液为等渗溶液；低于 280 mmol/L 的溶液为低渗溶液；高于 320 mmol/L 的溶液为高渗溶液。当人体发高烧时，需要及时通过喝水或静脉注射与细胞液等渗的生理盐水或葡萄糖溶液补充水分。大量静脉注射低渗溶液是不可以的，可能会引起溶血，而用高渗溶液作静脉注射时，用量不能太大，注射速度要缓慢，以免造成局部高渗引起红细胞皱缩，甚至引起栓塞。

【知识扩展】

反渗透技术

反渗透的原理就是对溶液液面施加一个大于渗透压的压力，迫使高浓度溶液的溶剂通过半透膜迁移到低浓度溶液中，从而达到浓缩溶液的目的。反渗透技术具有高效节能的优点，在水处理行业应用广泛，例如可用来淡化海水，供一些海岛、远洋客轮等获得淡水，还可用于制作食品工业上的配方用水，也可以用于废水的处理。

任务四 胶 体

胶体在农业生产、医疗卫生、日常生活、自然地理和工业生产中都有重要的应用，例如对土壤的保肥作用，土壤里许多物质如黏土、腐殖质等常以胶体形式存在。制作豆腐、豆浆、粥及明矾净水的原理(胶体的聚沉)，都跟胶体有关。江河入海口处形成的三角洲，其形成的原理是海水中的电解质使江河中的泥沙形成胶体发生聚沉。制作有色玻璃(固溶胶)、冶金工业利用电泳原理选矿、原油脱水等，也与胶体有关。

分散质微粒的直径为 $10^{-9} \sim 10^{-7}$ m 的一种介于溶液和浊液之间的分散系，称为胶体分散系，简称为胶体。

一、胶体的分类

胶体可分为两类：一类为高分子溶液，为均相分散系，是由许多小分子、原子或原子团聚合而成的，这种胶体不能自发形成，必须用特殊的方法来制备，胶体粒子与介质之间没有亲和性，是热力学不稳定多相体系；另一类为溶胶，其分散相粒子是由许多小分子或小离子聚集而成，溶胶是高度分散的多相系统，具有较高的表面能，是热力学不稳定系统。

二、胶体的吸附作用

分子、原子或离子在固体表面自动聚集的过程称为吸附。具有吸附能力的物质称为吸附剂，被吸附的物质称为吸附质。胶体粒子是由许多分子聚集而成，分散质粒子直径很小，使得胶体具有巨大的总表面积，所以胶体有较强的吸附能力。

胶体在溶液中的吸附，主要有离子选择吸附和离子交换吸附两种形式。

1. 离子选择吸附 吸附剂选择性地吸附电解质溶液中某一种离子的现象称为离子选择吸附。在溶液中的胶体优先选择吸附与组成有关的离子，并且是系统中浓度较大的离子。例如：将 $AgNO_3$ 溶液与 KI 溶液缓慢混合制备 AgI 溶胶，反应式如下所示：

$$AgNO_3 + KI \longrightarrow AgI(胶体溶液) + KNO_3$$

(1)若 $AgNO_3$ 过量，则溶液中存在 Ag^+、K^+、NO_3^-，由于 Ag^+ 是 AgI 的组成成分且浓度较大，因此 AgI 优先吸附 Ag^+，从而使胶体粒子带正电荷，使胶体表面带电的 Ag^+ 称为电位离子；继而带正电的胶体吸附溶液中与电位离子符号相反的 NO_3^-，NO_3^- 聚集在 AgI 表面附近的溶液中，此时 NO_3^- 称为反离子。反离子在溶液中受到两个方向相反的作用：一方面受胶核的吸引有靠近胶核的趋势，另一方面本身的热运动使其有远离胶核的趋势。一部分反离子被吸附在胶核表面形成吸附层，剩余的反离子则松散地分布在胶粒外面，形成扩散层。靠近界面处反离子浓度大些；随着反离子与界面距离的增大，反离子由多到少，形成扩散分布，AgI 胶团结构示意和胶团结构式如图 1-3 所示，显然，胶团是电中性的。

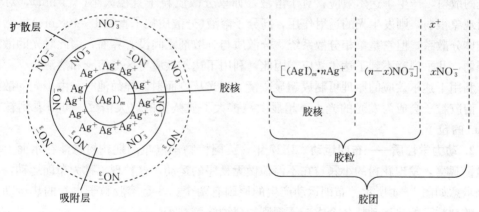

图 1-3 AgI 胶团结构示意和胶团结构式

(2)若 KI 过量，则溶液中存在 I^-、NO_3^-、K^+，由于 I^- 是 AgI 的组成成分且浓度较大，因此 AgI 优先吸附 I^-，此时 I^- 是电位离子，K^+ 是反离子。

2. 离子交换吸附 吸附剂在电解质溶液中吸附某种离子的同时，吸附剂本身释放出等量的另一种带相同电荷的离子的过程称为离子交换吸附。离子交换吸附是一个可逆过程。

离子交换剂的交换能力与溶液中离子价数和离子浓度有关，离子价数越高，交换能力越强，例如，Na^+、Mg^{2+}、Al^{3+} 的交换能力排序为 $Na^+ < Mg^{2+} < Al^{3+}$。离子浓度越大，交换能力越强。

离子交换吸附对土壤营养的保持和释放、动植物营养吸收和平衡等有着重要意义。生产、实验和科学研究中常用的去离子水也可以通过阴(阳)离子交换树脂处理获得。例如，在土壤中施用硫酸铵肥料时，NH_4^+ 与土壤胶粒中的可交换阳离子(如 Ca^{2+}、K^+、Na^+等)发生了离子交换吸附作用，NH_4^+ 被吸附在土壤胶粒上蓄存起来，保持了土壤的养分。

$$土壤胶粒\text{-}Ca^{2+}+2NH_4^+\longrightarrow 土壤胶粒\text{-}2NH_4^++Ca^{2+}$$

离子交换吸附是以等量电荷关系进行，例如一个 Ca^{2+} 可交换 2 个 NH_4^+。

植物根系会分泌出酸性物质（用 HA 表示），与吸附在土壤胶粒的 NH_4^+ 进行交换而吸收养分。

$$土壤胶粒\text{-}2NH_4^++2HA\longrightarrow 土壤胶粒\text{-}2H^++2NH_4^++2A^-$$

三、胶体的性质

1. 光学性质——丁达尔效应　当一束光线透过胶体，从垂直入射光方向可以观察到胶体里出现一条光亮的"通路"，这种现象最早由英国物理学家丁达尔发现，因此这种现象称为丁达尔效应。

丁达尔效应是光的一种散射现象，它与分散质粒子的直径大小及入射光的波长有关。当光线照射到大小不同的分散质粒子上时，除了光的吸收外，还可能发生以下几种情况：对于粗分散系，由于分散质粒子直径大于入射光波长，则光在粒子表面按一定角度反射；对于胶体，由于溶胶粒子直径（1～100 nm）略小于入射光波长（400～760 nm），此时发生了光的散射，产生丁达尔效应；对于溶液，如果分散质粒子直径太小（<1 nm），对光的散射现象很弱，则发生光的透射作用，高分子溶液（分散质粒子直径 1～100 nm）虽然也属于胶体分散系，但它是单相分散系统，分散质与分散剂之间没有界面，因此对光的散射作用很弱，几乎观察不到丁达尔效应。因此，利用丁达尔效应可区分溶胶和溶液。

利用丁达尔效应的原理可制成超显微镜。当光从侧面射入样品池时，由于光的散射作用，溶胶粒子会成为发光的光点。超显微镜扩大了显微镜的放大倍数，可以看到粒径为 10 nm 的粒子。

2. 动力学性质——布朗运动　1827 年，英国植物学家布朗把花粉悬浮在水面上，用显微镜观察，发现花粉的小颗粒在不停地做无秩序的运动，这种现象称为布朗运动，布朗运动示意如图 1-4 所示。布朗运动产生的原因有两个：一是溶胶粒子本身的热运动，二是分散剂粒子的热运动从各个方向不规则地碰撞溶胶粒子。

布朗运动导致了溶胶粒子具有扩散作用，溶胶粒子可以自发地从粒子浓度高的区域向浓度低的区域扩散，实验证明，溶胶粒子越小，温度越高，布朗运动越剧烈。

3. 电学性质——电泳　在外加电场的作用下，胶体粒子在分散剂中发生定向移动的现象称为电泳。$Fe(OH)_3$ 胶粒的电泳现象如图 1-5 所示，$Fe(OH)_3$ 胶粒在电场中定向地

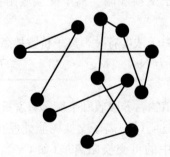

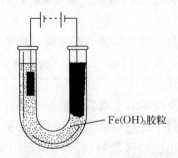

图 1-4　布朗运动示意　　　　图 1-5　$Fe(OH)_3$ 胶粒的电泳现象

向负极移动，说明 $Fe(OH)_3$ 胶粒带正电荷。

电泳技术与农业

电泳技术是一种先进的检测手段，正越来越多地被人们所重视，广泛应用于各个领域。比如电泳技术在农业领域的用途非常广泛，它可以用于杂种优势的预测、杂种后代的鉴定、不同品种的区别、亲缘关系的分析、雄性不育系的鉴定、遗传基因的定位、植物抗性的研究等许多方面，特别在解决种子质量、鉴别假劣种子方面可建奇功。它较传统的生态方法有更多优点：一是速度快，准确可靠；二是不需要大面积土地，只需在实验室直接分析种子或幼苗；三是不受环境影响；四是花钱少，成本低，技术比较容易掌握。在农作物种子质量检测中常会用到 4 种不同的电泳方法：琼脂糖凝胶电泳、小板聚丙烯酰胺凝胶电泳、大板聚丙烯酰胺凝胶电泳和毛细管荧光电泳。琼脂糖凝胶电泳是一种理想的检测被检基因有无和检测 DNA 质量的方法；小板聚丙烯酰胺凝胶电泳能区分亲缘关系较远的品种，但由于近年来品种间亲缘关系越来越近，该方法的应用率也在逐年降低；大板聚丙烯酰胺凝胶电泳是目前种子样品纯度检测和真实性检测中较常用的检测方法，成本相对较低；毛细管荧光电泳是种子检测中精确度较高的一种技术，但检测成本较高，一般在有一定经济实力的实验室使用。

在兽医临床检验中，利用电泳技术可以分析血清中的酶及同工酶，诊断肾病的综合征、乙型肝炎、慢性肝炎等疾病；可以分析血色素组分，判定血细胞是否异常。

四、溶胶的稳定性与聚沉

1. 溶胶的稳定性 溶胶是多相不均匀系统，胶粒有自发聚集成大颗粒而沉降的趋势，然而，用正确方法制备的溶胶可长期保存而不发生沉降，说明溶胶具有相对的稳定性，其原因在于以下几个方面：

(1)同种胶粒带有相同电荷。同种电荷相互排斥，阻止了胶粒相互接近凝聚成较大的颗粒。胶粒带电是大多数溶胶稳定存在的最主要原因。

(2)溶剂化作用。胶粒周围有一层水化膜，阻隔了胶粒的聚集。

(3)布朗运动。胶粒的粒径较小，可进行强烈的布朗运动，能在一定程度上克服重力引起的沉降作用。

2. 溶胶的聚沉 溶胶的稳定性是相对的、有条件的。如果破坏或减弱了使它稳定的因素，就会使胶粒凝聚成较大的颗粒而沉降，这一过程称为聚沉。使溶胶聚沉的方法主要有以下三种：

(1)加入电解质。电解质主要通过反离子中和胶粒所带的部分电荷，减弱胶粒之间的静电排斥作用，使胶粒容易碰撞聚集而聚沉。离子价态越高，凝聚能力越强。例如，对于带正电荷的 $Fe(OH)_3$ 溶胶，K_2SO_4 的凝聚能力比 KCl 更强。

【知识扩展】

江河入口为什么容易形成三角洲？

　　三角洲，即河口冲积平原，是一种常见的地表形貌。江河奔流中所裹挟的泥沙、胶体等杂质，在入海口处遇到含盐量（电解质）较淡水高得多的海水，凝絮淤积，逐渐成为河口岸边新的湿地，继而形成三角洲。

　　（2）加入带有相反电荷的溶胶。将带相反电荷的两种溶胶混合，也会产生聚沉现象。当然，两种互聚的溶胶粒子所带的电荷总数必须相等，电荷中和完全时才会发生聚沉，否则可能不聚沉。

　　溶胶的相互聚沉具有重要的实际意义。例如用明矾$[KAl(SO_4)_2 \cdot 12H_2O]$净化自来水或污水就是基于这个原理。明矾溶于水后，水解生成$Al(OH)_3$溶胶（带有正电荷），而天然水中由于含有腐殖质、水合二氧化硅胶体等杂质而带负电荷，两种电性相反的胶粒相互吸引而聚集沉淀，从而达到除去水中杂质的目的。

　　（3）加热。升高温度能增加胶粒的运动速率，胶粒碰撞机会增加，同时也降低了胶核对离子的吸附作用，减少了胶粒所带电荷，促使溶胶凝聚。

实验技能训练

实验一　化学实验基础知识及基本操作

一、化学实验室基本规则

　　化学实验室是开展化学实训教学的场所，存在一定的安全隐患，为确保实验安全，进入化学实验室的人员，必须认真学习和严格遵守化学实验室规则。

　　（1）实验前应认真预习与实验有关的知识内容，明确实验目的、要求、基本原理、操作步骤和有关的操作技术，认真做好实验预习，做到心中有数。

　　（2）初次进入实验室，应熟悉实验室概况及周围环境，了解实验室具体的潜在危险，了解水、电开关和总开关位置，充分熟悉安全用具，如灭火器、急救箱的存放位置和使用方法。

　　（3）进入实验室必须穿白大褂，并根据实际需要做好防护准备。长发应束起，不得披头散发；不可佩戴首饰，不得穿拖鞋、凉鞋或高跟鞋。

　　（4）不可将食品或餐具带进实验室，严禁在实验室内饮食。不得用实验用具、器皿盛放食品，不得将私人物品存放在冰箱内或实验室内。

　　（5）实验课不得无故迟到或早退，实验过程中不得擅离实验操作岗位。如发生差错事故或异常现象，不要惊慌，应按照安全规则及时处理，并及时报告指导教师，查明原因。

注意安全，严防火灾、烧伤或中毒事故发生。

(6)遵从教师的指导，严格按照操作步骤进行实验，学生若有新的见解或建议，需要改变实验步骤和试剂用量，须先征得指导教师同意后方可实施。

(7)保持实验室内肃静，不可在实验室里喧哗、嬉闹，不在实验室做与实验无关的事情。

(8)爱护仪器、设备，节约用水，按量取用药品，剩余药品要回收，不可随意丢弃，也不得带出实验室。取用试剂后，应随手将试剂瓶的盖子盖好并拧紧。

(9)未经允许不得随意使用和挪动实验设备，不得擅自取用与本次实验无关的试剂。

(10)实验完毕后，把废液、废渣分别倒入指定的容器内，清洗仪器并按要求放到指定位置，清理桌面和室内卫生，关闭水、电、门、窗，经老师检查认可后方能离开实验室。

(11)科学诚信，不得伪造和修改实验数据，不得抄袭他人的实验报告。

二、化学实验室安全常识

化学实验室隐藏着很多不安全因素，例如爆炸、着火、中毒、灼伤、割伤、触电等危险，进入实验室前必须熟悉安全常识，避免发生安全事故。

(一)化学试剂的安全操作

1. 防止中毒

(1)药品瓶必须有标签；剧毒药品必须有专门的使用、保管制度。在使用过程中若有毒物品撒落，应马上收起并洗净落过有毒物品的桌面和地面。

(2)严禁试剂入口，严禁以鼻子接近瓶口鉴别试剂。

(3)严禁食具和仪器互相代用，离开实验室、喝水及吃东西前一定要洗净双手。

(4)使用或处理有毒物品时应在通风橱内进行，且头部不能进入通风橱内。

2. 防止燃烧和爆炸

(1)挥发性药品应放在通风良好的地方，易燃药品应远离热源。

(2)室温过高时使用挥发性药品应设法先进行冷却再开启，而且不能使瓶口对着自己或他人的脸部。

(3)在实验过程中要除去易燃、易挥发的有机溶剂时，应用水浴或封闭加热系统进行，严禁用明火直接加热。

(4)身上或手上沾有易燃物时，应立即洗净，不得靠近火源。

(5)严禁将氧化剂与可燃物一起研磨。

(6)易燃易爆类药品及高压气体瓶等，应放在低温处保管，移动或启用时不得激烈振动，高压气体的出口不得对着人。

(7)易发生爆炸的操作不得对着人进行。

(8)装有挥发性药品或受热易分解放出气体的药品瓶，最好用石蜡封瓶塞。

3. 防止腐蚀、化学灼伤、烫伤

(1)取用腐蚀性、刺激性药品时应戴上橡皮手套；用移液管吸取有腐蚀性和刺激性的液体时，必须用洗耳球操作。

（2）开启大瓶液体药品时，须用锯子将石膏锯开，严禁用其他物品敲打。

（3）在压碎或研磨苛性碱和其他危险固体物质时，要注意防范小碎块溅散，以免灼伤眼睛、脸等。

（4）稀释浓硫酸等强酸时必须在烧杯等耐热容器内进行，而且必须在搅拌条件下将酸缓慢地加入水中；溶解氢氧化钠、氢氧化钾等发热固体药品时也要在烧杯等耐热容器内进行。如需将浓酸或浓碱中和，则必须先将其进行稀释。

（5）从烘箱、马弗炉内等仪器中拿出高温烘干的仪器或药品时，应使用坩埚钳或戴上手套，以免烫伤。

（二）电器设备的安全操作

（1）在使用电器动力时，必须事先检查电器开关、马达和机械设备的各部分是否正常。

（2）开始工作或停止工作时，必须将开关彻底扣严或拉下。

（3）在实验室内不应有裸露的电线头。

（4）电器开关箱内不准放任何物品，以免导电燃烧。

（5）电气动力设备若发生过热现象应立即停止使用。

（6）在实验过程中出现突然停电时，必须关闭一切加热仪器及电气仪器。

（7）禁止在电器设备或线路上洒水，以免漏电。

（8）实验室所有电器设备不得私自拆动及随便进行修理。

（9）有人受到电流伤害时，要立即用不导电的物体把触电者从电线上挪开，同时采取措施切断电流，及时将受伤人员送至医院。

三、化学试剂的取用规则

（一）安全性原则

（1）不允许用手直接接触化学试剂。

（2）不允许用鼻子凑近闻化学试剂的味道。

（3）不允许用口尝化学试剂的味道。

（二）节约性原则

严格按照实验规定的用量取用试剂。如果没有说明用量，应严格按照实验规定的用量取用试剂，一般应按最少量取用：液体 $1\sim2$ mL，固体只需盖过试管底部。

（三）保存性原则

实验用剩的试剂一般不能放回原试剂瓶，以防瓶中试剂被污染，但是对一些特殊的试剂，用剩的可放回原试剂瓶中，如金属钠。对一些纯度要求不高又不容易变质的试剂，用剩的试剂可放回原试剂瓶，如镁条、锌粒、碳酸钙等。

（四）固体试剂的取用规则

（1）要用干净的药勺取用。用过的药勺必须洗净和擦干后才能使用，以免污染试剂。

（2）取用试剂后应立即盖紧瓶盖，防止药剂与空气中的氧气等起反应或吸潮。

（3）称量固体试剂时，必须注意不要取多，取多的药品不能倒回原瓶。取出的固体试剂已经接触空气，有可能已经受到污染，再倒回去容易污染瓶里的其他试剂。

（4）一般的固体试剂可以放在干净的纸或表面皿上称量。具有腐蚀性、强氧化性或易潮解的固体试剂不能在纸上称量，应放在玻璃容器内称量，比如氢氧化钠，其既有腐蚀性，又易潮解，最好放在烧杯中称取，否则容易腐蚀天平。

（5）称取有毒的药品时要做好防护措施，比如戴好口罩、手套等。

（五）液体试剂的取用规则

（1）从滴瓶中取液体试剂时，要用滴瓶中的滴管，滴管绝不能伸入所用的容器中，以免接触器壁而污染药品。当从试剂瓶中取少量液体试剂时，则需使要专用滴管。装有药品的滴管不得横置或滴管口向上斜放，以免液体滴入滴管的胶皮帽中，否则会腐蚀胶皮帽，再取试剂时会污染试剂。

（2）从细口瓶中取出液体试剂时，用倾注法。先将瓶塞取下，反放在桌面上，手握住试剂瓶上贴标签的一面，逐渐倾斜瓶子，让试剂沿着洁净的管壁流入试管或沿着洁净的玻璃棒注入烧杯中。取出所需量后，将试剂瓶扣在容器上靠一下，再逐渐竖起瓶子，以免遗留在瓶口的液体滴流到瓶的外壁。

（3）在进行某些不需要准确体积的实验时，可以估计取出液体的量。例如用滴管取用液体时，1 mL 相当于多少滴，5 mL 液体占容器的几分之几等。倒入的溶液的量，一般不超过容器容积的 1/3。

（4）定量取用液体时，用量筒或移液管取。量筒用于量度一定体积的液体，可根据需要选用不同量度的量筒，而取用准确的量时就必须使用移液管。

（5）取用挥发性强的试剂时要在通风橱中进行，做好安全防护措施。

四、化学实验常用试剂规格

化学试剂数量繁多、种类复杂，分类的方法也很多。比如按用途可分为标准试剂、一般试剂、生化试剂等，按纯度可分为一级试剂、二级试剂、三级试剂和四级试剂四个等级。

一级试剂，即优级纯（guaranteed reagent，GR），标签为深绿色，用于精密分析试验。

二级试剂，即分析纯（analytical reagent，AR），标签为红色，用于一般分析试验。

三级试剂，即化学纯（chemical pure，CP），标签为蓝色，用于一般化学试验。

四级试剂，即实验试剂（laboratory reagent，LR），标签为棕色或其他颜色。

五、化学实验常用仪器和基本操作

化学实验常用仪器主要由玻璃制作而成，可以使实验者能清楚地看到其中发生的化学变化。每件仪器都有特定的用途，实验时应正确选择和使用仪器。化学实验常用玻璃仪器的主要用途、操作方法及注意事项如表 1-4 所示。

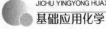

表1-4　化学实验常用玻璃仪器的主要用途、操作方法及注意事项

仪器类型	仪器图示	规格	主要用途	注意事项
容器类	烧杯 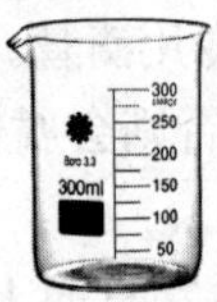	常用烧杯有5、10、15、25、50、100、250、500、1 000、2 000、3 000、5 000 mL等规格	①物质的反应器、确定燃烧产物 ②溶解、结晶某物质 ③盛取、蒸发浓缩或加热溶液 ④盛放腐蚀性固体药品进行称重	①给烧杯加热时要垫上石棉网，以均匀供热。不能用火焰直接加热烧杯，因为烧杯底面大，用火焰直接加热，只可烧到局部，使玻璃受热不匀而引起炸裂。加热时，烧杯外壁必须擦干 ②用于溶解时，液体的量以不超过烧杯容积的1/3为宜，并用玻璃棒不断轻轻搅拌。溶解或稀释过程中，用玻璃棒搅拌时，不要触及杯底或杯壁 ③盛液体加热时，不要超过烧杯容积的2/3，一般以烧杯容积的1/3为宜 ④加热腐蚀性药品时，可将一表面皿盖在烧杯口上，以免液体溅出 ⑤不可用烧杯长期盛放化学药品，以免落入尘土和使溶液中的水分蒸发 ⑥不能用烧杯量取液体
	锥形瓶 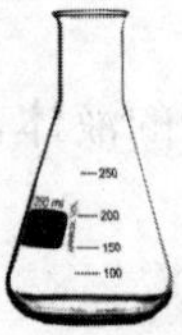	容量由50 mL至250 mL不等，亦有小至10 mL或大至2 000 mL的特制锥形瓶	一般适用于滴定实验，也可用于普通实验，作为制取气体或作为反应容器	①注入的液体不超过其容积的1/2，液体过多易造成喷溅 ②加热时使用石棉网（电炉加热除外） ③锥形瓶外部要擦干后再加热 ④一般不用来存储液体 ⑤振荡时同向旋转
	烧瓶 	有长颈和短颈之分，规格有50、100、250 mL等	烧瓶可用作反应容器。平底烧瓶主要用来盛放液体物质，可以轻度受热。需要强烈加热时则应使用圆底烧瓶	①应放在石棉网上加热，使其受热均匀；加热时，烧瓶外壁应无水滴 ②平底烧瓶不能长时间用来加热 ③加热时，盛装的液体量为烧瓶容积的1/3～2/3
量器类	量筒 	分为普通量筒和具塞量筒。规格有10、50、100、500、1 000 mL等	普通量筒用于量度难挥发液体的体积，具塞量筒主要用于易挥发液体的计量	①不能作为反应容器 ②不能加热 ③不能用于稀释浓酸、浓碱 ④不能储存药剂 ⑤不能量取热溶液 ⑥不能用去污粉清洗以免刮花刻度

（续）

仪器类型	仪器图示	规格	主要用途	注意事项
量器类	移液管和吸量管 	常用的移液管有 5、10、25、50 mL 等规格 常用的吸量管有 1、2、5、10、20 mL 等规格。移液管和吸量管所移取的体积通常可准确至 0.01 mL	用来准确移取一定体积溶液的量器，属于量出式仪器，只用来测量它所放出溶液的体积	①移液管（或吸量管）不能在烘箱中烘干 ②移液管（或吸量管）不能移取太热或太冷的溶液 ③同一实验中应尽可能使用同一支移液管 ④移液管在使用完毕后，应立即用自来水及蒸馏水冲洗干净，置于移液管架上 ⑤在使用吸量管时，为了减少测量误差，每次都应从最上面刻度（0 刻度）处为起始点，往下放出所需体积的溶液，而不是需要多少体积就吸取多少体积 ⑥移液管有老式管和新式管两种，老式管身标有"吹"字样，需要用洗耳球吹出管口残余液体。新式管没有，千万不要吹出管口残余，否则会使量取液体过多
	滴定管 酸式　碱式 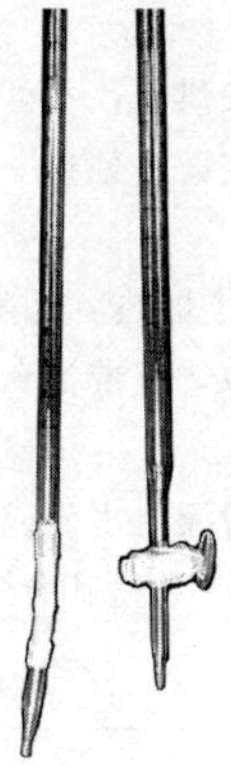	常用滴定管规格有 25、50 mL，可精确至 0.01 mL	滴定管是用来准确放出不确定量液体的容量仪器，一般在滴定实验中使用	①使用时先检查是否漏液 ②用滴定管取滴定液体时必须洗涤、润洗 ③读数前要将管内的气泡赶尽、尖嘴内充满液体 ④读数需有两次，第一次读数时必须先调整液面在 0 刻度或 0 刻度以下 ⑤读数时，视线、刻度、液面的凹面最低点在同一水平线上 ⑥读数时，边观察实验变化，边控制用量 ⑦量取或滴定液体的体积＝第二次的读数－第一次读数 ⑧酸式滴定管用于盛装酸性溶液或强氧化剂液体（如 $KMnO_4$ 溶液），不可装碱性溶液。绝对禁止用碱式滴定管装酸性溶液及有强氧化性溶液，以免腐蚀橡皮管
	容量瓶  20℃ 250mL	容量瓶有棕色和无色之分，常用规格有 25、50、100、250、500、1 000 mL 等	容量瓶是为配制准确的一定物质的量浓度的溶液用的精确仪器，属于量入式仪器	①使用前要检漏 ②不能在容量瓶里进行溶质的溶解，应将溶质在烧杯中溶解后转移到容量瓶里 ③用于洗涤烧杯的溶剂总量不能超过容量瓶的标线，一旦超过，必须重新进行配制 ④容量瓶不能进行加热。如果溶质在溶解过程中放热，要待溶液冷却后再进行转移，因为温度升高瓶将膨胀，所量体积就会不准确 ⑤容量瓶只能用于配制溶液，不能长时间或长期储存溶液，因为溶液可能会对瓶体进行腐蚀，从而使容量瓶的精度受到影响 ⑥容量瓶用毕应及时洗涤干净，塞上瓶塞，并在塞子与瓶口之间夹一条纸条，防止瓶塞与瓶口粘连 ⑦容量瓶只能配制一定容量的溶液，但是一般保留 4 位有效数字（如：250.0 mL），不能因为溶液超过或者没有达到刻度线而估算改变小数点后面的数字，这样的溶液只能重新配制，因此书写溶液体积的时候必须是×××.0 mL

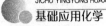

（续）

仪器类型	仪器图示	规格	主要用途	注意事项
其他	玻璃漏斗 	有长颈漏斗和短颈漏斗之分。按口径分，有40、50、60、75 mm等规格	长颈漏斗常用于常压过滤，短颈漏斗常用于热过滤	①漏斗的末端要仅靠烧杯内壁，防止滤液进溅 ②滤纸用水润湿紧靠漏斗壁，不要留有气泡 ③滤纸要低于漏斗边缘，滤液要低于滤纸的边缘，防止没经过滤的液体从间隙留下而起不到过滤的效果 ④用玻璃棒引流，防止滤液进溅或液体冲破滤纸 ⑤玻璃棒要靠在三层滤纸处，以免弄破滤纸，影响过滤的效果
	称量瓶 	称量瓶的规格以直径（mm）×瓶高（mm）表示，分为扁形、高形两种外形。根据材料不同分为普通玻璃称量瓶和石英玻璃称量瓶	称量瓶是一种常用的实验室玻璃器皿，一般用于准确称量一定量的固体。又称称瓶。是精确称量分析试样所用的小玻璃容器。一般是圆柱形，带有磨口密合的瓶盖	①称量瓶的盖子是磨口配套的，不得丢失、弄乱 ②称量瓶使用前应洗净烘干，不可盖紧磨口塞烘烤。不用时应洗净，在磨口处垫一小片纸，以方便打开盖子 ③称量瓶不能用火直接加热，瓶盖不能互换，称量时不可用手直接拿取，应带指套或垫以洁净纸条 ④扁形称量瓶一般用于测定水分或在烘箱中烘干基准物；高形称量瓶用于称量基准物、样品
	分液漏斗 	分液漏斗分为球形分液漏斗、梨形分液漏斗和筒形分液漏斗等多种样式，规格有50、100、150、250 mL等	作为固体与液体或液体与液体反应的发生装置，可控制所加液体的量及反应速率的大小 用于物质分离提纯，对萃取后形成的互不相溶的两液体进行分液	①不能加热 ②使用前要将漏斗颈上的旋塞芯取出，涂上凡士林，但不可涂太多，以免阻塞流液孔 ③使用前要进行检漏。玻璃塞、活塞与漏斗配套使用，不能互换 ④分液时根据"下流上倒"的原理，打开活塞让下层液体全部流出，关闭活塞；上层液体从上口倒出
	表面皿 	按口径大小分，有45、65、75、90 mm等规格	作烧杯或蒸发皿的盖子或少量试剂反应器	不可直接加热

（续）

仪器类型	仪器图示	规格	主要用途	注意事项
	干燥器 	包括普通干燥器、真空干燥器，规格以内口径大小表示，有 10、15、18 cm 等规格	干燥剂置于瓷板下，待干燥样品置于瓷板上	①灼烧过的样品放入干燥器前温度不能过高 ②打开干燥器时，不能往上掀盖，应用左手按住干燥器，右手小心地把盖子稍微推开，等冷空气徐徐进入后，才能完全推开，盖子必须仰放在桌子上 ③干燥前要检查干燥剂是否失效
其他	蒸发皿 	包括无柄蒸发皿和有柄蒸发皿两种，规格以直径大小表示，有 40～150 mm 等多种	蒸发液体、浓缩溶液或干燥固体物质	①能耐高温，加热后不能骤冷，防止破裂 ②应使用坩埚钳取放蒸发皿，加热时用三脚架或铁架台固定 ③液体量多时可直接加热，量少或黏稠液体要垫石棉网或放在泥三角上加热 ④加热蒸发皿时要不断地用玻璃棒搅拌，防止液体局部受热四处飞溅 ⑤加热完后，需要用坩埚钳移动蒸发皿。不能直接放到实验桌上，应放在石棉网上，以免烫坏实验桌 ⑥大量固体析出后就熄灭酒精灯，用余热蒸干剩下的水分 ⑦加热时，应先用小火预热，再用大火加热 ⑧要使用预热过的坩埚钳取热的蒸发皿 ⑨用蒸发皿盛装液体时，其液体量不能超过其容积的 2/3
	研钵 	有瓷质、玻璃等材质之分。规格以口径大小表示，有 60、75、100 mm 等规格	用于固体物质研碎或混合	不可作为反应器，不可锤敲

实验二 电子天平称量技术

一、实验内容

（1）用固定质量称量法称量样品 0.4～0.5 g 三份。
（2）用递减称量法称量样品 0.4～0.5 g 三份。

二、实验目的

（1）学会电子天平的使用方法。
（2）掌握固定质量称量法和递减称量法的一般程序。

（3）学会用固定质量称量法和递减称量法的加样方法。

（4）熟练规范地操作天平，在 10 min 内完成三份平行试样的称量。

三、实验说明

电子天平称量主要有两种方法：固定质量称量法和递减称量法。

固定质量称量法又称增量法，适用于称量某一固定质量的试剂或试样。由于这种称量操作的速度较慢，适合于称量不易吸潮、在空气中能稳定存在的粉末或小颗粒样品。

递减称量法，适用于称量一定质量范围的样品或试剂。由于称取试样的质量是由两次称量之差求得，故也称为差减称量法。递减称量法适用性广，连续称取几份试样较为方便。主要适用于称量易挥发、易吸收、易氧化和易与二氧化碳反应的试样。

教学视频

电子天平
使用方法

四、仪器与试剂

1. 仪器　电子天平、烧杯、称量瓶、称量纸。

2. 试剂　样品固体。

五、称量样品

（一）用固定质量称量法称量样品 0.4～0.5 g 三份

1. 操作流程

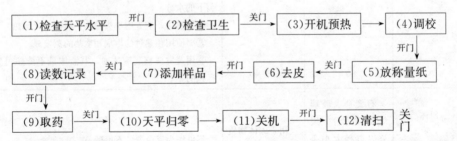

2. 操作步骤

（1）检查天平水平。观察电子天平的水平仪，若水平仪中的气泡处于圆圈中央，说明天平水平；若气泡不在圆圈中央，则可调节天平脚上的旋钮，使水平仪中的气泡处于圆圈中央。

（2）检查天平卫生。检查天平内是否干净，可用专用毛刷清扫天平，如有必要可小心取下天平秤盘清扫。注意不可在开机状态下取出天平秤盘，取下的天平秤盘切不可掉落，以免损坏。

（3）开机预热。插上电源，短按"开机"键或"O/T"键开机，预热 20～30 min，以获得稳定的工作温度。

（4）调校。电子天平在首次使用前或使用较长时间后，都必须进行调校。调校步骤如下：

① 准备好校准砝码（200.000 0 g）。

② 让天平空载。

③ 长按 CAL 键，直到天平显示屏出现"CAL"字样后松开该键，天平屏幕闪现"200.000 0 g"字样。

④ 将校准砝码置于秤盘中央，当显示屏闪现"0.000 0"时，移去砝码。天平闪现"CAL　DONE"，接着又出现"0.000 0 g"时，天平的校准结束。

(5)放称量纸。将称量纸折一下四个纸角使之不要向下垂，放在秤盘正中央。关好天平的门，等待数据显示稳定。

(6)去皮。短按"去皮"键或"O/T"键，天平显示"0.000 0 g"。

(7)添加样品。打开天平右侧门，右手执药匙取适量样品，悬于称量纸中间略上方位置，左手轻拍右手手腕，使适量样品掉落于称量纸中，直至显示屏数据在所需范围之内。注意如果所加样品超过所需范围，可用药匙小心取出样品，但取出的样品不可放回原试剂瓶，应放到回收瓶中。

(8)读数记录。关好天平的门，等待数据显示稳定后读数，注意将显示屏显示的数据读取完全，将数据记录到表1-5中。

(9)取出。打开天平右侧门，小心取出称量纸和样品。

(10)天平归零。短按"去皮"键或"O/T"键，天平显示"0.000 0 g"。

(11)关机。称量结束，短按"关机"键或长按"O/T"键直到显示出现"OFF"字样，松开该键关机。拔下插头。

(12)清扫。用专用毛刷清扫天平后关好门。填写电子天平使用记录。

(二)用递减称量法称量样品 0.4～0.5 g 三份

1. 操作流程

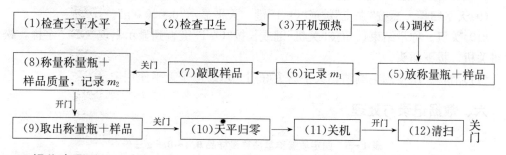

2. 操作步骤

(1)检查天平水平。观察电子天平的水平仪，若水平仪中的气泡处于圆圈中央，说明天平水平；若气泡不在圆圈中央，则可调节天平脚上的旋钮，使水平仪中的气泡处于圆圈中央。

(2)检查天平卫生。检查天平内是否干净，可用专用毛刷清扫天平，如有必要可小心取下天平秤盘清扫。注意不可在开机状态下取出天平秤盘，取下的天平秤盘切不可掉落，以免损坏。

(3)开机预热。插上电源，短按"开机"键或"O/T"键开机，预热 20～30 min，以获得稳定的工作温度。

(4)调校。电子天平在首次使用前或使用较长时间后，都必须进行调校。调校步骤如下：

① 准备好校准砝码(200.000 0 g)。

② 让天平空载。

③ 长按 CAL 键,直到天平显示出现"CAL"字样后松开该键,天平屏幕闪现"200.000 0 g"字样。

④ 将校准砝码置于秤盘中央,当"0.000 0"闪现时,移去砝码。天平闪现"CAL DONE",接着跳转为"0.000 0 g"时,天平的校准结束。

(5)称量称量瓶+样品,记录 m_1。在干燥器中用洁净纸条套在称量瓶上,取出装有样品的称量瓶,放在电子天平秤盘中央,关好天平的门,等待数据显示稳定后读取称量瓶+样品的质量(m_1),将数据记录到表 1-6 中。

(6)敲取样品。左手拿纸条套住称量瓶,将其从天平中取出,并移至接收容器(烧杯)的正上方,用右手拿小纸片夹住瓶盖,开启瓶盖。把瓶身缓缓向下倾斜,并用瓶盖轻轻敲击瓶口上部,使样品慢慢落入容器中,瓶盖始终不要离开接收容器上方。估计敲出的样品接近所需量时,边轻敲瓶口,边慢慢竖起称量瓶,使黏附在瓶口上的样品全部落回称量瓶内,然后轻轻盖好瓶盖。注意本项操作均不得将称量瓶和瓶盖放在桌面上。

(7)称量称量瓶+样品,记录 m_2。将取样后的称量瓶放回秤盘中央,关好天平的门,待数据稳定后准确读取质量(m_2)。前后两次质量之差就是所取出来的样品的质量,$m_s = m_1 - m_2$。如果一次取出的样品质量不够,可再次进行步骤(6)的操作,倾倒试样,直至倾出样品的量满足要求后,再记天平称量的读数。若取出的样品超过所需的称量范围,则需从步骤(6)重新称量,重新记录数据。如此重复操作,可连续称取多份样品。

(8)取出称量瓶+样品。打开天平右侧门,小心取出称量瓶+样品。

(9)天平归零。短按"去皮"键或"O/T"键,天平显示"0.000 0 g"。

(10)关机。称量结束,短按"关机"键或长按"O/T"键直到显示出现"OFF"字样,松开该键关机。拔下插头。

(11)清扫。用专用毛刷清扫天平后关好门。填写电子天平使用记录。

六、数据记录与处理

表 1-5   固定质量称量法称量样品 0.4～0.5 g 三份

项目	次数		
	1	2	3
样品质量(m_s)/g			

表 1-6   递减称量法称量样品 0.4～0.5 g 三份

项目	次数		
	1	2	3
倾样前称量瓶+样品质量(m_1)/g			
倾样后称量瓶+样品质量(m_2)/g			
样品质量(m_s)/g			

注:计算公式 $m_s = m_1 - m_2$

七、注意事项

(1)使用电子天平称量物品时，称量物的总质量不能超过天平的称量范围。

(2)对于过热或过冷的称量物，应使其恢复到室温后方可放进天平内称量。

(3)天平在安装时已经过严格校准，不要轻易移动天平，否则需要重新校准。

(4)严禁不使用称量纸直接称量，每次称量后，请清洁天平，避免对天平造成污染而影响称量精度。

八、实验建议

(1)本任务宜安排 2 学时完成。

(2)本任务由学生单人独立完成。

(3)学生完成实验后，必须经教师检查表 1-5、表 1-6，填写完全后方可离开。

(4)学生的实验成绩应根据实验结果、实验中分析和解决问题的能力、课堂纪律、预习情况、操作技能、数据分析能力等综合评估。

九、实验思考

(1)使用电子天平称量样品时，若读取数据时天平未关门，是否对数据有影响？为什么？

(2)用固定质量称量法称量样品后，若忘记记录数据即用手取出样品，是否可以将样品重新放回天平并称量读取数据呢？

(3)用递减称量法称量时，是否可以将称量瓶或其盖子放在实验台上？为什么？

(4)用递减称量法称量时，将称量瓶取出天平，开启瓶盖敲取样品时有什么要求？

扫码看答案

项目一实验二思考题答案

实验三　移液管和吸量管使用技术

一、实验内容

(1)用移液管准确移取 20.00 mL 0.5% NaCl 溶液。

(2)用吸量管准确移取 1.00、2.00、2.50、3.20、5.00、6.80、10 mL 0.5% NaCl 溶液。

二、实验目的

(1)掌握使用移液管移取一定量溶液的方法。

（2）掌握使用吸量管移取一定量溶液的方法。

三、实验说明

移液管和吸量管都是用来准确移取一定体积溶液的量器（图1-6），为"量出"式量器。

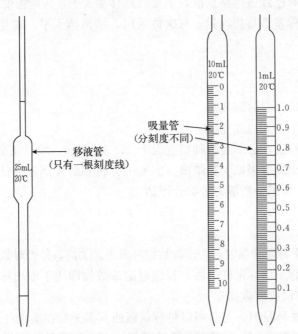

图1-6　移液管和吸量管

移液管是一根中间有一膨大部分（称为球部），上下两段细长的玻璃管，上端刻有环形标线，球部标有容积和温度，表示在一定温度下移出液体的体积，该体积刻在移液管中部膨大部分上。常用的移液管有5、10、20、25、50 mL 等多种规格。

吸量管是具有分刻度的玻璃管，又称刻度移液管，管身直径均匀，刻有体积读数，可以吸取标示范围内所需任意体积的溶液。常用的吸量管有0.1、0.5、1、2、5、10、20 mL等规格。

教学视频

吸量管、移液管
的操作技术

四、仪器与试剂

仪器：1、2、5、10 mL 吸量管；25 mL 移液管；烧杯。
药品：0.5％ NaCl 溶液。

五、操作步骤

1. 操作流程　移液管和吸量管的洗涤方法和使用方法基本相同，其操作流程如下：

2. 操作要点

（1）洗涤。将移液管插入洗液中，用洗耳球吸取洗液至管1/3处，移去洗耳球，用右手食指按住管口，左手扶住管的下端，将管平持，同时慢慢开启右手食指，并转动移液

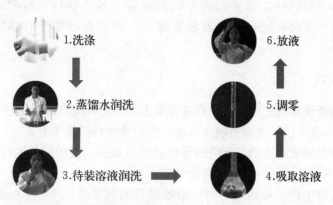

1.洗涤

2.蒸馏水润洗

3.待装溶液润洗

4.吸取溶液

5.调零

6.放液

管，用洗液润洗内壁，洗毕将洗液放回原瓶，然后用自来水充分冲洗移液管。

（2）蒸馏水润洗。用洗耳球吸取蒸馏水，将整个内壁洗三次，洗涤方法同前，但洗过的水应从下口放出。

（3）待装溶液润洗。移取溶液前，必须用吸水纸将尖端内外的水除去，然后用待装溶液润洗三次。润洗方法：将待装溶液吸至球部或吸量管约 1/4 处（尽量勿使溶液流回，以免稀释溶液），移去洗耳球，用右手食指按住管口，将管平持，同时慢慢开启右手食指，并转动移液管，用待装溶液润洗内壁，洗毕将润洗液从下口放出弃去。

（4）吸取溶液。移取溶液前，先用滤纸将移液管尖端内外的水吸去。移取溶液时，左手拿洗耳球，右手将移液管直接插入待吸溶液液面下 1～2 cm 深处，不要伸入太浅，以免液面下降后造成吸空；也不要伸入太深，以免移液管外壁附有过多的溶液。移液时将洗耳球紧接在移液管口上，并注意容器液面和移液管尖的位置，应使移液管随液面下降而下降，当液面上升至标线以上时，迅速移去洗耳球，并用右手食指按住管口（图 1-7）。

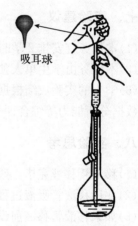

吸耳球

图 1-7　移液管吸液操作

（5）调零。左手拿盛待吸液的容器。将移液管向上提，使其离开液面，并将管的下部伸入溶液的部分沿待吸液容器内壁转两圈，以除去管外壁上的溶液。然后使容器倾斜约 45°，使其内壁与移液管尖紧贴，移液管垂直，此时微微松动右手食指，使液面缓慢下降，直到视线平视时弯月面与标线相切时，立即按紧食指。

（6）放液。左手拿接收溶液的容器。将接收容器倾斜，使内壁紧贴移液管尖成 45° 倾斜。松开右手食指，使溶液自由地沿壁流下（图 1-8）。待液面下降到管尖后，再等 15 s 取出移液管。注意，除非在移液管"胖肚"

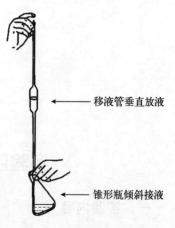

移液管垂直放液

锥形瓶倾斜接液

图 1-8　移液管放液操作

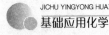

特别注明需要"吹"的以外，管尖最后留有的少量溶液不能吹入接收器中，因为在检定移液管体积时，就没有把这部分溶液算进去，但现在已很少有移液管会标注"吹"字样。

六、注意事项

(1)移液管和吸量管用完后应放在移液管架上。如短时间内不再用它吸取同一溶液时，应立即用自来水冲洗干净，再用蒸馏水清洗，然后放在移液管架上。

(2)实际上流出溶液的体积与标明的体积会稍有差别。使用时的温度与标定移液管移液体积时的温度不一定相同，必要时可做校正。

(3)在同一实验中应尽可能使用同一根吸量管的同一段，并且尽可能使用上面部分，而不用末端收缩部分。

(4)放溶液时，用食指控制管口，使液面慢慢下降至与所需的刻度相切时按住管口，移去接收器。

七、实验建议

(1)本任务宜安排 2 学时完成。
(2)本任务由学生单人独立完成。
(3)学生的实验成绩根据实验中分析解决问题的能力、课堂纪律、预习情况、操作技能、数据分析能力等综合评估。

八、实验思考

(1)移液管移液完毕，残留在下端尖嘴部的少量溶液应如何处理？
(2)在用移液管吸液过程中，如果移液管的下端高于容器中的液面，会产生什么现象？
(3)如果移液管移液前没有用待装溶液润洗，会造成什么结果？
(4)如果移液管放液时尖嘴部没有靠着杯壁引流，会造成什么结果？
(5)如果移液管未标明"吹"字，若放液时将尖嘴部溶液吹出，会造成什么结果？

扫码看答案

项目一实验三思考题答案

实验四　常用溶液的配制技术

一、实验内容

(1)配制 100 mL 0.1 mol/L NaOH 溶液。

(2)用市售浓盐酸配制 100 mL 0.1 mol/L HCl 溶液。

(3)配制 100 g 0.9％ NaCl 溶液。

(4)用市售 95％乙醇配制 100 mL 60％乙醇。

二、实验目的

(1)理解物质的量浓度、质量浓度、体积分数等溶液浓度的含义。

(2)学会配制溶液物质的量浓度、质量浓度、体积分数等溶液浓度的计算和基本操作，学会溶液稀释的计算和基本操作。

(3)熟练使用通风橱、电子天平(百分之一)、量筒、烧杯、玻璃棒、容量瓶。

三、仪器与试剂

仪器：通风橱、电子天平(百分之一)、100 mL 量筒、250 mL 烧杯、100 mL 容量瓶、玻璃棒、洗瓶、100 mL 试剂瓶。

药品：NaOH(s)、NaCl(s)、市售 95％乙醇溶液、市售浓盐酸。

四、操作步骤

1. 配制 100 mL 0.1 mol/L NaOH 溶液

(1)计算。配制 0.1 mol/L NaOH 溶液 100 mL 应称量_____g NaOH(s)。

(2)称量。在电子天平(百分之一)上用洁净干燥的小烧杯称量所需 NaOH(s)。

(3)完全溶解。缓慢向小烧杯中加入蒸馏水约_____mL，用玻璃棒不断搅拌，使 NaOH 完全溶解。

(4)稀释至刻度。继续向小烧杯中加入蒸馏水至 100 mL 刻度线，用玻璃棒搅拌均匀。

(5)装瓶。将配制好的溶液转移至干净的聚乙烯塑料试剂瓶中保存，并贴好标签。

请填写标签内容：

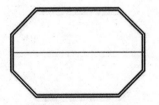

知识拓展

不含二氧化碳的 NaOH 标准溶液的配制与标定

2. 用市售浓盐酸配制 100 mL 0.1 mol/L HCl 溶液

(1)计算。配制 0.1 mol/L HCl 溶液 100 mL 应量取市售浓盐酸_____mL。

(2)量取浓溶液。在通风橱中，用洁净的小量筒量取所需浓盐酸体积，将浓盐酸倒入预装了 20～50 mL 蒸馏水的洁净小烧杯中。

(3)稀释至刻度。向小烧杯中加入蒸馏水至 100 mL 刻度线，用玻璃棒搅拌均匀。

(4)装瓶。将配制好的溶液转移至洁净的试剂瓶中保存，并贴好标签。

请填写标签内容：

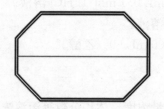

3. 配制 100 g 0.9% NaCl 溶液

(1)计算。配制 0.9% NaCl 溶液 100 mL 应称量_____g NaCl(s)。

(2)称量 NaCl。在电子天平(百分之一)上用称量纸称量所需 NaCl 质量。

(3)完全溶解。用量筒取蒸馏水_____mL 于小烧杯中,将称好的 NaCl 小心地加入该小烧杯中,用玻璃棒不断搅拌,使 NaCl 完全溶解。

(4)装瓶。将配制好的溶液转移至洁净的试剂瓶中保存,并贴好标签。

请填写标签内容:

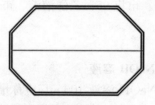

4. 用市售 95% 乙醇配制 100 mL 60% 乙醇

(1)计算。配制 60% 乙醇溶液 100 mL 应量取_____mL 市售 95% 乙醇溶液。

(2)量取浓溶液。用洁净的量筒量取所需的 95% 乙醇溶液体积,将 95% 乙醇溶液倒入洁净的小烧杯中。

(3)稀释至刻度。向小烧杯中加入蒸馏水至 100 mL 刻度线,用玻璃棒搅拌均匀。

(4)装瓶。将配制好的溶液转移至洁净的试剂瓶中保存,并贴好标签。

请填写标签内容:

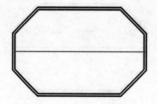

五、注意事项

(1)多取的试剂不可放回原瓶,也不可乱丢,更不能带出实验室,应放在另一洁净的指定容器内。

(2)搅拌时,玻璃棒尽量不要碰到烧杯的内壁和底部,以免在碰撞时用力过猛,使玻璃棒折断或打破烧杯。

(3)一个试剂瓶应该只有一张标签。

六、实验建议

(1)本任务宜安排 2 学时完成。

(2)本任务由学生单人独立完成。

(3)学生的实验成绩根据实验中分析解决问题的能力、课堂纪律、预习情况、操作技能、数据分析能力等综合评估。

七、实验思考

(1)称量 NaOH 固体是否可以使用电子天平(万分之一)?

(2)是否可以使用称量纸称量 NaOH 固体?

(3)配制好的 NaOH 溶液是否可以装在玻璃试剂瓶中保存?

(4)量取浓盐酸时,为什么要在通风橱中进行?

(5)是否可以将水加入浓盐酸中进行稀释?

(6)是否可以在量筒中进行稀释和溶解操作?

扫码看答案

项目一实验四思考题答案

自 测 题

一、选择题

1. 土壤中 NaCl 含量高时,植物难以生存,这与稀溶液的(　　)性质有关。

A. 蒸气压下降　　　B. 沸点升高　　　　C. 凝固点降低　　　D. 渗透压改变

2. 对于 $Fe(OH)_3$ 溶胶来说,下列溶液聚沉能力最强的是(　　)。

A. $Al(OH)_3$　　　　B. $Cu(NO_3)_2$　　　C. Na_2SO_4　　　　D. Na_3PO_4

3. 0.10 mol/L 的下列溶液凝固点降低程度最大的是(　　)。

A. $C_6H_{12}O_6$(葡萄糖)　　　　　　　B. KNO_3

C. $C_3H_5(OH)_3$(甘油)　　　　　　　D. $MgCl_2$

4. 在 H_3AsO_3 的稀溶液中通入过量的 H_2S 得到 As_2S_3 溶胶,其胶团结构式为(　　)。

A. $[(As_2S_3)_m \cdot nHS^-]^{n-} \cdot nH^+$

B. $[(As_2S_3)_m \cdot nH^+]^{n+} \cdot nHS^-$

C. $[(As_2S_3)_m \cdot nHS^- \cdot (n-x)H^+]^{x-} \cdot xH^+$

D. $[(As_2S_3)_m \cdot nH^+ \cdot (n-x)HS^-]^{x+} \cdot xHS^-$

5. 在外电场的作用下,溶胶粒子向某个电极移动的现象称为(　　)。

A. 电泳　　　　　B. 电渗　　　　　C. 布朗运动　　　　D. 丁达尔效应

6. 易挥发溶质溶于溶剂之后可能会引起(　　)。

A. 沸点上升　　　B. 凝固点降低　　　C. 蒸气压上升　　　D. 渗透压下降

7. 500 mL 95％的乙醇溶液中含纯乙醇(　　)mL。

A. 500　　　　　B. 475　　　　　C. 100　　　　　D. 95

8. 用95％的乙醇溶液配制75％的乙醇200 mL，下面配制正确的是(　　)。

A. 量取95％乙醇溶液190 mL，用水稀释至200 mL，混匀。

B. 量取95％乙醇溶液190 mL，加水10 mL，混匀。

C. 量取95％乙醇溶液158 mL，用水稀释至200 mL，混匀。

D. 量取95％乙醇溶液158 mL，加水42 mL，混匀。

9. 用84消毒液按1∶200的比例配制5 L药液，用于公共场所的预防性消毒，应取84消毒液(　　)mL。

A. 5　　　　　B. 10　　　　　C. 20　　　　　D. 25

10. 欲配制(1＋3)盐酸溶液1 000 mL，应该量取浓盐酸(　　)mL。

A. 250　　　　　B. 200　　　　　C. 150　　　　　D. 100

二、填空题

1. 盐碱地不利于植物生长是由于盐碱地的渗透压_____(填写"<""＞"或"＝")植物细胞液的渗透压，所以易造成植物_____而死亡。

2. 海水结冰的温度比纯水结冰的温度_____。

3. 难挥发非电解质稀溶液的沸点升高、凝固点降低的本质是_____。

三、计算题

市售分析纯浓盐酸的质量分数为37％，密度为1.18 g/mL，求

(1)该溶液的物质的量浓度为多少？

(2)若制备1 L 0.1 mol/L的盐酸溶液，需取浓盐酸多少毫升？

扫码看答案

项目一自测题答案

项目二　化学平衡

【知识目标】

(1)理解化学平衡的特点和各因素对化学平衡移动的影响。

(2)理解酸碱质子理论的实质。

(3)理解缓冲溶液的组成和作用机理。

(4)理解沉淀溶解平衡过程及各因素的影响。

(5)理解配合物的组成、命名以及各因素的影响。

(6)理解原电池的基本原理，以及影响电极电势的因素。

【能力目标】

(1)能熟练运用化学平衡常数进行相关计算。

(2)能熟练进行溶液 pH 的计算。

(3)能熟练配制缓冲溶液，以及使用酸度计测定溶液 pH。

(4)能应用能斯特方程进行电极电势的相关计算。

【素质目标】

(1)培养学生探究问题及分析、归纳、解决问题的能力。

(2)培养学生“三农”情怀，弘扬中华传统文化。

(3)坚定历史自信、文化自信，树立社会主义核心价值观。

【思政课堂】

“青出于蓝而胜于蓝”——古代蓝印花布

大约在新石器时代，人们就已开始运用植物染料进行染色。蓝草，一种一年生草本植物，民间称其为蓝靛。蓝靛经过加工，可制成靛蓝，是纯天然蓝色染料，“青出于蓝而胜于蓝”。靛蓝来自蓝靛，但比蓝靛的颜色更深，色泽浓艳，色牢度非常好。天然靛蓝是由蓝染植物所萃取的泥状物，在一般常态下呈暗青色，它是天然染料中最重要的色素之一，也是人类运用最广、使用最普遍的传统染料。贵州《黎平府志》记载靛蓝的制作方法：“蓝靛名染草，黎郡有两种，大叶者如芥，细叶者如槐，九十月间割叶入靛池，水浸三日，蓝色尽出，投以石灰，则满池颜色皆收入灰内，以带紫色者为上。”将制作好的靛蓝与石灰或草木灰(用其调节溶液 pH 为 11～13)、发酵过的米酒(还原剂)、常温清水于染缸中混匀，便可下染。可见，酸碱度对靛蓝染料染色有重要影响。

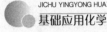

中华优秀传统文化源远流长、博大精深。我们必须坚定历史自信、文化自信，坚持古为今用，推陈出新。

<h1 style="text-align:center">任务一　化学平衡</h1>

一、化学平衡基本特征

在研究化学反应的过程中，预测反应的方向和限度是至关重要的。在各种化学反应中，反应物转化为产物的限度并不相同，目前所知，仅有少数的化学反应几乎能朝着一个方向进行到底，即反应物能全部转变为生成物，这类反应称为不可逆反应。例如 $HCl+NaOH \rightleftharpoons NaCl+H_2O$。大部分的反应是不能进行到底的，即反应物并不能全部转化为生成物，像这种在同一条件下，能同时向正、逆两个方向进行的化学反应称为可逆反应，反应物与生成物之间常用"$\rightleftharpoons$"表示，例如 $2N_2+3H_2 \rightleftharpoons 2NH_3$。习惯上，将化学反应方程式中从左向右进行的反应称为正反应，从右向左进行的反应称为逆反应。

在一定的温度条件下，可逆反应开始时，由于反应物浓度最大，正反应速率最大，逆反应速率为 0；随着反应的进行，反应物不断消耗，正反应速率不断减慢，产物浓度不断增加，逆反应速率逐渐加快。当反应进行到一定程度时，正反应速率与逆反应速率相等，反应体系中的反应物和产物的浓度不再发生变化，此时反应体系所处的状态称为化学平衡。正逆反应速率变化示意如图 2-1 所示。

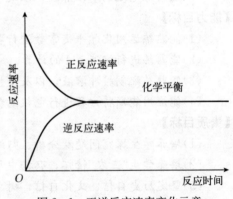

图 2-1　正逆反应速率变化示意

化学平衡具有以下特征：

(1)化学平衡状态最主要的特征是可逆反应的正、逆反应速率相等，只要外界条件不变，反应体系中各物质的浓度不随时间而变。

(2)化学平衡是一种动态平衡，反应体系达到平衡后，反应没有停止，正反应和逆反应始终进行着。

(3)化学平衡是有条件的。化学平衡只能在一定的外界条件下才能保持，一旦外界条件改变，正、逆反应速率将不再相等，原平衡就会被破坏，随后在新的条件下建立起新的平衡。

二、化学平衡常数

1. 实验平衡常数　化学反应达到平衡时，各物质的浓度称为平衡浓度。

大量实验研究证明：任何可逆反应，不管反应的初始状态如何，在一定温度下达到平衡状态时，反应体系中各生成物平衡浓度(或分压)幂的乘积与反应物平衡浓度(或分压)幂的乘积之比值为一个常数，这个常数称为化学平衡常数。

其中，以浓度表示的称为浓度平衡常数（K_c），以分压表示的称为压力平衡常数（K_P）。

对于有理想气体参与或生成的可逆反应，气体的压强、体积、物质的量、温度间的关系可用理想气体状态方程式表示：

$$pV=nRT \tag{2-1}$$

式中，p 为理想气体的压力（Pa 或 kPa）；V 为理想气体的体积（m^3 或 dm^3、L）；n 为气体物质的量（mol）；R 为理想气体常数，其数值为 8.314 Pa·m^3/(mol·K)；T 为热力学温度（K）。

对于任意一个可逆反应：

$$a\text{A}+b\text{B} \Longleftrightarrow y\text{Y}+z\text{Z}$$

在一定温度下，反应体系达到化学平衡时，从理论上可推导出下列定量关系式：

$$K_c=\frac{[c_\text{Y}]^y[c_\text{Z}]^z}{[c_\text{A}]^a[c_\text{B}]^b} \text{ 或 } K_P=\frac{[p_\text{Y}]^y[p_\text{Z}]^z}{[p_\text{A}]^a[p_\text{B}]^b} \tag{2-2}$$

式中，c_Y、c_Z、c_A、c_B 分别代表平衡时溶液中各物质的浓度（mol/L）；p_Y、p_Z、p_A、p_B 分别代表平衡时各物质（气体）的分压（kPa）。

由于 K_c 和 K_P 都是把实验测定值直接代入平衡常数表达式中计算所得，因此它们均属于实验平衡常数。

2. 标准平衡常数　实验平衡常数表达式中的浓度项或分压项分别除以标准浓度 $c^\ominus$（1 mol/L）或标准压力 $p^\ominus$（100 kPa）所得的平衡常数称为标准平衡常数，也称热力学平衡常数，简称平衡常数，用符号"$K^\ominus$"表示。

对于任一可逆反应：

$$a\text{A(g)}+b\text{B(aq)}+c\text{C(s)} \Longleftrightarrow x\text{X(g)}+y\text{Y(aq)}+z\text{Z(l)}$$

在一定温度下达到平衡时，标准平衡常数可表示为：

$$K^\ominus=\frac{[p_\text{X}/p^\ominus]^x[c_\text{Y}/c^\ominus]^y}{[p_\text{A}/p^\ominus]^a[c_\text{B}/c^\ominus]^b} \tag{2-3}$$

式中，p_X、p_A 分别表示平衡时各物质的分压；c_Y、c_B 分别表示平衡时各物质的浓度。平衡常数表达式中各组分浓度或分压均为平衡时的浓度或分压。

反应涉及纯固体、纯液体或稀溶液的溶剂时，其浓度视为 1，不必在平衡常数表达式中列出。对于非水溶液中的反应，若有水参加反应，水的浓度不能视为常数，应列入平衡常数表达式中。

表达式中各浓度或分压的指数要与配平的化学反应方程式相同。对于同一反应，若反应方程式不同，平衡常数的表达式和数值亦不相同。例如：

$$2\text{SO}_2(\text{g})+\text{O}_2(\text{g}) \Longleftrightarrow 2\text{SO}_3(\text{g}) \qquad K_1^\ominus=\frac{[p_{\text{SO}_3}/p^\ominus]^2}{[p_{\text{SO}_2}/p^\ominus]^2[p_{\text{O}_2}/p^\ominus]}$$

$$\text{SO}_2(\text{g})+\frac{1}{2}\text{O}_2(\text{g}) \Longleftrightarrow \text{SO}_3(\text{g}) \qquad K_2^\ominus=\frac{[p_{\text{SO}_3}/p^\ominus]}{[p_{\text{SO}_2}/p^\ominus][p_{\text{O}_2}/p^\ominus]^{\frac{1}{2}}}$$

$$2\text{SO}_3(\text{g}) \Longleftrightarrow 2\text{SO}_2(\text{g})+\text{O}_2(\text{g}) \qquad K_3^\ominus=\frac{[p_{\text{SO}_2}/p^\ominus]^2[p_{\text{O}_2}/p^\ominus]}{[p_{\text{SO}_3}/p^\ominus]^2}$$

显然，

$$K_1^{\ominus} = (K_2^{\ominus})^2 = \frac{1}{K_3^{\ominus}}$$

三、化学平衡常数的应用

利用平衡常数可以判断反应的程度和计算平衡组成等。

1. 判断反应进行的程度 平衡常数 $K^{\ominus}$ 是表明化学反应限度(即反应可能完成的最大程度)的一种特征值。平衡常数 $K^{\ominus}$ 越大,表示生成的产物越多,正反应进行得越完全,反之,平衡常数 $K^{\ominus}$ 越小,表示生成的产物越少,正反应进行程度越小。平衡常数 $K^{\ominus}$ 的大小取决于反应的本身,并与反应温度有关,而与物质的浓度(或分压)无关,也与反应的历程无关。

反应进行的程度也常用平衡转化率 α 表示,即

$$转化率(\alpha) = \frac{平衡时该物质已转化的量}{反应前该物质的总量} \times 100\% \tag{2-4}$$

2. 计算反应达到平衡时的组成

【例 2-1】 羰基硫(COS)可作为一种粮食熏蒸剂,能防止某些昆虫、线虫和真菌的危害。在恒容密闭容器中(容器体积为 V),将 CO 和 H_2S 混合加热(温度为 T)并达到下列平衡:

$$CO(g) + H_2S(g) \Longleftrightarrow COS(g) + H_2(g)$$

已知 $K^{\ominus} = 0.1$,反应前 CO 物质的量为 10 mol,达到平衡时 CO 物质的量为 8 mol,计算该条件下反应达到平衡时各物质的量和 CO 的平衡转化率。

解: 设反应前 H_2S 的物质的量为 n。

	$CO(g) +$	$H_2S(g) \Longleftrightarrow$	$COS(g) +$	$H_2(g)$
开始时物质的量/mol	10	n	0	0
转化了的物质的量/mol	$(10-8)$	2	2	2
平衡时物质的量/mol	8	$(n-2)$	2	2
平衡时分压/kPa	$8RT/V$	$(n-2)RT/V$	$2RT/V$	$2RT/V$

将各物质分压代入平衡常数表达式:

$$K^{\ominus} = \frac{[p_{COS}/p^{\ominus}][p_{H_2}/p^{\ominus}]}{[p_{CO}/p^{\ominus}][p_{H_2S}/p^{\ominus}]}$$

$$0.1 = \frac{[2RT/100V][2RT/100V]}{[8RT/100V][(n-2)RT/100V]}$$

解得

$$n = 7 \text{ mol}$$

可见,反应达到平衡时,H_2S 物质的量为 5 mol,COS、H_2 的物质的量均为 2 mol。

$$\alpha_{CO} = \frac{平衡时 CO 已转化的量}{反应前 CO 的总量} \times 100\% = \frac{2}{10} \times 100\% = 20\%$$

因此,该条件下反应达到平衡时,CO 的平衡转化率为 20%。

四、化学平衡常数的移动

化学平衡是动态平衡,一旦反应条件(如温度、浓度、压力等)发生改变,原有的平衡

状态将被打破，反应将自发地正向或逆向进行，直至在新的条件下建立新的平衡，在新建立的平衡状态下，反应体系中各物质的浓度与原平衡状态下各物质的浓度不相等。这种因反应条件变化而使可逆反应从一种平衡状态转变到另一种平衡状态的过程称为化学平衡的移动。在生产实际中，人们往往会控制反应条件，使反应向所期望的方向进行，从而得到更多的产品，因此，探讨化学平衡移动的规律是非常有意义的。

1. 浓度对化学平衡的影响　在一定的温度下，$K^\ominus$ 值一定。在其他条件不变的情况下，增加反应物的浓度或减小生成物的浓度，会使正反应速率加快，平衡向正反应方向移动；减小反应物的浓度或增大生成物的浓度，会使逆反应速率加快，平衡向逆反应方向移动。因此，在实际生产中，往往会适当增大廉价的反应物的浓度，使化学平衡向正反应方向移动，从而提高另一个价格较昂贵的反应物的转化率，以降低生产成本。

2. 压力对化学平衡的影响　对于有气体物质参加或生成的可逆反应，在恒温条件下，改变体系的总压力往往会引起化学平衡的移动。

对于任意一个可逆反应：

$$a\mathrm{A(g)} + b\mathrm{B(g)} \Longleftrightarrow y\mathrm{Y(g)} + z\mathrm{Z(g)}$$

(1)对于反应方程式两边气体分子总数不等的反应，总压力变化对化学平衡的影响如表 2-1 所示。

表 2-1　总压力变化对化学平衡的影响

压力变化	平衡移动	
	$a+b<y+z$ 气体分子总数增加的反应	$a+b>y+z$ 气体分子总数减少的反应
体系总压力增加	平衡向逆反应方向移动	平衡向正反应方向移动
体系总体积压缩	均向气体分子总数减少的方向移动	
体系总压力减小	平衡向正反应方向移动	平衡向逆反应方向移动
体系总体积增大	均向气体分子总数增加的方向移动	

(2)对于反应方程式两边气体分子总数相等的反应，即 $a+b=y+z$，由于体系总压力的改变，同等程度地改变反应物和生成物的分压(降低或增加同等倍数)，故对平衡不发生影响。

(3)在平衡中加入与反应体系无关(即不参与反应)的气体，对平衡移动是否有影响，要视反应条件而定：在定温定容条件下，虽然加入的无关气体增加了系统的总压力，但并未改变系统中各组分的分压，平衡不发生移动。在定温定压条件下，由于加入无关气体而使系统总体积增加，导致平衡向降低气体总体积的方向移动(即向气体分子数增加的方向移动)。

3. 温度对化学平衡的影响　浓度、压力对化学平衡的影响是由于改变了平衡时各物质的浓度，但不改变平衡常数 $K^\ominus$。平衡常数 $K^\ominus$ 是温度的函数，当温度变化时，平衡常数 $K^\ominus$ 会随之发生改变。在其他条件不变时，升高平衡体系的温度，平衡向着吸热反应的方向移动；降低平衡体系的温度，平衡向着放热反应的方向移动。

4. 催化剂和化学平衡　催化剂能同等程度地改变正、逆反应速率，对尚未达到平衡的可逆反应体系，可以在不升高温度的条件下，缩短到达平衡的时间，提高生产效率。但催化剂既不能改变标准平衡常数，也不能改变平衡组成。因此，催化剂不会影响化学平衡状态。

1888年，法国化学家勒夏特列提出了一个关于平衡移动的普遍规律：当体系达到平衡后，若改变平衡状态的任一条件(如浓度、压力、温度等)，平衡就向减弱这个改变的方向移动。这个规律称为勒夏特列原理。此原理既适用于化学平衡体系，也适用于物理平衡体系，但只适用于已达平衡的体系，而不适用于非平衡体系。

任务二　酸碱平衡

酸和碱是两类最常见的化学物质，工农业生产、日常生活及动植物的生长环境变化等都与酸碱反应有关。例如，常用的改良酸性土壤的碱是氢氧化钙(熟石灰)、氧化钙(生石灰)；奶牛精饲料喂量过多会导致瘤胃酸中毒；人体经过剧烈运动后，肌肉中会产生乳酸；保证生命体中体液的酸度平衡是各种生化反应正常进行的前提和保证。

一、酸碱理论

(一)酸碱电离理论

人类对酸碱的认识经历了漫长的时间。1884年，瑞典化学家阿伦尼乌斯(S. A. Arrhenius)提出了酸碱电离理论，首次定义了酸和碱。阿伦尼乌斯指出，电解质在水溶液中电离生成阴、阳离子。酸是在水溶液中电离时只生成氢离子(H^+)(一种阳离子)的物质；碱是在水溶液中电离时只生成氢氧根离子(OH^-)(一种阴离子)的物质。酸碱中和反应的实质就是 H^+ 和 OH^- 反应生成水，酸碱的相对强弱可以根据它们在水溶液中解离出 H^+ 或 OH^- 程度的大小来衡量。

酸碱电离理论对化学科学的发展起到了积极作用，直到现在仍普遍地应用着。但这一理论存在局限性，对水溶液中的一些现象无法解释，如对 Na_2CO_3、Na_3PO_4 水溶液呈碱性，$Al_2(SO_4)_3$、$FeCl_3$ 呈酸性等现象无法解释，碱仅限于氢氧化物。另外，该理论把酸和碱仅限于水溶液，对非水溶液中的酸碱反应无法解释，比如反应 $NH_3(g)+HCl(g)\Longrightarrow NH_4Cl(s)$ 不被认为是酸碱反应。为了克服电离理论的局限性，布朗斯特和劳莱提出了酸碱质子理论。

(二)酸碱质子理论

1. 酸碱的定义　酸碱质子理论认为：凡是能给出质子的物质是酸，凡是能接受质子的物质是碱。该理论是按照质子转移的观点来定义酸和碱的。它们之间的关系可以表示为：酸$\longrightarrow$质子＋碱，这里的酸和碱可以是分子，也可以是阴、阳离子。

例如：
$$HA(酸)\longrightarrow H^++A^-(共轭碱)$$

酸(HA)给出质子后生成相应的碱(A^-)，反过来，碱(A^-)接受质子便可生成相应的酸(HA)，酸 HA 和碱 A^- 总是成对出现，这样一对相互依存的酸碱的关系称为共轭关系，这对酸碱称为共轭酸碱对。酸(HA)给出质子后生成的碱(A^-)称为这种酸(HA)的共轭碱

（A⁻），碱（A⁻）接受质子后生成的酸（HA）称为这种碱（A⁻）的共轭酸（HA）。很显然，酸越强，它的共轭碱就越弱；反之，酸越弱，它的共轭碱就越强。

2. 酸碱反应 根据酸碱质子理论，酸碱反应的实质就是酸失去质子，碱得到质子的过程，这个过程可以用以下通式表示：

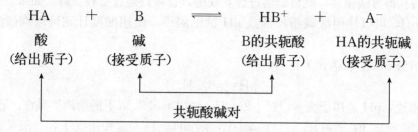

例如：

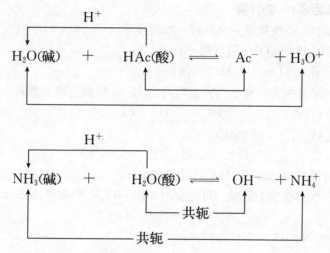

从上述两个反应中发现，水可以给出质子被定义为酸，也可以接受质子被定义为碱，因此水实际上是一种两性物质。可见，与电离理论相比，酸碱质子理论扩大了酸碱及酸碱反应的范围。

二、水的解离平衡

用精密的电导仪测量，发现纯水有极微弱的导电能力，因为在纯水中存在水的解离平衡：

$$H_2O(l) \rightleftharpoons H^+(aq) + OH^-(aq)$$

水解离平衡常数表达式为：

$$K_w^\ominus = [H^+][OH^-] \qquad (2-5)$$

$K_w^\ominus$ 称为水的离子积常数，下标 w 表示水，$K_w^\ominus$ 不受溶质浓度的影响，但由于水的解离反应是比较强烈的吸热反应，所以 $K_w^\ominus$ 随温度的升高而增大，如 298 K（25℃）时，$K_w^\ominus = 1.0 \times 10^{-14}$，373 K（100℃）时，$K_w^\ominus = 1.0 \times 10^{-12}$。

注意：一定温度下，无论是在中性、酸性还是碱性的稀水溶液中，H^+ 和 OH^- 浓度的乘积均等于该温度下的 $K_w^\ominus$。

三、溶液的酸碱性与 pH

溶液的酸碱性取决于溶液中$[H^+]$与$[OH^-]$的相对大小，常用 pH 或 pOH 来表示。溶液 pH 的获得方法很多，既可以通过计算获得，也可以通过实验获得。如果只需知道溶液的大致 pH，可以使用酸碱指示剂或 pH 试纸测得，使用酸度计则可以准确测出溶液的 pH。

计算溶液 pH 的表达式为：

$$pH = -\lg[H^+] \tag{2-6}$$

一般来说，pH 适用于表示$[H^+]$或$[OH^-]$在 1 mol/L 以下的溶液酸碱性。若$[H^+] >$ 1 mol/L，则 pH < 0；若$[OH^-] >$ 1 mol/L，则 pH > 14，这种情况下，一般就直接写出$[H^+]$或$[OH^-]$，而不用 pH 表示。

(一)强酸强碱溶液 pH 的计算

在稀的水溶液中，强酸强碱完全离解，水溶液中$[H^+]$或$[OH^-]$直接按分析浓度进行计算即可，水电离的 H^+ 和 OH^- 可忽略不计。

【例 2-2】 计算 0.01 mol/L HCl 溶液的 pH。

解： HCl 在水溶液中为强酸，可完全电离出 H^+，根据电离方程式

$$HCl \Longrightarrow H^+ + Cl^-$$

可得$[H^+] = [HCl] = 0.01$ mol/L

$$pH = -\lg[H^+] = -\lg 0.01 = 2$$

【例 2-3】 计算 0.01 mol/L NaOH 溶液的 pH。

解： NaOH 在水溶液中为强碱，可完全电离出 OH^-，根据电离方程式

$$NaOH \Longrightarrow Na^+ + OH^-$$

可得$[OH^-] = [NaOH] = 0.01$ mol/L

$$pH = -\lg[H^+] = -\lg \frac{K_w^\ominus}{[OH^-]} = -\lg \frac{1.0 \times 10^{-14}}{0.01} = 12$$

(二)弱酸(或弱碱)溶液 pH 的计算

根据阿伦尼乌斯电离理论，弱酸弱碱在水溶液中大部分以分子形式存在，少部分会发生解离生成离子。只能给出一个质子的，称为一元弱酸；能给出多个质子的，称为多元弱酸。只能接受一个质子的，称为一元弱碱；能接受多个质子的，称为多元弱碱。弱酸弱碱在水溶液中的解离平衡完全服从化学平衡移动的一般规律。

1. 解离度 弱电解质在溶剂中达到解离平衡后，已解离的弱电解质分子百分数，称为解离度，用字母"α"表示。实际应用时可用对应浓度百分数来表示：

$$解离度(\alpha) = \frac{解离部分弱电解质浓度}{未解离前弱电解质浓度} \times 100\%$$

对于一元弱酸 HA，在水中存在解离平衡：

$$HA \Longrightarrow H^+ + A^-$$

$$解离度(\alpha) = \frac{[H^+]}{[HA]} \times 100\%$$

解离度是表征弱电解质解离程度大小的特征常数，在温度、浓度相同条件下，α 越小，电解质越弱。

2. 一元弱酸(或弱碱)溶液 pH 的计算　对于一元弱酸 HA，若其解离常数 $K_a^{\ominus} \gg$ 水的离子积常数 $K_w^{\ominus}$，且其浓度 $c(\text{mol/L})$ 不小，则水本身电离的 H^+ 非常少可以忽略不计，达解离平衡时：

$$HA \Longrightarrow H^+ + A^-$$

当 $c/K_a^{\ominus} \geqslant 500$，则 HA 的解离度 $\alpha \leqslant 5\%$，$[H]^+$ 的计算误差 $\leqslant 2.2\%$，可以满足一般运算要求，此时 $[H^+] \ll c$，即 $[HA] \approx c$，则可得最简式

$$K_a^{\ominus} = \frac{[H^+][A^-]}{[HA]} = \frac{[H^+]^2}{c}$$

$$[H^+] = \sqrt{c \times K_a^{\ominus}} \qquad (2-7)$$

$$\alpha = \frac{[H^+]}{[HA]} \times 100\% = \frac{\sqrt{c \times K_a^{\ominus}}}{c} \qquad (2-8)$$

同理，对于浓度为 $c(\text{mol/L})$ 的一元弱碱，当 $c/K_b^{\ominus} \geqslant 500$，$[OH^-] \ll c$ 时，一元弱碱 BOH 溶液的 $[OH^-]$ 的计算公式可简化为最简式

$$[OH^-] = \sqrt{c \times K_b^{\ominus}} \qquad (2-9)$$

$$\alpha = \frac{[OH^-]}{[HB]} \times 100\% = \frac{\sqrt{c \times K_b^{\ominus}}}{c} \qquad (2-10)$$

【例 2-4】　(1)计算 298 K 时，0.10 mol/L HAc 溶液的 pH 及 HAc 的解离度 α(298 K 时，$K_a^{\ominus}(\text{HAc}) = 1.76 \times 10^{-5}$)。

(2)在该溶液中加入 NaAc，使 NaAc 浓度达到 0.10 mol/L，求此时溶液的 pH。

解：(1)先判断能否用最简式：由于

$$\frac{c}{K_a^{\ominus}} = \frac{0.1}{(1.76 \times 10^{-5})} \gg 500$$

因此，可用式(2-7)计算溶液 $[H^+]$

$$[H^+] = \sqrt{c \times K_a^{\ominus}}$$
$$= \sqrt{0.10 \times 1.76 \times 10^{-5}}$$
$$= 1.33 \times 10^{-3} (\text{mol/L})$$

$$pH = -\lg[H^+] = -\lg(1.33 \times 10^{-3}) = 2.88$$

$$\alpha = \frac{[H^+]}{[HA]} \times 100\% = \frac{1.33 \times 10^{-3}}{0.10} \times 100\% = 1.33\%$$

(2)设加入 NaAc 后溶液 $[H^+]$ 为 $x(\text{mol/L})$，则

$$\begin{array}{cccc} & HAc & \Longrightarrow & H^+ & + & Ac^- \end{array}$$

平衡浓度/(mol/L)　　　$(0.10-x)$　　　x　　　$(0.10+x)$

$$\approx 0.10 \qquad\qquad \approx 0.10$$

$$K_a^{\ominus} = \frac{[H^+][Ac^-]}{[HAc]} = \frac{0.10x}{0.10} = 1.76 \times 10^{-5}$$

$$x = 1.76 \times 10^{-5}$$

$$pH = -lg[H^+] = -lg(1.76 \times 10^{-5}) = 4.75$$

3. 多元弱酸（或弱碱）溶液 pH 的计算 多元弱酸、弱碱在水溶液中的解离是分级进行的，每一级都有相应的解离常数。例如，二元弱酸 H_2S 在水溶液中的解离分两级进行：

第一级 $\qquad H_2S \rightleftharpoons H^+ + HS^- \qquad K_{a_1}^{\ominus} = 1.1 \times 10^{-7}$

第二级 $\qquad HS^- \rightleftharpoons H^+ + S^{2-} \qquad K_{a_2}^{\ominus} = 1.3 \times 10^{-13}$

可见，多元弱酸的解离常数逐级减小，且 $K_{a_1}^{\ominus} \gg K_{a_2}^{\ominus}$，这是因为第一级解离出的 H^+ 对第二级解离有抑制作用，因此，多元弱酸的强弱主要取决于 $K_{a_1}^{\ominus}$ 的大小，溶液中的 H^+ 主要来自第一级解离反应，当 $c/K_{a_1}^{\ominus} \gg 500$ 时，$[H^+] = \sqrt{c \times K_{a_1}^{\ominus}}$。

任务三　缓冲溶液

一般的水溶液，当外加少许酸、碱或水时，其 pH 会发明显的变化，但许多化学反应和生产过程常常要求控制在一定的 pH 范围内进行。例如健康人血液 pH 总是维持在 7.35~7.45，一旦超过该范围，就会影响细胞代谢的正常进行和整个机体的生存，发生酸中毒或碱中毒现象，甚至危及生命。水稻最适宜生长的土壤 pH 是 6~7，土壤 pH 低于 5.0 或高于 7.0 会显著影响水稻的生长发育。在容量分析中，某些指示剂要在一定的 pH 范围内才能显示所需要的颜色。因此，在生产、科研和生命活动中如何维持系统的 pH 相对稳定是一个重要问题。

一、缓冲溶液的定义和组成

1. 定义 能够抵抗少量外加强酸、强碱或加水稀释的影响，而保持本身 pH 相对稳定的溶液称为缓冲溶液。

2. 组成 缓冲溶液通常有以下几种：

由弱酸及其共轭碱组成，如 HAc-NaAc。

由弱碱及其共轭酸组成，如 $NH_3 \cdot H_2O - NH_4Cl$。

由多元弱酸的两种盐组成，如 $NaH_2PO_4 - Na_2HPO_4$。

组成缓冲溶液的弱酸及其共轭碱或弱碱及其共轭酸，称为缓冲对或缓冲系。

土壤中，硅酸、磷酸、腐殖酸与其盐组成缓冲对，pH 5.0~8.0 的土壤适合农作物生长。

二、缓冲作用原理

以 HAc-NaAc 缓冲溶液为例。NaAc 为强电解质，可电离成 Na^+ 和 Ac^-；HAc 为弱酸，存在如下酸碱平衡：

$$HAc \rightleftharpoons H^+ + Ac^-$$

由于同离子效应，HAc 离解度降低，溶液中大量存在 HAc 和 Ac^-。

① 当外加入少量 H^+，溶液的 $[H^+]$ 增加，导致平衡向左移动，H^+ 与 Ac^- 反应生成 HAc 而消耗了加入的 H^+，溶液的 $[H^+]$ 几乎不增加，pH 几乎不变。可见，共轭碱 Ac^-

起抗酸作用，称为抗酸成分。

② 当外加少量 OH^-，OH^- 与溶液中的 H_3O^+ 反应生成水，OH^- 几乎不变，溶液 pH 几乎不变。可见，共轭酸 HAc 起抗碱作用，因此被称为抗碱成分。

注意：缓冲溶液的缓冲能力是有一定限度的。如果向其中加入大量强酸或强碱，当溶液中的抗酸成分或抗碱成分消耗将尽时，它就没有缓冲能力了。

三、缓冲溶液 pH 的计算

以弱酸及其共轭碱（HA‑A^-）组成的缓冲溶液为例进行推导。

令弱酸 HA 初始浓度为 $c_{酸}$，共轭碱 A^- 初始浓度为 $c_{共轭碱}$，在缓冲溶液中，弱酸存在解离平衡：

$$HA \rightleftharpoons H^+ + A^-$$

根据化学平衡理论

$$K_a^\ominus = \frac{[H^+][A^-]}{[HA]}$$

由于同离子效应，HA 解离度很小，所以上式中 $[HA] \approx c_{酸}$，$[A^-] \approx c_{共轭碱}$

$$[H^+] = K_a^\ominus \frac{c_{酸}}{c_{共轭碱}}$$

$$pH = -\lg[H^+] = pK_a^\ominus - \lg \frac{c_{酸}}{c_{共轭碱}} \qquad (2-11)$$

同理，可推导出弱碱及其共轭酸组成的缓冲溶液的 pH 计算公式为：

$$pOH = -\lg[OH^-] = pK_b^\ominus - \lg \frac{c_{碱}}{c_{共轭酸}} \qquad (2-12)$$

【例 2‑5】 （1）计算由 0.10 mol/L NH_3(aq) 和 0.20 mol/L NH_4Cl 组成的缓冲溶液的 pH。

（2）若往 100.00 mL 该缓冲溶液中加入 1.00 mL 0.10 mol/L 的 HCl 溶液，溶液 pH 变为多少[298 K 时，$K_b^\ominus(NH_3) = 1.8 \times 10^{-5}$]？

解：（1）根据题意，可得

$$pOH = -\lg[OH^-] = pK_b^\ominus - \lg \frac{c_{碱}}{c_{共轭酸}}$$

$$= -\lg(1.8 \times 10^{-5}) - \lg \frac{0.10}{0.20}$$

$$= 4.74 + 0.30 = 5.04$$

$$pH = 14 - pOH = 14 - 5.04 = 8.96$$

（2）加入 1.00 mL 0.10 mol/L 的 HCl 溶液后，溶液体积为 101.00 mL，并发生如下反应：

$$NH_3 + HCl = NH_4Cl$$

此时，溶液中 NH_3 和 NH_4Cl 的浓度发生了变化

$$c_{NH_3} = \frac{0.10 \times 100.00 - 0.10 \times 1.00}{100.00 + 1.00} = 0.098 \text{ mol/L}$$

$$c_{NH_4Cl} = \frac{0.20 \times 100.00 + 0.10 \times 1.00}{100.00 + 1.00} = 0.199 \text{ mol/L}$$

$$pOH = -lg[OH^-] = pK_b^{\ominus} - lg\frac{c_{碱}}{c_{共轭酸}}$$

$$= -lg(1.8 \times 10^{-5}) - lg\frac{0.098}{0.199}$$

$$= 4.74 + 0.31 = 5.05$$

$$pH = 14 - pOH = 14 - 5.05 = 8.95$$

计算表明，在缓冲溶液中加入少量强酸(HCl)后，溶液的 pH 只改变了 0.01，基本保持不变。

四、缓冲容量和缓冲范围

缓冲容量是指使 1 L 缓冲溶液的 pH 改变 1 个单位时所需外加的强酸或强碱的物质的量。缓冲容量是衡量缓冲溶液缓冲能力大小的尺度。

缓冲容量的大小与缓冲溶液的总浓度及其缓冲比 $\left(\dfrac{c_{酸}}{c_{共轭碱}} 或 \dfrac{c_{碱}}{c_{共轭酸}}\right)$ 有关。当缓冲比一定时，总浓度越大，缓冲容量越大；当缓冲溶液的总浓度一定时，缓冲比越接近 1，缓冲容量越大；当缓冲比等于 1 时，缓冲容量最大，缓冲能力最强。

缓冲溶液的缓冲作用都有一个有效的 pH 范围，这个 pH 范围被称为缓冲范围。通常酸式缓冲溶液的缓冲范围为：

$$pH = pK_a^{\ominus} \pm 1 \tag{2-13}$$

碱式缓冲溶液的缓冲范围为：

$$pH = 14 - (pK_b^{\ominus} \pm 1) \tag{2-14}$$

五、缓冲溶液的配制

(1)选择合适的缓冲对。选择的缓冲溶液不能参与反应，对测定过程没有干扰。缓冲溶液应具有足够的缓冲容量(0.01～1.0 mol/L)，以满足实际工作的需要。所需控制的 pH 应在缓冲溶液的缓冲范围之内，如果缓冲溶液由弱酸及其共轭碱组成，则选择 pK_a 与所控制 pH 最接近的弱酸；如果缓冲溶液由弱碱及其共轭酸组成，则选择 pK_b 与所控制 pOH 最接近的弱碱。此外，药用或食用缓冲溶液还必须考虑是否具有毒性，如硼酸-硼酸盐缓冲溶液有毒，不能作为口服剂或注射剂的缓冲溶液。

(2)利用式(2-11)或式(2-12)计算缓冲溶液的缓冲比。

(3)根据计算结果进行溶液配制。

【例 2-6】 欲配制 500 mL pH=5.00 的缓冲溶液，应选用 NH_3-NH_4Cl、HAc-NaAc、HCOOH-HCOONa 中的哪一缓冲对？若该缓冲对溶液的初始浓度均为 1.0 mol/L，应如何配制？

解： 根据题意，所选缓冲对中弱酸应满足：pH=$pK_a^{\ominus} \pm 1$，因此 $pK_a^{\ominus}$ 应在 4～6，并且应最接近 5。经查表可知

$$pK_{\ominus NH_4^+}=14-pK_{\ominus NH_3}=14-4.73=9.27$$

$$pK_{\ominus HAc}=4.73 \qquad pK_{\ominus HCOOH}=3.75$$

应选择 HAc – NaAc 缓冲对。

根据式(2-11),可得

$$pH=pK_a^{\ominus}-\lg\frac{c_{酸}}{c_{共轭碱}}$$

$$\frac{c_{HAc}}{c_{NaAc}}=0.54$$

若 HAc – NaAc 缓冲对溶液的初始浓度均为 $1.0\,mol/L$,设取 HAc 溶液体积为 $x(L)$,NaAc 溶液体积为 $0.5-x$,则

$$\frac{c_{HAc}}{c_{NaAc}}=\frac{1.0\,mol/L\times x}{1.0\,mol/L\times(0.5-x)}=0.54$$

$$x=0.175\,L \qquad 0.5-x=0.325\,L$$

即取 $175\,mL$ $1.0\,mol/L$ 的 HAc 溶液与 $325\,mL$ $1.0\,mol/L$ 的 NaAc 溶液混合均匀,可得 pH＝5.00 的缓冲溶液 $500\,mL$。

【课堂活动 2-1】

　　欲配制 $500\,mL$ pH＝9.00 的缓冲溶液,应在 $0.50\,mol/L$ NH_3 溶液中加入 NH_4Cl 固体多少克(忽略体积变化)?

扫码看答案

课堂活动 2-1

　　由于式(2-11)和式(2-12)均为近似计算,因此根据公式计算配制的缓冲溶液 pH 只是近似值,只能满足一般化学反应的酸度控制要求。如果要配制要求严格的标准缓冲溶液,需要根据标准配方和操作要求进行配制,通常无须进行计算,配制完成后,再用酸度计检测其 pH。

【知识拓展】

　　生物制剂往往使用等渗磷酸盐缓冲溶液($0.01\,mol/L$,pH 7.4,PBS),以调节生物制剂溶液的酸碱度和渗透压,延长制剂的保存时间,同时提高人体对制剂的耐受性。pH 7.4 的等渗磷酸盐缓冲溶液配制时,将 NaCl $8.0\,g$、KH_2PO_4 $0.2\,g$、$Na_2HPO_4 \cdot 12H_2O$ $2.9\,g$、KCl $0.2\,g$ 按次序加入定量容器中,加适量蒸馏水溶解后,再定容至 $1\,000\,mL$,调 pH 至 7.4,高压消毒灭菌 $112\,kPa$ $20\,min$,冷却后,保存于 4℃冰箱中备用。

任务四 沉淀溶解平衡

溶解度是指在一定温度下，达到溶解平衡时（即形成饱和溶液），一定量溶剂中所含溶质的质量，用 S 表示。如果水作为溶剂，则表示为 $g/100\ g\ H_2O$。习惯上，根据溶解度的不同，可以将电解质分为 3 类：

可溶物质：溶解度 $>1\ g/100\ g\ H_2O$。

难溶物质：溶解度 $<0.01\ g/100\ g\ H_2O$。

微溶物质：$0.01\ g/100\ g\ H_2O<$溶解度 $<1\ g/100\ g\ H_2O$。

一、沉淀平衡和溶度积常数

在一定温度下，将难溶强电解质 AgCl 晶体与水混合，会有一部分 Ag^+ 和 Cl^- 在水分子的吸引下，以水合离子的形式离开晶体表面而进入水中，这一过程称为沉淀的溶解。同时，已溶解的部分 Ag^+ 和 Cl^- 又回到 AgCl 晶体表面而析出，这一过程称为沉淀的生成。经过一段时间后，溶解与沉淀的速率相等，即达到溶解-沉淀平衡，此时溶液达到饱和。

对于一般难溶强电解质(A_mB_n)，在一定的温度下，其在水溶液中的溶解平衡通式可表示为：

$$A_mB_n(s) \underset{\text{沉淀}}{\overset{\text{溶解}}{\rightleftharpoons}} m\,A^{n+}(aq) + n\,B^{m-}(aq)$$

溶解平衡常数表达式为

$$K_{sp}^{\ominus}(A_mB_n) = [A^{n+}]^m [B^{m-}]^n$$

$K_{sp}^{\ominus}(A_mB_n)$ 称为溶度积常数（简称溶度积），它表明在一定温度下，难溶电解质的饱和溶液中，各离子浓度幂的乘积为一常数。$K_{sp}^{\ominus}(A_mB_n)$ 的大小反映了难溶电解质的溶解程度，其值与温度有关，与浓度无关。

二、溶度积规则

对于一般难溶强电解质(A_mB_n)，存在解离平衡

$$A_mB_n(s) \rightleftharpoons m\,A^{n+}(aq) + n\,B^{m-}(aq)$$

任一状态时，离子浓度幂的乘积称为离子积，用 Q_i 表示

$$Q_i = c(A^{n+})^m \cdot c(B^{m-})^n$$

对于一给定的难溶电解质溶液，其 Q_i 和 $K_{sp}^{\ominus}$ 之间存在 3 个可能情况，称为溶度积规则：

(1)当 $Q_i < K_{sp}^{\ominus}$ 时，溶液为不饱和溶液，此时平衡向溶解方向移动。

(2)当 $Q_i = K_{sp}^{\ominus}$ 时，溶液为饱和溶液，此时溶液处于沉淀-溶解平衡状态。

(3)当 $Q_i > K_{sp}^{\ominus}$ 时，溶液为过饱和溶液。此时平衡向沉淀生成方向移动，直到溶液达到饱和。

根据溶度积规则可见，通过控制难溶电解质溶液中某离子的浓度，可以改变其 Q_i，

从而使沉淀生成或沉淀溶解。

三、影响沉淀溶解度的因素

1. 同离子效应 在电解质饱和溶液中加入跟该电解质有相同离子的强电解质，使平衡向沉淀生成的方向移动，从而降低原电解质的溶解度，这种现象称为同离子效应。例如，在 $BaSO_4$ 饱和溶液中加入强电解质 Na_2SO_4，由于 Na_2SO_4 完全电离，溶液中 $[SO_4^{2-}]$ 增大，使得沉淀的溶解平衡向逆反应方向移动，直到建立新的平衡。

$$BaSO_4(s) \Longleftrightarrow Ba^{2+}(aq) + SO_4^{2-}(aq)$$

$$\xleftarrow{\text{平衡向逆反应方向移动}}$$

$$Na_2SO_4(s) \longrightarrow 2Na^+(aq) + SO_4^{2-}(aq)$$

达到新平衡时，溶液中 $[Ba^{2+}]$ 比原平衡中 $[Ba^{2+}]$ 更小，即 $BaSO_4$ 的溶解度降低了。可见，利用同离子效应，加入适当的沉淀剂可以使某种离子沉淀得更完全。一般来说，离子浓度小于 10^{-5} mol/L 时，可以认为沉淀基本完全。

【知识关联】

在弱电解质溶液中加入跟该电解质有相同离子的强电解质，可以降低弱电解质的电离度，这种现象称为同离子效应。

2. 盐效应 在弱电解质、难溶电解质和非电解质的水溶液中，加入非同离子的无机盐，能改变溶液的活度系数，从而改变离解度或溶解度，这一效应称为盐效应。盐效应可以使难溶物质的溶解度增大。

例如，$AgCl$ 在 KNO_3 溶液中的溶解度比其在纯水中的溶解度大，并且 KNO_3 的浓度越大，$AgCl$ 溶解度也越大（图 2-2）。这是由于加入易溶强电解质后，溶液中各种离子总浓度增大，离子间的静电作用增强，使得 Ag^+ 周围有更多的阴离子（主要是 NO_3^-），Cl^- 周围也有更多的阳离子（主要是 K^+），从而减缓了 Ag^+ 和 Cl^- 结合生成 $AgCl$ 沉淀的过程，平衡向沉淀溶解的方向移动，使得难溶物质的溶解度增大。

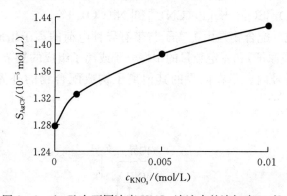

图 2-2 $AgCl$ 在不同浓度 KNO_3 溶液中的溶解度（25℃）

不但加入不具有相同离子的电解质能产生盐效应，而且加入具有相同离子的电解质，在产生同离子效应的同时，也会产生盐效应。因此，在利用同离子效应降低沉淀溶解度时，沉淀试剂不能过量太多，否则将会引起盐效应，反而使沉淀的溶解度增大。一般沉淀剂过量 $50\%\sim100\%$，而对于非挥发性沉淀剂，以过量 $20\%\sim30\%$ 为宜。

四、溶解度和溶度积的相互换算

利用溶度积可以计算难溶电解质的溶解度。在进行溶度积和溶解度的相互换算时，难溶电解质的溶解度(S)单位应采用 mol/L。

【例 2 - 7】 经查表可知，25℃时 $K_{sp}^{\ominus}(Ag_2CrO_4)=1.12\times10^{-12}$，试求 $Ag_2CrO_4(s)$ 在水中的溶解度。

解： 设 Ag_2CrO_4 在水中的溶解度为 s，

$$Ag_2CrO_4(s)\rightleftharpoons 2\,Ag^+(aq)+CrO_4{}^{2-}(aq)$$

平衡时浓度/(mol/L)　　2S　　　　　S

$$K_{sp}^{\ominus}(Ag_2CrO_4)=[Ag^+]^2[CrO_4{}^{2-}]=(2S)^2\times S=1.12\times10^{-12}$$

$$4S^3=1.12\times10^{-12}$$

$$S=6.54\times10^{-5}(mol/L)$$

注意，由于难溶电解质受到解离程度、离子对、水解和分步解离等因素的影响，因此由溶度积和溶解度相互计算得到的结果往往存在一定的偏差，实测溶解度往往会大于计算所得的溶解度。

任务五　配位平衡

一、配位化合物的基本概念

1. 配位化合物的定义　配位化合物是由可提供孤对电子的一定数目的离子或分子(统称为配体)和接受孤对电子的原子或离子(统称为形成体)按照一定组成和空间构型所形成的化合物，简称为配合物。简而言之，配合物是由形成体与配体以配位键结合而成的复杂化合物，如 $[Cu(NH_3)_4]SO_4$、$K_4[Fe(CN)_6]$ 和 $[Ni(CO)_4]$ 等。

2. 配合物的组成　配合物是由配离子与带有异种电荷的离子组成的中性化合物。配离子是由中心离子(或原子)和一定数目的中性分子或离子组成的复杂离子，这是配合物的内界，通常写在方括号内。不在内界的其他离子构成配合物的外界。有的配合物没有外界。

例如：

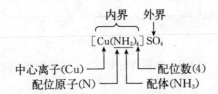

（1）中心离子。中心离子（或原子）是配合物的形成体，它直接接受配体的孤对电子，所以必须具有空轨道，是配合物的核心部分。常见的形成体是金属离子（或原子），最常见的是过渡金属离子（或原子）。

（2）配体和配位原子。配体是可提供孤对电子的分子或离子，如 NH_3、H_2O、F^-、Cl^-、Br^-、I^-、OH^-、CN^-、CO、SCN^-、$H_2N—CH_2—CH_2—NH_2$（乙二胺，简写为 en）等。

配位原子：配体中直接提供孤对电子与中心离子成键的原子称为配位原子。

根据配体中配位原子数的多少，可将配体分为单齿配体和多齿配体。

单齿配体：一个配体中只含一个配位原子，如 F^-、Cl^-、NH_3、H_2O 等。

多齿配体：一个配体中含有两个或两个以上配位原子的配体，它们与中心离子（或原子）形成多个配位键，形成环状结构的配合物。这类配体多数为有机化合物，其中较为简单和常见的是乙二胺。

有机配体特别是氨羧配体中含有配位能力很强的氨氮和羧氧，例如含有 6 个配位原子的配体乙二胺四乙酸（EDTA）能与多数金属离子形成稳定的可溶性配合物。

（3）配位数。一个中心离子（或原子）所能结合的配位原子的总数称为该中心离子（或原子）的配位数。

注意：配位数不同于配体数，因为有单齿配合物与多齿配合物之分。对于某一中心离子，常表现出有一个特征配位数，且多为偶数。一般常见的配位数有 2、4、6、8，最常见的是 4 和 6。

中心离子	中心离子电荷	配位数
Ag^+，Cu^+	+1	2
Cu^{2+}，Pb^{2+}，Zn^{2+}，Hg^{2+}	+2	4
Fe^{2+}，Fe^{3+}，Co^{2+}，Co^{3+}，Cr^{3+}	+3(+2, +4)	6

（4）配离子的电荷数。配离子的电荷数等于中心离子的电荷与配体电荷的代数和，如 $[CO(NH_3)_5Cl]_n$，配离子电荷为 $+3+0+(-1)=+2$，也可由外界离子电荷确定配离子电荷，如 $[CO(NH_3)_5Cl]_nCl_2$，则 $n=2$。

有时中心离子与配体电荷的代数和为零，此时配合物无外界，如 $[Ni(CO)_4]$。

3. 配合物的分类 配合物的种类繁多，目前一般按中心离子（或原子）与配体之间的键合情况大致可分为简单配合物与螯合物。

简单配合物：由一个中心离子（或原子）与单齿配体形成，如 $K_2[PtCl_6]$、$[Ag(NH_3)_2]Cl$、$[Fe(H_2O)_6]Cl_3$ 等。

螯合物：由中心离子（或原子）与多齿配体形成，具有环状结构，如 Cu^{2+} 与两个乙二胺形成有两个五原子环的螯合物。

另外，还有多核配合物、羰基配合物和不饱和烃配合物等。

4. 配合物的化学式与命名

（1）配合物化学式书写。书写配合物化学式时，阳离子在前，阴离子在后，如 $[Co(NH_3)_2Cl_4]^-$、$K_4[Fe(CN)_6]$。

（2）配合物的命名。

① 命名配合物时，阴离子为简单离子的配位化合物称为"某化某"，阴离子为复杂离子的配位化合物称为"某酸某"，外界离子为 H^+ 的配位化合物，则称为"某酸"。例如：$CuSO_4$、$[Cu(NH_3)_4]SO_4$、$K_4[Fe(CN)_6]$ 均称为某酸某，KCl、$[Co(NH_3)_6]Cl_3$ 均称为某化某，$H_2[SiF_6]$ 称为六氟合硅（Ⅳ）酸。

② 配合物的配位个体命名顺序。命名时应遵循的总原则：先阴离子，后中性分子，配体和中心离子间加"合"字。即（二、三、四……）阴离子配体·中性分子配体合中心离子（或原子）（用罗马数字标明氧化值）。

A. 配体个数用二、三、四等大写数字标出。

B. 配体间用"·"隔开。

C. 阴离子命名顺序：简单离子、复杂离子、有机离子，同类离子按配位原子元素符号的英文字母顺序排列。中性分子命名顺序：氨、水、无机分子、有机分子。

D. 中心离子需用带括号的罗马数字标出中心离子的氧化数，零价可不标。

例如：

$K_4[PtCl_6]$ 六氯合铂（Ⅱ）酸钾

$K_2[HgI_4]$ 四碘合汞（Ⅱ）酸钾

$[Co(NH_3)_3H_2OCl_2]Cl$ （一）氯化二氯·三氨·一水合钴（Ⅲ）

$[Pt(NH_3)_4(NO_2)Cl]CO_3$ 碳酸一氯·一硝基·四氨合铂（Ⅳ）

$[Fe(CO)_5]$ 五羰基合铁

二、配位平衡

中心离子与配体生成配离子的反应称为配位反应。经研究发现，配位反应是可逆反应，存在配位离解平衡。

例如，在 $CuSO_4$ 溶液中滴加氨水，起初有蓝色沉淀 $Cu(OH)_2$ 生成，继续滴加氨水，沉淀溶解，生成深蓝色溶液，离子反应方程式为：

$$Cu^{2+}+4NH_3 \rightleftharpoons [Cu(NH_3)_4]^{2+}$$

反应达到平衡状态时

$$K_f^\ominus = \frac{[Cu(NH_3)_4^{2+}]}{[Cu^{2+}][NH_3]^4}$$

式中，$K_f^\ominus$ 为配离子的稳定常数（又称形成常数），$K_f^\ominus$ 越大，表示该配位反应进行的程度越大。同类型（配位数相同）的配离子，可用 $K_f^\ominus$ 来比较稳定性，配离子的 $K_f^\ominus$ 越大，说明该配离子的稳定性越高。不同类型的配离子不能直接用 $K_f^\ominus$ 来比较它们的稳定性。

配位反应实际上是分步进行的，每步都有其平衡常数，称为逐级稳定常数。以 $[Cu(NH_3)_4]^{2+}$ 的形成为例，逐级配位反应如下：

$$Cu^{2+}+NH_3 \rightleftharpoons [Cu(NH_3)]^{2+} \qquad K_{f_1}^\ominus = \frac{[Cu(NH_3)^{2+}]}{[Cu^{2+}][NH_3]}=1.35\times10^4$$

$$[Cu(NH_3)]^{2+}+NH_3 \rightleftharpoons [Cu(NH_3)_2]^{2+} \qquad K_{f_2}^\ominus = \frac{[Cu(NH_3)_2^{2+}]}{[Cu(NH_3)^{2+}][NH_3]}=3.02\times10^3$$

$$[Cu(NH_3)_2]^{2+} + NH_3 \Longrightarrow [Cu(NH_3)_3]^{2+} \quad K_{f_3}^{\ominus} = \frac{[Cu(NH_3)_3^{2+}]}{[Cu(NH_3)_2^{2+}][NH_3]} = 7.41 \times 10^2$$

$$[Cu(NH_3)_3]^{2+} + NH_3 \Longrightarrow [Cu(NH_3)_4]^{2+} \quad K_{f_4}^{\ominus} = \frac{[Cu(NH_3)_4^{2+}]}{[Cu(NH_3)_3^{2+}][NH_3]} = 1.29 \times 10^2$$

根据多重平衡规则，配离子总的稳定常数等于逐级稳定常数之积：

$$K_f^{\ominus} = K_{f_1}^{\ominus} K_{f_2}^{\ominus} K_{f_3}^{\ominus} K_{f_4}^{\ominus} \qquad\qquad (2-15)$$

通常 $K_{f_1}^{\ominus}$、$K_{f_2}^{\ominus}$、$K_{f_3}^{\ominus}$、$K_{f_4}^{\ominus}$ 相差不大，因此在溶液中，$[Cu(NH_3)]^{2+}$、$[Cu(NH_3)_2]^{2+}$、$[Cu(NH_3)_3]^{2+}$、$[Cu(NH_3)_4]^{2+}$ 等各级配离子共存，在进行配位平衡有关计算时，若要考虑各级配离子的存在就会十分困难，所以在实际工作中，往往会加入过量的配位剂，使配离子最终以最高配位数的形式存在，其他低配位离子的浓度可忽略不计，从而简化有关计算。

三、配位平衡的移动

配位平衡和其他化学平衡一样，是建立在一定条件下的动态平衡。当改变外界条件时，平衡将被破坏，配位反应会在新的条件下建立新的平衡。

在溶液中，ML_n 型配合物在溶液中存在配位平衡，可用下列通式表示（为方便书写，略去离子的电荷）：

$$M + nL \Longrightarrow [ML_n]$$

1. 酸度对配位平衡的影响　配合物中的许多配体为弱碱，如 F^-、CN^-、NH_3、CO_3^{2-} 等，当溶液酸度增大时，这些配体与 H^+ 结合生成弱酸，使得配体浓度降低，配位平衡向着解离的方向移动，配离子稳定性降低，这种现象称为配位体的酸效应。

【例 2-8】　在 $[Ag(NH_3)_2]^+$ 溶液中加入 HNO_3 溶液，会发生什么变化？

解：溶液混合后，溶液中同时存在配位平衡和酸碱平衡：

$$[Ag(NH_3)_2]^+ \Longrightarrow Ag^+ + NH_3$$

$$NH_3 + H^+ \Longrightarrow NH_4^+$$

总反应式为：
$$[Ag(NH_3)_2]^+ + 2H^+ \Longrightarrow Ag^+ + 2NH_4^+$$

$$
\begin{aligned}
K^{\ominus} &= \frac{c_{Ag^+} \, c_{NH_4^+}^2}{c_{[Ag(NH_3)_2]^+} \, c_{H^+}^2} \\
&= \frac{(K_b^{\ominus})^2}{K_f^{\ominus}(K_w^{\ominus})^2} = \frac{(1.77 \times 10^{-5})^2}{1.1 \times 10^7 \times (1.0 \times 10^{-14})^2} = 2.8 \times 10^{11}
\end{aligned}
$$

$K^{\ominus}$ 很大，说明反应进行的程度很大，加入 HNO_3 溶液后，$[Ag(NH_3)_2]^+$ 完全离解。

另外，某些易水解的中心离子，如 Fe^{3+}、Cu^{2+} 等，当溶液的酸度降低，也可能发生水解生成氢氧化物沉淀，从而使配离子离解程度增大，稳定性降低，这种现象称为中心离子的水解效应。

2. 沉淀反应对配位平衡的影响　当溶液中沉淀平衡与配位平衡共存时，沉淀剂和配位剂会争夺与金属离子的结合，从而影响配位平衡。

例如，在 $AgCl$ 沉淀中加入 NH_3 时，NH_3 会与 $AgCl$ 解离出来的 Ag^+ 结合生成 $[Ag(NH_3)_2]^+$，从而使 Ag^+ 浓度降低，促使沉淀溶解：

$$AgCl + 2NH_3 \rightleftharpoons [Ag(NH_3)_2]^+ + Cl^-$$

该反应包含了配位平衡和沉淀平衡的多重平衡,根据多重平衡规则,其平衡常数为:

$$K^\ominus = K_f^\ominus K_{sp}^\ominus \qquad (2-16)$$

可见,$K_f^\ominus$越大(配合物稳定性越强),$K_{sp}^\ominus$越大(沉淀溶解性越强),则$K^\ominus$越大,平衡向右移动趋势越大,沉淀越容易发生溶解生成配合物。

反之,在$[Ag(NH_3)_2]^+$溶液中加入KBr溶液时,

$$[Ag(NH_3)_2]^+ + Br^- \rightleftharpoons AgBr + 2NH_3$$

根据多重平衡规则,其平衡常数为:

$$K^\ominus = \frac{1}{K_f^\ominus K_{sp}^\ominus}$$

可见,$K_{sp}^\ominus$越小(配合物稳定性越弱),$K_{sp}^\ominus$越小(沉淀溶解性越弱),则$K^\ominus$越大,平衡向右移动趋势越大,配合物越容易发生解离生成沉淀。

3. 氧化还原反应对配位平衡的影响 在配位平衡体系中,若加入可与中心离子发生氧化还原反应的氧化剂或还原剂,改变了中心离子的浓度,或者改变中心离子的价态,都会使配位平衡发生移动。

4. 其他配位剂对配位平衡的影响 在一种配合物溶液中加入另一种能与中心离子结合生成更稳定配合物的配位剂,会使配合物发生转化。

例如,在$[Ag(NH_3)_2]^+$溶液中加入CN^-时,系统中存在如下平衡:

(1)$[Ag(NH_3)_2]^+ \rightleftharpoons Ag^+ + 2NH_3$ 该反应平衡常数为:$\dfrac{1}{K_f^\ominus\{[Ag(NH_3)_2]^+\}}$

(2)$Ag^+ + 2CN^- \rightleftharpoons [Ag(CN)_2]^-$ 该反应平衡常数为:$K_f^\ominus\{[Ag(CN)_2]^-\}$

总反应方程式为:$[Ag(NH_3)_2]^+ + 2CN^- \rightleftharpoons [Ag(CN)_2]^- + 2NH_3$

根据多重平衡规则

$$K^\ominus = \frac{K_f^\ominus\{[Ag(CN)_2]^-\}}{K_f^\ominus\{[Ag(NH_3)_2]^+\}} = 5.9 \times 10^{13}$$

$K^\ominus$很大,说明竞争反应进行很完全,$[Ag(NH_3)_2]^+$可完全转化为$[Ag(CN)_2]^-$。

【知识拓展】

生血宁片的研制

缺铁性贫血是全球性的常见病、多发病,据世界卫生组织(WHO)统计,缺铁性贫血的发病率高达15%~30%,全世界约有21.5亿人口患有不同程度的缺铁性贫血。目前治疗缺铁性贫血的含铁剂西药虽然多达150多种,但疗效不理想,均有毒副反应,而且还有胃肠道不良反应,不易被患者,特别是儿童、孕妇所接受,更不适宜用作大面积群体防治。浙江省中医药研究院魏克民教授的课题组在中医药理论指导下,结合现代医学观点,通过现代制药工程,创造性地以蚕沙提取物为原料,研制成功治疗全球性多发病缺铁性贫血的具有我国自主知识产权的新药生血宁片,其主要有效成分是铁叶绿酸钠和叶绿素衍生物。其疗效在同类药品中领先,且无明显毒副反应,易被广大患者接受,更适宜于用来作为大面积群体防治药物,该成果获得了2004年度国家科技进步二等奖。生血宁片的有效成分是叶绿素衍生物——配位化合物。

任务六　氧化还原平衡

所有的化学反应可分成两大类：氧化还原反应和非氧化还原反应。前面讨论的酸碱反应、沉淀反应和配合反应都是非氧化还原反应。氧化还原反应是一类重要的化学反应。

氧化还原反应与生命活动息息相关，应用极为广泛。在农业生产中，植物的光合作用、呼吸作用是复杂的氧化还原反应。施入土壤的肥料的变化，如铵态氮转化为硝态氮等，虽然需要有细菌起作用，但就其实质来说，也是氧化还原反应。土壤里铁或锰的氧化态的变化直接影响着作物的营养，晒田和灌田主要就是为了控制土壤里氧化还原反应的进行。食物的腐败、金属的腐蚀过程都是氧化还原反应。

一、氧化还原反应

(一)氧化数

我们在高中化学里学到过，氧化还原反应的基本特征是反应前后元素的"化合价"发生了变化。这种"化合价"是带正负号的，可称为"正负化合价"。1970年，国际纯粹与应用化学联合会(IUPAC)对氧化数定义如下：氧化数，也称"氧化态或氧化值"，是指某元素一个原子的荷电数，这个荷电数可由假设把每个化学键中的电子指定给电负性(电负性是指原子在分子中对电子吸引能力的大小，电负性越大，原子对电子的吸引越大)更大的原子而求得。

确定元素原子的氧化数的一般规则如下：

(1)在单质中，元素原子的氧化数为零。

(2)在正常氧化物中，O 的氧化数为 -2；但在氟化物(如 O_2F_2、OF_2)中，O 的氧化数分别为 $+1$、$+2$；在过氧化物(如 H_2O_2、Na_2O_2)中，O 的氧化数均为 -1。

(3)非金属氢化物中 H 的氧化数为 $+1$；只有在活泼金属的氢化物(如 NaH、CaH_2)中，H 的氧化数为 -1。

(4)电中性的化合物各元素的氧化数的代数和为零；在复杂离子中，各元素原子氧化数的代数和等于离子的总电荷数。

氧化数和化合价是两个不同的概念。化合价的原意是某种元素的原子与其他元素的原子相化合时两种元素的原子数目之间一定的比例关系，所以化合价不应为非整数。例如，在 Fe_3O_4 中，Fe 实际上存在两种价态：$+2$ 和 $+3$ 价，其分子组成为：$FeO \cdot Fe_2O_3$。氧化数是形式电荷数，所以可以为分数，在 Fe_3O_4 中 Fe 的平均氧化数为 $+8/3$。引入氧化数的概念比使用化合价方便得多。

(二)氧化还原反应

化学反应前后元素的氧化数发生变化的一类反应称为氧化还原反应。

1. 氧化和还原　在氧化还原反应中，失去电子或电子对偏离该元素，而导致元素氧化数升高的过程称为氧化；获得电子或电子对偏向该元素，而导致元素氧化数降低的过程称为还原。可见，一个氧化还原反应必然包括氧化和还原两个过程同时发生。

2. 氧化剂和还原剂 在氧化还原反应中，获得电子或电子对偏向该元素、氧化数降低的反应物称为氧化剂；失去电子或电子对偏离该元素、氧化数升高的反应物称为还原剂。

某些含有中间氧化数的物质，如 SO_2、HNO_2、H_2O_2，在反应时其氧化数可能升高而作为还原剂，也可能降低而作为氧化剂。

氧化剂和还原剂为同一种物质的氧化还原反应称为自身氧化还原反应，例如：

$$2KMnO_4 \xrightarrow{\triangle} K_2MnO_4 + MnO_2 + O_2 \uparrow$$

某一物质中同一氧化态的同一元素的原子部分被氧化，部分被还原的反应称为歧化反应，歧化反应是自身氧化还原反应的一种特殊类型。例如：

$$Cl_2 + H_2O \Longrightarrow HClO + HCl$$

3. 氧化还原反应方程式的配平 配平氧化还原反应方程式的方法有氧化数法和离子-电子半反应法，在此介绍氧化数法。配平原则如下：①元素原子氧化数升高的总数等于元素原子氧化数降低的总数。②反应前后各元素的原子总数相等。

配平步骤：

(1)写出未配平的反应方程式。例如：

$$S + HNO_3 \longrightarrow SO_2 + NO + H_2O$$

(2)找出各元素原子氧化数变化值。

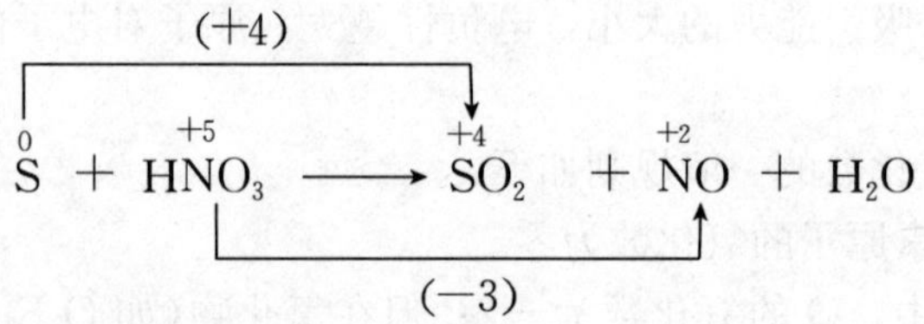

$$\overset{0}{S} + H\overset{+5}{N}O_3 \longrightarrow \overset{+4}{S}O_2 + \overset{+2}{N}O + H_2O$$

（上：(+4)；下：(−3)）

(3)各元素原子氧化数的变化值乘以相应系数，使元素原子氧化数升高的总数等于元素原子氧化数降低的总数。

$$\overset{0}{S} + H\overset{+5}{N}O_3 \longrightarrow \overset{+4}{S}O_2 + \overset{+2}{N}O + H_2O$$

（上：(+4)×3；下：(−3)×4）

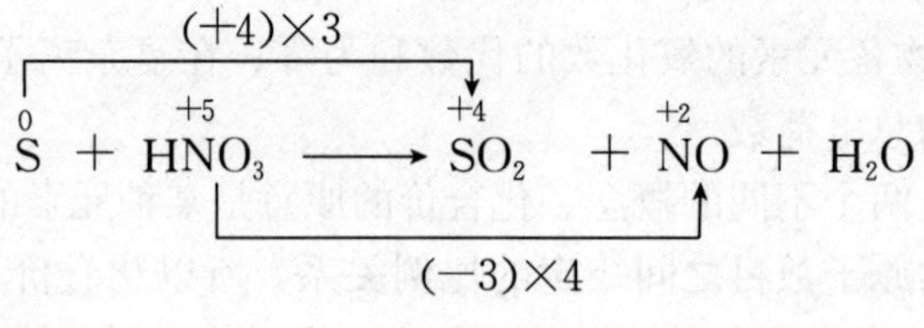

(4)用观察法配平。

$$3S + 4HNO_3 \Longrightarrow 3SO_2 + 4NO + 2H_2O$$

氧化数法配平氧化还原反应方程式的优点是简单、快速。

二、电极电势

(一)原电池

自然界中的能量是可以相互转化的，通过一定的装置，可以让化学能与电能相互转化，原电池是利用氧化还原反应将化学能转变为电能的装置。

如果将一锌片置于硫酸铜溶液中，锌片将发生下列氧化还原反应：

$$Zn(s)+Cu^{2+}(aq)\longrightarrow Zn^{2+}(aq)+Cu(s)$$

在这一反应中，锌原子（还原剂）失去电子生成锌离子，铜离子（氧化剂）得到电子生成铜原子，出现了电子的转移，但由于氧化剂和还原剂直接接触，无法形成电子流，反应中的化学能不能转变成电能，不过可以观察到烧杯内溶液的温度升高，说明化学能转变成了热能。

如果氧化剂和还原剂不直接接触，而是让氧化半反应和还原半反应相对独立发生，并通过导线等形成一个完整回路，则可以形成电流，使化学能转变为电能。1836年，英国化学家丹聂尔制造出了第一块古典原电池（又称丹聂尔电池）。研究丹聂尔电池的结构对认识原电池的本质具有重要意义。

1. 铜锌原电池 图2-3为铜锌原电池，原电池由两个半电池构成，左边的烧杯（Ⅰ）中，$ZnSO_4$溶液和锌片构成锌半电池（锌电极），右边的烧杯（Ⅱ）中，$CuSO_4$溶液和铜片构成铜半电池（铜电极），两个半电池与盐桥相连，用导线将Cu片和Zn片分别与电流计连接，发现电流计发生了偏转，说明回路中有了电流，根据电流计指针偏转的方向，可以断定电子由Zn片流向了Cu片。

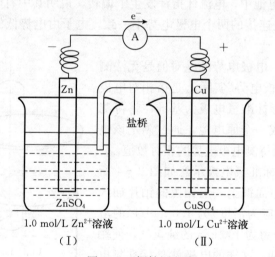

图2-3　铜锌原电池

（盐桥为倒置的U形管中，装有由饱和氯化钾溶液和琼脂制成的胶冻。盐桥用于平衡两个半电池中的电荷）

在锌半电极中发生了氧化半反应，锌片不断溶解，释放出的电子通过导线转移到铜片上，在铜半电极中发生了还原反应，溶液中的铜离子在铜片表面获得电子，在铜片表面不断沉积。

Zn片流出电子，称为原电池的负极，Cu片流入电子，称为原电池的正极。两个电极发生的反应分别称为正极反应和负极反应。

正极反应（还原反应）：$\qquad Cu^{2+}+2e^-\rightleftharpoons Cu$

负极反应（氧化反应）：$\qquad Zn-2e^-\rightleftharpoons Zn^{2+}$

电池反应：$\qquad\qquad Zn+Cu^{2+}\rightleftharpoons Zn^{2+}+Cu$

由同一种元素的氧化型物质和还原型物质构成氧化还原电对。氧化还原电对的表示方

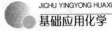
法有两种：

(1)氧化型/还原型。如 Cu^{2+}/Cu、Zn^{2+}/Zn、H^+/H_2。

(2)氧化型，还原型。如 Cu^{2+}，Cu；Zn^{2+}，Zn；H^+，H_2。

原电池装置证明了氧化还原反应的实质是氧化剂和还原剂之间发生了电子传递，理论上来讲，任意一个氧化还原反应都可视为电池反应而设计成原电池。

2. 电池符号　原电池的装置或组成可以用符号来表示，如上述铜锌原电池可表示为：

$(-)Zn \mid ZnSO_4(1.0 \text{ mol/L}) \parallel CuSO_4(1.0 \text{ mol/L}) \mid Cu(+)$

电池符号书写的基本规则：

(1)负极写在左侧，正极写在右侧，并用(−)和(+)表示。

(2)盐桥用"$\parallel$"表示，两相间的相界面用"$\mid$"表示。

(3)电极中的溶液要标明浓度，气体要注明分压，同相中不同物质之间用"，"分隔。

(4)两电极参与电池反应的电对组成按所在相和各相接触顺序依次写出，基本顺序为：

(−)负电材料(负极)$\mid$电解质溶液(负极)$\parallel$电解质溶液(正极)$\mid$导电材料(正极)(+)。

(二)电极电势

在图 2-3 铜锌原电池中，电流计指针发生了偏转，说明其中有电子定向移动。电子的定向移动是由于导线连接的两个电极电势不一致，电子由电势低的负极流向电势高的正极。

1. 标准电极电势　电极电势的绝对值是无法测量的，通常使用的"电极电势"实际上是指相对电极电势。国际惯例是选择标准氢电极为基准，将待测电极和标准氢电极组成一个原电池，通过测定该电池的电动势，就可求出待测电极电势的相对数值。

(1)标准氢电极。标准氢电极示意如图 2-4 所示。标准氢电极是把表面镀上一层铂黑的铂片插入氢离子浓度(严格地说应为活度)为 1.0 mol/L 的溶液中，并不断地通入压力为 100 kPa 的纯氢气，使铂黑吸附氢气并达到饱和，这样的电极就是标准氢电极，规定在 298.15 K 时它的电极电势为 0.000 0 V。在氢电极上进行的反应是

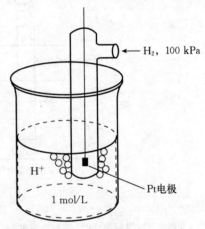

图 2-4　标准氢电极示意

$$\frac{1}{2}H_2(g) \Longrightarrow H^+(aq) + e^-$$

标准氢电极的电极符号如下：

作为负极：$(-)Pt,\ H_2(100 \text{ kPa}) \mid H^+(1.0 \text{ mol/L})$。

作为正极：$H^+(1.0 \text{ mol/L}) \mid H_2(100 \text{ kPa}),\ Pt(+)$。

(2)标准电极电势。标准状态下的电极电势称为标准电极电势，用 $E^{\ominus}$ 表示。标准状态是指测定温度为 298.15 K，组成电极的有关溶液的浓度均为 1.0 mol/L，气体的分压为 100 kPa，液态或固态物质为纯净状态。

在标准状态下将标准氢电极与其他电极组成原电池，用电位计测定原电池的标准电动

势($E^{\ominus}$)，即可求得电极的标准电极电势。

$$E^{\ominus}=E^{\ominus}_{(+)}-E^{\ominus}_{(-)} \qquad (2-17)$$

例如，用标准锌电极与标准氢电极组成原电池：

$$(-)Zn \mid ZnSO_4(1.0\ mol/L) \parallel H^+(1\ mol/L) \mid H_2(100\ kPa) \mid Pt(+)$$

测定时，根据电流的方向，可确定氢电极为正极，锌电极为负极，298 K 时，用电位计测得此原电池的电动势为 0.763 V，则

$$E^{\ominus}=E^{\ominus}_{H^+/H_2}-E^{\ominus}_{Zn^{2+}/Zn}$$

$$0.763\ V=0.00\ V-E^{\ominus}_{Zn^{2+}/Zn}$$

$$E^{\ominus}_{Zn^{2+}/Zn}=-0.763\ V$$

标准氢电极构造比较复杂，制备和使用不方便。实际应用过程中常以参比电极替代，如实验室常用的甘汞电极和氯化银电极等，它们制备简单、使用方便、性能稳定，这些替代电极的标准电极电势已用标准氢电极精确测量，所以也称为二级标准电极。

甘汞电极示意如图 2-5 所示。甘汞电极有两个玻璃套管，内套管封接一根铂丝，铂丝插入金属汞液中。图 2-5 中的内部电极示意显示：汞的下方装有甘汞和汞的糊状物（Hg_2Cl_2-Hg），外套管装入 KCl 溶液，电极下端与待测试液接触处熔接陶瓷芯或玻璃砂芯等多孔物质。外套管上有支管，用以注入 KCl 溶液。甘汞电极的电极反应式为

$$Hg_2Cl_2(s)+2e^- \rightleftharpoons 2Hg(s)+2Cl^-$$

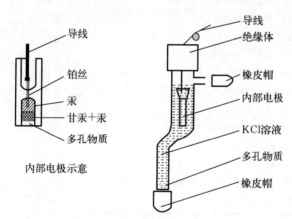

图 2-5　甘汞电极示意

电极电势(298.15 K)：

$$E_{Hg_2Cl_2/Hg}=E^{\ominus}_{Hg_2Cl_2/Hg}-0.059\ 2lg[Cl^-]$$

当温度一定时，甘汞电极的电极电势取决于 Cl^- 浓度，而与被测溶液的组成无关。不同浓度 KCl 溶液的甘汞电极的电极电势(298.15 K)见表 2-2。

表 2-2　不同浓度 KCl 溶液的甘汞电极的电极电势(298.15 K)

KCl 溶液浓度	0.1 mol/L	1.0 mol/L	饱和溶液
电极电势 E/V	+0.336 5	+0.282 8	+0.243 8

甘汞电极具有良好的稳定性和再现性，是最常用的参比电极，但当温度超过 80℃时，

甘汞电极不够稳定，可用氯化银电极代替。

氯化银电极是由表面覆盖有氯化银的多孔金属银浸在含 Cl^- 的溶液中构成的电极。氯化银电极可表示为 $Ag|AgCl|Cl^-$，电极反应为 $AgCl+e^-\rightleftharpoons Ag+Cl^-$。

氯化银电极电势稳定，重现性很好，应用广泛，常在 pH 玻璃电极和其他离子选择性电极中用作内参电极。它的标准电极电势为 $+0.222\,4\,V(298.15\,K)$。其优点是在升温的情况下比甘汞电极稳定。

2. 标准电极电势表　将半反应按电极电势由低到高的顺序排列成表，称为标准电极电势表。标准电极电势表分为酸表和碱表。若电极反应在酸性或中性溶液中进行，则在酸表中查阅；若电极反应在碱性溶液中进行，则在碱表中查阅。常见电极的标准电极电势（298.15 K，酸性溶液中）如表 2-3 所示。

表 2-3　常见电极的标准电极电势（298.15 K，酸性溶液中）

电极反应		标准电极电势 $E^{\ominus}_{(Hg_2Cl_2/Hg)}/V$
最弱的氧化剂　$K^++e^-\rightleftharpoons K$	最强的还原剂	-2.924
$Ca^{2+}+2e^-\rightleftharpoons Ca$		-2.87
$Na^++e^-\rightleftharpoons Na$		-2.714
$Zn^{2+}+2e^-\rightleftharpoons Zn$		-0.763
$Fe^{2+}+2e^-\rightleftharpoons Fe$	还	-0.447
$Sn^{2+}+2e^-\rightleftharpoons Sn$	原	-0.136
$2H^++2e^-\rightleftharpoons H_2$	能	0.00
$Cu^{2+}+2e^-\rightleftharpoons Cu$	力	0.337
$I_2+2e^-\rightleftharpoons 2I^-$	依	$0.534\,5$
$Fe^{3+}+e^-\rightleftharpoons Fe^{2+}$	次	0.771
$Ag^++e^-\rightleftharpoons Ag$	增	0.800
$Br_2(l)+2e^-\rightleftharpoons 2Br^-$	强	1.065
$Br_2(g)+2e^-\rightleftharpoons 2Br^-$		1.087
$Cl_2(g)+2e^-\rightleftharpoons 2Cl^-$		1.36
$MnO_4^-+8H^++5e^-\rightleftharpoons Mn^{2+}+4H_2O$		1.51
最强的氧化剂　$F_2+2e^-\rightleftharpoons 2F^-$	最弱的还原剂	2.87

（氧化能力依次增强 ↓；还原能力依次增强 ↑）

使用标准电极电势表时应注意以下几点：

（1）电极反应均按下列形式表示：

$$a\mathrm{Ox}+n e^-\rightleftharpoons b\mathrm{Red}$$

（2）电极电势没有加和性，即 $E_{Ox/Red}$ 与半电池反应式的计量关系无关，例如

$$\mathrm{Cl_2(g)}+2e^-\rightleftharpoons 2Cl^-\qquad E^{\ominus}_{Cl_2/Cl^-}=+1.36\,V$$

$$\frac{1}{2}\mathrm{Cl_2(g)}+e^-\rightleftharpoons Cl^-\qquad E^{\ominus}_{Cl_2/Cl^-}=+1.36\,V\left(\text{而不是}\frac{1}{2}\times1.36\right)$$

（3）$E^{\ominus}_{Ox/Red}$ 与电极反应进行的方向无关。例如锌电极无论是按 $Zn^{2+}+2e^-\rightleftharpoons Zn$ 的方向进行，还是按 $Zn\rightleftharpoons Zn^{2+}+2e^-$ 的方向进行，其 $E^{\ominus}_{Ox/Red}$ 均为 $-0.763\,V$。

（4）溶液的酸碱度对许多电极的 $E^{\ominus}_{Ox/Red}$ 有影响，在不同的介质中，$E^{\ominus}_{Ox/Red}$ 不同，甚至

电极的反应也不同。

(5)$E_{Ox/Red}^{\ominus}$只适用于水溶液体系，不适用于非水溶液体系。

(6)$E_{Ox/Red}^{\ominus}$的大小与反应速度无关。

标准电极电势有很大的实用价值，可用来判断氧化剂与还原剂的相对强弱，判断氧化还原反应的进行方向，计算原电池的电动势、反应自由能、平衡常数，计算其他半反应的标准电极电势等。

(三)影响电极电势的因素

1. 能斯特方程　在一定的状态下，电极电势的大小主要取决于电对本身的性质，并受温度、介质和离子浓度等因素的影响。电极电势与离子的浓度及温度的关系可用能斯特(Nernst)方程表示。

电极反应：
$$aOx+ne^- \rightleftharpoons bRed$$

能斯特方程：

$$E_{Ox/Red}=E_{Ox/Red}^{\ominus}+\frac{2.303RT}{nF}\ln\frac{[Ox]^a}{[Red]^b} \qquad (2-18)$$

式中，$E_{Ox/Red}$为非标准态时的电极电势；$E_{Ox/Red}^{\ominus}$为标准电极电势；R为气体常数$[8.314\ J/(mol\cdot K)]$；T为热力学温度(K)；n为电池反应进度为1 mol时转移的电子数；F为法拉第常数(96 485 C/mol)。

当测定时的温度为298.15 K时，能斯特方程可以写为

$$E_{Ox/Red}=E_{Ox/Red}^{\ominus}+\frac{0.0592}{n}\lg\frac{[Ox]^a}{[Red]^b} \qquad (2-19)$$

使用能斯特方程时，应注意以下几点：

(1)[Ox]和[Red]是包括参与电极反应的所有物质的浓度。

(2)纯固体或纯液体及水的浓度均不列入能斯特方程中，如果是气体则用相对分压$\frac{p}{p^{\ominus}}$表示，$p^{\ominus}=100$ kPa。

【例2-9】 写出MnO_4^-/Mn^{2+}电对的能斯特方程式。

解： 电极反应：$MnO_4^-+8H^++5e^- \rightleftharpoons Mn^{2+}+4H_2O$

能斯特方程式：$E_{MnO_4^-/Mn^{2+}}=E_{MnO_4^-/Mn^{2+}}^{\ominus}+\frac{0.0592}{5}\lg\frac{[MnO_4^-][H^+]^8}{[Mn^{2+}]}$

2. 浓度对电极电势的影响

根据能斯特方程式，除了纯固体或纯液体及水的浓度以外，其他参与电极反应的所有物质的浓度都会影响电极电势的大小。对于有H^+或OH^-参加的电极反应，酸度对电极电势的影响往往更大。$[H^+]$越大，电对MnO_4^-/Mn^{2+}的电极电势越大，说明MnO_4^-的氧化性随$[H^+]$的增大而增大，因此$KMnO_4$通常在强酸溶液中使用。

3. 生成沉淀对电极电势的影响

【例2-10】 在电对Ag^+/Ag溶液中加入NaCl，使溶液生成AgCl沉淀，当溶液中$[Cl^-]=1.00$ mol/L时，计算此Ag^+/Ag电极的电极电势(已知$E_{Ag^+/Ag}^{\ominus}=0.800$，$K_{sp,AgCl}^{\ominus}=1.8\times10^{-10}$)。

解：根据 AgCl 的溶度积，可求得溶液中[Ag$^+$]：

$$[Ag^+] = \frac{K_{sp,AgCl}^{\ominus}}{[Cl^-]} = \frac{1.8 \times 10^{-10}}{1.00} = 1.8 \times 10^{-10} \text{ mol/L}$$

根据电极反应 $Ag^+ + e^- \rightleftharpoons Ag$ 可得

$$E_{Ag^+/Ag} = E_{Ag^+/Ag}^{\ominus} + \frac{0.059\,2}{1}\lg[Ag^+]$$

$$E_{Ag^+/Ag} = 0.800 + 0.059\,2\lg(1.8 \times 10^{-10}) = 0.222 \text{ V}$$

可见，若一个电极反应的氧化型或还原型物质生成沉淀，会降低相关物质的浓度，从而引起电极电势的改变。

4. 生成配位化合物对电极电势的影响

【**例 2-11**】 在电对 Ag$^+$/Ag 溶液中加入 NH$_3$，使溶液生成配位离子[Ag(NH$_3$)$_2$]$^+$，当平衡时溶液中[NH$_3$]=[Ag(NH$_3$)$_2$]$^+$=1.00 mol/L 时，计算此 Ag$^+$/Ag 电极电势（已知 $E_{AgCl/Ag}^{\ominus}=0.800$，$K_f^{\ominus}\{[Ag(NH_3)_2]^+\}=1.1\times10^7$）。

解：配位平衡方程式：$Ag^+ + 2NH_3 \rightleftharpoons [Ag(NH_3)_2]^+$

$$K_f^{\ominus}\{[Ag(NH_3)_2]^+\} = \frac{[Ag(NH_3)_2]^+}{[Ag^+][NH_3]^2}$$

$$[Ag^+] = \frac{[Ag(NH_3)_2]^+}{K_f^{\ominus}\{[Ag(NH_3)_2]^+\}[NH_3]^2} = \frac{1}{1.1\times10^7} \text{ mol/L}$$

根据电极反应 $Ag^+ + e^- \rightleftharpoons Ag$，可得

$$E_{Ag^+/Ag} = E_{Ag^+/Ag}^{\ominus} + \frac{0.059\,2}{1}\lg[Ag^+]$$

$$E_{Ag^+/Ag} = 0.800 + 0.059\,2\lg\frac{1}{1.1\times10^7} = 0.388 \text{ V}$$

其实这是电对[Ag(NH$_3$)$_2$]$^+$/Ag 按电极反应[Ag(NH$_3$)$_2$]$^+$+e$^-$$\rightleftharpoons$Ag+2NH$_3$ 的标准电极电势，即 $E_{[Ag(NH_3)_2]^+/Ag}^{\ominus}=0.388$ V。

(四)电极电势的应用

1. 比较氧化剂和还原剂的相对强弱　电极电势是衡量氧化还原电对中氧化剂和还原剂得失电子能力相对大小的一个物理量。在标准状态下氧化剂和还原剂的相对强弱，可直接比较 $E^{\ominus}$ 值的大小。电对的 $E^{\ominus}$ 值越大，其氧化型物质越易得到电子，是较强的氧化剂，对应的还原型物质则越难失去电子，是较弱的还原剂。电对 $E^{\ominus}$ 值较小的电极，其还原型物质易失去电子，是较强的还原剂，对应的氧化型物质则越难得到电子，是较弱的氧化剂。

非标准状态下，可以先通过能斯特方程计算出各电对的电极电势，然后再比较氧化剂和还原剂的相对强弱。

2. 计算原电池的电动势　利用能斯特方程式分别计算出原电池中正、负极的电极电势，则可计算原电池的电动势。

【**例 2-12**】 计算 298.15 K 时，下面原电池的电动势：

(−)Zn | Zn^{2+}(0.01 mol/L) ‖ Cu^{2+}(1.00 mol/L) | Cu(+)。

解：正极电极反应：$Cu^{2+} + 2e^- \rightleftharpoons Cu$

正极电极电势：$E_+=E_{Cu^{2+}/Cu}=E_{Cu^{2+}/Cu}^{\ominus}=0.337(V)$

负极电极反应：$Zn^{2+}+2e^-\rightleftharpoons Zn$

负极电极电势：$E_-=E_{Zn^{2+}/Zn}=E_{Zn^{2+}/Zn}^{\ominus}+\dfrac{0.0592}{2}lg[Zn^{2+}]$

$$=-0.763+\dfrac{0.0592}{2}lg0.01=-0.822\ V$$

原电池的电动势：$E=E_+-E_-=0.337-(-0.822)=1.159\ V$

3. 判断氧化还原反应进行的方向　从理论上讲，凡是能自发进行的氧化还原反应，均能组成原电池。当原动池的电动势 $E>0$ 时，则该原电池的总反应为自发反应。

对于氧化还原反应，当 $E>0$ 时，正反应能自发进行；当 $E=0$ 时，反应达到平衡；当 $E<0$ 时，逆反应能自发进行。

因此，要判断氧化还原反应进行的方向，只要将此反应组成原电池，使反应物中的氧化剂电对作正极，还原剂电对作负极，比较两电极电势的相对大小即可。

【例 2-13】　判断下列情况反应自发进行的方向：

$$Zn+Fe^{2+}(10^{-3}\ mol/L)\rightleftharpoons Fe+Zn^{2+}(1.00\ mol/L)$$

解：查表得，$E_{Zn^{2+}/Zn}^{\ominus}=-0.763\ V$，$E_{Fe^{2+}/Fe}^{\ominus}=-0.447\ V$。

根据反应可设计成原电池：

$(-)Zn\mid Zn^{2+}(1.00\ mol/L)\parallel Fe^{2+}(0.0001\ mol/L)\mid Fe(+)$

正极电极电势：$E_+=E_{Fe^{2+}/Fe}=E_{Fe^{2+}/Fe}^{\ominus}+\dfrac{0.0592}{2}lg[Fe^{2+}]$

$$=-0.447+\dfrac{0.0592}{2}lg\ 10^{-3}=-0.536\ V$$

负极电极电势：$E_-=E_{Zn^{2+}/Zn}=E_{Zn^{2+}/Zn}^{\ominus}=-0.763\ V$

原电池的电动势：$E=E_+-E_-=-0.536-(-0.763)=0.227>0$

因此，反应正向进行。

4. 判断氧化还原反应进行的程度　反应进行的程度可以用原电池的标准电动势来衡量。原电池的标准电动势越大，反应程度越大。

5. 选择合适的氧化剂和还原剂　在混合体系中，如果要对其中的某一(或某些)组分进行选择性地氧化或还原，而其他组分不发生氧化还原反应，这就需要选择合适的氧化剂或还原剂。电极电势的大小是选择氧化剂或还原剂的依据。

【例 2-14】　在含有 Cl^-、Br^-、I^- 三种离子的溶液中，欲使 I^- 氧化为 I_2，而不氧化 Cl^- 和 Br^-，选择 $KMnO_4$ 和 $Fe_2(SO_4)_3$ 的哪一种作为氧化剂更适宜？

解：查表得 $E_{I_2/I^-}^{\ominus}=0.5345\ V$，$E_{Br_2/Br^-}^{\ominus}=1.065\ V$，$E_{Cl_2/Cl^-}^{\ominus}=1.36\ V$，

$$E_{Fe^{3+}/Fe^{2+}}^{\ominus}=0.771\ V，E_{MnO_4^-/Mn^{2+}}^{\ominus}=1.51\ V。$$

因为 $E_{Fe^{3+}/Fe^{2+}}^{\ominus}>E_{I_2/I^-}^{\ominus}$，而且 $E_{Fe^{3+}/Fe^{2+}}^{\ominus}<E_{Br_2/Br^-}^{\ominus}<E_{Cl_2/Cl^-}^{\ominus}$，可见，$Fe^{3+}$ 可以氧化 I^-，但不能氧化 Cl^-、Br^-。

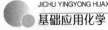

因为 $E_{MnO_4^-/Mn^{2+}} > E_{Cl_2/Cl^-}^{\ominus} > E_{Br_2/Br^-}^{\ominus} > E_{I_2/I^-}^{\ominus}$，可见，$KMnO_4$ 的氧化性极强，能氧化 Cl^-、Br^-、I^- 三种离子。

因此，应选择 $Fe_2(SO_4)_3$ 作为氧化剂。

6. 判断氧化还原反应进行的次序　在存在多个氧化还原电对的氧化还原体系中，最强的氧化剂(或还原剂)首先氧化(或还原)最强的还原剂(或氧化剂)，然后按氧化性(或还原性)的大小依次氧化(或还原)其他还原剂(或氧化剂)。在例 2-14 中，如果选择 $KMnO_4$ 作氧化剂，能氧化 Cl^-、Br^-、I^- 三种离子，但这三种离子不是同时被氧化，而是还原性最强 I^- 的先被氧化，然后依次氧化 Br^-、Cl^-。

需要指出的是，有些氧化还原反应的电动势虽然较大，但反应速度较慢，所以在实验中观察到的氧化还原反应进行次序与根据电极电势判断的次序不一定相符。

实验技能训练

实验　缓冲溶液的配制和酸度计的使用

一、实验内容

(1)配制标准缓冲溶液(pH4.00、6.86、9.18)并校正 pH 计。
(2)配制磷酸盐缓冲溶液并测定 pH。
(3)验证缓冲溶液的性质。

二、实验目的

(1)掌握缓冲溶液的配制方法，加深对缓冲溶液性质的理解。
(2)学会使用酸度计测定溶液的 pH。

三、仪器与试剂

仪器：pH 计、烧杯、玻璃棒、容量瓶、吸量管等。
药品及试剂：标准缓冲溶液试剂包或标准缓冲溶液、或 $Na_2HPO_4 \cdot 12H_2O(Na_2HPO_4)$、柠檬酸、0.01 mol/L HCl 溶液、0.01 mol/L NaOH 溶液。

四、操作步骤

1. 配制标准缓冲溶液　按标准缓冲溶液试剂包的说明书进行配制，或直接使用标准缓冲溶液。

2. 配制磷酸盐缓冲液

(1)配制母液。

A 液：0.2 mol/L Na_2HPO_4 溶液。称取 2.84 g Na_2HPO_4（或 7.16 g $Na_2HPO_4 \cdot 12H_2O$）配成 100 mL 溶液。

B 液：0.1 mol/L 柠檬酸溶液。称取 2.10 g 柠檬酸（$C_6H_8O_7 \cdot H_2O$）配成 100 mL 溶液。

（2）配制磷酸盐缓冲液。

pH5.0 缓冲液：10.30 mL A 液＋9.70 mL B 液。

pH7.0 缓冲液：16.47 mL A 液＋3.53 mL B 液。

pH8.0 缓冲液：19.45 mL A 液＋0.55 mL B 液。

教学视频

酸度计的使用

3. 酸度计测定磷酸盐缓冲液 pH（以安莱立思的 PH400 型台式 pH 计为例）

（1）开机。按图 2－6 所示，将电源适配器插头插入仪器的"DC9 V"插座中并插紧，连接 pH 电极。

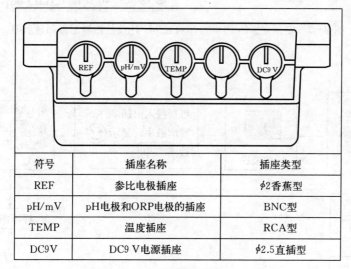

符号	插座名称	插座类型
REF	参比电极插座	φ2香蕉型
pH/mV	pH电极和ORP电极的插座	BNC型
TEMP	温度插座	RCA型
DC9V	DC9 V电源插座	φ2.5直插型

图 2－6　PH400 型台式 pH 计插座

（2）校准酸度计方法选择。使用酸度计对不同 pH 的缓冲溶液样液进行测定时，按表 2-4选择合适的方法校准酸度计。

表 2－4　酸度计校准方法

项目	标准缓冲溶液 pH	建议精度及量程 pH	举例
1 点校准	6.86	精度≤±0.1	
2 点校准	6.86 和 4.00	测量范围≤7.00	pH＝5.0 缓冲液
	6.86 和 9.18	测量范围＞7.00	pH＝8.0 缓冲液
3 点校准	6.86、4.00 和 9.18	测量范围较宽	

（3）酸度计使用方法。安莱立思的 PH400 型台式 pH 计及其控制面板和显示屏如图 2-7所示。

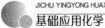

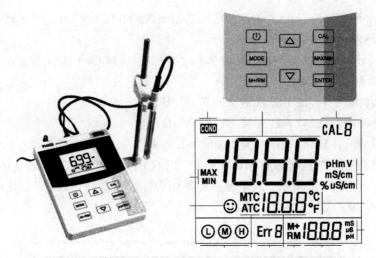

图 2-7 安莱立思的 PH400 型台式 pH 计及其控制面板和显示屏

1 点校准：

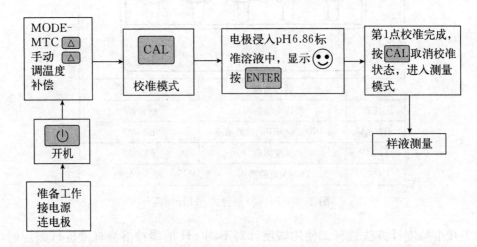

2 点校准（测定范围≤7.00）：

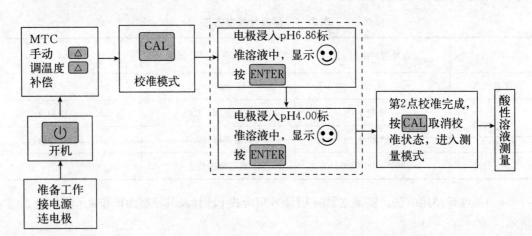

2点校准(测定范围＞7.00)：

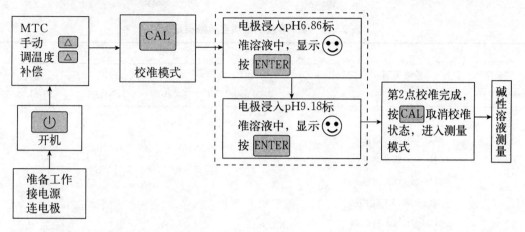

3点校准：

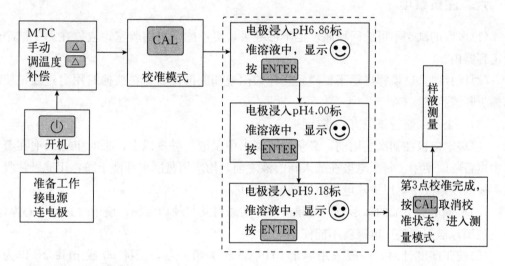

4. 缓冲溶液的性质

(1)缓冲溶液的抗酸作用。取 5 个小烧杯，依次加入上述自己配制的 pH＝5.0、7.0、8.0 的缓冲溶液，以及蒸馏水和 0.01 mol/L NaOH 溶液各 10 mL，按表 2-5 测定原始 pH 后，向各溶液中加入 5 滴 0.01 mol/L HCl 溶液，再测定其 pH，将结果记录在表 2-5 中。

(2)缓冲溶液的抗碱作用。取 5 个小烧杯，依次加入上述自己配制的 pH＝5.0、7.0、8.0 的缓冲溶液，以及蒸馏水和 0.01 mol/L HCl 溶液各 10 mL，按表 2-5 测定原始 pH 后，向各溶液中加入 5 滴 0.01 mol/L NaOH 溶液，再测定其 pH，将结果记录在表 2-5 中。

(3)缓冲溶液的抗稀释作用。取 5 个小烧杯，依次加入上述自己配制的 pH＝5.0、7.0、8.0 的缓冲溶液，以及蒸馏水和 0.01 mol/L HCl 溶液、0.01 mol/L NaOH 溶液各 10 mL，按表 2-5 测定原始 pH 后，向各溶液中加入 10 mL 蒸馏水，再测定其 pH，将结果记录在表 2-5 中。

基础应用化学

五、实验结果记录

表2-5 缓冲溶液的性质实验数据记录

实验序号	溶液类别	pH			
		原始	加入5滴 0.01 mol/L HCl	加入5滴 0.01 mol/L NaOH	加入 10 mL 水
1	蒸馏水				—
2	pH=5.0缓冲溶液				
3	pH=7.0缓冲溶液				
4	pH=8.0缓冲溶液				
5	0.01 mol/L HCl 溶液			—	
6	0.01 mol/L NaOH 溶液			—	

六、注意事项

(1)多取的试剂不可放回原瓶，也不可乱丢，更不能带出实验室，应放在另一洁净的指定容器内。

(2)搅拌时，玻璃棒尽量不要碰到烧杯的内壁和底部，以免在碰撞时用力过猛，使玻璃棒折断或打破烧杯。

(3)一个试剂瓶应该只有一张标签。

(4)玻璃电极在初次使用前，必须在蒸馏水中浸泡一昼夜以上，平时也应浸泡在蒸馏水中以备随时使用。每次电极在放入新溶液之前，均应用蒸馏水冲洗干净，用滤纸片吸干后再放入新溶液中，以清除电极对原溶液的记忆。

(5)玻璃电极下端的球形玻璃薄膜极薄，切忌将其与硬物接触，使用时必须小心操作，一旦玻璃球破裂，玻璃电极就不能使用了。

(6)校正酸度计时，一般采用标定 pH6.86 作为第一点，pH4.00 或 pH9.18 作为第二点。

(7)玻璃电极不要与强吸水溶剂接触太久，在强碱溶液中使用时应尽快操作，用毕立即用水洗净，以免损坏玻璃电极下端的球形玻璃薄膜。

(8)每次电极放入新溶液前均应用蒸馏水洗干净，甩干或用滤纸片吸干后再放入新溶液中。

七、实验建议

(1)本任务宜安排4学时完成。

(2)本任务由学生单人独立完成。

(3)学生的实验成绩根据实验结果、实验中分析解决问题的能力、课堂纪律、预习情况、操作技能、数据分析能力等综合评估。

66

八、实验思考

(1)缓冲溶液的 pH 由哪些因素决定?

(2)用 pH 计测定溶液 pH 之前为什么要先用标准缓冲溶液对仪器进行校正?

(3)为什么缓冲溶液具有缓冲能力?

(4)酸度计在标定后,在什么情况下必须重新标定?

自 测 题

一、根据酸碱质子理论,完成下列各题。

1. 写出下列分子或离子的共轭碱的化学式。

HCO_3^- $H_2PO_4^-$ H_2S H_2O $H_2C_2O_4$

2. 写出下列分子或离子的共轭酸的化学式。

SO_4^{2-} $H_2PO_4^-$ HCO_3^- S^{2-} NH_3

二、下列溶液中哪些能做缓冲溶液?其抗酸成分抗碱成分分别是什么?

$HAC - NaAC$ $HCl - NaCl$ $NaH_2PO_4 - Na_2HPO_4$ Na_2CO_3

三、配制 pH=3.0 左右的缓冲溶液,应该选择哪组缓冲对?配制 pH=9.0 左右的缓冲溶液,应该选择哪组缓冲对?

1. $HCOOH - HCOONa$,$K_a^{\ominus}(HCOOH)=3.75$

2. $HAC - NaAC$,$K_a^{\ominus}(HAC)=4.73$

3. $NaH_2PO_4 - Na_2HPO_4$,$K_{a_2}^{\ominus}(H_3PO_4)=7.21$

4. $NH_3 - NH_4Cl$,$K_a^{\ominus}(NH_4^+)=9.25$

四、求下列物质中划"＿"元素的氧化数。

$Na_2\underline{S}_2O_4$ $Na_2\underline{O}_2$ $K_2\underline{Mn}O_4$ $K_2\underline{Cr}O_4$ $H_2\underline{C}_2O_4$ $Na\underline{N}O_2$

五、配平下列氧化还原反应。

1. $MnO_2 + HCl(浓) \longrightarrow MnCl_2 + Cl_2 + H_2O$

2. $KClO_3 + HCl \longrightarrow KCl + Cl_2 + H_2O$

3. $NaNO_2 + NH_4Cl \longrightarrow N_2 + NaCl + H_2O$

4. $K_2Cr_2O_7 + H_2O_2 + H_2SO_4 \longrightarrow K_2SO_4 + Cr_2(SO_4)_3 + O_2\uparrow + H_2O$

5. $MnO_4^- + Fe^{2+} + H^+ \longrightarrow Mn^{2+} + Fe^{3+} + H_2O$

六、298 K 时,电对 $Br_2(1.0 \times 10^{-4} \text{ mol/L})/Br^-(1.0 \text{ mol/L})$ 和 $Fe^{3+}(0.1 \text{ mol/L})/Fe^{2+}(1.0 \times 10^{-3} \text{ mol/L})$ 中,哪种是较强的氧化剂?哪种是较强的还原剂(已知 $E_{Fe^{3+}/Fe^{2+}}^{\ominus} = +0.771 \text{ V}$,$E_{Br_2/Br^-}^{\ominus} = +1.087 \text{ V}$)?

七、298.15 K 时,将 Cu 片插入 0.10 mol/L $CuSO_4$ 溶液中,Ag 片插入 1.0×10^{-4} mol/L $AgNO_3$ 溶液中构成原电池。已知 $E_{Cu^{2+}/Cu}^{\ominus} = 0.341\ 9 \text{ V}$,$E_{Ag^+/Ag}^{\ominus} = 0.799\ 6 \text{ V}$。

1. 写出该原电池符号。

2. 写出电极反应和电池反应。

3. 求电池电动势。

八、设 0.01 mol/L 氢氰酸（HCN）溶液的解离度为 0.01%，试求在该温度下 HCN 的解离常数 $K_a^{\ominus}$ 及溶液的 pH。

九、欲配制 pH＝5.00 的缓冲溶液，应在 500 mL 0.50 mol/L HAc 中加入 NaAc·3H₂O 多少克（忽略体积变化）（$M_{NaAc\cdot 3H_2O}$＝136 g/mol）？

十、试分别计算 BaSO₄ 在 300 mL 纯水和 300 mL 含 0.01 mol/L SO₄²⁻ 溶液中各溶解多少克[$K_{sp}^{\ominus}$(BaSO₄)＝1.1×10⁻¹⁰]？

十一、命名下列配合物。

(1)[Cu(NH₃)₄]SO₄

(2)K₃[Fe(CN)₆]

(3)H₂[PtCl₆]

(4)[Co(NH₃)₅Cl]Cl₂

扫码看答案

项目二自测题答案

项目三 分析化学数据处理

【知识目标】

(1)了解定量分析误差及其产生的原因、分类和减免方法。

(2)了解测定值的准确度和精密度。

(3)熟悉误差和偏差的相关概念及表示方法。

(4)熟悉有效数字及其运算规则，以及离群值取舍判断方法。

【能力目标】

(1)掌握分析结果绝对误差、相对误差公式及运算。

(2)掌握分析结果平均值、绝对偏差、平均偏差、相对平均偏差的公式及运算。

(3)了解标准偏差、相对标准偏差公式，并学会利用 EXCEL 电子表格公式计算。

(4)掌握数字修约规则及有效数字运算规则。

【素质目标】

(1)提高学生对分析结果的可靠性和精确程度做出合理评价和正确表示的能力。

(2)学会查明产生误差的原因及其规律，采取减免误差的有效措施，不断提高分析测定的准确程度。

(3)量的概念始终贯穿在定量分析理论和实验学习中，培养学生严谨的科学态度。

【思政课堂】

影响实验数据准确性的因素有很多，如样品本身的复杂性，选择的方法是否合适，所用的仪器是否经过校准，所用的化学试剂是否合格，操作人员操作是否规范，对结果计算过程是否正确等。"分析化学数据处理"，指对所测得的数据按照一定的规则进行处理，是对所测得的数据进行严格的审核，特别是从数据的准确度(误差)和精密度(偏差)等因素对所得的测量数据进项细致的考核，是培养科学严谨的工作态度和认真细致、精益求精的专业素养的重要手段。

任务一 定量分析概述

一、定量分析的任务

分析化学是化学学科的一个重要分支，它的任务是鉴定物质的化学组成和测定组分含

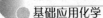

量，包括定性分析和定量分析两个部分。定性分析的任务是检出和鉴定物质是由哪些元素、离子、官能团或化合物组成的。定量分析的任务是准确测定试样中有关物质的含量，要求结果准确可靠。测定结果不准确将会导致生产上的重大失误和科学研究的错误结论。通过学习和掌握定量分析的基本知识和技能，可以建立准确的"量"的概念，培养严谨、认真和实事求是的科学态度，提高处理实际问题的能力。

二、定量分析的分类

定量分析根据测定原理和操作方法的不同，可以分为化学分析法和仪器分析法。

1. 化学分析法 化学分析法是以物质的化学反应为基础的分析方法。按照测定方法的不同，可以分为重量分析法和滴定分析法等。

（1）重量分析法又称为称量分析法，是通过化学反应及一系列操作，使试样中的待测组分转化为一种纯净的、化学组成固定的难溶化合物，再通过称量该化合物的重量，计算出待测组分含量的一种方法。

（2）滴定分析法又称为容量分析法，是根据化学反应中消耗试剂的体积来确定被测组分含量的一种方法。根据化学反应类型的不同，滴定分析法又可以分为酸碱滴定法、氧化还原滴定法、沉淀滴定法和配位滴定法。

2. 仪器分析法 仪器分析法是以待测物质的物理性质或物理化学性质为基础并借助特定仪器来确定待测组分含量的分析方法。根据测定原理的不同，主要有电化学分析法、光学分析法、色谱分析法、质谱法、放射分析法等，还有新的方法在不断出现。

仪器分析法具有快速、灵敏，所需试样量少等特点，适于微量、痕量成分分析，通常需要使用精密仪器。

三、定量分析的程序

实际工作中，进行一项分析首先要明确目的和要求，然后设计分析工作的程序。一个定量分析过程常包括以下几个步骤：试样的采取、试样的分解、干扰杂质的分离、测定方法的选择、数据处理及分析结果的评价。

1. 试样的采取 采取的试样必须保证具有代表性和均匀性，即所分析的试样组成能代表整批物料的平均组成。

2. 试样的分解 常采用湿法分析，最常用的是酸溶法，根据试样性质不同可以选择不同的酸，如盐酸、硫酸、硝酸等，也常用混酸。

3. 干扰杂质的分离 在分析过程中，遇到的样品往往含有多种组分，当进行测定时，它们常相互干扰，必须通过分离除去干扰组分。

4. 测定方法的选择 应根据测定的目的和要求，包括组分的含量、准确度及完成测定的时间，确定分析方法。

5. 数据处理及分析结果的评价 对分析过程中得到的数据进行分析及处理，计算出被测组分的含量，并对测定结果的准确性做出评价。

任务二　定量分析结果的衡量

定量分析的目的是准确测定试样中被测组分的含量，只有准确、可靠的分析结果才能在生产和科研中起作用，不准确的分析结果可能导致产品报废，资源浪费，甚至得出错误的结论。而在分析过程中，由于受分析工作者某些主观因素或分析方法、测量仪器、所用试剂等多种客观因素的限制，使得分析结果与真实值不完全一致。即使采用最可靠的分析方法，使用最精密的仪器，由技术很熟练的分析人员进行测定，也不可能得到绝对准确的结果。同一个人在相同条件下对同一种试样进行多次测定，所得结果也不会完全相同。这表明，在分析过程中，误差客观存在，是不可避免的。因此，我们应该了解分析过程中误差产生的原因及其出现的规律，以便采取相应的措施减小误差，并对所得结果进行评价，判断其准确性，使测定结果尽可能接近客观真实值。

一、准确度与误差

分析结果的准确度是指测定结果(x)与真实值(x_T)的接近程度，分析结果与真实值之间差别越小，则分析结果的准确度越高。准确度的高低用误差E来衡量，误差是指测定结果(x)与真实值(x_T)之间的差值。误差越小，测定结果与真实值越接近，准确度越高；反之，误差越大，测定结果离真实值越远，准确度越低。误差又可分为绝对误差(E_a)和相对误差(E_r)。

绝对误差(E_a)表示测定值(x)与真实值(x_T)之差，即

$$E_a = x - x_T \qquad (3-1)$$

相对误差(E_r)表示绝对误差在真实值中所占的百分率，即

$$E_r(\%) = \frac{E_a}{x_T} \times 100\% \qquad (3-2)$$

例如，用分析天平称量两物体的质量分别为 1.638 0 g 和 0.163 7 g，假设两物体的真实值各为 1.638 1 g 和 0.163 8 g，则两物体称量的绝对误差分别为：

$$E_{a_1} = 1.638\ 0 - 1.638\ 1 = -0.000\ 1\ g$$
$$E_{a_2} = 0.163\ 7 - 0.163\ 8 = -0.000\ 1\ g$$

两物体称量的绝对误差是相等的，两者的相对误差分别为：

$$E_{r_1} = \frac{-0.000\ 1}{1.638\ 1} \times 100\% = -0.006\%$$

$$E_{r_2} = \frac{-0.000\ 1}{0.163\ 8} \times 100\% = -0.06\%$$

在上例中，绝对误差虽然相等，均为－0.000 1 g，但它们的相对误差并不相等（相差10倍）。当称量的绝对误差相等时，称量物体越重，则称量的相对误差越小，准确度越高。因此，测定结果的准确度常用相对误差来表示，测量仪器准确度常用绝对误差来表示。

绝对误差和相对误差都有正值和负值。正值表示分析结果偏高，负值表示分析结果偏低。

二、精密度与偏差

同一试样在相同条件下，多次测定结果之间相互接近的程度，称为精密度。精密度反映了测定结果的再现性，即获得一系列结果之间的一致程度。精密度的高低用偏差来衡量，所谓偏差是指测定值与平均值之间的差值。偏差越小，表明测定值与平均值越接近，精密度越高。反之，偏差越大，测定结果离平均值越远，精密度越低。

在许多实际工作中，被测组分的真实值通常是无法知道的（虽然在分析中存在着"约定"的一些真值，如相对原子质量等）。既然如此，就无法用误差衡量分析结果的好坏。人们总是在相同条件下对同一试样进行多次平行测定，得到多个测定数据，取其算术平均值（$\bar{x}$），用于代替真实值进行计算，求出的结果实际上仍有偏差。

1. 平均值 对某试样进行 n 次平行测定，测定数据为 x_1，x_2，$\cdots$，x_n，则其平均值 $\bar{x}$ 为：

$$\bar{x} = \frac{1}{n}(x_1 + x_2 + \cdots + x_n) = \frac{1}{n}\sum_{i=1}^{n} x_i \tag{3-3}$$

2. 绝对偏差(d_i)、相对偏差(d_r)、平均偏差($\bar{d}$)、相对平均偏差($\bar{d}_r$) 绝对偏差(d_i)是指各单次测定结果(x_i)与多次测定结果的平均值($\bar{x}$)之间的差别。

$$d_i = x_i - \bar{x}(i = 1, 2, \cdots) \tag{3-4}$$

相对偏差(d_r)是指绝对偏差(d_i)在平均值($\bar{x}$)中所占的百分率。

$$d_r(\%) = \frac{d_i}{\bar{x}} \times 100\% \tag{3-5}$$

平均偏差($\bar{d}$)是指各次测量偏差的绝对值的平均值。

$$\bar{d} = \frac{1}{n}\sum_{i=1}^{n} |d_i| = \frac{1}{n}\sum_{i=1}^{n} |x_i - \bar{x}| \tag{3-6}$$

相对平均偏差($\bar{d}_r$)是指平均偏差在平均值中所占的百分率。

$$\bar{d}_r(\%) = \frac{\bar{d}}{\bar{x}} \times 100\% \tag{3-7}$$

平均偏差和相对平均偏差可以用来衡量一组数据的精密度，也就是说，多次平行测定结果之间越接近，平均偏差和相对平均偏差就越小，分析结果的精密度就越高。在实际工作中，精密度一般用相对平均偏差来表示。

3. 标准偏差(S)、相对标准偏差(RSD) 当多次平行测定数据的分散程度较大时，仅以平均偏差和相对平均偏差还不能用来衡量一组数据的精密度高低。这时采用标准偏差(S)或者相对标准偏差(RSD)表示测定结果的精密程度。在一般的分析工作中，只做有限次数(少于 20 次)的平行测定。

标准偏差(S)可表示为：

$$S = \sqrt{\frac{\sum_{i=1}^{n}(x_i - \bar{x})^2}{n-1}} = \sqrt{\frac{\sum_{n=i}^{n} d_i^2}{n-1}} \tag{3-8}$$

相对标准偏差也称变异系数 CV，是标准偏差 S 与测量平均值的比值，可表示为：

$$RSD(\%)=\frac{S}{\bar{x}}\times100\%=\frac{\sqrt{\dfrac{\sum\limits_{i=1}^{n}(x_i-\bar{x})^2}{n-1}}}{\bar{x}}\times100\% \qquad (3-9)$$

采用标准偏差表示精密度比用平均偏差更合理。这是因为，将单次测定的结果绝对偏差平方后，较大的偏差就能显著地反映出来，因此能更好地反映数据的分散程度。S 越小，多次平行测定结果之间符合程度越好，精密度就越高。

利用 EXCEL 表格可以很方便计算标准偏差 (S) 和相对标准偏差 (RSD)。标准偏差的计算：第 1 步，将测量数据输入到 EXCEL 表格里；第 2 步，在任意空单元格里输入"="，选择"STDEV"函数；第 3 步，选择测量数据所在区域，点击"确定"或者是回车键即可算出多次测量值的标准偏差。相对标准偏差 (RSD) 的计算，首先要算出测定值的标准偏差 (S)，再算出测定值的算术平均数，最后用标准偏差除以平均值再乘以 100% 即可。在 EXCEL 表格里，测定值的算术平均数使用函数"AVERAGE"计算。

【课堂活动 3-1】

1. 分析某铁矿石中铁的含量，其结果分别为 37.45%、37.20%、37.50%、37.30%、37.25%。试计算分析结果的平均值、平均偏差。

2. 甲、乙两分析人员，同时分析试样中某一组分的含量，甲的 3 次测定结果分别为 52.18%、52.23%、52.15%，乙的 3 次测定结果分别为 53.48%、53.28%、53.46%。已知试样中该组分的实际含量为 53.38%，试问甲、乙两分析人员的分析结果哪个准确度高？哪个精密度高？

扫码看答案

课堂活动 3-1

三、准确度和精密度的关系

准确度表示的是测定结果与真实值相符合的程度，精密度则表示测定结果的再现性。由于真实性是未知的，因此，通常根据测定结果精密度的高低来衡量分析结果是否可靠。在分析工作中，评价一项分析结果的优劣，应该从分析结果的准确度和精密度两个方面入手。精密度高的一组数据，只能说明测定的随机误差小，并不说明数据与真实值就一定接近。精密度是保证准确度的先决条件。精密度差，表示测定结果的再现性差，所得结果不可靠，也就谈不上准确度高。但是，精密度高并不一定保证准确度高。两者的关系可用图 3-1 说明。

由图 3-1 可见，甲所测得结果的准确度和精密度都高，结果可靠；乙所测得结果的精密度虽然很高，但准确度较低，说明在测定过程中存在系统误差；丙所测得结果的精密

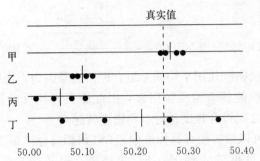

图 3-1　甲、乙、丙、丁四人测定同一试样中铁含量时所得的结果

（●表示个别测定值，│表示平均值）

度和准确度都很差；丁所测得结果的精密度很差，平均值虽然接近真实值，但结果纯属巧合，这是由于正负误差凑巧相互抵消的结果，因此丁的结果也不可靠。

从上述例子可以看出，一组精密度高的测量值，其平均值的准确度未必也高，这是因为每个测量值都可能存在某一种恒定的系统误差。因此，精密度是保证准确度的先决条件，并且只有在消除了系统误差的情况下，才能用精密度表达准确度。

任务三　分析测定中误差产生与减免方法

一、误差分类

误差按其性质可以分为系统误差和随机误差两大类。

1. 系统误差　系统误差是指分析过程中，由于某些固定的原因所造成的误差。系统误差的特点是具有单向性和重现性，即它对分析结果的影响比较固定，使测定结果系统地偏高或系统地偏低；当重复测定时，它会重复出现。系统误差产生的原因是固定的，它的大小、正负是可测的，理论上讲，只要找到原因，就可以消除系统误差对测定结果的影响。因此，系统误差又称为可测误差。

根据系统误差的性质及产生的原因，可将其分为以下几类：

（1）方法误差。方法误差是由于分析方法本身不够完善所造成的误差。例如，滴定分析中，反应不完全或滴定终点与化学计量点不完全一致；有干扰或副反应等；重量分析中沉淀的溶解损失或吸附某些杂质而产生的误差等。

（2）仪器误差。仪器误差是由于仪器本身不够精确或未经校正而造成的误差。例如，使用的天平、砝码、容量器皿刻度不准确或未经校正等对结果产生的误差。

（3）试剂误差。由于测定时所使用的试剂或蒸馏水不纯而造成的误差称为试剂误差。例如，试剂或蒸馏水中含有微量被测物质或干扰物质。

（4）操作误差。操作误差（个人误差）是指在正常的分析操作情况下，由于分析人员所掌握的分析操作与正确的分析操作的差别或分析人员的主观原因所造成的误差。例如，重量分析中对沉淀的洗涤次数过多或不够；个人对颜色的敏感程度不同，在辨别滴定终点的颜色时，有人偏深，有人偏浅；读取滴定管读数时个人习惯性地偏高或偏低等。

2. 随机误差 随机误差又称偶然误差，它是指分析工作中，由某些随机（偶然）的原因所造成的误差（例如，测量时环境温度、气压、湿度、空气中尘埃等的微小波动）、个人一时辨别的差异而使读数不一致（例如，在滴定管读数时，估计的小数点后第二位的数值，几次读数不一致）。随机误差的产生是由于一些不确定的偶然原因造成的，因此，其数值的大小、正负都是不确定的，很难找到原因，无法测量，所以随机误差又称为不可测误差。

随机误差在分析测定过程中是客观存在、不可避免的。随机误差是由某些随机（偶然）的原因所造成的。从表面上看，随机误差的出现似乎很不规律，但如果对一份试样进行多次重复测定，将所得结果进行数据统计则可发现随机误差的分布也是有规律的，它的出现符合正态分布规律，正态分布规律可以用图 3-2 所示的正态分布曲线表示，即小误差出现次数（机会）多，大误差出现的次数少；大小相等的正误差与负误差出现的概率相等。

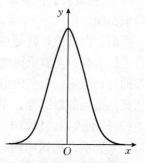

图 3-2　正态分布曲线

实际工作中，系统误差与随机误差往往同时存在，并无绝对的界限。在判断误差类型时，应从误差的本质和具体表现上入手加以甄别。

有人将操作过失造成的结果与真值间的差异称为"过失误差"。其实，过失是错误，它是由于工作人员的粗枝大叶或不遵守操作规程造成的，它不属于上述两种误差。如器皿没有洗净，试样分解时分解不够完全，称样时试样洒落在容器外，读错刻度，看错砝码，看错读数，记错数据，加错试剂等，这些都是不应该有的现象，会对实验结果造成严重的影响。只要操作人员认真细心，严格按照规程操作，这种过失是可以避免的。

二、提高分析结果准确度的方法

在定量分析中误差是不可避免的。为了获得准确的分析结果，必须考虑测定过程中可能产生的各种误差。特别要避免操作者粗心大意、违反操作规程或不正确使用分析仪器的情况出现。针对分析测试的具体要求，采取有效措施，减小分析过程中各种误差的影响，提高分析结果的准确度。

1. 检查和消除系统误差 精密度高是准确度高的先决条件，而精密度高并不表示准确度高。在实际工作中，有时遇到这样的情况，几个平行测定的结果非常接近，似乎分析工作没有什么问题了，可是一旦用其他可靠的方法检验，就发现分析结果有严重的系统误差，甚至可能因此而造成严重差错。因此，在分析工作中，必须十分重视系统误差的消除，以提高分析结果的准确度。造成系统误差的原因有多方面，根据具体情况可采用不同的方法加以消除。一般系统误差可用下面的方法进行检验和消除。

（1）对照试验。对照试验是检验系统误差的有效方法。通常采用的对照试验方法有以下 3 种：①在相同条件下，以所用的分析方法对标准试样（已知结果的准确值）与被测试样同时进行测定，通过对标准试样的分析结果与其标准值的比较，可以判断测定是否存在系统误差。②在相同条件下，以所用的分析方法与标准的分析方法（如国家标准）对同一试样

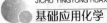

进行测定，对分析结果进行对照，以检验是否存在系统误差。③可以通过加入回收的方法进行对照试验，即在试样中加入已知量的被测组分后进行分析，通过结果计算出回收率，从而判断是否存在系统误差。

在许多生产单位，为了检查分析人员之间是否存在系统误差和其他问题，常在安排试样分析任务时，将一部分试样重复安排在不同分析人员之间，互相进行对照试验，这种方法称为"内检"。有时又将部分试样送交其他单位进行对照分析，这种方法称为"外检"。

(2)空白试验。由蒸馏水、试剂和器皿带进的杂质所造成的系统误差，一般可作空白试验来扣除。

所谓空白试验，就是在不加待测组分的情况下，按照待测组分分析同样的操作步骤和条件进行实验。实验所得结果称为空白值。从试样分析结果中扣除空白值后，就得到比较可靠的分析结果。当空白值较大时，应找出原因，加以消除。比如选用纯度更高的试剂和改用其他适当的器皿等。在进行微量分析时，空白试验是必不可少的。

(3)校准仪器。仪器未经校正或者本身不够精确引起的系统误差，可以通过校准仪器来减小其影响。例如砝码、容量瓶、移液管和滴定管等，在精确的分析中，必须进行校准，在计算结果时采用校正值。

(4)选择合适的分析方法。各种分析方法的准确度和灵敏度是不相同的，要根据具体要求选择合适的方法。比如重量分析和滴定分析，它们的灵敏度虽不高，但对于高含量组分的测定，能获得比较准确的结果。例如铁的质量分数为 60.00% 的试样，用重铬酸钾法（氧化还原滴定法）测定，方法的相对误差为 ±0.2%，则测定结果的含量范围是 59.88%~60.12%。如果用分光光度法进行测定，由于方法的相对误差约为 ±3%，测得铁的质量分数范围将在 52.8%~61.8%，误差显然大得多。若试样中铁的质量分数为 0.1%，则用重铬酸钾法无法测定，这是由于方法的灵敏度达不到。若以分光光度法进行测定，可能测得的铁的含量范围为 0.097%~0.103%，结果完全符合要求。

在生产实践和一般科研工作中，对测定结果要求的准确度常与试样的组成、性质和待测组分的相对含量有关。化学分析的灵敏度虽然不高，但对于常量组分的测定能得到较准确的结果，一般相对误差不超过千分之几。仪器分析具有较高的灵敏度，适用于微量或痕量组分含量的测定，对测定结果允许有较大的相对误差。

2. 减小随机误差 教学实验（探索性等实验例外）采用的是较为成熟的分析方法，可认为不存在方法误差；实验若采用符合纯度要求的试剂和蒸馏水，可认为不存在试剂误差；若仪器的各项指标也调试到符合实验要求，可认为无仪器误差。那么实验结果误差的来源就是随机误差。若出现非常可疑的离群值，基本可判断实验存在着操作者的操作误差或过失。

随机误差是由偶然的不固定的原因造成的，在分析过程中始终存在，是不可消除的。在消除系统误差的前提下，平行测定次数越多，平均值越接近真实值。因此，增加测定次数，可以提高平均值精密度，平均值越接近真实值，偶然误差就越小。在一般化学分析中，对于同一试样，通常要求平行测定 3~5 次。当对测定结果的准确度要求较高时，可增加测定次数至 10 次左右。

3. 减小测量误差 任何分析方法都离不开测量，只有减少测量误差，才能保证分析结果的准确度。例如，一般分析天平(电子天平)的差减称量法两次的称量误差为±0.000 2 g，为了使测量时的相对误差小于0.1%，则称取试样质量从相对误差的计算式可知试样质量的最小值。

$$相对误差 = \frac{绝对误差}{被称物质量} \times 100\%$$

$$试样质量 = \frac{绝对误差}{相对误差} = \frac{0.000\ 2\ g}{0.1\%} = 0.2\ g$$

可见称取试样的质量必须在0.2 g以上。

同理，在滴定分析中，滴定管读数有±0.01 mL的绝对误差，在一次滴定中需要读数两次，可造成最大绝对误差常有±0.02 mL，为了使测量时的相对误差小于0.1%，实际操作中，消耗滴定剂的体积可控制在20~30 mL，这样，既减少了测量误差，又可节省试剂和时间。

【课堂活动3-2】

指出在下列情况下，各会引起哪种误差？如果是系统误差，应该采用什么方法减免？

(1)砝码未经校正。

(2)试剂中含有微量的被测组分。

(3)天平的零点有微小变动。

(4)读取滴定体积时最后一位数字估计不准。

(5)滴定时不慎从锥形瓶中溅出一滴溶液。

扫码看答案

课堂活动3-2

任务四　有效数字与数据处理技术

一、有效数字及其应用

在科学实验中，为了得到准确的测量结果，不仅要准确地测定各种数据，而且还要正确地记录和计算。分析结果的数值不仅表示试样中被测成分含量的多少，而且还反映了测定的准确程度。因此，记录数据和计算结果应保留几位数字是一件很重要的事，不能随便增加或减少数字位数。例如用重量法测定硅酸盐中的SiO_2时，若称取试样重为0.453 8 g，经过一系列处理后，灼烧得到SiO_2沉淀重0.137 4 g，则其百分含量为：

$$\frac{0.137\ 4}{0.453\ 8} \times 100\% = 30.277\ 655\ 354\%$$

上述分析结果共有11位数字，从运算来讲，并无错误，但实际上用这样多位数的数字来表示上述分析结果是错误的，它没有反映客观事实，因为所用的分析方法和测量仪器不可能准确到这种程度。那么在分析实验中记录和计算时，究竟要准确到什么程度，才符合客观事实呢？这就必须了解有效数字的意义。

1. 有效数字的意义及位数　有效数字是指在分析工作中实际上能测量到的数字，它

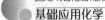

包括所有准确数字和最后一位可疑数字。记录数据和计算结果时究竟应该保留几位数字，应根据测定方法和使用仪器的精密程度来决定。在记录数据和计算结果时，所保留的有效数字中，只有最后一位是可疑的数字。

例如：烧杯质量 18.573 4 g   六位有效数字
   标准溶液体积 24.41 mL   四位有效数字

由于万分之一的分析天平能称准至±0.000 1 g，滴定管的读数能读准至±0.01 mL，故上述烧杯质量应是(18.573 4±0.000 1)g，标准溶液的体积应是(24.41±0.01)mL，因此这些数值的最后一位都是可疑的，这一位数字称为"不可靠数字"。在分析工作中应当使测定的数值只有最后一位是可疑的。

有效数字的位数，直接与测定的相对误差有关。例如称得某物重为 0.518 0 g，它表示该物实际重量是(0.518 0±0.000 1)g，其相对误差为：

$$\frac{\pm 0.000\,1}{0.518\,0} \times 100\% = \pm 0.02\%$$

如果少取一位有效数字，则表示该物实际重量是(0.518±0.001)g，其相对误差为：

$$\frac{\pm 0.001}{0.518} \times 100\% = \pm 0.2\%$$

以上数值表明测量的准确度前者是后者的 10 倍。因此，在测量准确度的范围内，有效数字位数越多，测量也越准确，但超过测量准确度的范围，过多的位数是毫无意义的。

必须指出，如果数据中有"0"时，应分析具体情况，然后才能肯定哪些数据中的"0"是有效数字，哪些数据中的"0"不是有效数字。

例如：1.000 5   五位有效数字
   0.500 0；31.05%；6.023×10^2 四位有效数字
   0.054 0；1.86×10^{-5} 三位有效数字
   0.005 4；0.40%   两位有效数字
   0.5；0.002%   一位有效数字

在 1.000 5 中的三个"0"，0.500 0 中的后三个"0"，都是有效数字；在 0.005 4 中的"0"只起定位作用，不是有效数字；在 0.054 0 中，前面的"0"起定位作用，最后一位"0"是有效数字。同样，这些数值的最后一位数字，都是"不定数字"。因此，在记录测量数据和计算结果时，应根据所使用仪器的准确度，必须使所保留的有效数字中，只有最后一位数是"不定数字"。

分析化学中还经常遇到 pH、pC、lgK 等对数值，其有效数字的位数仅取决于小数部分数字的位数，因整数部分只说明该数的方次。例如，pH=12.68，即[H^+]=2.1×10^{-13} mol/L，其有效数字为两位，而不是四位。对于非测量所得的数字，如倍数、分数、π、e 等，它们没有不确定性，其有效数字可视为无限多位。

2. 数字修约规则 在数据处理中，需要运算一组精确度不同的数值，运算中有效数字舍去多余数字时，采用"四舍六入五留双"的规则进行修约。这是一种比较精确、科学的计数保留法。

具体的做法是，当尾数≤4 时将其舍去；尾数≥6 时就进一位；如果尾数为 5 而后面的数为 0 时则看前方：前方为奇数就进位，前方为偶数则舍去；当"5"后面还有不是 0 的任何数时，都须向前进一位，无论前方是奇还是偶数，"0"则以偶数论。例如：0.536 64 保留 4 位有效数字为 0.536 6；0.583 46 保留 4 位有效数字为 0.583 5；10.275 0 保留 4 位有效数字为 10.28；16.405 0 保留 4 位有效数字为 16.40；27.185 0 保留 4 位有效数字为 27.18；18.065 01 保留 4 位有效数字为 18.07。

必须注意：进行数字修约时只能一次修约到指定的位数，不能数次修约，否则会得出错误的结果。

3. 有效数字的运算规则

(1)加减法。当几个数据相加或相减时，它们的和或差的有效数字的保留，应以小数点后位数最少，即绝对误差最大的数据为依据。例如 0.012 1、25.64 及 1.057 82 三数相加，数据中，25.64 小数点后尾数最少，仅两位，其绝对误差最大。因此，将其余两个数据按规则修约，整理到保留两位小数，0.012 1 应写成 0.01；1.057 82 应写成 1.06；三者之和为：0.01＋25.64＋1.06＝26.71

(2)乘除法。几个数据相乘除时，积或商的有效数字的保留，应以其中相对误差最大的那个数(即有效数字位数最少的那个数)为依据。

例如求 0.012 1、25.64 和 1.057 82 三数相乘之积。设此三数的最后一位数字为可疑数字，且最后一位数字都有±1 的绝对误差，则它们的相对误差分别为：

$$0.012\ 1：\frac{\pm 0.000\ 1}{0.012\ 1}\times 100\%=\pm 0.8\%$$

$$25.64：\frac{\pm 0.01}{25.64}\times 100\%=\pm 0.04\%$$

$$1.057\ 82：\frac{\pm 0.000\ 01}{1.057\ 82}\times 100\%=\pm 0.000\ 9\%$$

第一个数是三位有效数字，其相对误差最大，以此数据为依据，确定其他数据的位数，即按规则将各数都保留三位有效数字，然后相乘：

$$0.012\ 1\times 25.6\times 1.06=0.328$$

4. 有效数字的运算规则在分析化学实验中的应用

(1)根据分析仪器和分析方法的准确度正确读出和记录测定值，且只保留一位可疑数字。

(2)在计算结果之前，先根据运算方法确定欲保留的位数，然后按照数字修约规则对各测定值进行修约，先修约，后计算。

二、可疑值的取舍

在实际工作中，经常对试样进行平行测定。分析工作者获得一系列数据后，需要对这些数据进行处理。在一组平行测定的数据中，有时会出现较个别数据(一个甚至多个)偏离其他数据较远，这些数据称为可疑值或离群值。如果这些数据是由实验过失造成的，则应该将该数据坚决舍弃，否则就不能随便将它舍弃，而必须用统计方法来判断是否取舍。取舍的方法很多，常用的有四倍法、格鲁布斯法和 Q 检验法等，其中 Q 检验法比较严格，而且使用比较方便。在此只介绍 Q 检验法。

在一定置信度下，Q 检验法可按下列步骤，判断可疑数据是否舍去。

(1)先将数据从小到大排列为：x_1，x_2，$\cdots$，x_{n-1}，x_n

(2)计算出统计量 Q：

$$Q = \frac{|可疑值-邻近值|}{最大值-最小值} \qquad (3-10)$$

也就是说，若 x_1 为可疑值，则统计量 Q 为：

$$Q = \frac{|x_2-x_1|}{x_n-x_1}$$

若 x_n 为可疑值，则统计量 Q 为：

$$Q = \frac{|x_n-x_{n-1}|}{x_n-x_1}$$

式中，分子为可疑值与相邻值的差值，分母为整组数据的最大值与最小值的差值，也称之为极值。Q 越大，说明 x_1 或 x_n 离群越远。

(3)根据测定次数和要求的置信度，由表 3-1 查得 $Q_{表值}$。

(4)将 Q 与 $Q_{表值}$ 进行比较，判断可疑数据的取舍。若 Q 大于 $Q_{表值}$，则可疑值应该舍去，否则应该保留。

表 3-1　不同置信度下舍弃可疑数据的 $Q_{表值}$

置信度	测定次数(n)							
	3	4	5	6	7	8	9	10
90%	0.94	0.76	0.64	0.56	0.51	0.47	0.44	0.41
95%	0.98	0.85	0.73	0.64	0.59	0.54	0.51	0.48
99%	0.99	0.93	0.82	0.74	0.68	0.63	0.6	0.57

【课堂活动 3-3】

1. 某人测定某药物中主要成分含量时，称取此药物 0.025 0 g，最后计算其主成分含量为 98.25%，此结果是否正确？若不正确，正确值应为（　　　）。

A. 正确　　　　　　　　　　　B. 不正确，98.0%

C. 不正确，98%　　　　　　　　D. 不正确，98.2%

2. 测定某样品中 N 的含量(%)，4 次分析测定结果为 20.39、20.41、20.40 和 20.16，用 Q 检验法判断 20.16 是否应舍弃（置信度为 90%）？

扫码看答案

课堂活动 3-3

自 测 题

一、判断题

1. 将 3.142 4、3.215 6、5.623 5 和 4.624 5 处理成四位有效数字，则分别为 3.142、3.216、5.624 和 4.624。（　　）

2. 在分析数据中，所有的"0"均为有效数字。（　　）

3. 误差可以分为系统误差、偶然误差和过失误差三大类。（　　）

4. 精密度是指在相同条件下，多次测定值间相互接近的程度。（　　）

5. 系统误差影响测定结果的准确度，随机误差影响到测定结果的精密度。（　　）

6. 对某试样进行三次平行测定，得平均含量 25.65%，而真实含量为 25.35%，则其相对误差为 0.30%。（　　）

二、选择题

1. 由计算器算得 $(2.236 \times 1.112\ 4) \div (1.036 \times 0.200)$ 的结果为 12.004 471，按有效数字运算规则应得结果修约为（　　）。

A. 12 　　　　　　B. 12.0 　　　　　　C. 12.00 　　　　　　D. 12.004

2. 在以硼砂标定 HCl 溶液时，下述记录中正确的是（　　）。

项目	A	B	C	D
移取标准液/mL	20	20.000	20.00	20.00
滴定管初读数/mL	23.20	0	0.2	0.00
滴定管终读数/mL	47.30	24.08	23.5	24.10
V_{HCl}/mL	24.10	24.08	23.3	24.10

3. 对某试样进行多次平行测定，获得试样中硫的平均含量为 3.25%，则某个测定值（如 3.15%）与此平均值之差为该次测定的（　　）。

A. 绝对误差 　　　B. 相对误差 　　　C. 绝对偏差 　　　D. 相对偏差

4. 某土壤试样中，碳含量分析结果（mg/kg）为：102、95、98、105、104、96、98、99、102、101。这一组数据的平均偏差为（　　）。

A. 2.8 mg/kg 　　　B. 5.6 mg/kg 　　　C. 1.4 mg/kg 　　　D. 0.28 mg/kg

E. 0.89 mg/kg

5. 在滴定分析法测定中出现下列情况，哪种可导致系统误差？（　　）

A. 试样未经充分混匀 　　　　　　B. 滴定管的读数读错

C. 滴定时有液滴溅出 　　　　　　D. 砝码未经校正

E. 所用的蒸馏水中有干扰离子

6. 可以减小偶然误差的方法是（　　）

A. 进行量器校正 　　　　　　B. 进行空白试验

C. 进行对照试验　　　　　　　　　　　D. 增加平行测定的次数

7. 用 25 mL 移液管移出的溶液体积应记录为(　　)

A. 25 mL　　　　　B. 25.0 mL　　　　　C. 25.00 mL　　　　　D. 25.000 mL

8. 滴定分析要求相对误差为±0.1%。若称取试样的绝对误差为 0.000 2 g，则一般至少称取试样(　　)

A. 0.1 g　　　　　B. 0.2 g　　　　　C. 1 g　　　　　D. 2 g

三、填空

1. 进行下列运算，给出适当的有效数字。

① $213.64+0.324\ 4+4.4=$

② $(51.0\times4.03\times10^{-4})/(2.512\times0.002\ 034)=$

③ $(2.52\times4.10\times5.04)/(6.15\times104)=$

④ $(3.10\times21.14\times5.10)/0.001\ 120=$

2. 在定量分析运算中，弃去多余的数字时，应以_____的原则决定该数字的进位或舍弃。

3. 定量分析中，影响测定结果准确度的是_____误差，影响测定结果精确度的是_____误差。

4. 滴定管的读数常用±0.01 mL 的误差，则在一次滴定中的绝对误差可能为_____mL。常量滴定分析的相对误差一般要求小于等于0.1%，为此，滴定时消耗滴定剂的体积必须控制在_____mL 以上。

5. 在 3～10 次的平行测定中时，离群值的取舍常用_____检验法。

6. 四次平行测定测得某盐酸溶液浓度的结果为：0.102 1、0.102 5、0.102 0、0.102 3 mol/L，分析数据处理是：平均值 $\bar{x}=$ _____，平均偏差=_____，标准偏差=_____。

四、计算题

1. 测定样品中 Cl^- 的质量分数时，五次平行测定的结果为 59.82%、60.06%、60.46%、59.86%和 60.24%。计算平均值、单次测量的绝对偏差、相对平均偏差。

2. 某一标准溶液的四次标定值为 0.101 4、0.101 2、0.102 5、0.101 6 mol/L，问离群值 0.102 5 mol/L 在置信度 90%时可否舍弃？

3. 有甲、乙、丙三人，在某一次实验中得到的测得值见表 3-2。

表 3-2　实验数值

项目	甲	乙	丙
X_1/%	50.40	50.20	50.36
X_2/%	50.30	50.20	50.35
X_3/%	50.25	50.18	50.34
X_4/%	50.23	50.17	50.33
$\bar{x}$/%	50.30	50.19	50.35

假设真实值为 50.38%，分析甲、乙、丙三人实验结果的准确度和精密度（使用相对平均偏差进行分析）。

扫码看答案

项目三自测题答案

项目四　滴定分析法

【知识目标】

(1)熟悉滴定分析法的基本概念。

(2)理解滴定分析对化学反应要求的条件。

(3)了解常见的滴定方式。

(4)掌握滴定分析标准溶液的两种配制方法及使用条件。

(5)掌握标准溶液的浓度的表示方法及计算。

(6)理解基准物质的要求。

【能力目标】

(1)掌握标准溶液配制的方法和有关计算。

(2)掌握滴定分析结果的处理。

【素质目标】

(1)培养自主学习、独立分析与解决问题、综合应用知识的能力。

(2)培养爱岗敬业、吃苦耐劳、诚实守信、精益求精的职业素养。

【思政课堂】

稀土是元素周期表中的15个镧系元素和钇、钪共17种金属元素的统称。稀土被誉为“工业的维生素”，具有优异的磁、光、电性能，能与其他材料组成性能各异、品种繁多的新型材料，能大幅度地提高其他产品的质量和性能，因此有“工业黄金”之称，被广泛应用到冶金、军事、石油化工、玻璃陶瓷、农业和新材料等领域。比如，稀土的加入可以大幅度提高用于制造坦克、飞机、导弹的钢材、铝合金、镁合金、钛合金的战术性能。中国是世界上最大的稀土资源国。徐光宪院士1951年在美国哥伦比亚大学获博士学位后，放弃国外优越条件，毅然回国。他在20世纪70年代建立了具有普适性的串级萃取理论并成功工业化，使中国实现从稀土资源大国向高纯稀土生产大国的飞跃，他被称为“中国稀土之父”。由于稀土资源的重要战略地位，徐光宪院士先后两次上书国家总理，呼吁国家严控稀土开采量，建立稀土储备制度。2020年12月1日我国《稀土出口管制法》正式生效。

滴定分析法是测定稀土总量的方法之一，主要是基于氧化还原反应和配位反应。对于稀土矿物原料分析、稀土冶金的流程控制和某些稀土材料分析，配位滴定法常用于测定稀土总量。氧化还原滴定法常用于测定铈、铕等变价元素。滴定分析法操作步骤简单，常用于组分较简单的试样中稀土总量的测定。

任务一　滴定分析法概述

一、滴定分析的基本概念

　　滴定分析法(图 4-1)又称容量分析法，是化学分析法中一种重要的分析方法，是将一种已知准确浓度的试剂溶液(标准溶液)，通过滴定管滴加到被测溶液中(或者将被测溶液滴加到试剂溶液中)，直到所加试剂与被测物质按化学计量关系刚好反应完全为止，然后根据所用试剂溶液(标准溶液)的浓度和体积，求出被测物质的含量的方法。

　　标准溶液又称为滴定剂，是指在滴定分析过程中，已知准确浓度的试剂溶液。进行滴定分析时，将标准溶液通过滴定管逐滴加到被测物质溶液中的操作过程称为滴定。在滴定过程中，当滴入的标准溶液的物质的量与待测定组分的物质的量恰好符合化学反应式所表示的化学计量关系时，称反应到达了化学计量点，也称理论终点。为了确定理论终点，需要在待测试液中加入一种合适的试剂，利用该试剂颜色的变化来确定理论终点，这种用来确定理论终点的试剂，称为指示剂。在

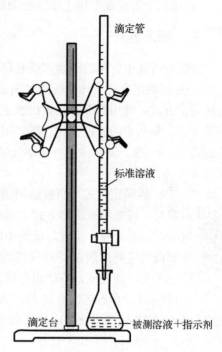

图 4-1　滴定分析法

滴定过程中，指示剂发生颜色突变时即终止滴定，此时称为滴定终点。由于指示剂并不一定正好在化学计量点时变色，因此滴定终点与化学计量点不一定恰好符合，由此而造成的分析误差，称为滴定误差或终点误差。终点误差的大小，决定于滴定反应和指示剂的性能及用量等因素，因此，必须选择适当的指示剂才能使滴定的终点尽可能地接近计量点。

教学视频

终点误差

　　滴定分析法是定量分析中的重要方法之一，主要用于测定物质中的常量组分(质量分数在 1% 以上)。该方法操作简便、测定快速，所用仪器设备简单、价廉，可适用于多种化学反应类型的测定；分析结果的准确度较高，对常量组分，其测定的相对误差<0.1%。因此该方法在生产和科研上应用广泛，但该方法测定的灵敏度较低，不适用于微量组分的测定。

二、滴定分析法对化学反应的要求

　　滴定分析法是以化学反应为基础的，但并不是所有的化学反应都可以用于滴定分析，适合滴定分析的化学反应应该具备以下 4 个条件：

　　(1)反应必须定量地完成。滴定分析法所依据的化学反应必须严格按一定的化学反应

方程式进行，没有副反应，而且反应进行完全程度达 99.9% 以上，这是滴定分析进行定量计算的基础。

（2）反应必须迅速地完成。滴定反应要求瞬间完成，对于速率较慢的反应，通常应采取加热或加入催化剂等措施来加快反应速率。

（3）有比较简便、可靠的方法确定滴定终点。比如有适当的指示剂可供选择。

（4）试剂中若存在干扰主反应的杂质，必须有合适的消除干扰的方法。

三、滴定方式

滴定分析法中常用的滴定方式有以下 4 种：

1. 直接滴定方式 凡是能同时满足上述 4 个滴定反应条件的化学反应，都可以采用直接滴定方式，即用标准溶液直接滴定被测物质溶液的方式。直接滴定方式是滴定分析法中最常用、最基本的滴定方式。例如用 HCl 标准溶液滴定 NaOH 溶液，用 $K_2Cr_2O_7$ 标准溶液滴定 Fe^{2+} 等。但往往有些化学反应不能同时满足滴定分析的 4 个要求，这时可选用其他方式进行滴定。

教学视频

返滴定方式

2. 返滴定方式 当被测物质是固体，或与标准溶液反应较慢，或没有适宜的指示剂时，可采用返滴定方式。返滴定又称回滴，就是先向待测物质溶液中准确加入过量的标准溶液，待其与试液中的被测物质或固体试样反应完全后，再用另一种标准溶液滴定剩余的前一种标准溶液。例如，用 HCl 标准溶液滴定固体 $CaCO_3$ 时，反应不能立即完成，不能用直接滴定方式进行滴定。因此，测定时，先加入过量、定量的 HCl 标准溶液，待 HCl 和固体 $CaCO_3$ 反应完成后，再用 NaOH 标准溶液回滴定剩余的 HCl 标准溶液，由消耗的 HCl 和 NaOH 的物质的量之差即可求出 $CaCO_3$ 的含量。

3. 置换滴定方式 当滴定反应不按一定反应式进行或伴有副反应时，由于被测物质不能直接滴定，可以先加入一种适当的试剂与之反应，置换出另一种能被定量滴定的物质来，然后再用适当的滴定剂进行滴定，这种滴定方式称为置换滴定方式。例如 $Na_2S_2O_3$ 不能用来直接滴定方式滴定 $K_2Cr_2O_7$ 和其他强氧化剂，这是因为在酸性溶液中强氧化剂可将 $S_2O_3^{2-}$ 氧化为 $S_4O_6^{2-}$ 或 SO_4^{2-}，反应没有一定的计量关系。但是，$Na_2S_2O_3$ 却是一种很好的滴定碘的滴定剂。如果在酸性的 $K_2Cr_2O_7$ 溶液中加入过量的 KI，用 $K_2Cr_2O_7$ 置换出一定量的 I_2，然后用 $Na_2S_2O_3$ 标准溶液直接滴定 I_2，计量关系便非常好。反应方程式为：

$$K_2Cr_2O_7 + 6KI + 7H_2SO_4 = Cr_2(SO_4)_3 + 7H_2O + 3I_2 + 4K_2SO_4$$

$$2Na_2S_2O_3 + I_2 = Na_2S_4O_6 + 2NaI$$

教学视频

间接滴定方式

实际工作中，就是用这种方式，以 $K_2Cr_2O_7$ 标定 $Na_2S_2O_3$ 标准溶液浓度的。

4. 间接滴定方式 有些物质虽然不能与标准溶液直接进行化学反应，有时可以通过别的化学反应间接测定。例如高锰酸钾法测定钙就属于间接滴定方式。由于 $KMnO_4$ 标准溶液不能直接滴定 Ca^{2+}，可先用 $(NH_4)_2C_2O_4$ 将 Ca^{2+} 沉淀为 CaC_2O_4，过滤洗涤后用稀 H_2SO_4 溶解，再用 $KMnO_4$ 标准溶液滴定溶液中的 $C_2O_4^{2-}$，便可间接测定钙的含量。反应离子方程式为：

$$Ca^{2+}+C_2O_4^{2-}\!=\!\!=\!\!=CaC_2O_4\downarrow$$
$$CaC_2O_4+2H^+\!=\!\!=\!\!=2Ca^{2+}+H_2C_2O_4$$
$$5H_2C_2O_4+2MnO_4^-+6H^+\!=\!\!=\!\!=2Mn^{2+}+10CO_2\uparrow+8H_2O$$

这种被测物质不能与标准溶液直接反应，但能通过另一种能与标准溶液反应的物质而被间接测定的方式，称为间接滴定方式。

四、滴定分析法的分类

根据滴定分析所采用的化学反应的类型，滴定分析法可分为以下四种方法：

1. 酸碱滴定法　是以酸碱中和反应为基础的一种滴定分析方法。一般的酸、碱以及能与酸、碱进行反应的物质，几乎都能用酸碱滴定法测定，且反应速率较快，能满足滴定分析法的要求。

2. 配位滴定法　是以配位反应为基础的一种滴定分析方法。此法在测定溶液中金属离子的含量时有显著的优点，表现为简便快速、准确度较高、应用范围广。常采用EDTA（乙二胺四乙酸二钠）作为配位剂测定金属原子。

3. 氧化还原滴定法　是以氧化还原反应为基础的一种滴定分析方法。氧化还原滴定法的应用非常广泛，它不仅可用于无机分析，而且可以广泛用于有机分析，许多具有氧化性或还原性的有机化合物可以用氧化还原滴定法来加以测定。

4. 沉淀滴定法　是以沉淀反应为基础的一种滴定分析方法。沉淀反应虽然很多，但由于受到沉淀溶解度大小、沉淀吸附作用大小等因素限制，许多沉淀反应不能满足滴定分析要求，能用于沉淀滴定的不多，因此，沉淀滴定法的应用并不十分广泛。

任务二　滴定分析常用标准溶液的配制

一、标准溶液浓度的表示方法

标准溶液的浓度有多种表示方法，在滴定分析中最常用的是物质的量浓度（c_B）和滴定度（T）两种表示方法。

1. 物质的量浓度　物质的量浓度是指单位体积溶液中所含溶质的物质的量，用符号c_B表示。

$$c_B=\frac{n_B}{V}=\frac{m_B}{M_BV}$$

式中，n_B为物质B的物质的量（mol）；V为标准溶液的体积（L）；m_B为物质B的质量（g）；M_B为物质B的摩尔质量（g/mol）；c_B为物质B的物质的量浓度（mol/L）。

2. 滴定度　在常规分析中，由于测定对象比较固定，常使用同一种标准溶液测定同种物质，因此还采用滴定度表示标准溶液的浓度，使计算简便快速。滴定度是指每毫升标准溶液相当于被测物质的质量，常用$T_{标准溶液/待测组分}$表示，单位为g/mL。

$$m_A=T_{A/B}\times V_B$$

式中，m_A为物质A的质量（g）；$T_{A/B}$为滴定度（g/mL）；A为待测物质；B为标准溶

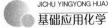
液；V_B 为消耗滴定剂 B 的体积(mL)。

例如，$T_{Fe/K_2Cr_2O_7}=0.005\,510\;g/mL$，表示每毫升该 $K_2Cr_2O_7$ 标准溶液相当于 $0.005\,510\;g$ Fe，也就是说 $1.00\;mL$ 该 $K_2Cr_2O_7$ 标准溶液恰好能与 $0.005\,510\;g\;Fe^{2+}$ 反应，如果在滴定中消耗了该 $K_2Cr_2O_7$ 标准溶液 $20.20\;mL$，则被测溶液中含铁的质量 $m(Fe)=0.005\,510\;g/mL\times20.20\;mL=0.111\,3\;g$。

使用滴定度的优点是根据所消耗的标准溶液的体积可以直接计算待测物质的质量，使用非常方便，其缺点是只适用于大批试样测定其中同一组分的含量。

二、基准物质

能用于直接配制标准溶液或标定溶液浓度的纯净物质称为基准物质。基准物质必须具备以下条件：

(1)物质的实际组成与其化学式应完全相符。若含结晶水〔如 $Na_2B_4O_7\cdot10H_2O$(硼砂)〕，结晶水的含量也应符合化学式。

(2)物质的纯度足够高，主成分含量在 99.9% 以上，且所含杂质不影响滴定反应的准确度。

(3)物质的性质稳定，在保存和称量过程中组成不变，如不挥发、不分解、不吸潮、不吸收 CO_2、不失去结晶水等。

(4)物质最好具有较大的摩尔质量，以减少称量的相对误差。

> **【课堂活动 4-1】**
>
> (1)HCl 和 NaOH 是否符合基准物质的条件？为什么？
>
> (2)$Na_2B_4O_7\cdot10H_2O$(硼砂)$(M=381.4\;g/mol)$ 和 Na_2CO_3(碳酸钠)$(M=106.0\;g/mol)$ 都可以作为标定盐酸溶液的基准物质，若从称量误差的角度考虑，选择哪种试剂更合适？
>
> 扫码看答案
>
>
>
> 课堂活动 4-1

常用的基准物质有锌(Zn)、铜(Cu)、银(Ag)等纯金属以及硼砂($Na_2B_4O_7\cdot10H_2O$)、碳酸钠(Na_2CO_3)、邻苯二甲酸氢钾($C_6H_4\cdot COOH\cdot COOK$)、草酸($H_2C_2O_4\cdot2H_2O$)、重铬酸钾($K_2Cr_2O_7$)、碳酸钙($CaCO_3$)、草酸钠($Na_2C_2O_4$)、碘酸钾($KIO_3$)、氧化锌($ZnO$)、氯化钠($NaCl$)、三氧化二砷($As_2O_3$)等纯化合物。

三、滴定分析常用标准溶液的配制

在滴定分析中，不论采用哪种滴定方式，都需要用到标准溶液，并且根据标准溶液的浓度和体积来计算被测组分的含量。因此，在滴定分析中，必须正确地配制标准溶液和准确标定标准溶液的浓度。根据配制标准溶液所用试剂的性质，标准溶液的配制可分为直接配制法和间接配制法。

(一)直接配制法

只有符合基准物质的条件的物质，才能采用直接配制法配制标准溶液。

1. 所需仪器　采用直接配制法配制标准溶液时，需要电子天平、量筒、容量瓶、烧杯、玻璃棒、胶头滴管等。

2. 配制方法　准确称量基准物质→加入适量蒸馏水在烧杯中完全溶解→定量转移至容量瓶→定容至刻度线→根据称量的质量和溶液的体积计算标准溶液的准确浓度。

【课堂活动 4 - 2】

(1)直接配制法配制标准溶液需要用到哪些仪器？

(2)如何准确配制 0.100 0 mol/L 的碳酸钠(Na_2CO_3)标准溶液 100 mL？

扫码看答案

课堂活动 4 - 2

(二)间接配制法

很多化学试剂由于纯度或稳定性不够等原因，不能直接配制成标准溶液，应采用间接法配制，即先将它们配制成接近所需浓度的溶液，再用基准物质或另一种标准溶液来测定它的准确浓度，这种配制标准溶液的方法称为间接配制法，也称标定法。如 NaOH、HCl、EDTA、$KMnO_4$、$Na_2S_2O_3$ 等常用标准溶液都是采用间接配制法配制。常见标准溶液的配制方法以及标定所用的基准物质和指示剂见表 4 - 1。

表 4 - 1　常见标准溶液的配制方法以及标定所用的基准物质和指示剂

标准溶液	配制方法	标定所用的基准物质	指示剂
$K_2Cr_2O_7$	直接法		
HCl	间接法	硼砂、Na_2CO_3	甲基红、甲基橙
NaOH	间接法	邻苯二甲酸氢钾、$H_2C_2O_4 \cdot 2H_2O$	酚酞
EDTA	间接法	$CaCO_3$、ZnO、Ag 等	铬黑 T、二甲酚橙
$KMnO_4$	间接法	草酸钠 $Na_2C_2O_4$	$KMnO_4$ 自身
$Na_2S_2O_3$	间接法	$K_2Cr_2O_7$ 等	淀粉
$AgNO_3$	间接法	NaCl	K_2CrO_4

四、滴定过程的误差分析

在滴定分析中，引起测定误差的因素有很多，如称量误差、滴定管的读数误差、滴定终点误差等。

1. 称量误差及减免方法　万分之一电子天平的称量有±0.000 1 g 的绝对误差，以差

减法称量时，两次称量累计绝对误差的最大值为 0.000 2 g，为了使分析结果的相对误差不大于 0.1%，则

$$试样质量=\frac{绝对误差}{相对误差}=\frac{0.000\ 2}{0.1\%}=0.2\ g$$

可见，称取的试样质量应不小于 0.2 g。

2. 滴定管的读数误差及减免方法

滴定管读数时，有 ±0.01 mL 的绝对误差，在一次滴定中，需读数两次累计绝对误差的最大值为 0.02 mL，为了使分析结果的相对误差不大于 0.1%，则

$$消耗的滴定剂体积=\frac{绝对误差}{相对误差}=\frac{0.02}{0.1\%}=20\ mL$$

在实际操作中，为了减小读数误差，同时节省试剂和时间，通常会将消耗的滴定剂体积控制在 20~30 mL。

3. 滴定终点误差 滴定终点误差是由指示剂指示的终点与理论终点不相符引起的，在实际操作中，应选择合适的指示剂。

任务三 滴定分析结果的计算

一、滴定剂与被测组分之间物质的量的关系

设滴定剂 A 与被测组分 B 有下列反应：

$$
\begin{array}{cccc}
滴定剂 & 被测物 & & \\
a\text{A} & + & b\text{B} =\!\!= c\text{C} & + & d\text{D} \\
a\ mol & b\ mol & & \\
n_\text{A}\ mol & n_\text{B}\ mol & & \\
c_\text{A}\times V_\text{A} & c_\text{B}\times V_\text{B} & &
\end{array}
$$

可见，当反应达到化学计量点时，b mol B 物质与 a mol A 物质恰好完全反应，则被测组分 B 的物质的量 n_B 与滴定剂的物质的量 n_A 之间有下列关系：

$$n_\text{A}:n_\text{B}=a:b \quad 即$$

$$bn_\text{A}=an_\text{B} \quad 或 \quad n_\text{A}=an_\text{B}/b$$

若体积为 $V_\text{B}(\text{L})$ 的被测物质的溶液其浓度为 $c_\text{B}(\text{mol/L})$，在化学计量点时用去浓度为 $c_\text{A}(\text{mol/L})$ 的滴定剂体积为 $V_\text{A}(\text{L})$，则在化学计量点时：

$$c_\text{A}\times V_\text{A}=\frac{a}{b}\times c_\text{B}\times V_\text{B}$$

若被测组分为固体，设其质量为 $m_\text{B}(\text{g})$，摩尔质量为 $M_\text{B}(\text{g/mol})$，则在化学计量点时：

$$\frac{m_\text{B}}{M_\text{B}}=\frac{b}{a}\times c_\text{A}\times V_\text{A}$$

二、被测组分含量的计算

设称取试样的质量为 $m(\text{g})$，被测组分 B 的质量为 $m_\text{B}(\text{g})$，则被测组分 B 的质量分数

ω_B 为：

$$\omega_B = \frac{m_B}{m} = \frac{b}{a} \times \frac{c_A \times V_A \times M_B}{m} \times 100\%$$

在分析实践中，有时不是滴定全部的样品溶液，而是取其中一部分进行滴定。这种情况应将 m 值乘以适当的分数。如将质量为 $m(g)$ 的样品溶解后定容至 250 mL，取出 25.00 mL 进行滴定，则每份样品的质量应该是 $m \times \frac{25}{250}$。

如果在滴定样品溶液之前，做了空白试验，则式中的 V_A 应减去空白试验所消耗的滴定剂体积。

【例 4-1】 中和 20.00 mL 0.106 4 mol/L HCl 溶液需要用去 NaOH 溶液 21.22 mL，计算该 NaOH 溶液的浓度 c 为多少？

解： 反应方程式为：

$$\begin{array}{cccc} HCl & + & NaOH == NaCl & + & H_2O \\ 1\ mol & & 1\ mol \\ c_{HCl} \times V_{HCl} & & c_{NaOH} \times V_{NaOH} \end{array}$$

可见，$c_{HCl} \times V_{HCl} = c_{NaOH} \times V_{NaOH}$

$$0.106\,4 \times \frac{20.00}{1\,000} = c_{NaOH} \times \frac{21.22}{1\,000}$$

$$c_{NaOH} = 0.100\,3\,(mol/L)$$

【例 4-2】 完全中和不纯的碳酸钠（Na_2CO_3）试样 0.500 0 g，需要消耗 0.100 6 mol/L HCl 溶液 21.22 mL，计算试样中碳酸钠 Na_2CO_3 的质量分数。

解： 反应方程式为：

$$\begin{array}{cc} 2HCl & + & Na_2CO_3 == 2NaCl + CO_2 + H_2O \\ 2\ mol & & 1\ mol \\ c_{HCl} \times V_{HCl} & & n_{Na_2CO_3} \end{array}$$

可见，$c_{HCl} \times V_{HCl} = 2 \times n_{Na_2CO_3}$

$$0.100\,6 \times \frac{21.22}{1\,000} = 2 \times n_{Na_2CO_3}$$

$$n_{Na_2CO_3} = 1.067 \times 10^{-3}\ mol$$

$$m_{Na_2CO_3} = n_{Na_2CO_3} \times M_{Na_2CO_3}$$

$$= 1.067 \times 10^{-3} \times 106$$

$$= 0.113\,1\ g$$

$$\omega_{Na_2CO_3} = \frac{m_{Na_2CO_3}}{m} \times 100\% = \frac{0.113\,1}{0.500\,0} \times 100\% = 22.62\%$$

【课堂活动 4-3】

为减小测定误差，某检测员标定 NaOH 溶液时平行测定了三份：准确称取草酸（$H_2C_2O_4 \cdot 2H_2O$）0.381 2、0.362 8、0.329 5 g 溶于水后，用 NaOH 溶液滴定至终点时，分别消耗了 NaOH 溶液 25.60、24.25、22.13 mL，计算该 NaOH 溶液的浓度和该测定的相对平均偏差。

扫码看答案

课堂活动 4-3

实验技能训练

实验一 容量瓶的使用技术

一、实验内容

配制 0.100 0 mol/L 的碳酸钠 Na_2CO_3 标准溶液 250 mL。

二、实验目的

掌握使用容量瓶配制标准溶液的技术。

三、实验说明

容量瓶（图 4-2）是细颈梨形平底玻璃瓶，由无色或棕色玻璃制成，带有磨口玻璃塞或塑料塞，颈部刻有环形标线。容量瓶均为"量入"式。容量瓶上标有刻度线、温度（20℃）和容量，容量瓶的容量定义为：在 20℃ 时，充满至刻度线所容纳水的体积，以毫升计。

容量瓶的主要用途是配制准确浓度的溶液或定量地稀释溶液。它常和移液管配合使用，可把配成溶液的某种物质分成若干等份。容量瓶不能久贮溶液，尤其是不能久贮碱性溶液，碱性溶液会侵蚀黏住瓶塞，使瓶塞无法打开。容量瓶不能用火直接加热与烘烤。

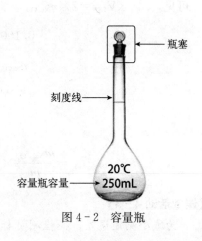

瓶塞

刻度线

容量瓶容量

20℃
250mL

图 4-2 容量瓶

常用的容量瓶的规格：25 mL、50 mL、100 mL、250 mL、500 mL、1 000 mL。不同规格的容量瓶如图 4-3 所示。

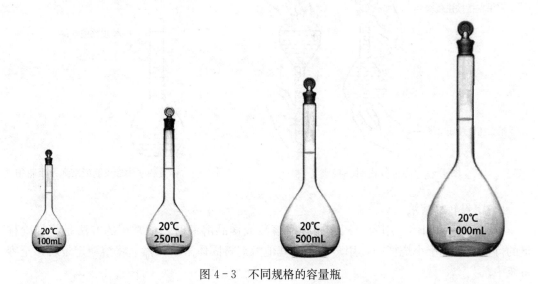

图 4-3 不同规格的容量瓶

四、仪器及药品

仪器：100 mL 量筒、100 mL 烧杯、胶头滴管、电子天平、100 mL 容量瓶、玻璃棒、洗瓶、100 mL 试剂瓶。

药品：无水碳酸钠（Na_2CO_3）（$M=106$ g/mol）。

五、操作步骤

1. 容量瓶使用方法

（1）容量瓶检查。

① 完整性检查。检查容量瓶是否有裂纹，特别是瓶口附近是否有裂纹，如果有裂纹则不能使用。

② 密封性检查。检查瓶塞是否漏水。方法是：加自来水至容量瓶刻度标线附近，盖好瓶塞。左手食指按住瓶塞，右手指尖托住瓶底边缘，将容量瓶倒立 2 min，如不漏水，将容量瓶直立，将瓶塞旋转 180°，再倒立 2 min，若亦不漏水则说明该容量瓶密封性好，可以使用（图 4-4）。瓶塞应用橡皮筋或细绳系于瓶颈，以防掉下来摔碎或与其他瓶塞搞错而导致漏水（图 4-5）。当操作结束时，随手将瓶盖盖上。如果是平顶的塑料盖子，则可将盖子倒放在桌面上，不可随便放置。

（2）洗涤。容量瓶在使用前，必须洗涤干净。方法是：将瓶内水分流尽，倒入少量洗液或合成洗涤剂溶液，转动容量瓶使洗液润洗全部内壁，然后放置数分钟，将洗液倒回原瓶，再用自来水冲洗，用蒸馏水淋洗。

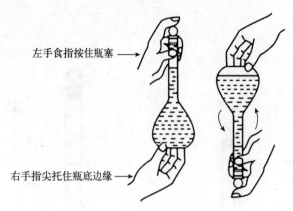

左手食指按住瓶塞 →

右手指尖托住瓶底边缘 →

图 4-4　容量瓶密封性检查

← 橡皮筋或细绳

图 4-5　容量瓶塞用橡皮筋或细绳系于瓶颈

（3）定量转移溶液。

① 待溶物为固体。用容量瓶配制标准溶液或样品溶液时，最常用的方法是将准确称量的待溶固体置于小烧杯中，用蒸馏水或其他溶剂将固体溶解，然后将溶液定量转移至容量瓶中。

转移溶液的操作：转移时，右手拿玻璃棒，左手拿烧杯，使烧杯嘴紧靠玻璃棒。玻璃棒伸入容量瓶内，把溶液顺玻璃棒倒入。玻璃棒的下端应靠在瓶颈内壁，使溶液沿玻璃棒流入容量瓶中。

溶液流完后，将烧杯轻轻沿玻璃棒向上提起使附着在玻璃棒和烧杯嘴之间的液滴回到烧杯中（玻璃棒不要靠在烧杯嘴一边）。然后用洗瓶吹洗玻璃棒和烧杯 3～4 次（每次 5～10 mL），吹洗的洗液按上述方法完全转入容量瓶中。当加蒸馏水稀释至容积的 2/3 处时，用右手食指和中指夹住瓶塞扁头，将容量瓶拿起，向同一方向摇动几周使溶液初步混匀（切勿倒置容量瓶）。当加蒸馏水至标线 1 cm 左右时，等 1～2 min 使附在瓶颈内壁的溶液流下，再用细长滴管滴加蒸馏水恰至刻度标线（勿使滴管接触溶液，视线平视，加水切勿超过刻度标线，若超过应弃去重做），此操作称为定容。盖紧瓶塞，将容量瓶倒置，使气泡上升到顶。振摇几次再倒转过来，如此反复倒转摇动，使瓶内溶液充分混合均匀。例如配制碳酸钠标准溶液操作步骤如图 4-6 所示。

② 溶液的稀释。若用容量瓶稀释溶液，则用移液管移取一定体积的溶液，放入容量瓶后，稀释至标线，混匀。使用容量瓶稀释溶液步骤如图 4-7 所示。

跟我一起填写

配制 0.100 0 mol/L
的碳酸钠
（Na₂CO₃）标准溶液

2. 配制 0.100 0 mol/L 的碳酸钠（Na_2CO_3）标准溶液

（1）计算。配制 250 mL 0.100 0 mol/L 的碳酸钠（Na_2CO_3）标准溶液应称量 _____ g 无水碳酸钠固体。

（2）准确称量。用差减法准确称取所需无水碳酸钠（Na_2CO_3）放入干净的小烧杯中。

（3）完全溶解。加入蒸馏水约 _____ mL，用玻璃棒搅拌，使碳酸钠（Na_2CO_3）完全溶解。

（4）转移溶液。小心地通过玻璃棒引流，将溶解好的碳酸钠（Na_2CO_3）溶液转移入容量瓶内。

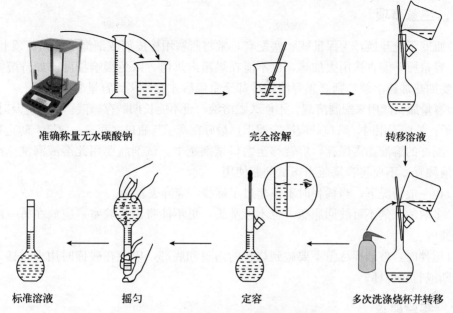

准确称量无水碳酸钠　　　　　完全溶解　　　　　转移溶液

标准溶液　　　摇匀　　　　定容　　　多次洗涤烧杯并转移

图 4 - 6　配制碳酸钠标准溶液操作步骤

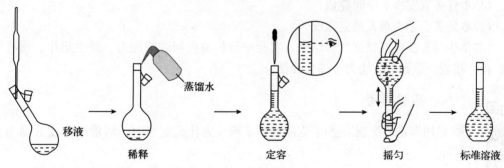

移液　　　稀释　　　　定容　　　　摇匀　　　标准溶液

蒸馏水

图 4 - 7　使用容量瓶稀释溶液步骤

（5）洗涤并转移。将烧杯用蒸馏水洗涤_____次，每次用蒸馏水_____mL，洗涤液同样通过玻璃棒引流到容量瓶中。

（6）定容。往容量瓶中加蒸馏水直至液面距离容量瓶 250 mL 刻度线_____，改用_____滴加蒸馏水至刻度线。

（7）摇匀。盖紧瓶塞，_____手执瓶颈并用食指按住瓶塞，_____手托瓶底，反复倒转摇动，使瓶内溶液充分混合均匀。

（8）将配制好的溶液转移至干净的试剂瓶中保存，并贴好标签。

请填写标签内容。

六、注意事项

（1）瓶塞不能互换，为保证瓶和塞配套，常将瓶塞用橡皮筋或细绳等拴在瓶颈上。

（2）容量瓶不能直接用火加热，也不能在烘箱内烘烤，以免影响精度。如待溶物在烧杯中需要加热加速溶解，则必须等溶液冷却至室温后才能转移到容量瓶中。

（3）容量瓶只能用来配制溶液，不能久贮溶液，更不能长期贮存碱液。用后应及时洗净，塞好塞子。长期不用时，磨口处应洗净擦干，最好在塞子与瓶口之间夹一白纸，防止黏结。

（4）配好的溶液如需保存，应转移至磨口试剂瓶中。试剂瓶要用此溶液润洗三次，以免将溶液稀释。不要将容量瓶当作试剂瓶使用。

（5）在一般情况下，当稀释时不慎超过了标线，应弃去重做。

（6）多取的试剂不可放回原瓶，也不可乱丢，更不能带出实验室，应放在另一洁净的指定容器内。

（7）搅拌时，玻璃棒尽量不要碰到烧杯的内壁和底部，以免在碰撞时用力过猛，使玻璃棒折断或打破烧杯。

七、实验建议

（1）本任务宜安排2学时完成。

（2）本任务由学生单人独立完成。

（3）学生的实验成绩根据实验结果、实验中分析解决问题的能力、课堂纪律、预习情况、操作技能、数据分析能力等综合评估。

扫码看答案

项目四实验一
思考题答案

八、实验思考

（1）用容量瓶配制溶液时是否需要干燥？为什么定容时，溶液的温度必须与室温相同？

（2）用容量瓶配制溶液，定容并摇匀后，发现容量瓶内液面低于刻度线，是否应该重新添加蒸馏水定容？如果重新定容会造成什么结果？

实验二　滴定管的使用技术和酸碱滴定练习

一、实验内容

（1）用盐酸溶液滴定氢氧化钠溶液。
（2）用氢氧化钠溶液滴定盐酸溶液。

二、实验目的

（1）掌握滴定管使用技术。
（2）学会酸碱滴定终点的判断。
（3）进一步熟练移液管的使用。

三、实验说明

滴定管是滴定时用来准确测量放出滴定溶液体积的一种"量出式"量器。它是滴定分析中最常用的仪器。

常量分析用的滴定管有 25 mL、50 mL 和 100 mL 等几种规格，其最小分度值为 0.1 mL，读数可估计到 0.01 mL。此外，还有容积为 10 mL、5 mL、2 mL 和 1 mL 的半微量和微量滴定管，最小分度值为 0.05 mL、0.01 mL 或 0.005 mL，它们的形状各异。

常量分析中常用容积为 25 mL 的滴定管。

按用途不同，滴定管可分为酸式滴定管(图 4 - 8)和碱式滴定管(图 4 - 9)。酸式滴定管用玻璃磨口活塞控制溶液流量，可装入酸性、中性以及氧化性溶液。碱式滴定管的下端连接一段放有玻璃珠的橡皮管，橡皮管的下端再连接一支尖嘴玻璃管。玻璃珠用于控制碱溶液的流量。碱式滴定管可盛碱性溶液和无氧化性溶液。具有氧化性的溶液(如 $KMnO_4$、I_2 和 $AgNO_3$ 溶液)和侵蚀橡皮管的酸类均不能使用碱式滴定管，应使用酸式滴定管盛装。

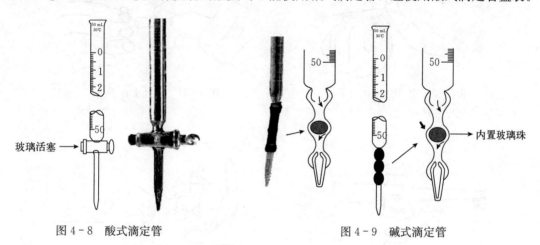

图 4 - 8　酸式滴定管　　　　　　　　图 4 - 9　碱式滴定管

按颜色不同，滴定管有无色和棕色两种，一般需要避光的滴定液(如硝酸银标准溶液、硫代硫酸钠标准溶液等)用棕色滴定管。

四、仪器及药品

仪器：移液管、酸式滴定管、碱式滴定管、锥形瓶等。

药品：0.1 mol/L 的 HCl 溶液、甲基橙指示剂(0.1％水溶液)、0.1 mol/L 的 NaOH 溶液、酚酞指示剂(0.1％的 60％乙醇溶液)等。

五、操作步骤

1. 滴定管使用方法

(1)滴定前滴定管的准备。

① 检漏。检查滴定管是否漏水，用水装满滴定管至"0"刻度以上，夹在滴定管架上直立 2 min，观察有无水滴漏下，再将活塞旋转 180°，直立静置 2 min，仔细观

酸碱两用滴定
管使用技术

察有无水滴漏下。对于酸式滴定管，如有漏水或活塞转动不灵活现象，则应涂凡士林。对于碱式滴定管，如有漏水，则需更换合适的乳胶管和大小适中的玻璃珠。

② 活塞涂凡士林。为了使玻璃活塞转动灵活并防止漏水，须将活塞涂上凡士林。操作如下：把滴定管平放在桌面上，先取下套在活塞小头上的橡皮圈，然后取出活塞，洗净，用滤纸擦干活塞及活塞槽。将滤纸卷成小卷，插入活塞槽进行擦拭（图4-10），用手指蘸上少许凡士林在活塞孔两边均匀地、薄薄地涂上一层（图4-11），活塞中间有孔的部位及孔的近旁不能涂。或者分别在活塞大头一端和活塞套小头一端的内壁涂上薄薄一层凡士林。将涂好凡士林的活塞准确地直插入活塞槽中（不能转动插入），插入时活塞孔应与滴定管平行，活塞安装如图4-12所示。将活塞按紧后向同一方向不断转动，直到从外面观察凡士林膜均匀透明为止。转动活塞时，应有一定的挤压力，以免活塞来回移动，使孔受堵（图4-13）。

图4-10　擦干活塞内壁手法

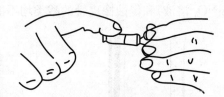

图4-11　涂凡士林手法

图4-12　活塞安装

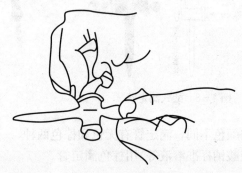

图4-13　转动活塞

如果发现活塞转动不灵活或出现纹路，说明凡士林涂得不够；如果发现凡士林从活塞缝隙溢出或挤入活塞孔，说明凡士林涂得太多。遇到上述情况，必须重新涂凡士林。涂好凡士林后，在活塞小头套上橡皮圈，防止活塞脱落。涂好凡士林后的滴定管，必须再进行检漏。

③ 清除活塞孔或尖嘴管孔中凡士林的方法。活塞孔堵塞，比较容易清除，取下活塞，放入盛有热水的烧杯中，凡士林熔化后会自动流出。如果是滴定管尖嘴堵塞，则需将水充满全管，尖嘴浸入热水中，温热片刻后打开活塞使管内水突然冲下，可把熔化的凡士林带出。

(2)滴定管洗涤。对于酸式滴定管，可直接在管中加入铬酸洗液或合成洗涤剂溶液浸泡,再用自来水冲洗,然后用蒸馏水润洗 3 次,每次用 5～10 mL;对于碱式滴定管,先拔去乳胶管,换上乳胶帽,然后加入洗液或合成洗涤剂溶液浸泡,再用自来水冲洗,装上乳胶管,再用蒸馏水润洗 3 次,每次用 5～10 mL。

(3)装入滴定液。

① 用滴定液润洗。为使装入滴定管中的滴定液不被管内残留的水稀释,在正式装入滴定液前,先用滴定液润洗滴定管内壁 3 次,每次用 5～10 mL。润洗方法是:两手平端滴定管,边转动边倾斜管身,使滴定液洗遍滴定管全部内壁。打开活塞冲洗管尖嘴部分,然后从管口放出润洗液,尽量放净残留液。对于碱式滴定管,要特别注意玻璃珠下方部位的润洗。

② 装入滴定液。滴定管用滴定液润洗后,将滴定液直接装入滴定管中,不得借用其他任何量器来转移。装入方法如下:左手前三指持滴定管上部无刻度处使刻度面向手心,将滴定管稍微倾斜,右手拿住试剂瓶将滴定液直接倒入滴定管至“0”刻度以上。

③ 赶气泡。充满滴定液后,先检查滴定管尖嘴部分是否充满溶液。酸式滴定管的气泡容易看出,有气泡时,稍倾斜滴定管后迅速打开活塞让溶液急速流出,以赶走气泡(图 4 - 14)。碱式滴定管的气泡往往在橡皮管和尖嘴玻璃管内,排除气泡的方法是:左手持滴定管倾斜约 30°,右手把橡皮管向上弯曲,让尖嘴斜向上方,用两指挤玻璃珠稍上边的橡皮管,使溶液和气泡从尖嘴管口喷出,如图 4 - 15 所示。重新装满滴定液,将液面调至“0”刻度处。

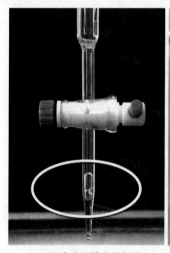 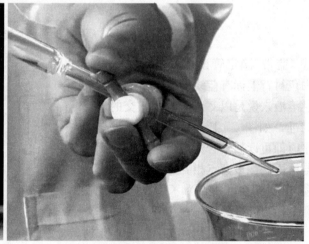

(a)酸式滴定管尖嘴气泡　　　　　　　(b)酸式滴定管排出尖嘴气泡方法

图 4 - 14　酸式滴定管排气泡

(4)滴定管的读数。由滴定管读数不准而引起的误差,是滴定分析误差的主要来源之一。对初学者来说,应多做读数练习,切实掌握好正确的读数方法。由于溶液的内聚力和附着力的相互作用,使滴定管内的液面呈弯月面。如果溶液有颜色将会明显减少溶液的透明度,给读数带来困难。为了准确读数,应注意以下几点:

图 4 - 15　碱式滴定管排气泡

① 读数时滴定管要自然垂直。静置 2 min，使附着在内壁的溶液流下来后，将滴定管从滴定管架上取下，用左手大拇指和食指捏住滴定管上端无刻度或无溶液处，使滴定管保持自然垂直状态，然后读数。

② 读数时视线要水平。无色或浅色溶液应读取弯月面的最低点，即读取视线与弯月面相切的刻度。视线不水平会使读数偏低或偏高，滴定管的读数方法如图 4-16 所示。深色溶液如 $KMnO_4$ 溶液等，应读取视线与液面两侧最高点相齐的刻度。注意，初读数与终读数应用同一标准。

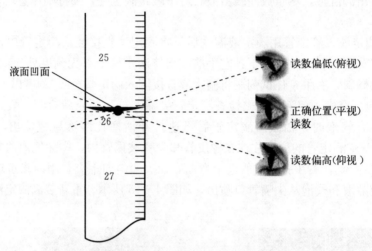

图 4-16　滴定管的读数方法

③ "蓝带"滴定管读数。"蓝带"滴定管是乳白色衬背上标有蓝线的滴定管，其读数对无色溶液来说是以 2 个弯月面相交的最尖部分为准，如图 4-17a 所示。当视线与此点水平时即可读数。若为深色溶液仍应读取视线与液面两侧最高点相齐的刻度。

④ 读数卡的用法。为了帮助读数，在滴定管背面衬上一黑白两色卡片，中间部分为 3 cm×1.5 cm 的黑纸，如图 4-17b 所示。读数时将卡片放在滴定管的背后，使黑色部分在弯月面下约 1 mm 处。此时可看到弯月面反射层全部为黑色，这样的弧形液面界线十分清晰，易于读取黑色弯月面下缘最低点的刻度。

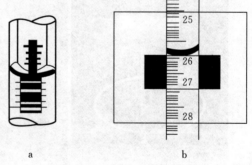

图 4-17　滴定管的读数方法
a."蓝带"滴定管读数方法　b.读数卡读数方法

⑤ 读至小数点后 2 位。滴定管上的最小刻度为 0.1 mL，第二位小数是估计值，要求读准至 0.01 mL，如 25.82 mL。

（5）滴定管操作方法。

① 酸式滴定管活塞操作。使用酸式滴定管进行滴定时，将酸式滴定管垂直夹在右边

的滴定管夹上。活塞柄向右。左手从滴定管后向右伸出，拇指在滴定管前，食指和中指在管后，三个指头平行地轻轻控制活塞旋转，并向左轻轻扣住（手心切勿顶住活塞，以免漏液），无名指及小拇指向手心弯曲并向外顶住活塞下面的玻璃管，如图 4-18 所示。当活塞按反时针方向转动时，拇指移向活塞柄靠身体的一端（与中指在一端），拇指向下按，食指向上顶，使活塞轻轻转动。活塞按顺时针方向转动时，拇指移向食指一端，拇指向下按，中指向上顶，使活塞轻轻转动。注意转动时中指和食指不能伸直，应微微弯曲以做到向左扣住。

图 4-18　左手旋转酸式滴定管活塞

　② 碱式滴定管挤玻璃珠操作。使用碱式滴定管主要是挤玻璃珠的操作。左手无名指和中指夹住尖嘴玻璃管，拇指与食指向右侧挤压玻璃珠上部的乳胶管，将玻璃珠移至手心一侧，在玻璃珠旁形成空隙使溶液流下，如图 4-19 所示。注意，不要用力捏玻璃珠，也不要上、下挤玻璃珠，尤其不要挤玻璃珠下面的橡皮管，否则松手后，空气会进入橡皮管形成气泡造成读数误差。停止滴定时，应先松开拇指和食指，然后再松开无名指和中指。

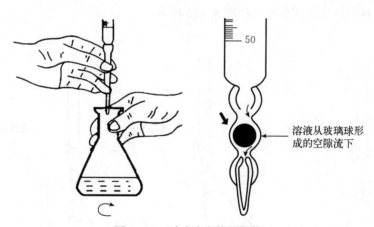

溶液从玻璃球形
成的空隙流下

图 4-19　碱式滴定管的操作

　③ 滴定操作。滴定一般在锥形瓶中进行，可以用滴定架的白瓷板作背景。滴定时，滴定管的尖嘴要伸入锥形瓶或烧杯 1~2 cm 处。右手拿锥形瓶颈部，距离滴定台面约 1 cm。滴定操作如图 4-20 所示。滴定时，左手控制活塞或挤玻璃珠调节溶液流速，右手持锥形瓶，向同一方向做圆周运动，并注意滴定管尖嘴不能碰到锥形瓶内壁。滴定接近终点时，应放慢速度，一滴一滴加入，最后要半滴半滴加入，每加一滴（或半滴）充分摇匀，仔细观察滴定终点溶液颜色的变化情况。变色后 0.5 min 仍不消失，表示已到达终点。

　④ 熟练掌握控制溶液流速的 3 种方法。

　A. 连续式滴加（图 4-21）。控制滴定速度每秒 3~4 滴，即每分钟约 10 mL。

B. 逐滴滴加(图4-22)。能自如地控制溶液一滴一滴地加入。

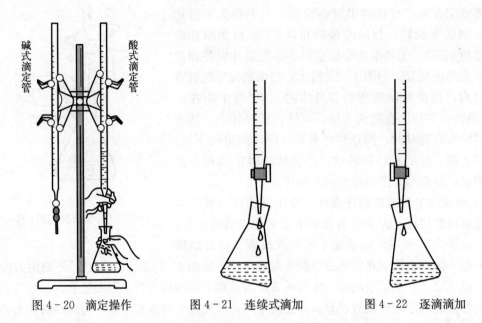

图4-20　滴定操作　　　　图4-21　连续式滴加　　　　图4-22　逐滴滴加

C. 半滴滴加。先使半滴溶液悬挂在滴定管尖嘴上,再将此半滴溶液靠入锥形瓶内壁,再用洗瓶以少量蒸馏水吹洗瓶壁,如图4-23所示。

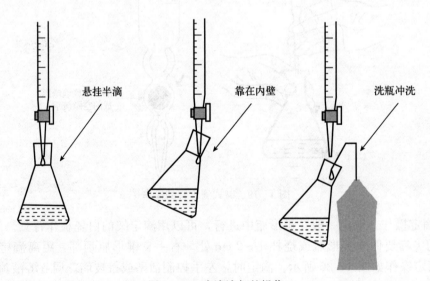

图4-23　半滴滴加的操作

2. 酸碱滴定练习

(1)仪器准备。

① 锥形瓶准备。

检查→水洗(自来水洗、蒸馏水洗)

② 滴定管准备。

检查、试漏→水洗(自来水洗、蒸馏水洗)→润洗→盛标准溶液→排气泡→调零刻度

③ 移液管准备。

检查、试漏→水洗(自来水洗、蒸馏水洗)→润洗→移液→放液至锥形瓶

(2)用 HCl 滴定 NaOH 溶液。

① 将酸式滴定管按照操作规程准备好，按图 4-24 装好 HCl 溶液，调好零刻度待用。

② 将 20 mL 移液管按照操作规程润洗后，准确移取 20 mL NaOH 溶液入洁净的锥形瓶中，滴入甲基橙指示剂 2 滴，溶液为黄色。

③ 用酸式滴定管中的 HCl 溶液滴定锥形瓶中的 NaOH 溶液，当滴入一滴或半滴 HCl 溶液后，溶液由黄色突变为橙色，30 s 内不褪色即为滴定终点。读数至小数点第二位，数据记录在表 4-2 中。

④ 平行滴定 3 次。

(3)用氢氧化钠滴定盐酸溶液。

① 将碱式滴定管按照操作规程准备好，按图 4-25 装好氢氧化钠溶液，调好零刻度待用。

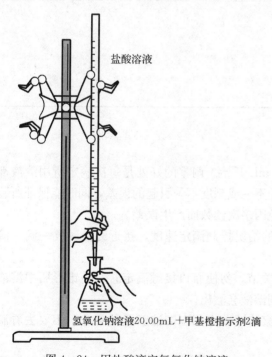

图 4-24　用盐酸滴定氢氧化钠溶液

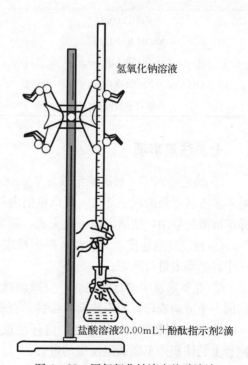

图 4-25　用氢氧化钠滴定盐酸溶液

② 将 20 mL 移液管按照操作规程润洗后，准确移取 20 mL 盐酸溶液入洁净的锥形瓶中，滴入酚酞指示剂 2 滴，溶液为无色。

③ 用碱式滴定管中的氢氧化钠溶液滴定锥形瓶中的盐酸溶液，当滴入一滴或半滴氢氧化钠溶液后，溶液由无色突变为浅红色，30 s 内不褪色即为滴定终点。读数至小数点第二位，数据记录在表 4-3 中。

④ 平行滴定 3 次。

六、数据记录

表 4-2 盐酸滴定氢氧化钠数据记录

项目	滴定次数		
	1	2	3
$V(NaOH)/mL$			
HCl 初读数/mL			
HCl 终读数/mL			
$V(HCl)/mL=$ HCl 终读数－HCl 初读数			
相对平均偏差			

表 4-3 氢氧化钠滴定盐酸数据记录

项目	滴定次数		
	1	2	3
$V(HCl)/mL$			
NaOH 初读数/mL			
NaOH 终读数/mL			
$V(NaOH)/mL=$ NaOH 终读数－NaOH 初读数			
相对平均偏差			

七、注意事项

① 滴定前调零。每次滴定最好从 0.00 mL 开始。调零的好处是每次滴定所用溶液都差不多占滴定管的同一部位，可以抵消内径不一或刻度不匀引起的误差，同时能保证所装标准溶液足够用，使滴定能一次完成，避免因多次读数而产生误差。

② 控制滴定速度。滴定时，根据反应的情况控制滴定速度，接近终点时要一滴一滴或半滴半滴地进行滴定。

③ 在锥形瓶中进行滴定时，应微动腕关节，勿使瓶口接触滴定管，使锥形瓶中溶液向同一个方向旋转，而不能前后振荡，否则溶液会溅出。

④ 正确判断终点：滴定时，应仔细观察溶液落点周围溶液颜色的变化。不要去看滴定管上的体积而不顾滴定反应的进行。

⑤ 滴定结束后，滴定管内剩余的溶液应弃去，不得将其倒回原瓶，以免污染整瓶操作溶液。随即洗净滴定管，并用蒸馏水充满全管，放到滴定管架上夹好，以备下次使用。

八、实验建议

(1)本任务宜安排 4 学时完成。

(2)本任务由学生单人独立完成。

(3)学生的实验成绩根据实验结果、实验中分析解决问题的能力、课堂纪律、预习情况、操作技能、数据分析能力等综合评估。

九、实验思考

扫码看答案

项目四实验二
思考题答案

(1)在使用滴定管进行读数时，如果视线高于或低于弯月面，所读刻度与正确的相比有何变化？

(2)如果滴定管装液前没有用待装溶液润洗，会造成什么后果？

(3)滴定所用的锥形瓶，使用前是否需要干燥？是否需要用待装溶液润洗？

自　测　题

一、填空题

1. 滴定分析中，指示剂颜色发生变化的转变点称为_____，指示剂变色点和理论上的化学计量点之间存在的差异而引起的误差称为_____。

2. 滴定分析的化学反应应具备的条件是_____、_____、_____和_____。

3. 滴定分析法有不同的滴定方式，除了_____这种基本方式外，还有_____、_____、_____等，以扩大滴定分析法的应用范围。

4. 标准溶液是指_____。

5. 基准物质应具备的条件有_____、_____、_____、_____。

6. 标准溶液的配制方法有_____和_____两种。

二、选择题

1. 下列物质能用直接法配制标准溶液的是(　　)。

A. NaOH　　　　　　B. HCl　　　　　　C. $K_2Cr_2O_7$　　　D. $KMnO_4$

2. 滴定分析中，一般利用指示剂颜色的突变来判断反应物恰好按化学计量关系完全反应而停止滴定，这一点称为(　　)。

A. 理论终点　　　B. 化学计量点　　　C. 滴定　　　　D. 滴定终点

3. 常用于标定氢氧化钠的基准物质是(　　)。

A. 邻苯二甲酸氢钾　B. 硼砂　　　　C. 草酸钠　　　D. 二水合草酸

4. 下列基准物可用于标定 HCl 溶液的是(　　)。

A. Na_2CO_3　　　　　　　　　　B. $Na_2B_4O_7 \cdot 10H_2O$

C. $KHC_8H_4O_4$　　　　　　　　　D. A 和 B

5. 滴定分析中，通常控制消耗标准溶液的体积为(　　)。

A. 15～20 mL　　　B. 10～20 mL　　　C. 20～30 mL　　　D. 30 mL 以上

6. 能够用直接配制法配制标准溶液的试剂必须是(　　)。

A. 纯净物　　　　B. 单质　　　　C. 化合物　　　　D. 基准物质

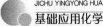

三、计算题

1. 怎样配制 0.050 0 mol/L 碳酸钠（Na_2CO_3）标准溶液 250 mL（$M_{Na_2CO_3} = 106$ g/mol）？

2. 欲测定奶粉中蛋白质的含量，称取试样 1.000 g 放入蒸馏瓶中，加入浓 H_2SO_4 溶液加热消化使蛋白质中的—NH_2 转化为 NH_4HSO_4，然后加入浓 NaOH 溶液，加热将蒸出的 NH_3 通入硼酸溶液中吸收，以甲基红作指示剂，用 0.100 0 mol/L HCl 溶液滴定，消耗 23.68 mL，计算奶粉中蛋白质的含量（质量分数）（已知饲料中蛋白质的平均含氮量为 15.7%）。

3. 欲使滴定时消耗 0.1 mol/L HCl 溶液 20～24 mL，应称取基准物质 Na_2CO_3 多少克？此时称量误差能否小于 0.1%（$M_{Na_2CO_3} = 106$ g/mol）？

扫码看答案

项目四自测题答案

项目五　酸碱滴定法

【知识目标】

(1)理解酸碱指示剂的变色原理、理论变色点、变色范围等概念。

(2)了解不同类型酸碱滴定过程中 pH 的变化情况和影响滴定突跃范围大小的因素。

(3)掌握利用 pH 突跃范围选择合适指示剂的方法。

【能力目标】

(1)掌握酸碱标准溶液的配制方法。

(2)学会使用酸碱滴定法测定物质的含量。

【素质目标】

(1)培养自主学习、独立分析与解决问题、综合应用知识的能力。

(2)培养专心、细致、好学、敬业的精神，提升科学素养。

(3)培养学生知农爱农，服务“三农”的意识。

【思政课堂】

19 世纪中期，欧美各国垄断了纯碱的制造方法，秘不外传，中国工业所需使用的纯碱，完全依靠进口，严重阻碍了中国工业的发展。20 世纪 20 年代，中国杰出化学家侯德榜苦心钻研，制备出了纯碱，并撰写《制碱工学》一书，揭开制碱的奥秘，打破了帝国主义国家制碱业的垄断，创立了中国人自己的制碱工艺——侯氏制碱法(也称为联合制碱法)，这种工艺比欧洲的制碱方法降低成本 40%。侯德榜成为中国近代化学工业的奠基人之一，是当时世界制碱业的权威。科学家这种不甘落后、刻苦钻研、坚忍不拔的科研态度和勇于创新的精神，热爱祖国、为祖国争光的爱国主义精神，永远值得我们学习。

侯氏制碱法制得的纯碱 Na_2CO_3 中常含有 NaCl、Na_2SO_4 等杂质，怎么以测定样品的总碱度(以 Na_2CO_3 计)来衡量产品的质量呢?

酸碱滴定法是以酸碱反应为基础的一种滴定分析方法，又称为中和滴定法，具有反应简单、反应快速，而且指示剂较容易选择等特点。酸碱滴定法早在 18 世纪就被人们用于定量分析。一般的酸、碱以及能与酸、碱直接或间接起反应的物质几乎都可以用酸碱滴定法测定，因此，此法在化工、农业、食品、医药产品的主成分分析中有较为广泛的应用。

任务一　酸碱指示剂的选择与酸碱滴定曲线

一、酸碱指示剂

(一)酸碱指示剂变色原理

借助于颜色的改变来指示溶液 pH 的物质称为酸碱指示剂。酸碱指示剂通常是一些有机弱酸或有机弱碱，当溶液的 pH 改变时，指示剂失去或接受质子转变为碱式或酸式，由于酸式与碱式具有不同的结构，因而具有不同的颜色。

若以 HIn 代表弱酸性指示剂，其在水溶液中的电离平衡可用下式表示：

$$\underset{\substack{\text{酸式色} \\ \text{（酸式结构）}}}{\mathrm{HIn}} \rightleftharpoons \underset{\substack{\text{碱式色} \\ \text{（碱式结构）}}}{\mathrm{In^-}} + \mathrm{H^+}$$

当溶液的 H^+ 浓度增加时，电离平衡向左移动而使溶液呈酸式色；当溶液的 H^+ 浓度降低时，电离平衡向右移动而使溶液呈碱式色。可见溶液中的 H^+ 浓度的改变会使指示剂颜色发生变化。由此可知，酸碱指示剂变色的内因是指示剂本身结构的改变，外因是溶液的 H^+ 浓度(酸度)的改变。

例如，酚酞是一种有机弱酸，它在水溶液中离解平衡可用下式表示：

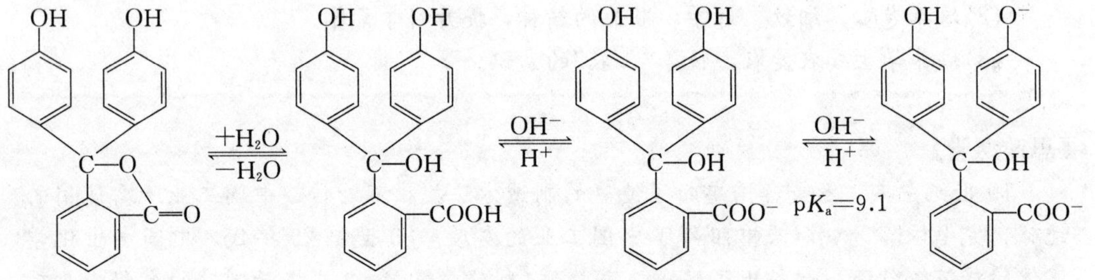

无色(内酯式)　　无色　　无色　　红色(醌式) 碱性溶液中

从平衡关系可以看出，在酸性溶液中，酚酞主要以无色的内酯式形式存在，当溶液由酸性变化到碱性，平衡向右方移动，酚酞由酸式色转变为碱式色，溶液由无色变为红色。

又如，甲基橙(MO)是一种双色指示剂，它在水溶液中离解平衡可用下式表示：

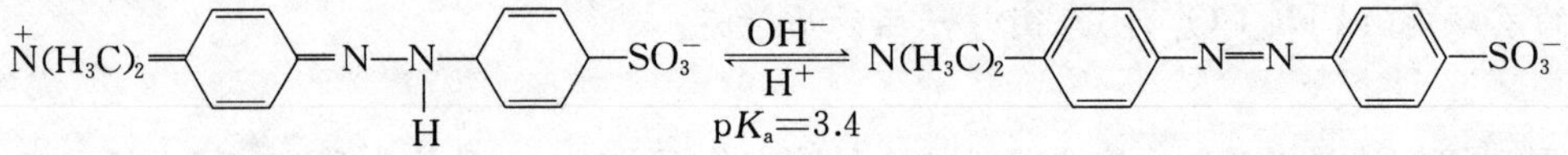

红色(醌式)　　黄色(偶氮式)

从平衡关系可以看出，在碱性溶液中，甲基橙主要以黄色形式存在，当溶液由碱性变化到酸性，平衡向左方移动，甲基橙由碱式色转变为酸式色，溶液由黄色变为红色。

(二)酸碱指示剂的变色范围

溶液 pH 的变化可引起酸碱指示剂颜色发生变化。现以弱酸型指示剂（HIn）为例来讨论指示剂的颜色变化与溶液 pH 之间的关系。

已知弱酸型指示剂在溶液中的离解平衡为：

$$HIn \rightleftharpoons In^- + H^+$$

酸式色   碱式色

$$K_{HIn} = \frac{[H^+][In^-]}{[HIn]} \quad 或 \quad \frac{[In^-]}{[HIn]} = \frac{K_{HIn}}{[H^+]}$$

式中，K_{HIn} 为指示剂的电离平衡常数，通常称为指示剂常数；$[In^-]$ 和 $[HIn]$ 分别为指示剂酸式和碱式的平衡浓度。

由上式可得，$pH = pK_{HIn} - \lg\frac{[HIn]}{[In^-]}$

显然，溶液的颜色取决于 $\frac{[In^-]}{[HIn]}$，而在一定温度下，酸碱指示剂 pK_{HIn} 是一个常数。因此，溶液的颜色就完全决定于溶液的 pH。

溶液中指示剂颜色是两种不同颜色的混合色。一般认为，当两种颜色的浓度之比大于或等于 10 时，我们只能看到浓度较大的那种颜色，而另一种颜色就辨别不出来了。

当溶液的 pH 在 $pK_{HIn} - 1$ 到 $pK_{HIn} + 1$ 之间时，能明显看到指示剂的颜色变化情况，故 $pH = pK_{HIn} \pm 1$，是指示剂颜色改变的酸度（pH）范围，也称指示剂的理论变色范围。因此，理论上推算，指示剂的变色范围是两个 pH 单位。

常用酸碱指示剂变色范围如表 5-1 所示。

表 5-1　常用酸碱指示剂变色范围

指示剂	变色范围 pH	颜色		配制方法	用量/（滴/10 mL 试液）
		酸色	碱色		
百里酚蓝（麝香草酚蓝）	1.2～2.8	红	黄	0.1 g 指示剂溶于 100 mL 20％乙醇中	1～2
甲基橙	3.1～4.4	红	黄	0.1 g 指示剂溶于 100 mL 蒸馏水中	1
溴酚蓝	3.0～4.6	黄	紫	0.1 g 指示剂溶于 100 mL 20％乙醇中	1
溴甲酚绿	3.8～5.4	黄	蓝	0.1 g 指示剂溶于 100 mL 20％乙醇中	1
甲基红	4.4～6.2	红	黄	0.1 g 指示剂溶于 100 mL 60％乙醇中	1
溴百里酚蓝	6.2～7.6	黄	蓝	0.1 g 指示剂溶于 100 mL 20％乙醇中	1
中性红	6.8～8.0	红	橙黄	0.1 g 指示剂溶于 100 mL 60％乙醇中	1
酚酞	8.0～10.0	无	红	0.1 g 指示剂溶于 100 mL 90％乙醇中	1～3
百里酚酞	9.4～10.6	无	蓝	0.1 g 指示剂溶于 100 mL 90％乙醇中	1～2

酸碱指示剂的变色范围越窄，变色越敏锐、越有利于提高分析结果的准确程度。

需要指出的是，影响酸碱指示剂变色范围的因素有多种，使用指示剂时应注意溶液温度、指示剂用量等问题。此外，一般多选用终点时颜色变化为由浅变深的指示剂，这样更

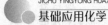

易于观察，减少终点误差。

【知识拓展】

1. 为什么甲基橙的变色范围为 3.1～4.4，而不是 2 个 pH 单位呢？

其实甲基橙的理论变色范围为 2.4～4.4，但由于人眼对各种颜色的敏感程度不同，人眼对红色比黄色更敏感，当酸式色(红色)的浓度比碱式色(黄色)的浓度大两倍就可以看到溶液颜色的变色，所以更容易观察到黄色突变为红色的过程，而不容易观察红色突变为黄色的过程。

2. 指示剂的用量不能太多或太少，一般只需要加 2～3 滴。用量太少时，溶液的颜色太浅，不易观察颜色的变化。用量太多时，溶液的颜色太深，且酸式色和碱式色相互混合掩盖，不利于终点判断，同时由于指示剂本身为弱酸或弱碱，还会增加酸碱滴定的误差。

【课堂活动 5-1】

使酚酞显无色的溶液一定是酸性的吗？使甲基橙显黄色的溶液一定是碱性的吗？

扫码看答案

课堂活动 5-1

(三)混合指示剂

大多数单一指示剂的变色范围为 2 个 pH 单位，变色不敏锐，而且在变色过程中往往有过渡色，不易观察滴定终点，此时可以选择变色范围更窄、变色更敏锐的混合指示剂，以达到准确滴定的目的。

混合指示剂是利用颜色互补原理，使终点颜色变化敏锐，变色范围变窄。混合指示剂可分为以下两类：

一类是在某种指示剂中加入一种惰性染料。例如由甲基橙和靛蓝(惰性染料)组成的混合指示剂，该混合指示剂的颜色随溶液 pH 改变而发生敏锐的变化(表 5-2)。

表 5-2　甲基橙＋靛蓝混合指示剂

溶液酸度	甲基橙颜色	靛蓝颜色	甲基橙＋靛蓝颜色
pH≤3.1	红	蓝	紫色
pH＝4.0	橙	蓝	近无色
pH≥4.4	黄	蓝	绿色

另一类是由两种或两种以上不同的指示剂混合而成。例如甲酚红＋百里酚蓝混合指示

剂的变色范围仅 0.2 个 pH 单位，其变色范围较单一指示剂更窄(表 5 - 3)。

表 5 - 3　甲酚红＋百里酚蓝混合指示剂

指示剂	变色范围(pH)	颜色变化
甲酚红	7.2～8.8	黄色→紫色
百里酚蓝	8.0～9.6	黄色→蓝色
甲酚红＋百里酚蓝	8.2～8.4	玫瑰色→紫色

混合指示剂具有变色敏锐、变色范围窄和终点易于观察的特点。广泛 pH 试纸就是用混合指示剂制成的。常用酸碱混合指示剂及其配制方法见表 5 - 4。

表 5 - 4　常用酸碱混合指示剂及其配制方法

混合指示剂的组成	变色点 pH	颜色		备 注
		酸色	碱色	
1 份 0.1％甲基黄乙醇溶液 1 份 0.1％次甲基蓝乙醇溶液	3.25	蓝紫	绿	pH 3.4 绿色 pH 3.2 蓝紫色
1 份 0.1％甲基橙水溶液 1 份 0.25％靛蓝二磺酸钠水溶液	4.1	紫	黄绿	pH 4.1 灰色
3 份 0.1％溴甲酚绿乙醇溶液 1 份 0.2％甲基红乙醇溶液	5.1	暗红	绿	pH 5.0 暗红色 pH 5.1 灰绿色 pH 5.2 绿色
1 份 0.1％中性红乙醇溶液 1 份 0.1％次甲基蓝乙醇溶液	7.0	蓝紫	绿	pH 7.0 紫蓝色
1 份 0.1％百里酚蓝 50％乙醇溶液 3 份 0.1％酚酞 50％乙醇溶液	9.0	黄	紫	

二、酸碱滴定曲线与酸碱指示剂的选择

在酸碱滴定过程中，随着滴定液的加入，溶液的酸碱度(pH)不断发生变化。这些变化可以通过酸度计测量出来，也可以通过公式计算出来。若以滴定液的加入量为横坐标，溶液 pH 为纵坐标作图，得到一条曲线，该曲线称为酸碱滴定曲线。酸碱滴定曲线直观地反映了酸碱滴定过程中溶液酸碱度变化的规律，并为滴定过程选择指示剂提供了依据。

现以 0.100 0 mol/L NaOH 溶液滴定 20.00 ml 0.100 0 mol/L HCl 溶液为例，讨论强碱滴定强酸的情况。

(一)滴定过程中 pH 的计算

该滴定反应为 $NaOH + HCl \rightleftharpoons NaCl + H_2O$，可将滴定过程分为四个阶段计算溶液 pH：

(1)滴定前，即未加入 NaOH 溶液之前，溶液的 pH 取决于 HCl 溶液的初始浓度。

$$[H^+]=c_{HCl}=0.100\ 0\ mol/L \tag{5-1}$$

$$pH=1.00$$

(2)滴定开始至化学计量点前，溶液的 pH 取决于酸碱中和后剩余 HCl 溶液的浓度。分别以 V_{NaOH}、V_{HCl} 表示加入 NaOH 溶液的总体积和 HCl 溶液的总体积。

$$[H^+]=\frac{(V_{HCl}-V_{NaOH})\times c_{HCl}}{V_{HCl}+V_{NaOH}} \tag{5-2}$$

例如，当滴入 NaOH 溶液 19.98 mL，即当其相对误差为 -0.1% 时：

$$[H^+]=\frac{(20.00-19.98)\times 0.100\ 0}{20.00+19.98}=5.00\times 10^{-5}\ mol/L$$

$$pH=4.30$$

(3)化学计量点时，溶液呈中性。

$$[H^+]=10^{-7}\ mol/L,\ pH=7.00$$

(4)化学计量点后，溶液的 pH 取决于过量的 NaOH 溶液的浓度。

$$[OH^-]=\frac{(V_{NaOH}-V_{HCl})\times c_{NaOH}}{V_{HCl}+V_{NaOH}} \tag{5-3}$$

例如，当滴入 20.02 mol/L 的 NaOH 溶液，即当其相对误差为 $+0.1\%$ 时：

$$[OH^-]=\frac{(20.02-20.00)\times 0.100\ 0}{20.00+20.02}=5.00\times 10^{-5}\ mol/L$$

$$pOH=4.30,\ pH=9.70$$

如此逐一计算，可得到表 5-5 结果。

表 5-5　0.100 0 mol/L NaOH 滴定 20.00 mL 0.100 0 mol/L HCl 过程中溶液 pH 变化

加入 NaOH 体积/mL	相对误差/%	剩余 HCl 体积/mL	过量 NaOH 体积/mL	pH	
0.00	−100	20.0		1.00	
18.00	−10	2.00		2.28	
19.80	−1	0.20		3.30	
19.98	−0.1	0.02		4.30	突
20.00	0	0.00		7.00	跃
20.02	+0.1		0.02	9.70	范围
20.20	+1		0.20	10.70	
22.00	+10		2.00	11.70	
40.00	+100		20.00	12.50	

以加入 NaOH 溶液的体积为横坐标，以溶液的 pH 为纵坐标，绘制出滴定曲线，如图 5-1 所示。

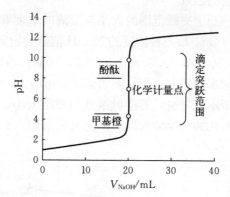

图5-1　0.100 0 mol/L NaOH 溶液滴定 0.100 0 mol/L HCl 溶液的滴定曲线

(二)滴定曲线的突跃范围

由表 5-5 和图 5-1 可见，滴定过程中溶液的 pH 变化具有以下特点：

(1)滴定开始时，曲线变化较为平坦。从滴定开始到加入 19.98 mL NaOH 溶液，溶液的 pH 从 1.00 缓慢增加到 4.30，仅升高了 3.3 个 pH 单位。

(2)在化学计量点前后，即在化学计量点前后±0.1％相对误差范围内，NaOH 溶液仅滴加了 0.04 mL(约 1 滴)，溶液的 pH 从 4.30 突跃至 9.70，增加了 5.40 个 pH 单位，形成滴定曲线中的突跃部分，称为滴定突跃。因此，在分析化学中，将化学计量点前后±0.1％相对误差范围内溶液 pH 的急剧变化范围称为酸碱滴定曲线的突跃范围。

(3)再继续滴加 NaOH 溶液，溶液的 pH 缓慢增加，滴定曲线趋于平坦。

(三)指示剂的选择

酸碱指示剂的选择主要以滴定曲线的突跃范围为依据。最理想的酸碱指示剂应该恰好在化学计量点时变色。一般来说，凡是指示剂的变色范围全部或一部分落在滴定突跃范围内即可作该滴定的指示剂。按此原则，酚酞、甲基橙、甲基红均可用作上述滴定中的指示剂。

【课堂活动 5-2】

如果用 0.100 0 mol/L HCl 溶液滴定 20.00 mL 0.100 0 mol/L NaOH 溶液，情况相似，但 pH 变化方向相反，滴定突跃范围为 pH 9.70→4.30，请画出该滴定的滴定曲线图，并在表 5-1 中选择合适的指示剂。

(提示：一般多选用终点时颜色变化为由浅变深的指示剂，这样更易于观察，减少终点误差)

扫码看答案

课堂活动 5-2

(四)影响滴定突跃范围的因素

在强酸强碱的滴定中，滴定突跃范围的大小与溶液的浓度有关。如图 5-2 所示，用 0.01 mol/L、0.1 mol/L、1 mol/L 三种浓度的 NaOH 溶液滴定同浓度的 HCl 溶液时，滴定突跃范围分别为 5.3~8.7、4.3~9.7、3.3~10.7，可见，溶液的浓度增大，滴定突跃的范围增大，可供选择的指示剂增多，但试剂的消耗量也增大；溶液的浓度减小，滴定突跃的范围变小，供选择的指示剂减少，若酸碱溶液的浓度太小，滴定突跃的范围不明显，不易选择指示剂。因此，常用的标准溶液浓度多控制在 0.01~1 mol/L。

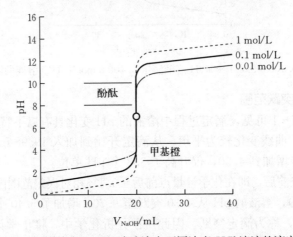

图 5-2　不同浓度 NaOH 溶液滴定不同浓度 HCl 溶液的滴定曲线

【课堂活动 5-3】

图 5-2 所示为使用 0.01 mol/L、0.1 mol/L、1 mol/L 三种浓度的 NaOH 溶液滴定同浓度的 HCl 溶液时，滴定突跃范围分别为 5.3~8.7、4.3~9.7、3.3~10.7，请在表 5-1 中分别为这三个滴定选择合适的指示剂。

扫码看答案

课堂活动 5-3

任务二　酸碱标准溶液的配制与标定

一、酸标准溶液的配制与标定

在酸碱滴定法中，常用市售浓盐酸或市售浓硫酸配制酸标准溶液，常用的酸标准溶液浓度为 0.100 0 mol/L，但市售浓盐酸浓度不稳定且易挥发，应采用间接法配制。

<table>
<tr><td>

近似配制

常用公式：

$$c_{浓}V_{浓}=c_{稀}V_{稀} \qquad (5-4)$$

$$c=\frac{1\,000\rho\omega}{M} \qquad (5-5)$$

式中，$c_{浓}$、$c_{稀}$分别为浓溶液、稀溶液的物质的量浓度(mol/L)；$V_{浓}$、$V_{稀}$分别为浓溶液、稀溶液的体积(L)；ρ为浓溶液的密度(g/cm)；ω为浓溶液的质量分数浓度(%)；M为溶质的摩尔质量。

</td><td>

标定

常用来标定酸标准溶液的基准物质是无水碳酸钠(Na_2CO_3)和硼砂($Na_2B_4O_7 \cdot 10H_2O$)。

</td></tr>
</table>

(一)近似配制

以 HCl 溶液的配制为例。如何用市售浓 HCl 溶液(质量分数 37%，密度 1.19 g/cm，物质的量浓度 12 mol/L)近似配制 0.1 mol/L HCl 溶液 1 000 mL?

根据物质的量浓度溶液稀释公式

$$c_{浓}V_{浓}=c_{稀}V_{稀}$$

$$12\ mol/L \times V_{浓}=0.1\ mol/L \times 1\ L$$

得 $$V_{浓}=\frac{0.1\ mol/L \times 1\ L}{12\ mol/L}=0.008\,3\ L=8.3\ mL$$

在通风橱中用量筒取 9 mL 市售浓 HCl 溶液于烧杯中，注入 1 000 mL 蒸馏水，混匀。所得 HCl 溶液的近似浓度即为 0.1 mol/L。

(二)标定

1. 无水碳酸钠(Na_2CO_3)　无水碳酸钠作为基准物质的优点是价格较便宜，且容易制得纯品。但无水 Na_2CO_3 有较强的吸湿性，使用前应置于 270～300℃的烘箱中加热 2～3 h，再置于干燥器内冷却备用。

无水 Na_2CO_3 标定 HCl 溶液的反应方程式如下：

$$Na_2CO_3 + 2HCl =\!=\!= 2NaCl + 2H_2O + CO_2 \uparrow$$

根据化学反应方程式可计算 HCl 溶液的浓度：

$$c_{HCl}=\frac{2 \times m_{Na_2CO_3}}{M_{Na_2CO_3} \times V_{HCl}} \qquad (5-6)$$

式中，c_{HCl} 为 HCl 溶液的物质的量浓度(mol/L)；$m_{Na_2CO_3}$ 为无水碳酸钠质量(g)；$M_{Na_2CO_3}$ 为无水碳酸钠摩尔质量(106 g/mol)；V_{HCl} 为所消耗 HCl 溶液的体积(L)。

该反应的化学计量点的 pH=3.89，可选用甲基橙作指示剂。滴定过程中要注意溶液中 CO_2 的影响，临近终点时应剧烈摇动溶液或将溶液煮沸，以消除 CO_2 的影响。

2. 硼砂($Na_2B_4O_7 \cdot 10H_2O$)　硼砂容易制得纯品，吸湿性小，且具有较大的摩尔质量(M=381.4 g/mol)，称量误差较小。由于硼砂含有结晶水，当空气相对湿度小于 39% 时，容易失去所含的结晶水，故常保存在相对湿度为 60% 左右的恒湿器中备用。

硼砂($Na_2B_4O_7 \cdot 10H_2O$)标定 HCl 溶液的反应方程式如下：

$$2HCl + Na_2B_4O_7 + 5H_2O = 2NaCl + 4H_3BO_3$$

根据化学反应方程式可计算 HCl 溶液的浓度：

$$c_{HCl} = \frac{2 \times m_{Na_2B_4O_7 \cdot 10H_2O}}{M_{Na_2B_4O_7 \cdot 10H_2O} \times V_{HCl}} \qquad (5-7)$$

式中，c_{HCl} 为 HCl 溶液的物质的量浓度（mol/L）；$m_{Na_2B_4O_7 \cdot 10H_2O}$ 为硼砂质量（g）；$M_{Na_2B_4O_7 \cdot 10H_2O}$ 为硼砂摩尔质量（381.4 g/mol）；V_{HCl} 为所消耗 HCl 溶液的体积（L）。

该反应的产物为硼酸 H_3BO_3，化学计量点 pH＝5.1，可选用甲基红作指示剂。

【课堂活动 5-4】

用硼砂作为基准物质标定盐酸溶液时，准确称取硼砂 0.386 7 g，以甲基红为指示剂滴定至终点时消耗了 20.20 mL 盐酸溶液，试计算盐酸溶液的准确浓度。

扫码看答案

课堂活动 5-4

二、碱标准溶液的配制与标定

常用的碱标准溶液有 NaOH、KOH、$Ba(OH)_2$ 等，其中应用较多的是 NaOH 溶液。固体 NaOH 具有很强的吸湿性，且易吸收空气中 CO_2 生成 Na_2CO_3，因此应采用间接法配制。

近似配制

常用公式：

$$c = \frac{m}{M \times V} \qquad (5-8)$$

式中，c 为溶液的物质的量浓度(mol/L)；m 为溶质的质量(g)；M 为溶质的摩尔质量(g/mol)；V 为溶液的体积(L)。

标定

常用来标定碱标准溶液的基准物质有邻苯二甲酸氢钾（$KHC_8H_4O_4$）和草酸（$H_2C_2O_4 \cdot 2H_2O$）。

（一）近似配制

以 NaOH 溶液的配制为例。如何用 NaOH 固体（M_{NaOH}＝40 g/mol，AR）近似配制 0.1 mol/L 稀 NaOH 溶液 1 000 mL?

由

$$c = \frac{m_{NaOH}}{M_{NaOH} \times V}$$

可得

$$m = cMV = 0.1 \text{ mol/L} \times 1 \text{ L} \times 40 \text{ g/mol} = 4 \text{ g}$$

称取 NaOH 固体（AR）4 g 于一大烧杯中，然后用少量不含 CO_2 的蒸馏水（蒸馏水煮沸 10 min 去除 CO_2，然后立即用装有碱石灰干燥管的胶塞塞紧烧瓶，冷却至室温）完全溶解，再继续加该蒸馏水稀释至 1 000 mL，混匀。将溶液注入细口瓶中，塞紧橡皮塞。所得 NaOH 溶液的近似浓度为 0.1 mol/L。

（二）标定

1. 邻苯二甲酸氢钾（$KHC_8H_4O_4$） 邻苯二甲酸氢钾易制得纯品，没有结晶水，在空气中不吸湿，容易保存，且具有较大的摩尔质量，是很好的基准物质。通常于 $100 \sim 125 \text{℃}$ 干燥后备用。

邻苯二甲酸氢钾（$KHC_8H_4O_4$）标定 NaOH 溶液的反应方程式如下：

$$NaOH + KHC_8H_4O_4 \Longrightarrow KNaC_8H_4O_4 + H_2O$$

根据化学反应方程式可计算 HCl 溶液的浓度：

$$c_{NaOH} = \frac{m_{KHC_8H_4O_4}}{M_{KHC_8H_4O_4} \times V_{NaOH}} \tag{5-9}$$

式中，c_{NaOH} 为 NaOH 的物质的量浓度（mol/L）；$m_{KHC_8H_4O_4}$ 为邻苯二甲酸氢钾质量（g）；$M_{KHC_8H_4O_4}$ 为邻苯二甲酸氢钾摩尔质量（204 g/mol）；V_{NaOH} 为所消耗 NaOH 溶液的体积（L）。

该反应的产物为邻苯二甲酸钠钾（$KNaC_8H_4O_4$），化学计量点 pH＝9.05，可选用酚酞作指示剂。

2. 草酸（$H_2C_2O_4 \cdot 2H_2O$） 草酸相当稳定，相对湿度在 $5\% \sim 95\%$ 时不会风化而失水，因此可保存在密闭容器中备用。但草酸的摩尔质量较小。

草酸标定 NaOH 溶液的反应方程式如下：

$$2NaOH + H_2C_2O_4 \Longrightarrow Na_2C_2O_4 + 2H_2O$$

根据化学反应方程式可计算 HCl 溶液的浓度：

$$c_{NaOH} = \frac{2m_{H_2C_2O_4 \cdot 2H_2O}}{M_{H_2C_2O_4 \cdot 2H_2O} \times V_{NaOH}} \tag{5-10}$$

式中，c_{NaOH} 为 NaOH 溶液的物质的量浓度（mol/L）；$m_{H_2C_2O_4 \cdot 2H_2O}$ 为草酸质量（g）；$M_{H_2C_2O_4 \cdot 2H_2O}$ 为草酸摩尔质量（126 g/mol）；V_{HCl} 为所消耗 HCl 溶液的体积（L）。

该反应的产物为草酸钠（$Na_2C_2O_4$），化学计量点 pH＝8.4，可选用酚酞作指示剂。

【课堂活动 5-5】

用邻苯二甲酸氢钾作为基准物质标定 NaOH 溶液时，准确称取邻苯二甲酸氢钾 0.382 6 g，以酚酞为指示剂滴定至终点时消耗了 18.72 mL NaOH 溶液，试计算 NaOH 溶液的准确浓度。

扫码看答案

课堂活动 5-5

任务三 酸碱滴定法的应用

酸碱滴定法在工业、农业生产及食品、医药卫生等方面都有广泛应用。

一、食碱总碱度的测定

食碱又称纯碱、苏打，主要成分是碳酸钠（Na_2CO_3）。准确称取食碱试样配成一定体积的溶液，用 HCl 标准溶液准确滴定，此时 HCl 溶液与试样中的 Na_2CO_3 完全反应，化学计量点时 pH=3.89，可选用溴甲酚绿-甲基红混合指示剂。

碳酸钠 Na_2CO_3 与 HCl 标准溶液的反应方程式如下：

$$Na_2CO_3 + 2HCl \longrightarrow 2NaCl + 2H_2O + CO_2 \uparrow$$

根据化学反应方程式，可计算试样中碳酸钠（Na_2CO_3）的含量，即为总碱度：

$$\omega_{Na_2CO_3} = \frac{c_{HCl} \times V_{HCl} \times M_{Na_2CO_3}}{2 \times m_S} \times 100\% \qquad (5-11)$$

式中，c_{HCl} 为 HCl 标准溶液的物质的量浓度（mol/L）；V_{HCl} 为所消耗 HCl 溶液的体积（L）；$M_{Na_2CO_3}$ 为碳酸钠摩尔质量（106 g/mol）；m_S 为碳酸钠试样质量（g）。

二、氮的测定

氮的测定在食品、土壤、肥料、饲料、动物及植物分析等领域中占有重要的地位。试样中以有机物形式存在的氮（如蛋白质），或以 NH_4^+ 形式存在的氮，都可以通过间接滴定法测定样品中氮的含量。常用的方法有凯式定氮法、蒸馏法和甲醛法等，在此介绍国标方法——凯式定氮法，其具体步骤如下：

(一)消解

准确称取试样与浓 H_2SO_4，置于定氮瓶中加热共煮（加入 K_2SO_4 以提高沸点），在 $CuSO_4$ 催化下进行消化分解，使有机物中的 N 转化为 NH_4^+：

$$C_mH_nN \xrightarrow[CuSO_4]{H_2SO_4 、 K_2SO_4} CO_2 \uparrow + H_2O + NH_4^+$$

(二)蒸馏

将分解产物置于蒸馏装置中，加入过量的浓 NaOH 溶液，加热蒸馏出来的 NH_3 吸收于硼酸 H_3BO_3 溶液中：

$$NH_4^+ + NaOH \Longleftrightarrow NH_3 \uparrow + H_2O + Na^+$$
$$NH_3 + H_3BO_3 \Longleftrightarrow NH_4H_2BO_3$$

(三)滴定

以 HCl 标准溶液滴定硼酸 H_3BO_3 吸收液：

$$NH_4H_2BO_3 + HCl \Longleftrightarrow NH_4Cl + H_3BO_3$$

化学计量点时 pH 约为 5，可选择甲基红指示剂或溴甲酚绿-甲基红混合指示剂。

根据 HCl 的消耗量计算氮含量，再乘以换算系数，即为蛋白质的含量：

$$\omega_N = \frac{c_{HCl} \times V_{HCl} \times M_N}{m_S} \times F \times 100\%\qquad(5-12)$$

式中，c_{HCl} 为 HCl 标准溶液的物质的量浓度（mol/L）；V_{HCl} 为所消耗 HCl 溶液的体积（L）；M_N 为氮的摩尔质量（14 g/mol）；m_S 为试样质量（g）；F 为蛋白质折算系数。

凯氏定氮法操作比较费时，但是方法的准确度较高，是我国的国家标准，也是国际标准。

【课堂活动 5-6】

采用凯式定氮法测定某品牌纯牛奶中蛋白质的含量。准确称取 1.000 0 g 试样放入蒸馏瓶中，加入 H_2SO_4 加热消化使蛋白质中的 N 转化为 NH_4HSO_4，然后加入浓 NaOH 溶液，加热将蒸出的 NH_3 通入硼酸溶液中吸收，以甲基红作指示剂，用 0.100 0 mol/L HCl 溶液滴定，消耗 23.68 mL，计算该纯牛奶中蛋白质的含量（已知纯牛奶中蛋白质折算系数为 6.38）。

扫码看答案

课堂活动 5-6

三、生物试样中总酸度的测定

生物试样中所含的酸性成分通常为弱酸，如乳酸、苹果酸等，凡 $K_a > 10^{-7}$ 的弱酸均可用 NaOH 标准溶液直接滴定：

$$RCOOH + NaOH = RCOONa + H_2O$$

化学计量点时溶液 pH 为弱碱性，可选用酚酞为指示剂，终点为粉红色。

根据化学反应方程式可计算试样的总酸度：

$$\omega_{总酸度} = \frac{c_{NaOH} \times V_{NaOH} \times 1\,000 \times K}{m_S} \times 100\%\qquad(5-13)$$

式中，K 为对应酸的换算系数，即 1 mol NaOH 相当于生物试样中主要酸的克数。因为生物试样中含有多种有机酸，总酸度测定结果通常以样品含量最多的那种酸表示，如苹果酸：0.067；柠檬酸：0.064；醋酸：0.060；乳酸：0.090；酒石酸：0.075。

由于 CO_2 水溶液为一元弱酸，可与 NaOH 发生反应，影响滴定的准确度，因此须使用不含 CO_2 的蒸馏水。

【知识拓展】

果蔬产品中酸度

果蔬产品中含有的酸味物质，主要是一些溶于水的有机酸和无机酸。在果蔬及其制品中，以苹果酸、柠檬酸、酒石酸、琥珀酸和醋酸为主，此外还有一些无机酸，如盐酸、磷酸等。它们在赋予产品风味时，有着较大的影响。其中大多数的有机酸具有爽快的酸味，可以增进食品的风味。尤其是果酸，使食品具有很浓的水果香味，能刺激食欲，促进消化，并在维持人体的酸碱平衡方面起着重要的作用。

就果蔬本身而言，酸味物质的存在，pH 的高低，对保持其颜色的稳定性，起着一定的作用，同时还可以抑制微生物的生长，有一定的防腐作用。

果蔬食品中，酸的含量因成熟度、生长条件而异，一般成熟度越高，酸的含量越低，糖的含量增加，糖酸比增大，使产品具有良好的口感，所以通过对酸度的测定可以判断原料的成熟度。

食品中的酸度可以分为总酸度（滴定酸度）、有效酸度（pH）和挥发酸。总酸度是指食品中所有酸性物质的含量，包括已离解的酸和未离解的酸的浓度，常采用标准碱溶液进行滴定，并以样品中主要代表酸的质量分数表示。有效酸度是指样品呈游离状态的氢离子的浓度，利用 pH 计通过测定样品的 pH 可以测得。挥发酸则是指食品中易挥发的部分有机酸，如乙酸、甲酸等，可以将样品经蒸馏后采用直接法或者间接法测定。

实验技能训练

实验一　HCl 标准溶液的配制与标定

一、实验内容

(1)用市售浓 HCl 溶液配制 0.1 mol/L HCl 溶液 100 mL。

(2)用硼砂作为基准物质标定 HCl 溶液。

二、实验目的

(1)学会配制稀 HCl 溶液的方法。

(2)掌握滴定操作基本技能。

(3)学会用硼砂标定 HCl 溶液的方法。

三、实验说明

标定是准确测定标准溶液浓度的操作过程。间接法配制的溶液浓度是近似浓度，其准确浓度需要进行标定。用市售浓 HCl 溶液（密度 1.19 g/cm，浓度 37%，物质的量浓度 12 mol/L）配制 HCl 标准溶液常用间接法配制。

标定 HCl 标准溶液的基准物质有无水碳酸钠(Na_2CO_3)和硼砂($Na_2B_4O_7 \cdot 10H_2O$)等，这两种物质比较，硼砂更好些，因为它的摩尔质量比较大，可减少称量误差。硼砂标定 HCl 溶液的反应式为：

$$2HCl + Na_2B_4O_7 \cdot 10H_2O \Longrightarrow 2NaCl + 4H_3BO_3 + 5H_2O$$

在化学计量点时，由于反应产物 H_3BO_3 为弱酸，在溶液中显弱酸性，可选用甲基红或甲基橙作指示剂。滴定终点颜色变化为黄色→橙色。

四、仪器与试剂

1. 仪器　量筒、烧杯、玻璃棒、试剂瓶、电子天平、酸式滴定管或两用滴定管、锥形瓶。

2. 试剂　市售浓 HCl 溶液(密度 1.19 g/cm，浓度 37%，物质的量浓度 12 mol/L)、硼砂(AR)、甲基红指示剂(0.1%乙醇溶液)等。

五、操作步骤

1. 操作流程

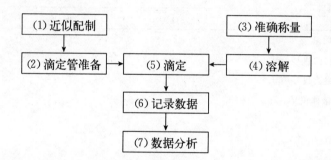

2. 操作要点

(1)近似配制。根据物质的量浓度溶液稀释公式 $c_{浓}V_{浓} = c_{稀}V_{稀}$ 计算结果，在通风橱中用量筒取 0.9 mL 市售浓 HCl 溶液，边搅拌边缓慢倒入预装了 100 mL 蒸馏水的烧杯中，混匀。将配制好的溶液转移至干净的试剂瓶中保存备用，并贴好标签。所得 HCl 溶液的近似浓度为 0.1 mol/L。

(2)滴定管准备。滴定管用自来水洗涤→试漏→蒸馏水润洗 3 次(5~10 mL/次)→待标定的 HCl 溶液润洗 3 次(5~10 mL/次)→装待标定的 HCl 溶液→排气泡→调零。

(3)准确称量。用电子天平(万分之一)准确称取硼砂 3 份，每份 0.30~0.35 g(称至小数点后四位)，分别置于 3 个编好号的锥形瓶中。数据记录在表 5-6 中。

(4)溶解。分别往锥形瓶中加 20~30 mL 蒸馏水，振荡使硼砂完全溶解，可稍加热加速溶解，溶解后须冷却至室温。各滴加 2 滴甲基红指示剂，此时锥形瓶溶液呈黄色。

(5)滴定。用待标定的 HCl 溶液滴定至溶液由黄色突变为橙色，且 30 s 内保持不变为滴定终点。

(6)记录数据。读取消耗的 HCl 滴定液最终体积数，滴定管读数应准确至小数点后两位数，每份体积数据对应编号记录在表 5-6 中。

(7)数据分析。HCl 标准溶液的浓度可根据式(5-14)计算：

$$c_{HCl}=\frac{2\times m_{Na_2B_4O_7\cdot 10H_2O}}{M_{Na_2B_4O_7\cdot 10H_2O}\times V_{HCl}} \tag{5-14}$$

式中，c_{HCl} 为 HCl 的物质的量浓度（mol/L）；$m_{Na_2B_4O_7\cdot 10H_2O}$ 为硼砂质量（g）；$M_{Na_2B_4O_7\cdot 10H_2O}$为硼砂摩尔质量（381.4 g/mol）；$V_{HCl}$为所消耗 HCl 的体积（L）。

HCl 标准溶液的平均浓度 $\bar{c}$ 计算公式如下：

$$\bar{c}=\frac{c_1+c_2+c_3}{3} \tag{5-15}$$

3 次测定结果的相对平均偏差 $\bar{d}_r$ 计算公式如下：

$$\bar{d}_r=\frac{|c_1-\bar{c}|+|c_2-\bar{c}|+|c_3-\bar{c}|}{3\bar{c}}\times 100\% \tag{5-16}$$

式中，c_1、c_2、c_3 分别为 3 次测定的 HCl 的物质的量浓度。

六、实验数据记录及分析

表 5-6 硼砂标定盐酸实验数据记录及分析

项目	测定次数		
	I	II	III
硼砂质量/g			
HCl 滴定液初读数 V_0/mL			
HCl 滴定液终读数 V_1/mL			
消耗 HCl 滴定液体积 V_{HCl}/mL			
c_{HCl}/(mol/L)			
c_{HCl}平均值/(mol/L)			
相对平均偏差/%			

七、注意事项

(1)滴定操作时应用左手控制滴定管的旋塞，拇指在前，食指和中指在后，手指略微弯曲，轻轻向内扣住旋塞，转动旋塞时要注意勿使手心顶着旋塞，以防旋塞松动，造成溶液渗漏。

(2)滴定速度应前快后慢，但最快也不能流成一条线。当滴加的 HCl 溶液落点处周围橙色褪去较慢时，表明临近终点，须用洗瓶洗涤锥形瓶内壁，并控制 HCl 溶液一滴或半滴地滴出，至溶液由黄色突变为橙色，且 30 s 内不变即为终点。

(3)滴定管洗涤时，使用高位的水龙头，以防低位水龙头因空间不够磕碰损坏滴定管。

八、实验建议

(1)本任务宜安排 2 学时完成。

(2)本任务由学生单人独立完成。

(3)学生完成实验后，须经教师检查实验记录后方可离开。

（4）学生的实验成绩根据实验结果、实验中分析解决问题的能力、课堂纪律、预习情况、操作技能、数据分析能力等综合评估。

九、实验思考

（1）盛放硼砂的锥形瓶内壁是否必须干燥？为什么？

（2）溶解硼砂时所加蒸馏水的体积是否须准确？是用量筒量取，还是用移液管移取？为什么？

（3）分析实验中误差产生的原因。

扫码看答案

项目五实验一思考题答案

实验二　NaOH 标准溶液的配制与标定

一、实验内容

（1）用 NaOH 固体（AR）配制 0.1 mol/L NaOH 溶液 100 mL。

（2）用邻苯二甲酸氢钾作为基准物质标定 NaOH 溶液。

二、实验目的

（1）学会配制用 NaOH 固体（AR）配制 NaOH 溶液的方法。

（2）学会用邻苯二甲酸氢钾标定氢氧化钠溶液的方法。

（3）巩固滴定操作基本技能。

三、实验说明

在酸碱滴定中，常用的碱溶液是 NaOH，由于 NaOH 不是基准物质，因此 NaOH 溶液须采用间接配制法配制，即先配成近似浓度，然后再采用基准物质进行标定。

常用于标定 NaOH 溶液的基准物质为草酸（$H_2C_2O_4 \cdot 2H_2O$）和邻苯二甲酸氢钾（$KHC_8H_4O_4$）。邻苯二甲酸氢钾摩尔质量比较大，易于获得纯品，易于干燥，不吸湿，是标定碱溶液良好的基准物质。本实验采用邻苯二甲酸氢钾（$KHC_8H_4O_4$）作为基准物质标定 NaOH 溶液。其标定反应为：

$$NaOH + KHC_8H_4O_4 = KNaC_8H_4O_4 + H_2O$$

在化学计量点时，由于反应产物 $KNaC_8H_4O_4$ 为强碱弱酸盐，在溶液中呈弱碱性，可选用酚酞作指示剂。滴定终点颜色变化由无色变为粉红色，且 30 s 内不褪色。

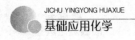

四、仪器与试剂

1. 仪器　电子天平(百分之一)、电子天平(万分之一)、烧杯、玻璃棒、试剂瓶、碱式滴定管或两用滴定管、锥形瓶。

2. 试剂　NaOH 固体(AR)、邻苯二甲酸氢钾($KHC_8H_4O_4$)(AR)、酚酞指示剂(0.1%的 60%乙醇溶液)、新沸过的冷蒸馏水等。

五、操作步骤

1. 操作流程

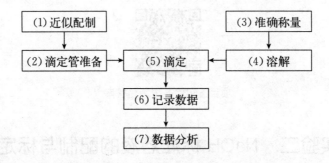

2. 操作要点

(1)近似配制。根据公式 $m=cVM$ 计算结果,用电子天平(百分之一)称量 NaOH 固体 0.4 g 于烧杯中,加入约 20 mL 蒸馏水,用玻璃棒搅拌使完全溶解。再继续加蒸馏水稀释至 100 mL,混匀。将溶液转移至干净的试剂瓶中,塞紧橡皮塞,并贴好标签。所得 NaOH 溶液的近似浓度为 0.1 mol/L。

(2)滴定管准备。滴定管用自来水洗涤→试漏→蒸馏水润洗 3 次→待标定的 NaOH 溶液润洗 3 次(5～10 mL/次)→装待标定的 NaOH 溶液→排气泡→调零。

(3)准确称量。用电子天平(万分之一)准确称取邻苯二甲酸氢钾 3 份,每份 0.30～0.35 g(称至小数点后四位),分别置于 3 个编好号的锥形瓶中。数据记录在表 5 - 7 中。

(4)溶解。分别往锥形瓶中加 20～30 mL 蒸馏水,振荡使邻苯二甲酸氢钾完全溶解,可稍加热加速溶解,溶解后需冷却至室温。各滴加 2 滴酚酞指示剂,此时锥形瓶溶液呈无色。

(5)滴定。用待标定的 NaOH 溶液滴定至溶液由无色突变为粉红色,且保持 30 s 不褪色即为滴定终点。

(6)记录数据。读取消耗的 NaOH 溶液体积,滴定管读数应准确至小数点后两位数,每份体积数据对应编号记录在表 5 - 7 中。

(7)数据分析。NaOH 标准溶液的浓度可根据式(5 - 17)计算:

$$c_{NaOH}=\frac{m_{KHC_8H_4O_4}}{M_{KHC_8H_4O_4}\times V_{NaOH}} \tag{5-17}$$

式中,c_{NaOH} 为 NaOH 的物质的量浓度(mol/L);$m_{KHC_8H_4O_4}$ 为邻苯二甲酸氢钾质量(g);$M_{KHC_8H_4O_4}$ 为邻苯二甲酸氢钾摩尔质量(204 g/mol);V_{NaOH} 为所消耗 NaOH 的体积(L)。

NaOH 标准溶液的平均浓度 $\bar{c}$ 计算公式如下：

$$\bar{c}=\frac{c_1+c_2+c_3}{3} \tag{5-18}$$

3 次测定结果的相对平均偏差 $\bar{d}_r$ 计算公式如下：

$$\bar{d}_r=\frac{|c_1-\bar{c}|+|c_2-\bar{c}|+|c_3-\bar{c}|}{3\bar{c}}\times100\% \tag{5-19}$$

式中，c_1、c_2、c_3 分别为 3 次测定的 NaOH 的物质的量浓度。

六、实验数据记录及分析

表 5-7　邻苯二甲酸氢钾标定 NaOH 溶液实验数据记录及分析

项目	测定次数		
	I	II	III
邻苯二甲酸氢钾质量/g			
NaOH 滴定液初读数 V_0/mL			
NaOH 滴定液终读数 V_1/mL			
消耗 NaOH 滴定液体积 V_{NaOH}/mL			
c_{NaOH}/(mol/L)			
c_{NaOH}平均值/(mol/L)			
相对平均偏差/%			

七、注意事项

(1)滴定操作时应用左手控制两用滴定管的旋塞，拇指在前，食指和中指在后，手指略微弯曲，轻轻向内扣住旋塞，转动旋塞时要注意勿使手心顶着旋塞，以防旋塞松动，造成溶液渗漏。

(2)滴定速度应前快后慢，但最快也不能流成一条线。当滴加的 NaOH 溶液落点处周围红色褪去较慢时，表明临近终点，须用洗瓶洗涤锥形瓶内壁，并控制 NaOH 溶液一滴或半滴地滴出，至溶液由无色突变为粉红色，且 30 s 内不变即为终点。

(3)滴定管洗涤时，使用高位的水龙头，以防低位水龙头因空间不够磕碰损坏滴定管。

八、实验建议

(1)本任务宜安排 2 学时完成。
(2)本任务由学生单人独立完成。
(3)学生完成实验后，须经教师检查实验记录后方可离开。
(4)学生的实验成绩根据实验结果、实验中分析解决问题的能力、课堂纪律、预习情况、操作技能、数据分析能力等综合评估。

九、实验思考

(1)如何计算称取基准物邻苯二甲酸氢钾或 Na_2CO_3 的质量范围？称得太多或太少对标定有何影响？

(2)如果基准物未烘干，将使标准溶液浓度的标定结果偏高还是偏低？

(3)用 NaOH 滴定 HCl，若 NaOH 溶液因贮存不当吸收了 CO_2，请问对测定结果有何影响？

扫码看答案

项目五实验二思考题答案

实验三　果蔬样品总酸度测定

一、实验内容

用 NaOH 标准溶液定量测定果蔬样品总酸度。

二、实验目的

(1)学会果蔬样品的预处理方法。

(2)掌握用酸碱滴定法测果蔬样品中总酸度的原理和方法。

(3)学会规范记录数据并进行数据处理和分析。

三、实验说明

食品中的有机酸(弱酸)采用 NaOH 标准溶液滴定时，被中和生成盐类。其反应式如下：

$$RCOOH + NaOH \longrightarrow RCOONa + H_2O$$

用酚酞作指示剂，当滴定至溶液呈淡红色且 30 s 内不褪色时，根据消耗的 NaOH 标准溶液浓度和体积，计算出样品的总酸度。

四、仪器与试剂

1. 仪器　托盘天平、容量瓶、碱式滴定管或两用滴定管、锥形瓶、移液管、胶头滴管、玻璃棒、干燥的纱布、研砵。

2. 试剂　NaOH 标准溶液(0.1 mol/L)、酚酞指示剂(0.1%的 60%乙醇溶液)、新沸过的冷蒸馏水等。

五、操作步骤

1. 操作流程

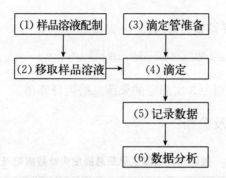

2. 操作要点

(1)样品溶液配制。将果蔬样品去核、去皮、去柄后,用电子天平称取样品 $17.0 \sim 19.0\,g$(称至小数位第二位),置于研钵中研磨,再用四层纱布漏斗过滤至 $100.0\,mL$ 容量瓶中,用新沸过的冷蒸馏水定容(定容前样品液上层少量泡沫可用 95% 乙醇去除),摇匀,备用。

(2)移取样品溶液。移液管经检查、试漏,依次用自来水洗涤,蒸馏水润洗,待装样液润洗 3 次,然后准确移取 $20.00\,mL$ 样品溶液 3 份,分别置于 3 个锥形瓶中,各加入酚酞指示剂 2 滴,此时锥形瓶溶液呈无色。

(3)滴定管准备。滴定管用自来水洗涤→试漏→蒸馏水润洗 3 次($5 \sim 10\,mL$/次)→NaOH 标准溶液润洗 3 次($5 \sim 10\,mL$/次)→装 NaOH 标准溶液→排气泡→调零。

(4)滴定。用 NaOH 标准溶液滴定至溶液呈粉红色,且 $30\,s$ 内不褪色为终点,平行测定 3 份。

(5)记录数据。读取 NaOH 滴定液最终体积数,滴定管读数应准确至小数点后两位数,每份体积数据对应编号记录在表 5-8 中。

(6)数据分析。根据以上测定过程,果蔬样品的总酸度可根据式(5-20)计算:

$$\omega = \frac{c_{\text{NaOH}} \times V_{\text{NaOH}} \times K}{m_S \times \dfrac{20.00}{100.0}} \times 100\% \qquad (5-20)$$

式中,ω 为样品总酸度(%);c_{NaOH} 为 NaOH 标准溶液的浓度(mol/L);V_{NaOH} 为滴定所消耗 NaOH 标准溶液的体积(mL);20.00 为滴定时吸取的样品稀释液的体积(mL);100.0 为样品稀释液总体积(mL);K 为换算为适当酸的系数(g/mmol),即 1 mmol NaOH 相当于主要酸的克数;m_S 为样品质量(g)。

因为食品中含有多种有机酸,总酸度测定结果通常以样品含量最多的那种酸表示。例如一般分析葡萄及其制品时,总酸度测定结果用酒石酸表示,其 K 值为 0.075;测柑橘类果实及其制品时,总酸度测定结果用柠檬酸表示(含一分子水的柠檬酸),其 K 值为 0.070;分析苹果、桃、李及其制品时,总酸度测定结果用苹果酸表示,其 K 值为 0.067;分析乳品、肉类、水产品及其制品时,总酸度测定结果用乳酸表示,其 K 值为 0.090;分析酒类、调味品,用乙酸表示,总酸度测定结果 K 值为 0.060。一般蔬菜的总酸度测定结

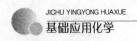

果用苹果酸表示。

果蔬总酸度的平均值 $\bar{\omega}$ 计算公式如下：

$$\bar{\omega}=\frac{\omega_1+\omega_2+\omega_3}{3} \tag{5-21}$$

3 次测定结果的相对平均偏差 $\bar{d}_r$ 计算公式如下：

$$\bar{d}_r=\frac{|\omega_1-\bar{\omega}|+|\omega_2-\bar{\omega}|+|\omega_3-\bar{\omega}|}{3\bar{\omega}}\times100\% \tag{5-22}$$

式中，ω_1、ω_2、ω_3 分别为 3 次测定的果蔬总酸度计算值。

六、实验数据记录及分析

表 5-8 酸碱滴定法测定果蔬总酸度实验数据记录及分析

项目	测定次数		
	Ⅰ	Ⅱ	Ⅲ
果蔬样品质量/g			
移取果蔬样品液的体积/mL			
$c_{NaOH}/(mol/L)$			
NaOH 初读数/mL			
NaOH 终读数/mL			
V_{NaOH}/mL			
$\omega/\%$			
$\bar{\omega}/\%$			
相对平均偏差/%			

七、注意事项

(1)滴定操作时应用左手控制滴定管的旋塞，拇指在前，食指和中指在后，手指略微弯曲，轻轻向内扣住旋塞，转动旋塞时要注意勿使手心顶着旋塞，以防旋塞松动，造成溶液渗漏。

(2)滴定速度应前快后慢，但最快也不能流成一条线。当滴加的 NaOH 溶液落点处周围红色褪去较慢时，表明临近终点，须用洗瓶洗涤锥形瓶内壁，并控制 NaOH 标准溶液一滴或半滴地滴出，至溶液由无色突变为粉红色，且 30 s 内不变即为终点，溶液红色越深，说明 NaOH 标准溶液过量越多，实验误差越大。

(3)滴定管洗涤时，使用高位的水龙头，以防低位水龙头因空间不够磕碰损坏滴定管。

(4)对于有颜色(如带色果汁等)的试样，可用同体积的不含 CO_2 的蒸馏水稀释或加活性炭脱色，然后对照原样液进行滴定，对比观察酚酞颜色的差别；若样液颜色过深或浑浊则可用电位滴定法。

八、实验建议

（1）本任务宜安排 2 学时完成。

（2）本任务由学生单人独立完成。

（3）学生完成实验后，须经教师检查表 5－8 填写完全后方可离开。相对平均偏差大于 0.2％者重做。

（4）学生的实验成绩根据实验结果、实验中分析解决问题的能力、课堂纪律、预习情况、操作技能、数据分析能力等综合评估。

九、实验思考

（1）本实验中为什么用酚酞作指示剂？

（2）在样品溶液的配制步骤中为什么要使用新沸过的冷蒸馏水定容？

（3）准确移取样品溶液时，是否需要将移液管尖嘴处的残液吹入锥形瓶？为什么？

扫码看答案

项目五实验三思考题答案

实验四　酸碱滴定法测定阿司匹林样品的含量

一、实验内容

用 NaOH 标准溶液测定阿司匹林原料药的含量。

二、实验目的

（1）熟悉酸碱滴定法测定阿司匹林原料药含量的原理。

（2）掌握用酸碱滴定法测定阿司匹林原料药含量的原理和方法。

（3）巩固滴定操作基本技能。

三、实验说明

阿司匹林又称水杨酸，具有止痛、治疗疟疾等作用。人类很早就发现了柳树类植物提取物（天然水杨酸）的药用功能。据《神农本草经》记载，柳之根、皮、枝、叶均可入药，有祛痰明目、清热解毒、利尿防风之效，外敷可治牙痛。据李时珍《本草纲目》记载，"柳叶煎之，可疗心腹内血、止痛，治疥疮；柳枝和根皮，煮酒，漱齿痛，煎服制黄疸白浊；柳絮止血、治湿痹，四肢挛急"。

阿司匹林分子结构中含有一个游离的羧基，具有一定的酸性，可采用 NaOH 标准溶液直接滴定。

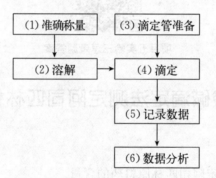

为防止乙酰基水解，应在10℃以下的中性冷乙醇介质中进行滴定。

四、仪器与试剂

1. 仪器 电子天平(万分之一)、两用滴定管、锥形瓶、量筒等。

2. 试剂 阿司匹林原料药、NaOH标准溶液(0.1 mol/L)、酚酞指示剂(0.1%的60%乙醇溶液)、中性乙醇(对酚酞指示液显中性的95%乙醇)、新沸过的冷蒸馏水等。

中性乙醇的配制：将酚酞指示剂滴入乙醇溶液中，再用0.1 mol/L的NaOH溶液滴定至粉红色，即可。

五、操作步骤

1. 操作流程

```
┌──────────────┐      ┌──────────────┐
│ (1)准确称量  │      │ (3)滴定管准备 │
└──────────────┘      └──────────────┘
        │                    │
        ▼                    ▼
┌──────────────┐      ┌──────────────┐
│ (2)溶解      │─────→│ (4)滴定      │
└──────────────┘      └──────────────┘
                             │
                             ▼
                      ┌──────────────┐
                      │ (5)记录数据  │
                      └──────────────┘
                             │
                             ▼
                      ┌──────────────┐
                      │ (6)数据分析  │
                      └──────────────┘
```

2. 操作要点

(1)准确称量。用电子天平(万分之一)精密称取阿司匹林原料药样品3份，每份0.35~0.40 g(称至小数点后四位)，分别置于3个编好号的锥形瓶中。数据记录在表5-9中。

(2)溶解。分别往锥形瓶中加入20 mL中性乙醇，振荡使样品完全溶解。各加3滴酚酞指示剂，此时锥形瓶溶液呈无色。

(3)滴定管准备。滴定管用自来水洗涤→试漏→蒸馏水润洗3次(5~10 mL/次)→NaOH标准溶液润洗3次(5~10 mL/次)→装NaOH标准溶液→排气泡→调零。

(4)滴定。用NaOH标准溶液滴定至溶液呈粉红色，且30 s内不褪色为终点，平行测定3份。

(5)记录数据。读取NaOH滴定液最终体积数，滴定管读数应准确至小数点后两位数，每份体积数据对应编号记录在表5-9中。

(6)数据分析。阿司匹林原料药的含量可根据式(5-23)计算：

$$\omega = \frac{c_{NaOH} \times V_{NaOH} \times M_{阿司匹林}}{m_S} \times 100\% \tag{5-23}$$

式中，ω 为阿司匹林原料药的含量（%）；c_{NaOH} 为 NaOH 标准溶液的浓度（mol/L）；V_{NaOH} 为滴定所消耗 NaOH 标准溶液的体积（mL）；m_S 为样品质量（g）；$M_{阿司匹林}$ 为阿司匹林摩尔质量（180.02 g/mol）。

阿司匹林样品含量的平均值 $\bar{\omega}$ 计算公式如下：

$$\bar{\omega}=\frac{\omega_1+\omega_2+\omega_3}{3} \tag{5-24}$$

3 次测定结果的相对平均偏差 $\bar{d}_r$ 计算公式如下：

$$\bar{d}_r=\frac{|\omega_1-\bar{\omega}|+|\omega_2-\bar{\omega}|+|\omega_3-\bar{\omega}|}{3\bar{\omega}}\times100\% \tag{5-25}$$

式中，ω_1、ω_2、ω_3 分别为 3 次测定的阿司匹林样品含量的计算值。

六、实验数据记录及分析

表 5-9　阿司匹林样品含量测定的实验数据记录及分析

项目	测定编号		
	1	2	3
阿司匹林原料药样品质量/g			
c_{NaOH}/(mol/L)			
NaOH 滴定液初读数 V_0/mL			
NaOH 滴定液终读数 V_1/mL			
消耗 NaOH 滴定液体积 V_{NaOH}/mL			
ω/%			
$\bar{\omega}$/%			
相对平均偏差/%			
标准规定　《中华人民共和国药典》（2020 年版）	按干燥品计算，阿司匹林含量不得少于 99.5%		
结论	□符合规定　　□不符合规定		

七、注意事项

(1)滴定操作时应用左手控制滴定管的旋塞，拇指在前，食指和中指在后，手指略微弯曲，轻轻向内扣住旋塞，转动旋塞时要注意勿使手心顶着旋塞，以防旋塞松动，造成溶液渗漏。

(2)滴定速度应前快后慢，但最快也不能流成一条线。当滴加的 NaOH 溶液落点处周围红色褪去较慢时，表明临近终点，须用洗瓶洗涤锥形瓶内壁，并控制 NaOH 标准溶液一滴或半滴地滴出，至溶液由无色突变为粉红色，且 30 s 内不变即为终点，溶液红色越深，说明 NaOH 标准溶液过量越多，实验误差越大。

(3)滴定管洗涤时，使用高位的水龙头，以防低位水龙头因空间不够磕碰损坏滴定管。

(4)滴定应在不断振摇下稍快地进行，以防止局部碱浓度过大致使阿司匹林酯结构的水解。

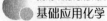

八、实验建议

(1)本任务宜安排2学时完成。

(2)本任务由学生单人独立完成。

(3)学生完成实验后，须经教师检查表5-9填写完全后方可离开。相对平均偏差大于0.2%者重做。

(4)学生的实验成绩根据实验结果、实验中分析解决问题的能力、课堂纪律、预习情况、操作技能、数据分析能力等综合评估。

九、实验思考

(1)本实验中为什么用酚酞作指示剂？

(2)本实验测定阿司匹林的含量时，加中性乙醇的作用是什么？

扫码看答案

项目五实验四思考题答案

自 测 题

一、判断题

1. 酸碱滴定法中，选择指示剂的原则是：变色敏锐，用量少。（　　）

2. 在酸碱滴定曲线上，pH突跃范围内任一点停止滴定，其滴定误差都小于0.1%。（　　）

3. 酸碱完全中和后，溶液的pH等于7。（　　）

4. 酸式滴定管一般用于盛酸性溶液和氧化性溶液，但不能盛放碱性溶液。（　　）

5. 酚酞和甲基橙都可用于强碱滴定弱酸的指示剂。（　　）

二、选择题

1. 下列物质中，可以用直接法配制标准溶液的是（　　）。

A. 固体NaOH
B. 浓盐酸
C. 固体$K_2Cr_2O_7$
D. 固体$Na_2S_2O_3$

2. 标定HCl和NaOH溶液常用的基准物质是（　　）。

A. 硼砂和EDTA

B. 草酸和$K_2Cr_2O_7$

C. $CaCO_3$和草酸

D. 硼砂和邻苯二甲酸氢钾

3. 酸碱滴定中选择指示剂的原则是（   ）。

A. 指示剂的变色范围与理论终点完全相符

B. 指示剂的变色范围全部或部分落入滴定的 pH 突跃范围之内

C. 指示剂的变色范围应完全落在滴定的 pH 突跃范围之内

D. 指示剂应在 pH＝7.00 时变色

4. 某酸碱指示剂的 $K_{HIn}=1.0 \times 10^{-5}$，则从理论上推算其 pH 变色范围是（   ）。

A. 4～5　　　　　　　　　　　　B. 5～6

C. 4～6　　　　　　　　　　　　D. 5～7

5. 某酸碱滴定的突跃范围为 7.0～9.0，最适宜的指示剂是（   ）。

A. 百里酚蓝（变色范围 pH1.2～2.8）

B. 甲基橙（变色范围 pH3.1～4.4）

C. 甲酚红（变色范围 pH7.2～8.8）

D. 酚酞（变色范围 pH8.0～10.0）

6. 某人在以邻苯二甲酸氢钾标定 NaOH 溶液时，下述记录中正确的是（   ）。

项目	A	B	C	D
移取标准液/mL	20	20.000	20.00	20.00
滴定管终读数	47.30	24.08	23.5	24.10
滴定管初读数	23.20	0.00	0.2	0.05
$V(NaOH)$/mL	24.10	24.08	23.3	24.05

三、填空题

1. 样品总酸度的测定是_____滴定方式。

2. 酸碱指示剂变色的内因是_____，外因是_____。

3. 在酸碱滴定时所用的标准溶液的浓度一般在_____mol/L 范围内。

4. 用强碱滴定一元弱酸时，使酸能被准确滴定的条件是_____。

5. 在酸碱滴定中，指示剂的选择是以_____为依据的。

6. 酸碱指示剂(HIn)的理论变色范围是 pH＝_____，选择酸碱指示剂原则是_____。

7. 间接法配制标准溶液是采用适当的方法先配制成接近所需浓度，再用另一种基准物质或另一标准溶液精确测定它的准确浓度，这个过程称为_____。

8. pH 突跃范围的大小与滴定剂和被滴定物的浓度有关，浓度越大，pH 突跃越_____，可供选择的指示剂越_____。

四、计算题

1. 用硼砂标定盐酸时，准确称取硼砂三份：0.386 7 g、0.352 6 g、0.360 7 g，滴定时分别消耗了 20.20 mL、18.35 mL、18.81 mL 盐酸，计算盐酸的准确浓度和该标定的相对平均偏差（$M_{硼砂}=381.4$ g/mol）。

2. 测定肥料中的铵态氮时，称取试样 0.247 1 g，加浓 NaOH 溶液蒸馏，产生的 NH_3 用过量的 50.00 mL 0.101 5 mol/L HCl 溶液吸收，然后再用 0.102 2 mol/L NaOH 溶液返

滴过量的 HCl，用去 11.69 mL，计算试样中的含氮量[$M(N) = 14$ g/mol]。

3. 称取基准物质 $Na_2C_2O_4$ 0.804 0 g，在一定温度下灼烧成 Na_2CO_3 后，用水溶解并稀释至 100.0 mL。准确移取 25.00 mL 溶液，用甲基橙为指示剂，用 HCl 溶液滴定至终点，消耗 30.00 mL。计算 HCl 溶液的浓度[$M(Na_2C_2O_4) = 134.0$ g/mol]。

扫码看答案

项目五自测题答案

项目六　其他常用滴定分析法

【知识目标】

(1)掌握高锰酸钾法、重铬酸钾法、碘量法、莫尔法、佛尔哈德法和法扬司法的原理、滴定条件及应用。

(2)掌握EDTA的性质和特点。

(3)熟悉金属指示剂的变色原理及要求。

(4)了解影响氧化还原反应速率的因素。

【能力目标】

(1)能够正确配制和标定 $KMnO_4$ 标准溶液和EDTA标准溶液。

(2)学会运用氧化还原滴定法测定物质的含量。

(3)学会运用配位滴定法测定成分的含量。

【素质目标】

(1)培养求真务实、科学严谨的治学态度。

(2)培养吃苦耐劳、爱岗敬业的工匠精神。

(3)培养规范意识、质量意识、环保意识、“三农”意识，践行绿水青山就是金山银山的理念。

(4)培养自主学习、独立分析与解决问题、综合应用知识的能力。

【思政课堂】

2005年8月，习近平总书记到浙江考察时，首次提出“绿水青山就是金山银山”。2022年10月，习近平总书记在党的二十大报告中指出“大自然是人类赖以生存发展的基本条件。尊重自然、顺应自然、保护自然，是全面建设社会主义现代化国家的内在要求。必须牢固树立和践行绿水青山就是金山银山的理念，站在人与自然和谐共生的高度谋划发展。”建设生态文明是关系人民福祉、关乎民族未来的大计，是实现中华民族伟大复兴中国梦的重要内容。随着生态环境保护的大力推进，取得显著成绩的同时，积累的生态环境问题也日益显现。尤其是全国江河水系、地下水污染和饮用水安全问题不容忽视，这些突出问题对人民群众的生产生活、身体健康带来了一定影响和损害。因此，需要加大力度、攻坚克难，全面推进生态文明建设，加强生态文明宣传教育，增强全民节约意识、环保意识、生态意识，营造爱护生态环境的良好风气。“绿水青山就是金山银山”的理念承载了引领美丽中国建设的重大历史使命，必将在中华民族伟大复兴的进程中焕发出无限的生机和活力。

水问题是环境问题中的重中之重，那么该如何测定水质指标呢？

任务一　氧化还原滴定法

氧化还原滴定法是以氧化还原反应为基础的滴定分析法。氧化还原滴定法可直接测定具有氧化性或还原性的物质，也可间接测定某些本身不具有氧化性或还原性但能与氧化剂或还原剂定量发生反应的物质。因此，氧化还原滴定法被广泛用于无机物和有机物的分析测定。

一、氧化还原滴定法概述

(一)氧化还原反应

氧化还原反应是指在反应前后元素的氧化数具有相应的升降变化的化学反应。本质上是参加反应的物质之间发生电子转移或偏移。氧化还原反应可以理解成由两个半反应构成，即氧化反应和还原反应。

例如：在腐蚀电路板中，铜被氧化

$$Cu(s) - 2e^- =\!=\!= Cu^{2+}（氧化反应）$$
$$Fe^{3+} + e^- =\!=\!= Fe^{2+}（还原反应）$$

(二)氧化还原滴定法的特点

氧化还原反应是基于电子转移的反应，其特点是反应机理比较复杂，反应速率缓慢，常伴有副反应发生，反应条件对反应过程影响较大等。因此，在氧化还原滴定中，应注意以下两点：一是要根据反应平衡理论判断反应的可行性；二是要严格控制反应条件。

(三)影响氧化还原反应速率的主要因素

影响氧化还原反应速率的因素，除了氧化剂和还原剂本身的性质外，还与反应时外界的条件如反应物浓度、温度和催化剂等有关。

1. 反应物浓度　根据质量作用定律，基元反应的反应速率与各反应物浓度的幂的乘积成正比，即反应物的浓度越大，反应速率越快。虽然氧化还原反应的机理较为复杂，不能从总的反应式来判断反应物浓度对反应速率的影响，但一般情况下，增加反应物浓度可以加快氧化还原反应速率。另外，对于有 H^+ 参与的反应，提高溶液酸度也可加快反应速率。

2. 温度　升高溶液温度，可以同时增加反应物之间的碰撞概率，以及活化分子或活化离子的数量，从而加快反应速率。通常溶液温度每升高 $10℃$，反应速率增大 $2\sim3$ 倍。需要注意，不是所有情况下都可以用加热的方式来提高反应速率。有些物质在较高温度时会引起挥发或发生氧化等反应，产生误差。

3. 催化剂　由于催化剂可降低反应发生所需要的活化能，故常使用催化剂来加快反应速率。催化剂只改变反应速率而不改变化学平衡。

(四)氧化还原滴定指示剂

在氧化还原滴定中，除了可以用电位滴定确定终点外，还可以用指示剂指示终点。

1. 自身指示剂　有些滴定剂或被测物本身有颜色，但反应后变成无色或浅色物质，则滴定时无须再另加指示剂，而是利用自身颜色的变化来指示滴定终点，这类物质称为自身指示剂。例如用高锰酸钾滴定无色或浅色的还原剂时，由于 MnO_4^- 本身呈紫红色，反应后被还原成几乎无色的 Mn^{2+}，因而当滴定达到化学计量点时，稍微过量的 MnO_4^- 就可以使溶液呈粉红色，从而指示到达滴定终点。由此可见，自身指示剂的优点是无须选择指示剂，利用自身颜色变化即可指示终点。

2. 专属指示剂　有的物质本身不具有氧化还原性，但它能与氧化剂或还原剂作用，产生特殊的颜色，因而可以指示氧化还原滴定的终点。例如，可溶性淀粉与碘溶液反应生成深蓝色化合物，当 I_2 被还原为 I^- 时，蓝色消失；当 I^- 被氧化为 I_2 时，蓝色出现。因此，淀粉是碘量法的专属指示剂。

3. 氧化还原指示剂　氧化还原指示剂大多是结构复杂的有机化合物，因其本身具有氧化还原性，且氧化态和还原态具有不同的颜色，当发生氧化还原反应时，其结构发生改变，引起颜色发生变化，从而指示滴定终点。在氧化性溶液中，氧化还原指示剂显氧化态颜色；在还原性溶液中，氧化还原指示剂显还原态颜色。常用的氧化还原指示剂如表 6-1 所示。

表 6-1　常用的氧化还原指示剂

指示剂	颜色变化		配制方法
	氧化态	还原态	
亚甲基蓝	蓝色	无色	0.05%水溶液
二苯胺	紫色	无色	1%浓硫酸溶液
二苯胺磺酸钠	紫红色	无色	0.5%水溶液
邻苯胺基苯甲酸	紫红色	无色	0.1 g 指示剂溶于 20 mL 5% Na_2CO_3 溶液，用水稀释至 100 mL
邻二氮菲-亚铁	浅蓝色	红色	1.485 g 邻二氮菲，0.695 g $FeSO_4$，用水稀释至 100 mL
硝基邻二氮菲-亚铁	浅蓝色	紫红	1.608 g 硝基邻二氮菲，0.695 g $FeSO_4$，用水稀释至 100 mL

二、氧化还原滴定法分类

适当的氧化剂和还原剂标准溶液均可作为氧化还原滴定法的滴定剂。一般根据滴定剂的名称来对氧化还原滴定法进行命名和分类，如高锰酸钾法、重铬酸钾法、碘量法、溴酸钾法和硫酸铈法等。本项目主要介绍常用的高锰酸钾法、重铬酸钾法和碘量法。

(一)高锰酸钾法

1. 原理　高锰酸钾法是以 $KMnO_4$ 为标准溶液，直接或间接测定还原性或氧化性物质含量的一种滴定分析方法。$KMnO_4$ 是一种强氧化剂，其氧化能力随溶液酸度的不同而有较大差异。

在强酸性溶液中，MnO_4^- 被还原为 Mn^{2+}，表现为强氧化剂：

$$MnO_4^- + 8H^+ + 5e^- \Longrightarrow Mn^{2+} + 4H_2O$$

在弱酸性、中性或弱碱性溶液中，MnO_4^- 被还原为 MnO_2，表现为较弱的氧化剂：

$$MnO_4^- + 2H_2O + 3e^- \Longrightarrow MnO_2\downarrow + 4OH^-$$

在强碱性溶液中，MnO_4^- 被还原为 MnO_4^{2-}，表现为较弱的氧化剂：

$$MnO_4^- + e^- \Longrightarrow MnO_4^{2-}$$

由此可见，$KMnO_4$ 在强酸性溶液中的氧化能力最强，且生成的 Mn^{2+} 呈无色，便于滴定终点的观察，所以高锰酸钾法通常在强酸性溶液中进行。酸度一般用硫酸调节，控制在 $0.5\sim1\ mol/L$。

2. 滴定方式　应用高锰酸钾法时，应根据待测物的性质选择不同的滴定方式。

(1)直接滴定法。Fe^{2+}、H_2O_2、As^{3+}、Sb^{3+}、$C_2O_4^{2-}$、NO_2^- 等还原性物质可用 $KMnO_4$ 标准溶液直接滴定。

(2)返滴定法。对于不能用 $KMnO_4$ 标准溶液直接滴定的氧化性物质，可采用返滴定法进行测定。例如，测定 MnO_2 含量时，可在试样的 H_2SO_4 溶液中加入过量的 $Na_2C_2O_4$ 标准溶液，待 MnO_2 与 $C_2O_4^{2-}$ 作用后，用 $KMnO_4$ 标准溶液滴定过量的 $C_2O_4^{2-}$。

(3)间接滴定法。某些无氧化还原性的物质，因其可与另一种还原剂或氧化剂定量反应，也可采用间接滴定法进行测定。例如，测定 Ca^{2+} 含量时，可先将 Ca^{2+} 沉淀为 CaC_2O_4，再用稀 H_2SO_4 溶解沉淀，最后用 $KMnO_4$ 标准溶液滴定溶液中的 $C_2O_4^{2-}$，间接求得 Ca^{2+} 含量。

3. 指示剂　在高锰酸钾法中，由于 MnO_4^- 本身呈紫红色，其还原产物为无色的 Mn^{2+}，终点颜色变化明显，易于观察。因此，高锰酸钾法常以 $KMnO_4$ 作为自身指示剂。

4. 特点　高锰酸钾法的优点是 $KMnO_4$ 氧化性强，应用广泛，而且 $KMnO_4$ 作为自身指示剂，无须另加指示剂。缺点是测定的选择性较差，$KMnO_4$ 标准溶液因含少量杂质而不稳定。

5. 应用　高锰酸钾法应用十分广泛，可用于过氧化氢的测定，钙的测定，铁的测定，甲酸、甲醇、葡萄糖、酒石酸、甲醛等有机物的测定，以及化学耗氧量的测定等。

(二)重铬酸钾法

1. 原理　重铬酸钾法是以 $K_2Cr_2O_7$ 为标准溶液的氧化还原滴定法。$K_2Cr_2O_7$ 的氧化能力稍弱于 $KMnO_4$，在酸性条件下，$K_2Cr_2O_7$ 可被还原成 Cr^{3+}，半反应如下：

$$Cr_2O_7^{2-} + 14H^+ + 6e^- \Longrightarrow 2Cr^{3+} + 7H_2O$$

2. 滴定方式　重铬酸钾法也有直接滴定法和返滴定法之分。例如，测定电镀液中有机物时，可在试样的 H_2SO_4 溶液中加入过量的 $K_2Cr_2O_7$ 标准溶液，加热至一定温度，冷却后稀释，再用 Fe^{2+} 标准溶液返滴定。

3. 指示剂　$K_2Cr_2O_7$ 本身呈橙红色，其还原产物 Cr^{3+} 呈绿色，终点颜色不易辨别，因此需另加指示剂。重铬酸钾法常用氧化还原指示剂，如二苯胺磺酸钠或邻苯胺基苯甲酸等。

4. 特点　重铬酸钾法的优点如下：①$K_2Cr_2O_7$ 易提纯，可直接配制标准溶液；②$K_2Cr_2O_7$ 溶液稳定性好，可长期保存；③选择性高，不受 Cl^- 干扰，可在 HCl 溶液中滴定；④反应速率较快，可在室温下滴定，且无须加催化剂。但重铬酸钾法的应用范围相对高锰酸钾法要窄，且 $K_2Cr_2O_7$ 有毒，应避免污染环境。

5. 应用 重铬酸钾法常用于铁的测定、化学耗氧量的测定等。

(三)碘量法

1. 原理 碘量法是利用 I_2 的氧化性和 I^- 的还原性进行氧化还原滴定的方法。其半反应如下：

$$I_2 + 2e^- \rightleftharpoons 2I^-$$

2. 滴定方式 碘量法分为直接碘量法和间接碘量法两种滴定方式。

(1)直接碘量法。利用 I_2 的氧化性，使用 I_2 标准溶液直接滴定还原性物质的方法，称为直接碘量法。其半反应为：

$$I_2 + 2e^- \rightleftharpoons 2I^-$$

直接碘量法操作一般在弱酸性、中性或弱碱性溶液中进行。若在碱性溶液中进行，易发生歧化反应；若在强酸性溶液中进行，I^- 易被空气氧化。

(2)间接碘量法。间接碘量法与直接碘量法相反，它是利用 I^- 的还原性，使用 $Na_2S_2O_3$ 标准溶液间接测定氧化性物质的方法。首先加入过量的 I^- 与氧化性物质反应，按化学计量关系定量析出 I_2，再用 $Na_2S_2O_3$ 标准溶液滴定析出的 I_2，从而间接测出氧化性物质的含量。其反应式为：

$$2I^- - 2e^- \rightleftharpoons I_2$$

$$I_2 + 2S_2O_3^{2-} \rightleftharpoons 2I^- + S_4O_6^{2-}$$

间接碘量法必须在中性或弱酸性溶液中进行。若在碱性溶液中进行，易发生副反应；若在强酸性溶液中进行，$S_2O_3^{2-}$ 易分解，且 I^- 易被空气氧化。因此，为了提高测定准确度，防止 I_2 挥发和空气氧化 I^-，必须注意以下几点：①控制溶液酸度；②加入过量的 KI；③使用碘量瓶滴定；④于室温、暗处下进行；⑤快滴慢摇。

3. 指示剂 基于 I_2 可与淀粉反应生成蓝色吸附配合物(该反应可逆且灵敏)，从而可根据蓝色的出现或消失来指示滴定终点。因此，碘量法常用淀粉作为指示剂。淀粉溶液应新鲜配制，因为久置的淀粉溶液与 I_2 形成紫红色吸附配合物，会造成终点变色不敏锐。淀粉指示剂用量一般为 2 mL。在直接滴定法中，指示剂于滴定前加入，滴定至溶液出现蓝色即到达滴定终点；在间接滴定法中，指示剂于近终点时加入，滴定至溶液蓝色消失即到达滴定终点。

4. 特点 选择性较好，干扰小，滴定相对误差较小，应用广泛。

5. 应用 直接碘量法可用于测定 As_2O_3、S^{2-}、$S_2O_3^{2-}$、Sn^{2+}、Sb^{3+} 等还原性较强的物质。间接碘量法可用于测定 MnO_4^-、Cu^{2+}、CrO_4^{2-}、$Cr_2O_7^{2-}$、BrO_3^-、AsO_4^{3-}、H_2O_2 等氧化性物质。

三、高锰酸钾标准溶液的配制与标定

市售 $KMnO_4$ 固体常含有少量 MnO_2 及其他杂质，蒸馏水中也常含少量有机物，且 $KMnO_4$ 易受光、热、酸、碱等外界条件影响而分解，因此 $KMnO_4$ 标准溶液只能采用间接法配制。

近似配制

常用公式：

$$c=\frac{m}{M\times V} \qquad (6-1)$$

式中，c 为溶液的物质的量浓度(mol/L)；m 为溶质的质量(g)；M 为溶质的摩尔质量(g/mol)；V 为溶液的体积(L)。

标定

常用来标定 KMnO₄ 标准溶液的基准物质是草酸钠(Na₂C₂O₄)。

(一)近似配制

如何用高锰酸钾（$M_{KMnO_4}=158.03\ \text{g/mol}$，AR）近似配制 0.02 mol/L KMnO₄ 溶液 500 mL?

由

$$c=\frac{m_{KMnO_4}}{M_{KMnO_4}\times V}$$

可得

$$m_{KMnO_4}=cM_{KMnO_4}V=0.02\ \text{mol/L}\times158.03\ \text{g/mol}\times0.5\ \text{L}=1.580\ 3(\text{g})$$

配制 KMnO₄ 标准溶液时，称取稍多于理论值的 KMnO₄ 固体，即 1.6 g KMnO₄，溶解在 500 mL 蒸馏水中。将配好的 KMnO₄ 溶液加热至沸后，贮存于棕色瓶中，于暗处放置 7~10 d，使溶液中的还原性杂质与 KMnO₄ 充分作用，再用垂熔玻璃漏斗过滤除去析出的 MnO₂ 沉淀，过滤后的 KMnO₄ 溶液贮存于棕色瓶中，于暗处密封保存，以待标定。

(二)标定

由于草酸钠 Na₂C₂O₄ 性质稳定、易于提纯、不含结晶水，因此常作为基准物质，用于标定 KMnO₄ 标准溶液。其反应方程式如下：

$$2MnO_4^-+5C_2O_4^{2-}+16H^+===2Mn^{2+}+10CO_2\uparrow+8H_2O$$

为了确保该反应能够定量且较快进行，标定时需注意以下几点：

(1)用硫酸调节溶液酸度，使其控制在 0.5~1 mol/L，否则易引起 KMnO₄ 或 Na₂C₂O₄ 分解。

(2)滴定前须将 KMnO₄ 标准溶液加热至 75~85℃，以提高反应速率。

(3)开始滴定时 KMnO₄ 溶液褪色较慢，滴定速度不宜过快，但一经反应生成 Mn²⁺ 后，由于 Mn²⁺ 对反应有催化作用，促使反应速率增快，滴定速度可随之加快。

(4)KMnO₄ 作为自身指示剂，终点前 MnO₄⁻ 被还原成 Mn²⁺，溶液呈无色，终点时稍过量的 KMnO₄ 标准溶液使溶液变成粉红色，当溶液保持粉红色 30 s 不褪色时，表明到达滴定终点。

根据 Na₂C₂O₄ 基准物质的质量和消耗 KMnO₄ 标准溶液的体积，求出 KMnO₄ 标准溶液的浓度。计算公式如下：

$$c=\frac{2\times m_{Na_2C_2O_4}}{5\times V_{KMnO_4}\times M_{Na_2C_2O_4}}\times1\ 000 \qquad (6-2)$$

式中，c 为 KMnO₄ 标准溶液的浓度(mol/L)；$m_{Na_2C_2O_4}$ 为 Na₂C₂O₄ 的质量(g)；V_{KMnO_4} 为消耗 KMnO₄ 标准溶液的体积(mL)；$M_{Na_2C_2O_4}$ 为 Na₂C₂O₄ 的摩尔质量(134.0 g/mol)；1 000 为单位换算系数。

【课堂活动 6-1】

用 $Na_2C_2O_4$ 作为基准物质标定 $KMnO_4$ 溶液时，准确称取 0.203 2 g $Na_2C_2O_4$，加入新煮沸并冷却的蒸馏水 40 mL 和 3 mol/L 的 H_2SO_4 溶液 10 mL，搅拌使其溶解，将溶液加热至 75～85℃，趁热用 $KMnO_4$ 溶液滴定至终点，共消耗 $KMnO_4$ 溶液 22.08 mL，试计算 $KMnO_4$ 溶液的准确浓度。

扫码看答案

课堂活动 6-1

【知识拓展】

氧化还原滴定法在农业上的应用

1. 食品分析中的应用　GB 5009.7—2016《食品安全国家标准　食品中还原糖的测定》中第二法规定采用高锰酸钾滴定法测定食品中还原糖的含量；GB 22216—2020《食品安全国家标准　食品添加剂　过氧化氢》中规定采用高锰酸钾滴定法测定过氧化氢的含量；GB 5009.267—2020《食品安全国家标准　食品中碘的测定》中第二法规定采用氧化还原滴定法测定藻类及其制品中碘的含量。

2. 水质分析中的应用　GB 7489—1987《水质　溶解氧的测定　碘量法》中规定采用碘量法测定水中溶解氧；GB/T 14420—2014《锅炉用水和冷却水分析方法　化学耗氧量的测定　重铬酸钾快速法》中规定采用重铬酸钾法测定天然水、炉水、除盐水以及工业循环冷却水等水样中化学耗氧量。

3. 药物分析中的应用　《中华人民共和国药典》(2020 年版)中规定维生素 C 含量测定方法：取本品约 0.2 g，精密称定，加新沸过的冷水 100 mL 与稀醋酸 10 mL 使溶解，加淀粉指示液 1 mL，立即用碘滴定液(0.05 mol/L)滴定至溶液显蓝色并在 30 s 内不褪色。每 1 mL 碘滴定液(0.05 mol/L)相当于 8.806 mg 的 $C_6H_8O_6$。

4. 农业中的应用　NY/T 1121.6—2006《土壤检测　第 6 部分：土壤有机质的测定》中规定采用重铬酸钾法测定土壤中有机质含量；GB/T 6436—2018《饲料中钙的测定》中规定采用高锰酸钾法测定饲料中钙含量。

任务二　沉淀滴定法

沉淀滴定法是以沉淀反应为基础的一种滴定分析方法。沉淀滴定法必须满足下列条件：①沉淀组成恒定，且溶解度小，吸附现象不影响终点观察；②反应定量进行；③反应

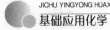

速度快；④有合适的指示剂或其他方法指示滴定终点。

生成沉淀的反应很多，但符合上述沉淀滴定法条件的却很少，实际上应用最多的是银量法，即利用反应生成难溶性银盐来进行测定的方法。银量法的滴定液一般为硝酸银和硫氰酸铵标准溶液，测定对象有 Ag^+、Cl^-、Br^-、I^-、SCN^- 等。

银量法分为直接滴定法和间接滴定法两种方式。直接滴定法是用硝酸银标准溶液直接滴定被沉淀的物质；间接滴定法是先于试样中加入过量的硝酸银标准溶液，再用硫氰酸铵标准溶液来滴定剩余的硝酸银溶液。

银量法根据终点指示方法的不同，分别以创立者的姓名命名为莫尔(Mohr)法、佛尔哈德(Volhard)法、法扬司(Fajans)法。

一、莫尔法

莫尔法是以硝酸银($AgNO_3$)标准溶液为滴定剂，以铬酸钾(K_2CrO_4)为指示剂的一种银量法。此法简便、准确。

1. 原理

(1)直接滴定法。以 $AgNO_3$ 标准溶液滴定 Cl^- 为例。在含 Cl^- 的中性或弱碱性溶液中，加入指示剂 K_2CrO_4，用 $AgNO_3$ 标准溶液进行滴定，由于 AgCl 的溶解度小于 Ag_2CrO_4 的溶解度，故白色沉淀 AgCl 先析出，待 AgCl 定量沉淀后，稍微过量的 $AgNO_3$ 溶液即与 K_2CrO_4 反应，生成砖红色的 Ag_2CrO_4 沉淀，指示终点已经到达。反应式如下：

终点前：$Ag^+ + Cl^- \longrightarrow AgCl\downarrow$（白色）

终点时：$2Ag^+ + CrO_4^{2-} \longrightarrow Ag_2CrO_4\downarrow$（砖红色）

【课堂活动 6-2】

如何标定 $AgNO_3$ 溶液？

扫码看答案

课堂活动 6-2

(2)返滴定法。以 $AgNO_3$ 标准溶液滴定 Ag^+ 为例。在含 Ag^+ 的溶液中，先加入过量的 NaCl 标准溶液，待生成 AgCl 沉淀后，再用 $AgNO_3$ 标准溶液滴定剩余的 Cl^-，滴定 Cl^- 的原理与直接滴定法相同。反应式如下：

终点前：$Ag^+ + Cl^-$（过量）$\longrightarrow AgCl\downarrow + Cl^-$（剩余）

Cl^-（剩余）$+ Ag^+$（标准溶液）$\longrightarrow AgCl\downarrow$（白色）

终点时：$2Ag^+ + CrO_4^{2-} \longrightarrow Ag_2CrO_4\downarrow$（砖红色）

2. 滴定条件

(1)指示剂用量。K_2CrO_4 指示剂浓度过高或过低，均导致终点出现过早或过迟，产生终点误差。理论上，要求指示剂的用量应使终点恰好在化学计量点时到达。但由于 K_2CrO_4 呈黄色，当其浓度较高时颜色较深，不易于观察砖红色 Ag_2CrO_4 沉淀的出现。因此，指示剂浓度以略低于理论值为宜，即终点时 $[CrO_4^{2-}]$ 约为 5×10^{-3} mol/L。在实验中，当试样溶液体积为 50~100 mL 时，加入 50 g/L 铬酸钾指示剂 1~2 mL 即可。

(2)溶液酸度。因为 CrO_4^{2-} 显弱碱性，在酸性介质下，可与 H^+ 作用生成 $Cr_2O_7^{2-}$，导致指示终点的 Ag_2CrO_4 沉淀出现晚或不出现。在强碱性介质下，Ag^+ 会生成 Ag_2O 沉淀析出，导致终点推迟。因此，莫尔法只能在中性或弱碱性溶液中进行，即溶液 pH=6.5~10.5。若溶液为酸性或强碱性，可用稀 NaOH 溶液或稀 HNO_3 溶液进行调节，也可用 $NaHCO_3$、$CaCO_3$、硼砂等预先进行中和。

(3)氨的影响。由于 AgCl 和 Ag_2CrO_4 均可生成 $[Ag(NH_3)_2]^+$ 而溶解，故滴定不能在氨性溶液中进行。若试样中有氨存在，可预先用 HNO_3 中和。

(4)沉淀吸附的影响。在莫尔法中，由于反应生成的 AgCl 沉淀易吸附溶液中过量的 Cl^-，溶液中 Cl^- 浓度降低，引起 Ag_2CrO_4 沉淀过早产生，导致 $AgNO_3$ 滴定液的消耗量减少，产生误差。因此，滴定过程中必须剧烈摇动，使吸附的 Cl^- 及时释放出来；同时，滴定速度不能过快，防止局部沉淀过量。

(5)干扰离子的影响。莫尔法的选择性较差，以下离子均对测定有干扰，应在测定前将其掩蔽或分离。

① 能与 Ag^+ 生成沉淀的阴离子，如 PO_4^{3-}、AsO_4^{3-}、SO_3^{2-}、S^{2-}、CO_3^{2-}、$C_2O_4^{2-}$ 等。

② 能与 CrO_4^{2-} 生能成沉淀的阳离子，如 Pb^{2+}、Ba^{2+} 等。

③ 在弱碱性溶液中易水解的离子，如 Al^{3+}、Fe^{3+}、Bi^{3+} 等。

④ 大量有色离子，如：Co^{2+}、Cu^{2+}、Ni^{2+} 等。

3. 应用 莫尔法多用于直接法测定 Cl^-、Br^-，返滴定法测定 Ag^+；不宜用于测定 I^-、SCN^-。

二、佛尔哈德法

佛尔哈德法是以 NH_4SCN（或 KSCN）标准溶液为滴定剂，以铁铵矾 $[NH_4Fe(SO_4)_2]$ 为指示剂的一种银量法。此法较莫尔法而言，具有干扰少、应用范围广等优点。

1. 原理

(1)直接滴定法。以 NH_4SCN（或 KSCN）标准溶液滴定 Ag^+ 为例。在含 Ag^+ 的酸性溶液中，加入指示剂 $NH_4Fe(SO_4)_2$，用 NH_4SCN（或 KSCN）标准溶液进行滴定，白色的 AgSCN 先沉淀析出，待 AgSCN 定量沉淀后，稍微过量的 SCN^- 即与 Fe^{3+} 反应，生成 $[FeSCN]^{2+}$ 红色络合物，指示终点已经到达。反应式如下：

终点前：$Ag^+ + SCN^- \rightleftharpoons AgSCN\downarrow$（白色）

终点时：$Fe^{3+} + SCN^- \rightleftharpoons [FeSCN]^{2+}$（红色）

(2)返滴定法。在含 Cl^-、Br^-、I^- 等卤素离子的酸性溶液中，加入过量的 $AgNO_3$ 标准溶液，待生成卤化银沉淀后，再用 NH_4SCN 标准溶液滴定剩余的 Ag^+，滴定 Ag^+ 的原理与直接滴定法相同。以 NH_4SCN 标准溶液滴定 Cl^- 为例，反应式如下：

终点前：Ag^+（过量）$+Cl^- \!\!=\!\!=\!\! AgCl\downarrow + Ag^+$（剩余）

$\qquad Ag^+$（剩余）$+SCN^-$（标准溶液）$=\!\!=\!\! AgSCN\downarrow$（白色）

终点时：$Fe^{3+}+SCN^- =\!\!=\!\! [FeSCN]^{2+}$（红色）

2. 滴定条件

（1）指示剂用量。为了能在滴定终点观察到明显的红色，终点时 Fe^{3+} 浓度应控制在 $0.015\,mol/L$。在实验中，当试样溶液体积为 $50\,mL$ 时，加入 40% 铁铵矾指示剂 $1\,mL$ 即可。

（2）溶液酸度。由于 Fe^{3+} 在中性或碱性溶液中易水解，故应用 HNO_3 调节酸度，通常溶液酸度控制在 $0.1\sim1\,mol/L$。

（3）沉淀吸附的影响。与莫尔法类似，佛尔哈德法中反应生成的 AgSCN 沉淀易吸附 Ag^+，引起滴定终点提前，造成误差。因此，滴定过程中必须剧烈摇动，使吸附的 Ag^+ 及时释放出来。

（4）干扰离子的影响。强氧化剂及铜盐、汞盐等均干扰测定，应预先将其掩蔽或分离。

（5）盐效应的影响。返滴定法受盐效应影响较大。由于 AgSCN 的溶解度小于 AgCl 的溶解度，AgCl 会转化成 AgSCN，引起已生成的 $[FeSCN]^{2+}$ 发生解离，红色消失，滴定剂 NH_4SCN 标准溶液的消耗量增加，造成终点误差，即发生盐效应。

为避免上述误差，常采取以下措施：①加入少量硝基苯等有机溶剂，使其包裹在 AgCl 表面，减少与溶液接触（测定 Br^-、I^- 时，由于 AgBr 和 AgI 的溶解度均小于 AgSCN，故不必加入有机溶剂）；②加入 $AgNO_3$ 生成 AgCl 后，将溶液加热至沸，使 AgCl 凝聚；③临近终点时，应防止剧烈摇动，以免发生沉淀转化。

3. 应用　佛尔哈德法多用于直接法测定 Ag^+，返滴定法测定 Cl^-、Br^-、I^-、CN^-、SCN^- 等。

三、法扬司法

法扬司法是以吸附指示剂指示滴定终点，以 $AgNO_3$ 标准溶液或 NaCl 标准溶液为滴定剂，测定卤化物或 Ag^+ 的一种银量法。此法的优点是方便。

吸附指示剂是一些有色的有机染料，其离子易被带异电荷的胶体沉淀所吸附，且吸附后结构发生改变而引起颜色变化。

1. 原理　以荧光黄 HFIn 为指示剂，$AgNO_3$ 标准溶液滴定 Cl^- 为例。在含 Cl^- 的中性或弱碱性溶液中，加入吸附指示剂荧光黄，用 $AgNO_3$ 标准溶液进行滴定。在化学计量点前，溶液中存在过量的 Cl^-，生成的 AgCl 沉淀表面吸附 Cl^- 而带负电荷，此时荧光黄指示剂不被吸附而呈黄绿色。在化学计量点后，溶液中存在稍过量的 Ag^+，AgCl 沉淀表面因吸附 Ag^+ 而带正电荷，形成 $AgCl \cdot Ag^+$ 胶体沉淀，此时 $AgCl \cdot Ag^+$ 可吸附荧光黄指示剂的阴离子，引起指示剂结构改变而变成粉红色，从而指示终点已经到达。反应式如下：

$$指示剂：HFIn \Longrightarrow H^+ + FIn^-（黄绿色）$$

化学计量点前：$Ag^+ + Cl^- =\!\!=\!\! AgCl\downarrow$

$$AgCl+Cl^-\!=\!\!=\!\!AgCl\cdot Cl^-$$

化学计量点后：$AgCl+Ag^+\!=\!\!=\!\!AgCl\cdot Ag^+$

$$AgCl\cdot Ag^++FIn^-（黄绿色）\!=\!\!=\!\!AgCl\cdot Ag^+\cdot FIn^-（粉红色）$$

2. 滴定条件

(1)指示剂吸附能力。法扬司法要求卤化银胶体沉淀对待测离子的吸附能力略大于对指示剂离子的吸附能力，否则指示剂离子会在化学计量点取代待测离子而吸附变色，导致终点提前。但胶体沉淀对指示剂离子的吸附能力也不能太弱，否则指示剂离子在化学计量点时不能被吸附变色，导致终点推迟。

常用吸附指示剂和卤化物的吸附能力大小排序如下：$I^->SCN^->Br^->$曙红$>Cl^->$荧光黄。

(2)沉淀呈胶体状态。由于吸附指示剂的颜色变化发生在沉淀表面，因此沉淀颗粒越小，其表面积越大，吸附的指示剂离子越多，颜色变化越明显，越利于滴定终点的观察。通常在滴定前加入糊精或淀粉等亲水性的高分子化合物，保护胶体，防止 AgCl 沉淀凝聚。

(3)溶液酸度。吸附指示剂大多为有机弱酸，能指示滴定终点的是其阴离子，为使指示剂呈阴离子状态，必须控制溶液的酸度。

常用吸附指示剂的适用 pH 范围如下：①荧光黄：pH＝7～10；②二氯荧光黄：pH＝4～10；③曙红：pH＝2～10。

(4)光照的影响。卤化银沉淀对光敏感，遇光易分解析出金属银，使沉淀变成灰黑色，影响滴定终点的观察。因此，滴定过程中应避免强光照射。

(5)待测离子浓度。溶液中待测离子浓度不能过低，否则生成沉淀较少，难以观察终点。若用荧光黄作指示剂，$AgNO_3$ 标准溶液滴定 Cl^- 时，Cl^- 浓度要求在 0.006 mol/L 以上。

3. 应用 法扬司法多用于测定 Cl^-、Br^-、I^-、SCN^-、Ag^+、Ba^{2+}、SO_4^{2-} 等离子。

【知识拓展】

沉淀滴定法的应用

1. 食品分析中的应用　GB 5009.44—2016《食品安全国家标准　食品中氯化物的测定》中第二法和第三法分别规定采用佛尔哈德法和莫尔法测定食品中氯化物的含量。

2. 药物分析中的应用　《中华人民共和国药典》(2020 年版)中规定氯化钠注射液中氯化钠含量的测定方法：精密量取本品 10 mL，加水 40 mL、2%糊精溶液 5 mL、2.5%硼砂溶液 2 mL 与荧光黄指示液 5～8 滴，用硝酸银滴定液(0.1 mol/L)滴定。每 1 mL 硝酸银滴定液(0.1 mol/L)相当于 5.844 mg 的 NaCl。

3. 水质分析中的应用　GB 8538—2016《食品安全国家标准　饮用天然矿泉水检验方法》中规定采用莫尔法测定饮用天然矿泉水中氯化物含量；GB 11896—1989《水质　氯化物的测定　硝酸银滴定法》中规定采用莫尔法测定天然水、高矿化度水、生活污水和工业废水中氯化物的含量。

4. 农业中的应用 GB/T 6439—2007《饲料中水溶性氯化物的测定》中规定饲料中水溶性氯化物含量的测定方法：移取一定体积的试样处理液，加 5 mL 硝酸、2 mL 硫酸铁铵饱和溶液，并从加满硫氰酸铵或硫氰酸钾标准滴定溶液至 0 刻度的滴定管中滴加 2 滴硫氰酸铵或硫氰酸钾溶液。用硝酸银标准溶液滴定至红棕色消失，再加入 5 mL 过量的硝酸银溶液，剧烈摇动使沉淀凝聚。用硫氰酸铵或硫氰酸钾溶液滴定过量硝酸银溶液，直至产生红棕色能保持 30 s 不褪色即为终点，同时做空白试验。

任务三　配位滴定法

配位滴定法是以配位反应为基础的一种滴定分析方法，也称络合滴定法。配位滴定法必须满足下列条件：①配合物组成恒定，且稳定；②配位反应速度快；③有合适的指示剂指示滴定终点。

配位滴定法是用配位剂作为标准溶液直接或间接测定金属离子的方法。目前，应用最为广泛的配位剂是氨羧配合物，其中最常用的氨羧配合物为乙二胺四乙酸（简称 EDTA）。因此，配位滴定法一般是指 EDTA 滴定法。

一、配位滴定法的原理

(一)EDTA 的性质

EDTA（用 H_4Y 表示）是一个四元酸，其结构式如下：

$$\text{HOOCH}_2\text{C} \diagdown \underset{\text{HOOCH}_2\text{C} \diagup}{N}-\text{CH}_2-\text{CH}_2-\underset{\diagdown \text{CH}_2\text{COOH}}{N} \diagup \text{CH}_2\text{COOH}$$

EDTA 在水溶液中可以 H_6Y^{2+}、H_5Y^+、H_4Y、H_3Y^-、H_2Y^{2-}、HY^{3-}、Y^{4-} 7 种形式存在，各种形式的浓度与溶液的 pH 有关。其中，只有 Y^{4-} 可与金属离子直接配位。溶液酸度越小，Y^{4-} 浓度越大，溶液 $pH \geqslant 12$ 时，EDTA 主要以 Y^{4-} 形式存在。

需要注意：ETDA 在水中的溶解度小，实际实践中，为了提高溶解度，通常将其制成乙二胺四乙酸二钠（用 $Na_2H_2Y \cdot 2H_2O$ 表示），也简称为 EDTA。因此，实验中所指的 EDTA 实则为乙二胺四乙酸二钠。

(二)EDTA 的特点

1 个 EDTA 分子共含有 2 个氨氮原子和 4 个羧氧原子，氮原子和氧原子均可与金属离子键合，因此具有很强的配位能力。EDTA 与金属离子的配位反应有以下特点：

① 普遍性。EDTA 几乎可与所有的金属离子反应形成稳定的螯合物，应用范围广。

② 配位比简单。一般情况下，EDTA 与金属离子形成配位比为 1:1 的螯合物。

③ 稳定性高。EDTA 与金属离子形成的多个五元环螯合物具有较高的稳定性。

④ 可溶性。EDTA 与金属离子形成的螯合物易溶于水。

⑤ EDTA 与无色金属离子生成无色配合物，与有色金属离子生成颜色更深的配合物。

二、金属指示剂

配位滴定中，通常利用一种能与金属离子生成有色配合物的显色剂来指示滴定中金属离子浓度的变化，这种显色剂称为金属离子指示剂，简称为金属指示剂。

(一)金属指示剂作用原理

金属指示剂(用 In 表示)与待测金属离子反应，形成一种与指示剂本身颜色不同的配合物(用 MIn 表示)。

$$M+In(甲色)\Longleftrightarrow MIn(乙色)$$

随着 EDTA 的滴入，待测金属离子逐步与 EDTA 发生配位反应，待金属离子全部与 EDTA 配位后，稍过量的 EDTA 将夺取已与指示剂配合的金属离子，释放出指示剂，引起溶液颜色的变化，从而指示终点。

$$MIn(乙色)+Y\Longleftrightarrow MY+In(甲色)$$

(二)金属指示剂应具备的条件

金属离子的显色剂很多，但需满足以下条件才能用作金属指示剂。

(1)金属离子与金属指示剂形成的配合物(MIn)的颜色要明显区别于金属指示剂(In)的颜色，以便于终点的观察。

(2)金属离子与金属指示剂形成的配合物(MIn)应有适当的稳定性，且应比金属离子与 EDTA 的配合物(MY)的稳定性小，否则会导致终点提前或推迟。

(3)金属离子与金属指示剂形成的配合物(MIn)应易溶于水，若生成胶体溶液或沉淀，则会造成终点拖长。

(4)金属离子与金属指示剂的反应应灵敏、迅速，有良好的变色可逆性。

(三)金属指示剂使用中存在的问题

1. 封闭现象 若金属离子与金属指示剂形成的配合物(MIn)的稳定性大于金属离子与 EDTA 形成的配合物(MY)，即 $K_{MIN}>K_{MY}$，则 EDTA 不能置换出指示剂，无法到达终点，这种现象称为指示剂的封闭现象。为了消除封闭现象，通常可适当加入掩蔽剂。例如：可用三乙醇胺消除 Fe^{3+}、Al^{3+} 对铬黑 T 的封闭；可用 KCN 掩蔽 Cu^{2+}、Co^{2+}、Ni^{2+}。但当干扰离子量多时，须分离除去。

2. 僵化现象 若金属离子与金属指示剂形成的配合物(MIn)的溶解度太小，则引起 EDTA 与指示剂的置换作用进行缓慢而导致终点延长，这种现象称为指示剂的僵化现象。通常采用加入有机溶剂或加热的方式加以消除僵化现象。例如，用 1-(2-吡啶偶氮)-2-萘酚(PAN)作指示剂时，通常加入乙醇或加热。

3. 变质现象 金属指示剂大多为含双键的有色化合物，易受氧化剂、日光和空气等作用而发生分解。为了避免金属指示剂发生变质，通常将金属指示剂配成固体混合物，或加入防止变质的试剂，或临用时配制。

(四)常用的金属指示剂

1. 铬黑 T 铬黑 T(简称 EBT)为黑色粉末，略带金属光泽。在溶液中存在以下平衡：

$$H_2In^-（紫红色）\Longleftrightarrow HIn^{2-}（蓝色）\Longleftrightarrow In^{3-}（橙色）$$

$$pH<6 \qquad pH=7\sim11 \qquad pH>12$$

以铬黑 T 作指示剂，用 EDTA 标准溶液滴定金属离子的反应如下：

$$M+EBT(蓝色)\rightleftharpoons M-EBT(酒红色)$$

$$M-EBT(酒红色)+EDTA\rightleftharpoons M-EDTA+EBT(蓝色)$$

滴定终点的颜色变化：酒红色→紫色→蓝色。

溶液最适酸度：$pH=9\sim10.5$。

指示剂配制：将铬黑 T 固体与干燥 NaCl 固体按 1：100 混合研细，密封保存。

测定对象：$pH=10$ 时，可直接滴定 Mg^{2+}、Zn^{2+}、Cd^{2+}、Pb^{2+}、Mn^{2+}、Hg^{2+} 等离子。

干扰离子：Fe^{3+}、Al^{3+}、Co^{2+}、Cu^{2+}、Ni^{2+} 等离子对指示剂有封闭作用。

2. 钙指示剂 钙指示剂(简称 NN)为紫黑色粉末，溶于水呈枣红色。在溶液中存在以下平衡：

$$H_2In^-(酒红色)\rightleftharpoons HIn^{2-}(蓝色)\rightleftharpoons In^{3-}(酒红色)$$

$$pH<8 \qquad pH=8\sim13 \qquad pH>13$$

以钙指示剂作指示剂，用 EDTA 标准溶液滴定金属离子的反应如下：

$$M+NN(蓝色)\rightleftharpoons M-NN(酒红色)$$

$$M-NN(酒红色)+EDTA\rightleftharpoons M-EDTA+NN(蓝色)$$

滴定终点的颜色变化：酒红色→紫色→蓝色。

溶液最适酸度：$pH=12\sim13$。

指示剂配制：将钙指示剂固体与干燥 NaCl 固体按 1：100 混合研细，密封保存。

测定对象：$pH=12\sim13$ 时，可直接滴定 Ca^{2+}。

干扰离子：Fe^{3+}、Al^{3+}、Co^{2+}、Cu^{2+}、Ni^{2+}、Mn^{2+} 等离子对指示剂有封闭作用。

三、配位滴定法的滴定方式与应用

(一)滴定方式

在配位滴定法中，选择不同的滴定方式，可以扩大应用范围，提高配位滴定的选择性。

1. 直接滴定法 直接滴定法是用 EDTA 标准溶液直接滴定待测离子的方法。采用直接滴定法必须符合以下条件：①待测离子与 EDTA 配位速率快；②待测离子不易发生水解等副反应；③应有适合的变色敏锐的指示剂，且没有封闭现象；④待测离子能与 EDTA 配位，且形成的配合物稳定。

直接滴定法可用于测定大多数金属离子。

2. 返滴定法 不符合直接滴定法条件中的第①、②和③条的，可选用返滴定法进行测定。返滴定法是先在试液中加入过量的 EDTA 标准溶液，待 EDTA 与待测离子完全配位后，再用其他金属离子的标准溶液滴定过量的 EDTA，即可求得待测离子的含量。常用的返滴定剂有 Zn^{2+}、Cu^{2+}、Mg^{2+} 等。返滴定法常用于 Al^{3+} 的测定。

3. 置换滴定法 不符合直接滴定法条件中的第①、②和③条的，还可以选用置换滴定法。置换滴定法是利用置换反应，置换出等物质的量的金属离子或 EDTA，再用 EDTA或金属离子标准溶液滴定置换出来的金属离子或 EDTA。置换滴定法常用于 Sn^{2+} 的测定。

4. 间接滴定法 不符合直接滴定法条件中的第④条的，可选用间接滴定法。间接滴定法是加入过量的、能与 EDTA 形成稳定配合物的金属离子作为沉淀剂，以沉淀待测离子，过量沉淀剂用 EDTA 标准溶液滴定；或将沉淀分离、溶解后，再用 EDTA 标准溶液滴定其中的金属离子。间接滴定法可用于 PO_4^{3-}、SO_4^{2-} 的测定。但是，间接滴定法操作繁杂、误差来源多，不是理想的测定方法。

(二)应用

配位滴定法可用于测定大多数金属离子(如 Mg^{2+}、Ca^{2+}、Zn^{2+}、Cd^{2+}、Pb^{2+}、Mn^{2+}、Hg^{2+}、Ni^{2+}、Al^{3+}、Fe^{2+}、Fe^{3+})和稀土元素离子等。

四、EDTA 标准溶液的配制与标定

EDTA 标准溶液常用乙二胺四乙酸的二钠盐配制。乙二胺四乙酸二钠是白色结晶粉末，由于其不易提纯和吸附水分，因此 EDTA 标准溶液只能采用间接法配制。

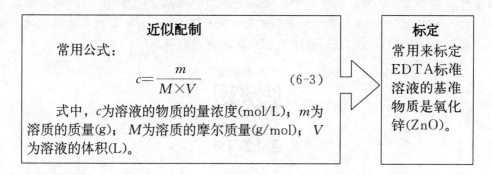

近似配制

常用公式：

$$c = \frac{m}{M \times V} \quad (6-3)$$

式中，c 为溶液的物质的量浓度(mol/L)；m 为溶质的质量(g)；M 为溶质的摩尔质量(g/mol)；V 为溶液的体积(L)。

标定
常用来标定 EDTA标准溶液的基准物质是氧化锌(ZnO)。

(一)近似配制

如何用乙二胺四乙酸二钠($M_{C_{10}H_{14}N_2Na_2O_8 \cdot 2H_2O} = 372.24$ g/mol，AR) 近似配制 0.01 mol/L EDTA 溶液 500 mL?

由

$$c = \frac{m}{M \times V}$$

可得

$$m = cMV = 0.01 \text{ mol/L} \times 372.24 \text{ g/mol} \times 0.5 \text{ L} = 1.861\ 2 \text{ g}$$

称取 2 g 乙二胺四乙酸二钠(AR)，溶于 500 mL 蒸馏水中，加热溶解，冷却后摇匀，贮存于硬质玻璃瓶中。所得 EDTA 溶液的近似浓度为 0.01 mol/L。

(二)标定

用于标定 EDTA 标准溶液的基准物质主要有某些金属(Zn、Cu、Bi、Ni、Pb)及其氧化物(ZnO)或某些盐类($ZnSO_4 \cdot 7H_2O$、$CaCO_3$、$MgSO_4 \cdot 7H_2O$)。

分析化学中，常以铬黑 T 为指示剂，氧化锌作基准物质标定 EDTA 标准溶液。在

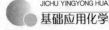
pH＝10 的条件下，当溶液由酒红色变为纯蓝色时，即为滴定终点。其反应方程式如下：

滴定前：$Zn^{2+}+EBT \rightleftharpoons Zn-EBT$（酒红色）

滴定中：$Zn^{2+}+EDTA \rightleftharpoons Zn-EDTA$（无色）

终点时：$Zn-EBT$（酒红色）$+EDTA \rightleftharpoons Zn-EDTA+EBT$（纯蓝色）

根据 ZnO 基准物质的质量、体积和消耗 EDTA 标准溶液的体积，求出 EDTA 标准溶液的浓度。计算公式如下：

$$c=\frac{m \times V_1}{(V_3-V_0) \times V_2 \times M} \times 1\,000 \qquad (6-4)$$

式中，c 为 EDTA 标准溶液的浓度（mol/L）；m 为 ZnO 的质量（g）；V_1 为标定时锌标准溶液的体积（mL）；V_2 为锌标准溶液的总体积（mL）；V_3 为消耗 EDTA 标准溶液的体积（mL）；V_0 为空白试验消耗 EDTA 标准溶液的体积（mL）；M 为 ZnO 的摩尔质量（81.41 g/mol）；1 000 为单位换算系数。

【课堂活动6-3】

用 ZnO 作为基准物质标定 EDTA 溶液时，准确称取 0.200 8 g ZnO，加入适量盐酸溶解后转移至 250 mL 容量瓶中，定容并摇匀。吸取 25.00 mL 此溶液，调溶液 pH＝10，以铬黑 T 为指示剂，滴定至终点时消耗了 21.85 mL EDTA 溶液，试剂空白消耗 0.05 mL EDTA 溶液，试计算 EDTA 溶液的准确浓度。

扫码看答案

课堂活动6-3

【知识拓展】

配位滴定法的应用

1. 食品分析中的应用　GB 5009.92—2016《食品安全国家标准　食品中钙的测定》中第二法规定采用 EDTA 滴定法测定食品中钙的含量。

2. 农业中的应用　GB/T 6436—2018《饲料中钙的测定》中规定采用乙二胺四乙酸二钠络合滴定法测定饲料中钙含量；GB/T 7299—2006《饲料添加剂 D-泛酸钙》中规定采用 EDTA 滴定法测定饲料添加剂 D-泛酸钙中钙含量；GB 22548—2017《饲料添加剂　磷酸二氢钙》中规定采用 EDTA 滴定法测定饲料添加剂磷酸二氢钙中钙含量；GB 32449—2015《饲料添加剂　硫酸镁》中规定采用 EDTA 滴定法测定饲料添加剂硫酸镁中钙镁含量和钙含量。

3. 水质分析中的应用　GB 8538—2022《食品安全国家标准　饮用天然矿泉水检验方法》中规定采用乙二胺四乙酸二钠滴定法测定饮用天然矿泉水中钙和镁的含量；

GB 7477—1987/ISO 6059—1984《水质　钙和镁总量的测定　EDTA 滴定法》中规定采用 EDTA 滴定法测定地下水和地面水中钙和镁的总量；DZ/T 0064.13—2021《地下水质分析方法　第13部分：钙量的测定　乙二胺四乙酸二钠滴定法》中规定采用乙二胺四乙酸二钠滴定法测定地下水中钙含量。

4. 轻工业中的应用　GB/T 8943.4—2008《纸、纸板和纸浆　钙、镁含量的测定》中方法 A 规定采用 EDTA 络合滴定法测定纸、纸板和纸浆中钙、镁含量。

实验技能训练

实验一　高锰酸钾标准溶液的配制与标定

一、实验内容

(1)配制 0.02 mol/L KMnO$_4$ 标准溶液 500 mL。

(2)用草酸钠作为基准物质标定 KMnO$_4$ 溶液。

二、实验目的

(1)掌握 KMnO$_4$ 溶液的配制方法和保存方法。

(2)掌握用 Na$_2$C$_2$O$_4$ 标定 KMnO$_4$ 溶液的原理、方法及滴定条件。

(3)巩固滴定操作基本技能。

三、实验说明

由于 KMnO$_4$ 不是基准物质，因此 KMnO$_4$ 标准溶液须采用间接法配制，即先配成近似浓度，再采用基准物质进行标定。

常用 Na$_2$C$_2$O$_4$ 作为基准物质标定 KMnO$_4$ 标准溶液，其反应方程式如下：

$$2MnO_4^- + 5C_2O_4^{2-} + 16H^+ \!\!=\!\!= 2Mn^{2+} + 10CO_2 \uparrow + 8H_2O$$

该反应中 KMnO$_4$ 作为自身指示剂，溶液由无色变成粉红色，且保持 30 s 不褪色时，即到达滴定终点。

四、仪器与试剂

1. 仪器　电子天平(百分之一)、酸碱两用滴定管、称量瓶、恒温水浴锅、垂熔玻璃漏斗、棕色试剂瓶、锥形瓶等。

2. 药品　高锰酸钾(AR)、基准物质草酸钠(GR)、硫酸溶液(3 mol/L)等。

五、操作步骤

1. 操作流程

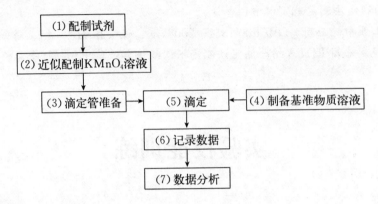

2. 操作要点

(1)配制试剂。硫酸溶液(3 mol/L)：量取 16.3 mL 浓硫酸，边搅拌边缓慢加到预盛 83.7 mL 蒸馏水的烧杯中。

(2)近似配制 $KMnO_4$ 溶液。根据公式 $m=cMV$ 计算结果，称取 1.6 g $KMnO_4$，溶于 500 mL 蒸馏水中，缓缓煮沸 15 min，冷却后置于棕色试剂瓶中，于暗处放置 7～10 d，用垂熔玻璃漏斗过滤，贮存于棕色试剂瓶中，备用。所得 $KMnO_4$ 溶液的近似浓度为 0.02 mol/L。

(3)滴定管准备。滴定管试漏→自来水洗涤→蒸馏水洗涤→待标定的 $KMnO_4$ 溶液润洗→装待标定的 $KMnO_4$ 溶液→排气泡→调零。

(4)制备基准物质溶液。用分析天平(万分之一)准确称取 0.2 g 已于 105～110℃ 电烘箱中干燥至恒重的基准物质 $Na_2C_2O_4$，置于锥形瓶中。加入新煮沸并冷却的蒸馏水 40 mL，再加入 3 mol/L 的 H_2SO_4 溶液 10 mL，搅拌使其溶解。平行称取 3 份，对应记录在表 6-2 中。

(5)滴定。将溶液加热至 75～85℃，趁热用 $KMnO_4$ 溶液滴定至溶液呈粉红色，并保持 30 s 不褪色即为终点。平行测定 3 份。

(6)记录数据。分别读取消耗的 $KMnO_4$ 溶液体积数，对应记录在表 6-2 中。滴定管读数要求准确至小数点后两位数。

(7)数据分析。$KMnO_4$ 标准溶液的浓度计算公式如下：

$$c=\frac{2\times m}{5\times V\times M}\times 1\ 000 \tag{6-5}$$

式中，c 为 $KMnO_4$ 标准溶液的浓度(mol/L)；m 为 $Na_2C_2O_4$ 的质量(g)；V 为消耗 $KMnO_4$ 溶液的体积(mL)；M 为 $Na_2C_2O_4$ 的摩尔质量(134.0 g/mol)；1 000 为单位换算系数。

$KMnO_4$ 标准溶液的平均浓度 $\bar{c}$ 计算公式如下：

$$\bar{c}=\frac{c_1+c_2+c_3}{3} \tag{6-6}$$

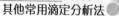
3 次测定结果的相对平均偏差 $\bar{d}_r$ 计算公式如下：

$$\bar{d}_r = \frac{|c_1 - \bar{c}| + |c_2 - \bar{c}| + |c_3 - \bar{c}|}{3\bar{c}} \tag{6-7}$$

式中，c_1、c_2、c_3 分别为 3 次测定的 $KMnO_4$ 的物质的量浓度。

六、实验数据记录及分析

表 6-2　草酸钠标定 $KMnO_4$ 溶液实验数据记录及分析

项目	样品编号		
	1	2	3
基准物质 $Na_2C_2O_4$ 的质量 m/g			
滴定管初读数			
滴定管终读数			
消耗 $KMnO_4$ 溶液的体积 V/mL			
$KMnO_4$ 标准溶液的浓度 $c/(mol/L)$			
$KMnO_4$ 标准溶液的平均浓度 $\bar{c}/(mol/L)$			
相对平均偏差 $\bar{d}_r/\%$			

七、注意事项

（1）调节溶液酸度时，只能使用硫酸，不能使用盐酸或硝酸。因为盐酸具有还原性，硝酸具有氧化性，均能与 $KMnO_4$ 作用，产生误差。

（2）采用加热方式提高反应速率时，温度过高易使 $Na_2C_2O_4$ 分解，一般于水浴中加热至 75～85℃ 即可。

（3）滴定速度宜先慢、再快、后慢。开始滴定时，应逐滴滴加，待第一滴 $KMnO_4$ 溶液褪色后，再加入第二滴。待溶液中有 Mn^{2+} 产生后，反应速率加快，滴定速率也可适当加快。接近滴定终点后，为防止滴定过量，应缓慢滴加。

（4）由于 $KMnO_4$ 为深色溶液，滴定管读数时应观察液面的上缘。

（5）使用完毕的滴定管应及时用自来水冲洗干净，以防反应生成的 MnO_2 沉淀堵塞滴定管的活塞和管尖。

（6）标定过的 $KMnO_4$ 标准溶液应避光避热保存，且不宜长期存放；使用久置的 $KMnO_4$ 标准溶液应重新过滤、标定。

八、实验建议

（1）本任务宜安排 2 学时完成。

（2）本任务由学生单人独立完成。

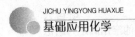

(3)学生完成实验后，须经教师检查实验记录后方可离开。

(4)学生的实验成绩根据实验结果、实验中分析解决问题的能力、课堂纪律、预习情况、操作技能、数据分析能力等综合评估。

扫码看答案

项目六实验一
思考题答案

九、实验思考

(1)为什么 $KMnO_4$ 标准溶液不能用直接法配制？

(2)为什么配制 $KMnO_4$ 标准溶液时需于暗处放置 7~10 d?

(3)为什么标定 $KMnO_4$ 溶液时滴定速度应先慢再快后慢？

(4)为什么到达滴定终点后，溶液的粉红色会逐渐消失？

实验二　高锰酸钾法测定蛋壳中 CaO 的含量

一、实验内容

测定蛋壳中 CaO 的含量。

二、实验目的

(1)掌握氧化还原滴定法中的间接滴定法测定 CaO 含量的原理和方法。

(2)巩固沉淀分离、过滤洗涤、滴定等基本操作。

(3)学会规范记录数据并进行数据处理和分析。

(4)培养学生独立解决实际问题的能力。

三、实验说明

鸡蛋壳的主要成分为 $CaCO_3$，其次为 $MgCO_3$、蛋白质、色素以及少量的 Fe、Al。利用蛋壳中 Ca^{2+} 与草酸盐形成难溶的草酸盐沉淀，将沉淀经过滤洗涤分离后溶解，用高锰酸钾法测定 $C_2O_4^{2-}$ 含量，最终换算出 CaO 的含量。反应式如下：

$$Ca^{2+}+C_2O_4^{2-}=\!=\!=CaC_2O_4\downarrow$$

$$CaC_2O_4+H_2SO_4=\!=\!=CaSO_4+H_2C_2O_4$$

$$5H_2C_2O_4+2MnO_4^-+6H^+=\!=\!=2Mn^{2+}+10CO_2\uparrow+8H_2O$$

其中，Ba^{2+}、Sr^{2+}、Mg^{2+}、Pb^{2+}、Cd^{2+} 等金属离子因能与 $C_2O_4^{2-}$ 形成沉淀而干扰 Ca^{2+} 的测定。

四、仪器与试剂

1. 仪器　电子天平、酸碱两用滴定管、锥形瓶、恒温水浴锅、漏斗等。

2. 试剂　$KMnO_4$ 标准溶液(0.02 mol/L)、草酸铵溶液(5%)、氨水(10%)、浓盐酸、硫酸溶液(1 mol/L)、硝酸银溶液(0.1 mol/L)、盐酸溶液(1+1)、甲基橙(0.2%)等。

五、操作步骤

1. 操作流程

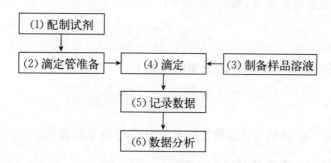

2. 操作要点

(1)配制试剂。KMnO₄ 标准溶液(0.02 mol/L):参照"实验一　高锰酸钾标准溶液的配制与标定"中的"操作要点",配制 0.02 mol/L KMnO₄ 标准溶液 500 mL。

草酸铵溶液(5%):称取 12.5 g(NH₄)₂C₂O₄,溶于 237.5 g 水中。

氨水(10%):量取 2 mL 氨水与 18 mL 水混合。

硫酸溶液(1 mol/L):量取 13.6 mL 浓硫酸与 236.4 mL 水混合。

硝酸银溶液(0.1 mol/L):称取 1.7 g AgNO₃,溶于 100 mL 水中,摇匀,避光保存于带玻璃塞的棕色试剂瓶中。

盐酸溶液(1+1):量取 10 mL 浓盐酸与 10 mL 水混合。

甲基橙(0.2%):称取 0.1 g 甲基橙,溶于 49.9 g 水中。

(2)滴定管准备。滴定管试漏→自来水洗涤→蒸馏水洗涤→KMnO₄ 标准溶液润洗→装 KMnO₄ 标准溶液→排气泡→调零。

(3)制备样品溶液。用电子天平(万分之一)准确称取 0.10~0.13 g 蛋壳溶于 3~4 mL 的(1+1)HCl 溶液中,加入 20 mL 蒸馏水,将溶液加热至 70~80℃,过滤,收集滤液于锥形瓶中。加入 50 mL 的 5%(NH₄)₂C₂O₄ 溶液,若出现沉淀则滴定浓盐酸使其溶解,再将溶液加热至 70~80℃,加入 2~3 滴甲基橙,此时溶液呈红色,逐滴加入 10%氨水,并不断搅拌,直至溶液变黄色并有氨味逸出为止。将溶液放置陈化,沉淀经过滤、洗涤,直至向滤液中滴加 AgNO₃ 溶液而无沉淀产生为止。用 50 mL 1 mol/L H₂SO₄ 溶液将滤纸上的沉淀洗入烧杯中,再用洗瓶吹洗 1~2 次,稀释溶液至体积约为 100 mL。平行称取 3份,对应记录在表 6-3 中。

(4)滴定。将溶液加热至 70~80℃,趁热用 KMnO₄ 标准溶液滴定至溶液呈粉红色,再把滤纸放入溶液中,继续滴加 KMnO₄ 标准溶液直至溶液呈粉红色,并保持 30 s 不褪色即为终点。平行测定 3 份。

(5)记录数据。分别读取消耗的 KMnO₄ 标准溶液体积数,对应记录在表 6-3 中。滴定管读数要求准确至小数点后两位数。

(6)数据分析。蛋壳中 CaO 的含量计算公式如下:

$$\omega = \frac{5 \times V \times c \times M}{2 \times m \times 1\,000} \times 100\%$$
(6-8)

式中：ω 为蛋壳中 CaO 的含量(%)；V 为消耗 KMnO$_4$ 标准溶液的体积(mL)；c 为 KMnO$_4$ 标准溶液的浓度(mol/L)；M 为 CaO 的摩尔质量(56 g/mol)，$M(CaO)=56$ g/mol；m 为蛋壳的质量(g)；1 000 为单位换算系数。

蛋壳中 CaO 的平均含量 $\bar{\omega}$ 计算公式如下：

$$\bar{\omega}=\frac{\omega_1+\omega_2+\omega_3}{3} \tag{6-9}$$

3 次测定结果的相对平均偏差 $\bar{d}_r$ 计算公式如下：

$$\bar{d}_r=\frac{|\omega_1-\bar{\omega}|+|\omega_2-\bar{\omega}|+|\omega_3-\bar{\omega}|}{3\bar{\omega}} \tag{6-10}$$

式中，ω_1、ω_2、ω_3 分别为 3 次测定的蛋壳中 CaO 含量计算值。

六、实验数据记录及分析

表 6-3　高锰酸钾法测定蛋壳中 CaO 的含量实验数据记录及分析

项目	样品编号		
	1	2	3
蛋壳的质量 m/g			
KMnO$_4$ 标准溶液的浓度/(mol/L)			
滴定管初读数			
滴定管终读数			
消耗 KMnO$_4$ 标准溶液的体积/mL			
CaO 的含量 ω/%			
CaO 的平均含量 $\bar{\omega}$/%			
相对平均偏差 $\bar{d}_r$/%			

七、注意事项

(1)转移、过滤、洗涤、溶解等过程中，应避免溶液溅出。

(2)应将沉淀洗涤至无 Cl$^-$ 为止。

(3)用 H$_2$SO$_4$ 溶液将沉淀洗入烧杯时，应确保转移完全。

八、实验建议

(1)本任务宜安排 2 学时完成。

(2)本任务由学生单人独立完成。

(3)学生完成实验后，须经教师检查实验记录后方可离开。

(4)学生的实验成绩根据实验结果、实验中分析解决问题的能力、课堂纪律、预习情况、操作技能、数据分析能力等综合评估。

九、实验思考

扫码看答案

项目六实验二
思考题答案

(1)用$(NH_4)_2C_2O_4$ 沉淀 Ca^{2+} 时,为什么先在酸性溶液中加入沉淀剂 $(NH_4)_2C_2O_4$,再将溶液加热至 $70\sim80℃$ 后,滴加氨水至甲基橙由红色变为黄色?

(2)为什么要将沉淀洗至向滤液中滴加 $AgNO_3$ 而无沉淀产生为止?

实验三　EDTA 标准溶液的配制与标定

一、实验内容

(1)用乙二胺四乙酸二钠(AR)配制 0.01 mol/L EDTA 溶液 500 mL。
(2)用氧化锌作为基准物质标定 EDTA 溶液。

二、实验目的

(1)掌握 EDTA 溶液的配制方法和保存方法。
(2)掌握用氧化锌标定 EDTA 溶液的方法。
(3)了解金属指示剂的作用原理及注意事项。
(4)巩固滴定操作基本技能。

三、实验说明

EDTA 标准溶液常用乙二胺四乙酸的二钠盐配制。由于乙二胺四乙酸二钠不是基准物质,因此 EDTA 标准溶液须采用间接法配制,即先配成近似浓度,再采用基准物质进行标定。

常用氧化锌作为基准物质标定 EDTA 标准溶液,其反应方程式如下:

滴定前:$Zn^{2+}+EBT\Longrightarrow Zn-EBT$(酒红色)

滴定中:$Zn^{2+}+EDTA\Longrightarrow Zn-EDTA$(无色)

终点时:$Zn-EBT$(酒红色)$+EDTA\Longrightarrow Zn-EDTA+EBT$(纯蓝色)

在 $pH=10$ 的条件下,以铬黑 T 为指示剂,当溶液由酒红色变为纯蓝色时,即为终点。同时做空白试验。

四、仪器与试剂

1. 仪器　分析天平、酸碱两用滴定管、锥形瓶、容量瓶、移液管、胶头滴管等。

2. 药品　乙二胺四乙酸二钠(AR)、基准物质氧化锌(GR)、铬黑 T 指示剂(5 g/L)、氨水-氯化铵缓冲溶液(pH=10)、盐酸溶液(1+1)、氨水(10%)、三乙醇胺、无水乙醇、氯化铵等。

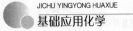

五、操作步骤

1. 操作流程

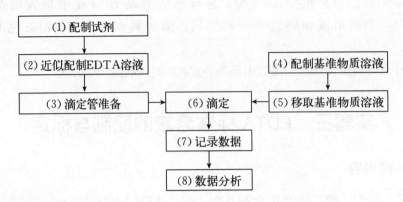

2. 操作要点

(1)配制试剂。铬黑 T 指示剂(5 g/L)：称取 0.25 g 铬黑 T，溶于含有 12.5 mL 三乙醇胺和 37.5 mL 无水乙醇溶液中，置于冰箱保存。

氨水-氯化铵缓冲溶液(pH=10)：称取 16.9 g 氯化铵，溶于 143 mL 浓氨水中，用水稀释至 250 mL，摇匀，密封保存于聚乙烯瓶或硬质玻璃瓶中。

盐酸溶液(1+1)：量取 10 mL 浓盐酸与 10 mL 水混合。

氨水(10%)：量取 5 mL 氨水与 45 mL 水混合。

(2)近似配制 EDTA 溶液。根据公式 $m=cMV$ 计算结果，称量 2 g 乙二胺四乙酸二钠，溶于 500 mL 蒸馏水中，加热溶解，冷却后摇匀，贮存于硬质玻璃瓶中，备用。所得 EDTA 溶液的近似浓度为 0.01 mol/L。

(3)滴定管准备。滴定管试漏→自来水洗涤→蒸馏水洗涤→待标定的 EDTA 溶液润洗→装待标定的 EDTA 溶液→排气泡→调零。

(4)配制基准物质溶液。准确称取约 0.2 g 于 800℃±50℃灼烧至恒重的基准物质氧化锌，置于小烧杯中，用少量水湿润，加入 2 mL(1+1)HCl 溶液，移入 250 mL 容量瓶中，用水稀释至刻度，摇匀。数据记录在表 6-4 中。

(5)移取基准物质溶液。吸取 25.00 mL 锌标准溶液于锥形瓶中，加入 25 mL 水，用 10%氨水将溶液 pH 调至 7~8，加入 10 mL 氨水-氯化铵缓冲溶液(pH=10)，再加入2~3 滴铬黑 T 指示剂(5 g/L)，此时锥形瓶中溶液为酒红色。

(6)滴定。用 EDTA 溶液滴定至溶液由酒红色变为纯蓝色。平行测定 3 份，同时做空白试验。

(7)记录数据。分别读取消耗的 EDTA 溶液体积数，对应记录在表 6-4 中。滴定管读数要求准确至小数点后两位数。

(8)数据分析。EDTA 标准溶液的浓度计算公式如下：

$$c=\frac{m\times V_1}{(V_3-V_0)\times V_2\times M}\times 1\,000 \tag{6-11}$$

式中，c 为 EDTA 标准溶液的浓度(mol/L)；m 为 ZnO 的质量(g)；V_1 为标定时锌标准溶液的体积(mL)；V_2 为锌标准溶液的总体积(mL)；V_3 为消耗 EDTA 溶液的体积(mL)；V_0 为空白试验消耗 EDTA 溶液的体积(mL)；M 为 ZnO 的摩尔质量(81.41 g/mol)；1 000 为单位换算系数。

EDTA 标准溶液的平均浓度 $\bar{c}$ 计算公式如下：

$$\bar{c} = \frac{c_1 + c_2 + c_3}{3} \tag{6-12}$$

3 次测定结果的相对平均偏差 $\bar{d}_r$ 计算公式如下：

$$\bar{d}_r = \frac{|c_1 - \bar{c}| + |c_2 - \bar{c}| + |c_3 - \bar{c}|}{3\bar{c}} \tag{6-13}$$

式中，c_1、c_2、c_3 分别为 3 次测定的 EDTA 溶液的物质的量浓度。

六、实验数据记录及分析

表 6-4　氧化锌标定 EDTA 溶液实验数据记录及分析

项目	样品编号		
	1	2	3
基准物质 ZnO 的质量 m/g			
标定时锌标准溶液的体积 V_1/mL			
锌标准溶液的总体积 V_2/mL			
滴定管初读数			
滴定管终读数			
消耗 EDTA 溶液的体积 V_3/mL			
空白试验消耗 EDTA 溶液的体积 V_0/mL			
EDTA 标准溶液的浓度 c/(mol/L)			
EDTA 标准溶液的平均浓度 $\bar{c}$/(mol/L)			
相对平均偏差 $\bar{d}_r$/%			

七、注意事项

(1)贮存 EDTA 标准溶液应选用聚乙烯瓶或硬质玻璃瓶，以免 EDTA 与玻璃中的金属离子作用。

(2)滴加 10% 氨水中和溶液时，应边加边摇，直至溶液 pH＝7～8，溶液呈微黄色。

(3)标定 EDTA 溶液时，滴定终点应为溶液颜色由酒红色变成纯蓝色；若 EDTA 溶液稍过量，则溶液变成绿色。

(4)若标定时锌标准溶液有稀释，则计算时应乘以相应的系数。

八、实验建议

(1)本任务宜安排 2 学时完成。

(2)本任务由学生单人独立完成。

(3)学生完成实验后，须经教师检查实验记录后方可离开。

(4)学生的实验成绩根据实验结果、实验中分析解决问题的能力、课堂纪律、预习情况、操作技能、数据分析能力等综合评估。

扫码看答案

项目六实验三
思考题答案

九、实验思考

(1)用盐酸溶液溶解基准物质 ZnO 时，操作过程中应注意什么？

(2)用 ZnO 作为基准物质标定 EDTA 溶液时，加入氨水-氯化铵缓冲溶液（pH=10）的目的是什么？

(3)滴加氨水调节溶液 pH 时，为什么溶液会出现浑浊现象？

实验四　水总硬度的测定

一、实验内容

测定自来水的总硬度。

二、实验目的

(1)掌握配位滴定法测定自来水总硬度的原理和方法。

(2)巩固滴定、移液等基本操作。

(3)学会规范记录数据并进行数据处理和分析。

(4)培养学生独立解决实际问题的能力。

三、实验说明

水的硬度是指中水钙离子（Ca^{2+}）、镁离子（Mg^{2+}）的总量。常用的表示方法有以下两种：①将水中的 Ca^{2+}、Mg^{2+} 换算为 $CaCO_3$ 含量表示，即每升水中 $CaCO_3$ 的毫克数，单位为 mg/L；②将水中的 Ca^{2+}、Mg^{2+} 换算为 CaO 含量表示，以度（°）计，即 1°表示 1 L 水中含 10 mg CaO。

水总硬度是衡量水质的重要指标之一，我国生活饮用水卫生标准中规定总硬度（以 $CaCO_3$ 计）不得超过 450 mg/L。

水总硬度的测定通常采用配位滴定法，在 pH=10 的条件下，以铬黑 T 为指示剂，用 EDTA 标准溶液直接测定 Ca^{2+}、Mg^{2+} 的总量，当溶液由紫色变为纯蓝色时，即为终点。由于 Mg^{2+} 与铬黑 T 指示剂配合物（Mg-EBT）的稳定性大于 Ca^{2+} 与铬黑 T 指示剂配合物（Ca-EBT）的稳定性，即 $K_{Mg-EBT} > K_{Ca-EBT}$，所以滴定前，Mg^{2+} 先与铬黑 T 指示剂发生配位反应，生成酒红色的 Mg-EBT 配合物。随着 EDTA 的滴入，EDTA 与 Mg^{2+}、Ca^{2+} 发生配位反应，生成 Mg-EDTA 和 Ca-EDTA 配合物。终点时，由于 Mg-EBT 的稳定性小于 Ca-EDTA 的稳定性，即 $K_{Mg-EBT} < K_{Ca-EDTA}$，所以 EDTA 夺取 Mg-EBT 的 Mg^{2+}，将 EBT 置换出来，溶液由酒红色转变成纯蓝色。其反应方程式如下：

滴定前：$Mg^{2+} + EBT \rightleftharpoons Mg - EBT(酒红色)$

滴定中：$Ca^{2+} + EDTA \rightleftharpoons Ca - EDTA(无色)$

$\quad\quad\quad Mg^{2+} + EDTA \rightleftharpoons Mg - EDTA(无色)$

终点时：$Mg - EBT(酒红色) + EDTA \rightleftharpoons Mg - EDTA + EBT(纯蓝色)$

需要注意：滴定时，可用三乙醇胺掩蔽 Fe^{3+}、Al^{3+} 的干扰；可用 KCN、Na_2S 掩蔽 Cu^{2+}、Pb^{2+}、Zn^{2+} 等重金属离子的干扰。

四、仪器与试剂

1. 仪器 分析天平、酸碱两用滴定管、锥形瓶、移液管等。

2. 试剂 EDTA 标准溶液（0.01 mol/L）、铬黑 T 指示剂（5 g/L）、三乙醇胺溶液（1+2）、氨水-氯化铵缓冲溶液（pH=10）。

五、操作步骤

1. 操作流程

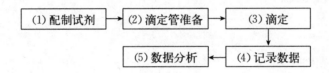

2. 操作要点

(1)配制试剂。EDTA 标准溶液（0.01 mol/L）：参照"实验三　EDTA 标准溶液的配制与标定"中的"操作要点"，配制 0.01 mol/L EDTA 标准溶液 500 mL。

铬黑 T 指示剂（5 g/L）：称取 0.25 g 铬黑 T，溶于含有 12.5 mL 三乙醇胺和 37.5 mL 无水乙醇溶液中，置于冰箱保存。

三乙醇胺溶液（1+2）：量取 30 mL 三乙醇胺与 60 mL 水混合。

氨水-氯化铵缓冲溶液（pH=10）：称取 16.9 g 氯化铵，溶于 143 mL 浓氨水中，用水稀释至 250 mL，摇匀，密封保存于聚乙烯瓶或硬质玻璃瓶中。

(2)滴定管准备。滴定管试漏→自来水洗涤→蒸馏水洗涤→EDTA 标准溶液润洗→装 EDTA 标准溶液→排气泡→调零。

(3)滴定。吸取水样 100.00 mL 于锥形瓶中，加入 5 mL 三乙醇胺、10 mL 氨水-氯化铵缓冲溶液（pH=10），再加入 3~4 滴铬黑 T 指示剂（5 g/L），用 EDTA 标准溶液滴定至溶液由酒红色变为纯蓝色。平行测定 3 份。

(4)记录数据。分别读取消耗的 EDTA 标准溶液体积数，对应记录在表 6-5 中。滴定管读数要求准确至小数点后两位数。

(5)数据分析。水总硬度的计算公式如下：

$$\rho = \frac{c \times V \times M}{V_0} \times 1\,000 \qu\quad\quad (6-14)$$

式中，ρ 为总硬度（$CaCO_3$ 计）（mg/L）；c 为 EDTA 标准溶液的浓度（mol/L）；V 为消耗 EDTA 标准溶液的体积（mL）；V_0 为水样的体积（mL）；M 为 $CaCO_3$ 的摩尔质量

$(100.1\ \text{g/mol})$；1 000 为单位换算系数。

水平均总硬度 $\bar{\rho}$ 计算公式如下：

$$\bar{\rho}=\frac{\rho_1+\rho_2+\rho_3}{3} \qquad (6-15)$$

3 次测定结果的相对平均偏差 $\bar{d}_r$ 计算公式如下：

$$\bar{d}_r=\frac{|\rho_1-\bar{\rho}|+|\rho_2-\bar{\rho}|+|\rho_3-\bar{\rho}|}{3\bar{\rho}} \qquad (6-16)$$

式中，ρ_1、ρ_2、ρ_3 分别为 3 次测定的水的总硬度计算值。

六、实验数据记录及分析

表 6-5　配位滴定法测定水总硬度实验数据记录及分析

项目	样品编号		
	1	2	3
水样的体积 V_0/g			
EDTA 标准溶液的浓度 $c/(\text{mol/L})$			
滴定管初读数			
滴定管终读数			
消耗 EDTA 标准溶液的体积 V/mL			
水总硬度 $\rho/(\text{mg/L})$			
水平均总硬度 $\bar{\rho}/(\text{mg/L})$			
相对平均偏差 $\bar{d}_r/\%$			

七、注意事项

(1)采集自来水样时，应打开水龙头后，先放水数分钟，再用干净的试剂瓶收集水样 500～1 000 mL，盖好瓶塞，备用。

(2)测定水总硬度时，应加入适当的掩蔽剂，消除其他离子的干扰。

八、实验建议

(1)本任务宜安排 2 学时完成。

(2)本任务由学生单人独立完成。

(3)学生完成实验后，须经教师检查实验记录后方可离开。

(4)学生的实验成绩根据实验结果、实验中分析解决问题的能力、课堂纪律、预习情况、操作技能、数据分析能力等综合评估。

扫码看答案

项目六实验四
思考题答案

九、实验思考

(1)测定自来水的总硬度时，哪些离子存在干扰？应如何消除干扰？

(2)配位滴定中为什么要加入缓冲溶液？

自 测 题

一、判断题

1. 高锰酸钾法常用的指示剂是氧化还原指示剂。（　　）

2. 直接碘量法和间接碘量法所用的指示剂和终点颜色均相同。（　　）

3. 氧化还原指示剂的作用原理：滴定过程中因被氧化或被还原而发生结构改变，引起颜色变化。（　　）

4. 氧化还原滴定法既能测定氧化性物质、还原性物质的含量，也能测定非氧化物质、非还原性物质的含量。（　　）

5. 莫尔法可用于测定 Cl^-、Br^-、Ag^+，不能用于测定 I^-、SCN^-。（　　）

6. 佛尔哈德法应在中性或碱性溶液中进行。（　　）

7. 法扬司法是以吸附指示剂的颜色变化来确定滴定终点的一种沉淀滴定法。（　　）

8. 采用莫尔法滴定时必须充分振摇，以防止 Ag^+ 和 CrO_4^{2-} 过早生成 Ag_2CrO_4 沉淀。（　　）

9. 法扬司法测定 Cl^- 时，常加入糊精用于防止 AgCl 沉淀凝聚。（　　）

10. 配制铬黑 T 指示剂时，需要加入 NaCl 防止聚合。（　　）

11. 配合滴定法中，若金属离子与金属指示剂形成的配合物的稳定性大于金属离子与 EDTA 形成的配合物，称为指示剂的僵化现象。（　　）

12. 配位滴定法中，常需加入缓冲溶液控制溶液的 pH。（　　）

二、选择题

1. 高锰酸钾法须在一定酸度下进行，以下适用于调节溶液酸度的酸是（　　）。
A. HCl　　B. H_2SO_4　　C. HNO_3　　D. $H_2C_2O_4$

2. 标定高锰酸钾标准溶液的基准物质是（　　）。
A. $Na_2C_2O_4$　　B. Na_2CO_3　　C. $Na_2S_2O_3$　　D. $K_2Cr_2O_7$

3. 直接碘量法中，可在（　　）加入淀粉指示剂。
A. 滴定开始前　　B. 滴定开始后
C. 滴定至近终点时　　D. 滴定至蓝色消失时

4. 间接碘量法中，须在（　　）加入淀粉指示剂。
A. 滴定开始前　　B. 滴定开始后
C. 滴定至近终点时　　D. 滴定至蓝色消失时

5. 淀粉指示剂属于（　　）类别。
A. 金属指示剂　　B. 自身指示剂　　C. 专属指示剂　　D. 氧化还原指示剂

6. 标定高锰酸钾标准溶液过程中，开始时红色消失很慢，之后红色很快消失，其原因是（　　）。
A. 反应中产生反应热，加快反应速率
B. 反应中生成 Mn^{2+}，催化反应

C. 反应消耗 H^+，降低溶液酸度

D. 高锰酸钾氧化能力强，反应开始时干扰多，影响反应速率

7. 下列关于碘量法的应用不正确的是(　　)。

A. 淀粉指示剂应新鲜配制　　　　　　　B. 碘量法不能在强酸和强碱介质中进行

C. 可通过加入过量 KI 减少 I_2 挥发　　　D. 滴定时应慢滴快摇

8. 沉淀滴定法主要是用以产生(　　)沉淀的反应为依据。

A. 难溶性银盐　　　　B. 难溶性钙盐　　　　C. 难溶性钡盐　　　　D. 难溶性碳酸盐

9. 佛尔哈德法采用的指示剂是(　　)。

A. 重铬酸钾　　　　　　B. 铁铵矾　　　　　　C. 铬酸钾　　　　　　D. 荧光黄

10. 法扬司法采用的指示剂是(　　)。

A. 铬酸钾　　　　　　B. 铁铵矾　　　　　　C. 自身指示剂　　　　D. 吸附指示剂

11. 用莫尔法测定 Cl^- 时，要求溶液 pH 在 $6.5 \sim 10.5$ 范围内；若溶液碱性过强，则(　　)。

A. 生成 Ag_2O 沉淀析出　　　　　　　　B. Ag_2CrO_4 沉淀不易形成

C. AgCl 沉淀不完全　　　　　　　　　　D. AgCl 沉淀吸附 Cl^- 增强

12. 可采用(　　)测定味精中的 NaCl 含量。

A. 氧化还原滴定法　B. 配位滴定法　　　　C. 沉淀滴定法　　　　D. 酸碱滴定法

13. EDTA 有多种存在形式，其中能与金属离子直接配位的是(　　)。

A. H_6Y^{2+}　　　　　　B. H_4Y　　　　　　C. H_2Y^{2-}　　　　　D. Y^{4-}

14. EDTA 与金属离子形成配合物的配位比是(　　)。

A. $1:1$　　　　　　B. $1:2$　　　　　　C. $1:4$　　　　　　D. $2:1$

15. EDTA 能与金属离子形成稳定配合物的主要原因是(　　)。

A. 配位比简单　　　　　　　　　　　　B. 形成环状螯合物

C. 配合物的溶解度大　　　　　　　　　D. 配合物的颜色较深

16. 直接配位滴定法的终点颜色是(　　)。

A. 被测金属离子与 EDTA 配合物的颜色

B. 被测金属离子与指示剂配合物的颜色

C. 游离指示剂的颜色

D. 金属离子的颜色

17. 产生金属指示剂僵化现象的原因是(　　)。

A. $K_{MIN} > K_{MY}$　　　　B. $K_{MIN} < K_{MY}$　　　C. MIN 溶解度小　　D. 指示剂不稳定

18. 配位滴定法中使用的指示剂是(　　)。

A. 自身指示剂　　　　B. 酸碱指示剂　　　　C. 吸附指示剂　　　　D. 金属指示剂

19. 配位滴定法测定溶液中 Al^{3+} 含量时，可采取(　　)滴定方式。

A. 直接滴定法　　　　B. 间接滴定法　　　　C. 置换滴定法　　　　D. 返滴定法

三、填空题

1. 氧化还原滴定指示剂的类型有_____、_____、_____。

2. 影响氧化还原反应速率的因素有_____、_____、_____。

3. 高锰酸钾标准溶液采用_____法配制，重铬酸钾标准溶液采用_____法配制。

4. 银量法根据终点指示方法的不同，可分为_____、_____、_____。

5. 莫尔法测定 Cl^-，应选用_____作为指示剂，_____作为标准溶液。

6. 佛尔哈德法测定 Ag^+，应采用_____法；佛尔哈德法测定 Cl^-、Br^-、I^-、CN^-、SCN^-，应采用_____法。

7. EDTA 的化学名称是_____，其在水溶液中有_____共 7 种存在形式。

8. EDTA 标准溶液常用_____配制，配制方法为_____法。

9. 金属指示剂在使用中常出现_____、_____、_____等现象。

四、计算题

1. 准确称取含结晶硫酸亚铁的样品 0.500 0 g，将其溶解后，再加酸酸化，立即用 0.020 07 mol/L $KMnO_4$ 标准溶液滴定至终点，消耗标准溶液 16.20 mL。求样品中 $FeSO_4 \cdot H_2O$ 的含量（已知 $M_{FeSO_4 \cdot 7H_2O} = 278.03$ g/mol）。

2. 准确称取味精样品 0.584 4 g，将其完全溶解后，转移至 100 mL 容量瓶中，加水稀释至刻度并摇匀。准确移取 20.00 mL 样液，以铬酸钾作指示剂，用 0.020 00 mol/L 的 $AgNO_3$ 标准溶液滴定至砖红色出现，消耗标准溶液 20.50 mL。求味精中 NaCl 的含量为多少（已知 $M_{NaCl} = 58.44$ g/mol）。

3. 准确称取 $CaCO_3$ 基准物质 0.101 2 g，将其溶解后配成 100.0 mL 溶液，准确移取 25.00 mL，在 pH＝12 条件下，加入钙指示剂，用来标定 EDTA 标准溶液，消耗标准溶液 25.05 mL。求 EDTA 标准溶液的浓度是多少（已知 $M_{CaCO_3} = 100.1$ g/mol）。

扫码看答案

项目六自测题答案

项目七　分光光度分析技术

【知识目标】

(1)了解光的本质与颜色、光吸收曲线、显色反应和显色剂的选择。

(2)理解光的吸收定律。

(3)掌握分光光度法用于微量组分测定的原理和方法。

【技能目标】

(1)学会标准色阶的配制方法。

(2)学会常用分光光度计的使用方法。

(3)掌握吸收光谱曲线和标准工作曲线的绘制、最大吸收波长的选择和微量组分测定的方法。

【素质目标】

(1)在数据记录时，体现诚信意识和规范意识。

(2)在使用水、电、试剂的过程中，体现经济、安全、环保、成本意识。

(3)在分工合作中，共同解决问题，培养团队精神和合作意识。

【思政课堂】

　　2021年9月17日，农业农村部渔业渔政管理局局长刘新中在农业农村部新闻办公室举行的新闻发布会上介绍，2020年，中国水产品总产量达到6 549万t，养殖产品占比达到79.8%。中国养殖水产品占世界水产品养殖总产量的60%以上。在海水养殖鱼类时，过量的铁可在鱼鳃上沉积一层棕色薄膜，刺激鱼分泌黏液，妨碍鱼的呼吸，甚至引起窒息死亡。养殖水中铁含量的测定可以采用邻菲罗啉分光光度法。

　　基于物质对光具有选择性吸收而建立的分析方法称为分光光度法(又称为吸光光度法)，此法是可对物质进行定性、定量和结构分析的方法。根据物质对光的吸收波长范围不同，可分为紫外-可见分光光度法、红外分光光度法和原子荧光分光光度法等。本项目主要讨论紫外-可见分光光度法。紫外-可见分光光度法通常是研究200～760 nm光谱区域内电磁辐射的吸收的分析测定方法。紫外光区一般指200～400 nm，可见光区为400～760 nm。

　　分光光度法与滴定分析法相比，具有以下特点：

（1）灵敏度较高。分光光度法常用于测定微量组分，检测限一般可达 $10^{-7} \sim 10^{-4}$ g/mL。

（2）准确度高。相对误差一般小于 1%，采用性能好的仪器准确度可达 0.2%。

（3）简便快速。仪器相对比较简单，操作简便，分析速度快。

（4）应用广泛。几乎所有的无机离子和许多有机化合物都可以直接或间接地用分光光度法进行测定。不仅用于测定微量组分，也能用于高含量组分的测定及配合物组成、化学平衡等的研究。例如农业农村部门常将此法用于品质分析、动植物生理生化测定，以及土壤、植株等的测定。

任务一　目视比色技术

一、光的本质

（一）光的物理性质

光是一种电磁波，同时具有波动性和微粒性。光的传播，如光的折射、衍射、偏振和干涉等现象可用光的波动性来解释，如光电效应、光的吸收和发射等，只能用光的微粒性才能说明，即把光看作是带有能量的微粒流。

$$E = h\upsilon = h\frac{c}{\lambda} \qquad (7-1)$$

式中，E 为光子的能量；h 为普朗克常数（$6.626\,2 \times 10^{-34}$ J·s）；λ 为波长；υ 为频率；c 为光速（在真空中等于 $2.997\,9 \times 10^{10}$ cm/s，约为 3×10^{10} cm/s）。不同波长的光具有不同的能量，波长越短，能量越高；波长越长，能量越低。

光学光谱区见表 7-1。

表 7-1　光学光谱区

远紫外光	紫外光	可见光	近红外光	红外光
10~200 nm	200~400 nm	400~760 nm	760 nm~2.5 μm	2.5 mm~1 000 μm

（二）单色光和互补光

我们将眼睛能够感觉到的那一小段光称为可见光，它只是电磁波中的一个很小的波段（400~760 nm），也就是我们日常所见的日光、白炽光，是由红、橙、黄、绿、青、蓝、紫七种不同色光组合而成的复合光（即由不同波长的光所组成的光）。理论上，将仅具有某一波长的光称为单色光，单色光由具有相同能量的光子所组成。由不同波长的光组成的光称为复合光。如日光、白炽灯光等白光都是复合光。一束白光可通过棱镜分解为红、橙、黄、绿、青、蓝、紫七种颜色的光，这种现象称为光的色散。单色光其实只是一种理想的单色，实际上常含有少量其他波长的色光。各种单色光之间并无严格的界限，例如黄色与绿色之间就有各种不同色调的黄绿色。不仅七种单色光可以混合成白光，两种适当颜色的单色光按一定强度比例混合也可得到白光，这两种单色光称为互补色光，例如绿色光和紫色互补，黄色光和蓝色光互补等。各种色光的近似波长范围见表 7-2。

表7-2 各种色光的近似波长范围

光的颜色	波长范围/nm	光的颜色	波长范围/nm
红色	620~760	青色	480~500
橙色	590~620	蓝色	435~480
黄色	560~590	紫色	400~430
绿色	500~560		

二、光与溶液颜色关系

1. 溶液的颜色 物质的电子结构不同，所能吸收光的波长也不同，这就构成了物质对光的选择吸收基础，从而使物质产生不同的颜色。不同物质对各种波长光的吸收具有选择性。物质的颜色和吸收光颜色的关系见表7-3。

表7-3 物质的颜色和吸收光颜色的关系

物质的颜色	吸收光		物质的颜色	吸收光	
	颜色	波长/nm		颜色	波长/nm
青	红	620~760	红	青	480~500
青蓝	橙	590~620	黄	蓝	430~480
蓝	黄	560~590	绿	紫	400~430
紫	绿	500~560			

当一束日光通过某溶液时：

(1)如果溶液把各种波长的光完全都吸收，则呈现黑色。

(2)如果溶液把各种波长的光完全反射，则呈现白色。

(3)如果溶液对该波长范围的光都不吸收，则溶液无色透明。

(4)如果选择性吸收可见光中某一波段的光，而让其他波段的光全部透过，则溶液呈现出透射光的颜色。也就是溶液呈现的是与它吸收的光成互补色的颜色。光的互补色示意见图7-1。

例如：硫酸铜溶液因吸收了白光中的黄色光而呈蓝色；高锰酸钾溶液因吸收了白光中的绿色光而呈现紫色，氯化钠溶液让白光全部透过而呈无色透明。

图7-1 光的互补色示意

2. 溶液颜色的深浅 溶液颜色的深浅，取决于溶液中吸光物质浓度的高低。

实验证明：溶液浓度越高，对光的吸收越多，表现为透过的光越强，溶液的颜色也越深。

三、显色

吸光光度法是基于物质对光具有选择性吸收而建立起来的分析方法，在可见光区对有色溶液的色泽深度进行对比，从而测定待测物的含量，因此对于无色或颜色较浅的样液要进行显色才能进行测定。

1. 显色反应　在光度分析中，将试样中被测组分转变成有色化合物的化学反应称为显色反应。显色反应可分两大类，即配位反应和氧化还原反应，而配位反应是最主要的显色反应。与被测组分化合成有色物质的试剂称为显色剂。同一被测组分常可与若干种显色剂反应，生成多种有色化合物，其原理和灵敏度亦有差别。一种被测组分究竟应该用哪种显色反应，可根据所需标准加以选择。

(1)选择性要好。一种显色剂最好只与一种被测组分起显色反应，或者若干扰离子容易被消除，或者显色剂与被测组分和干扰离子生成的有色化合物的吸收峰相隔较远。

(2)灵敏度要高。灵敏度高的显色反应有利于微量组分的测定。灵敏度的高低，可从摩尔吸光系数值的大小来判断(若灵敏度高，应注意选择性)。

(3)有色化合物的组成恒定，化学性质要稳定。有色化合物的组成若不符合一定的化学式，测定的再现性就较差。有色化合物若易受空气的氧化、光的照射而分解，就会引入测量误差。

(4)显色剂和有色化合物之间的颜色差别要大。这样，试剂空白一般较小。一般要求有色化合物的最大吸收波长与显色剂最大吸收波长之差在 60 nm 以上。

(5)显色反应的条件要易于控制。如果条件要求过于严格，难以控制，测定结果的再现性就差。

2. 显色剂　显色剂有无机显色剂和有机显色剂。

许多无机试剂能与金属离子起显色反应，如 Cu^{2+} 与氨水生成 $Cu(NH_3)_4^{2+}$；硫氰酸盐与 Fe^{3+} 生成红色的配离子 $Fe(SCN)_2^+$ 或 $Fe(SCN)_5^{2-}$ 等，但多数显色反应灵敏度不高，而且生成的有色化合物不够稳定，因此，仅有少数无机显色剂应用于光度分析。

许多有机试剂在一定条件下能与金属离子生成有色的金属螯合物。其优点有：

(1)灵敏度高，大部分金属螯合物呈现鲜明的颜色，摩尔吸光系数都大于 10^4。而且螯合物中金属所占比率很低，提高了测定灵敏度。

(2)稳定性好。金属螯合物都很稳定，一般离解常数很小，而且能抗辐射。

(3)选择性好。绝大多数有机螯合剂在一定条件下只与少数或某一种金属离子配位。同一种有机螯合物与不同的金属离子配位时，生成各有特征颜色的螯合物。

(4)扩大了光度法应用范围。虽然大部分金属螯合物难溶于水，但可被萃取到有机溶剂中，大大发展了萃取光度法。

有机显色剂与金属离子能否生成具有特征颜色的化合物，主要与试剂的分子结构密切相关。

有机显色剂分子中一般都含有生色团和助色团。生色团是某些含不饱和键的基团，如偶氮基、对醌基、羰基、硫羰基等，这些基团中的 π 电子被激发时所需能量较小，波长小于 200 nm 以上的光就可以做到，故往往可以吸收可见光而表现出颜色。

助色团是某些含孤电子对的基团，如氨基(—NH₂)、羟基(—OH)和卤代基(—Cl、—Br、—I)等。这些基团与生色团上的不饱和键相互作用，可以影响生色团对光

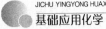

>>>

的吸收，使颜色加深。

因此，简单地说，某些有机化合物及其螯合物之所以表现出颜色，就在于它们具有特殊的结构。而它们的结构中含有生色团和助色团则是它们有颜色的基本原因。

常用的有机显色剂有邻二氮菲、双硫腙、偶氮胂（Ⅲ）、铬天青S等。

四、目视比色法

比色法是通过比较或测量有色物质溶液颜色深度来确定待测组分含量的方法。常用的比色法有两种：目视比色法和光电比色法。

常用的目视比色法是标准系列法。这种方法就是使用一套由同种材料制成的、大小形状相同的比色管（容量有 10 mL、25 mL、50 mL、100 mL 等几种），于管中分别加入一系列不同量的标准溶液和待测液，在实验条件相同的情况下，再加入等量的显色剂，稀释至一定刻度（即相同体积），然后从管口垂直向下观察，也可以从侧面观察，比较待测液与标准溶液颜色深浅。若待测液与某一标准溶液颜色深度一致，则说明两者浓度相等，若待测液颜色深度介于两标准溶液之间，则取两标准液平均值为待测液浓度。

图 7-2 为亚硝酸盐比色盒。

目视比色法的主要缺点是准确度不高，受主观观察影响较大。相对误差达 $5\% \sim 10\%$。如果待测液中存在第二种有色物质，就无法进行测定。另外，由于许多有色溶液颜色不稳定，标准系列不能久存，经常需要在测定时配制，比较麻烦。虽然可采用某些稳定的有色物质（如重铬酸钾、硫酸铜和硫酸钴等）配制永久性标准系列，或利用有色塑料、有色玻璃制成永久色阶，但由于它们的颜色与试液的颜色往往有差异，也需要进行校正。

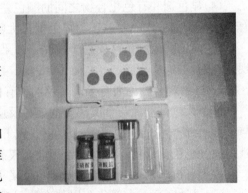

图 7-2　亚硝酸盐比色盒

目视比色法有以下主要优点：

（1）仪器简单，操作简便，适用于大批试样的分析。

（2）测定的灵敏度较高，适宜于稀溶液中微量物质的测定。

（3）不需要单色光，可直接在复合光——白光下进行测定。

综上所述，目视比色法广泛用于准确度要求不高的常规分析中，例如土壤和植株中氮、磷、钾的速测等。

任务二　分光光度分析技术

使用分光光度计，利用溶液对单色光的吸收程度确定物质含量的方法，称为分光光度法。

一、光的吸收曲线

颜色是物质对不同波长光的吸收特性表现在人视觉上所产生的反映。一种物质呈现何种颜色，与入射光的组成和物质本身的结构有关。如果把不同颜色的物体放在暗处，什么颜色也看不到。当光束照射到物体上时，由于不同物质对于不同波长的光的吸收、透射、反射、折射的程度不同，因而物体会呈现不同的颜色。溶液呈现不同的颜色，是由溶液中的质点（离子或分子）对不同波长的光具有选择性吸收而引起的。当白光通过某一有色溶液时，该溶液会选择性地吸收某些波长的色光而让那些未被吸收的色光透射过去，溶液呈现透射光的颜色，即呈现的是它吸收光的互补色的颜色。

以上简单地说明了物质呈现的颜色是物质对不同波长的光选择性吸收的结果。由于物质对不同波长的光吸收程度不同，为了精确地描述某种物质对不同波长光的选择吸收情况，可以通过实验测绘光吸收曲线。

溶液对不同波长光的吸收程度，通常用光吸收曲线来描述。将不同波长的光照射某一固定浓度和液层厚度的溶液，并用仪器测量每一波长下溶液对光的吸收程度（吸光度），以吸光度为纵坐标，相应波长为横坐标作图得一曲线，这一曲线称为光吸收曲线或吸收光谱曲线，它能更准确地描述物质对光的吸收情况。

图 7-3 为 4 个不同浓度的 $KMnO_4$ 溶液的光吸收曲线。

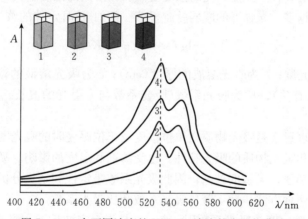

图 7-3　4 个不同浓度的 $KMnO_4$ 溶液的光吸收曲线

根据图 7-3 可见：

(1)同一浓度的有色溶液对不同波长的光有不同的吸光度。

(2)同一有色溶液，相同的入射光波长，浓度越大，吸光度也越大。

(3)对于同一物质，不论浓度大小如何，最大吸收峰所对应的波长（最大吸收波长 λ_{max}）不变，并且曲线的形状也完全相同。

(4)吸收曲线可作为吸光光度法中波长选定的依据。在对物质进行定量分析时，若没有其他干扰物质存在，一般总是选择最大吸收波长 λ_{max} 作为测量波长，此时测定的灵敏度高。

对于不同的物质，由于其内部结构不同，则吸收曲线不同，λ_{max} 不同。λ_{max} 只与物质的种类有关，而与浓度无关。

二、光吸收的基本定律

(一)透光率

如图 7-4 所示，当一束平行单色光照射到均匀的、非散射的有色溶液时，光的一部分被介质吸收，一部分透过溶液，一部分被器皿的表面反射。设入射光强度为 I_0，透过光强度为 I，透射光强度 I 与入射光强度 I_0 之比称为透光率（I/I_0），用符号 $T(\%)$ 表示：

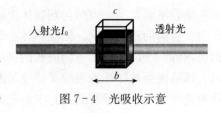

图 7-4 光吸收示意

$$T = \frac{I}{I_0} \times 100\% \qquad (7-2)$$

可见，T 的取值范围为 $0 \sim 100\%$。当光被全部吸收或被遮挡时，$T = 0$；当光全部透射时，$T = 100\%$。

(二)朗伯-比耳定律

朗伯（Lambert）和比耳（Beer）分别于 1760 年和 1852 年研究了光的吸收与有色溶液按液层的厚度及溶液浓度的定量关系，奠定了分光光度法的理论基础。

研究发现，溶质吸收了光能，光的强度要减弱。溶液的浓度越大，通过的液层厚度越大，则光被吸收得越多，光强度的减弱就越显著。朗伯-比耳定律的数学表达式为：

$$A = -\lg T = -\lg \frac{I}{I_0} = Kbc \qquad (7-3)$$

式中，A 为吸光度；b 为吸光溶液的厚度（cm）；c 为吸光溶液的浓度（其单位与吸光系数 K 的表示方式有关）；K 为吸光系数（吸光系数与入射光的波长、物质的性质和溶液的温度等因素有关）。

吸光系数的物理意义是吸光物质在单位浓度及单位厚度时的吸光度。吸光系数的值取决于入射光的波长和吸光物质的吸光特性，也受溶剂和温度的影响。吸光系数越大，表示该物质的吸光能力越强，灵敏度越高，因此吸光系数是定性和定量分析的依据。

吸光系数常用两种方法表示：摩尔吸光系数和比吸光系数。

1. 摩尔吸光系数 摩尔吸光系数用 ε 表示，是指一定波长下，溶液的浓度为 1 mol/L（即 $c = 1$ mol/L），光程为 1 cm（即 $b = 1$ cm）时的吸光度值。ε 值一般不超过 10^5 数量级。通常将 ε 值达 10^4 的称为强吸收，ε 值小于 10^2 的称为弱吸收，介于两者之间的称为中强吸收。

2. 比吸光系数 比吸光系数又称为百分吸光系数，用 $E_{1\,\mathrm{cm}}^{1\%}$ 表示，指一定波长时，溶液的浓度为 1%（g/100 mL）（即 $c = 1$ g/100），光程为 1 cm 时的吸光度值。

吸光系数两种表示方式之间的关系为

$$\varepsilon = \frac{M}{10} E_{1\,\mathrm{cm}}^{1\%} \qquad (7-4)$$

式中，M 为吸光物质的摩尔质量。

朗伯-比尔定律表明，当一束单色光通过含有吸光物质的溶液后，溶液的吸光度与吸光物质的浓度及吸收层厚度成正比。朗伯-比尔定律是总结实验事实而得来的，不仅适用于可见光区，也适用于红外光区；不仅适用于均匀散射的溶液，也适用于气体、固体。

在多组分体系中，如果各组分之间没有相互作用，则朗伯-比尔定律仍适用，这时体系的总吸光度等于各组分吸光度之和，即

$$A = A_1 + A_2 + A_3 + \cdots$$

(三)影响朗伯-比尔定律的因素

按照朗伯-比尔定律，当波长与入射光强度一定时，吸光度 A 与浓度 c 之间应该是成正比关系，作图可得到一条通过原点的直线，但在实际工作中，常出现偏离直线的现象，导致偏离的主要原因有化学因素和光学因素两个方面。

1. 化学因素　朗伯-比尔定律只适宜于测定浓度不太高的稀溶液，浓度越大，测定结果负误差越大，这是由于高浓度时，溶液粒子间距离较小，相互之间的作用会使得粒子的吸光能力发生改变。

2. 光学因素　朗伯-比尔定律只适用于单色光，如果所使用的入射光不是纯的单色光，则会产生测定误差。目前所使用的分光光度计的单色器所提供的入射光并不是纯单色光，只是波长范围较窄的光带，实际上仍是复合光。此外，还有杂散光、散射光和反射光的影响。因此，测定时应选用较纯的单色光，同时选择吸光物质的最大吸收波长作为测定波长，此时吸光系数较大，测定有较高的灵敏度。

三、紫外-可见分光光度计

紫外-可见分光光度计可以在紫外-可见光区任意选择不同波长的光来测定吸光度。分光光度计的型号、类型很多，但基本原理相似，通常由下列五个基本部件组成(图 7-5)：

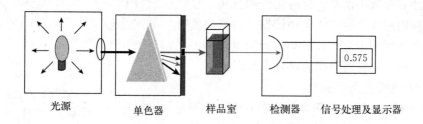

光源　　　　　单色器　　　样品室　　检测器　　信号处理及显示器

图 7-5　分光光度计基本部件组成

1. 光源　光源的作用是提供分析所需的复合光，要求光源有一定的强度且稳定。一般可见光源测定采用钨灯或卤钨灯，使用范围为 350～1 000 nm。紫外光源使用氘灯，使用范围为 190～350 nm，根据不同波长的要求选择不同的光源。

2. 单色器　单色器的作用是将光源发出的复合光分解为按波长顺序排列的单色光，并能通过出射狭缝分离出某一波长单色光。单色器由狭缝、准直镜和色散元件组成，其关键部分是色散元件。常用的色散元件有棱镜和光栅。

(1)棱镜。棱镜由玻璃或石英玻璃制成。玻璃棱镜用于可见光区，石英棱镜用于紫外光区和可见光区。复合光通过棱镜时，由于棱镜材料对不同波长光的折射率不同而产生折射。

（2）光栅。光栅有多种，光谱仪中多采用平面闪耀光栅，它由高度抛光的表面（如铝表面）上刻画许多根平行线槽而成。

3. 样品室　样品室包括吸收池架和吸收池。吸收池（又称比色皿）由玻璃或石英玻璃制成，用于盛放试液。有不同厚度规格的吸收池。玻璃吸收池只能用于可见光区，而石英池既可用于可见光区，亦可用于紫外光区。使用时应注意保持吸收池清洁、透明，避免磨损透光面。

4. 检测器　检测器是一种光电转换元件，其作用是将透过吸收池的光信号强度变成可测量的电信号强度进行测量。目前，在紫外-可见分光光度计中多用光电倍增管和光二极管阵列检测器。

5. 信号处理及显示器　早期的分光光度计多采用检流计、微安表作显示装置，直接读出吸光度或透光率。现代的分光光度计则多装备有计算机光谱工作站，可对仪器进行自动控制，并对数字信号进行采集和处理。

四、定性和定量分析方法

不同的化合物有不同的吸收光谱，利用吸收光谱的特点可以进行物质的鉴别、纯度检测和含量的定量测定。

（一）定性鉴别

常用于鉴别的光谱特征数据有最大吸收波长（λ_{max}）和峰值吸光系数（ε_{max} 或 $E_{1cm}^{1\%}$）。因为峰值吸光系数大，测定灵敏度较高，且吸收峰处与相邻波长处吸光系数值的变化较小，测量吸光度时受波长变动影响较小，可减小误差。有的化合物有几个吸收峰，也可同时用几个峰值作鉴别依据。肩峰值或吸收谷处的吸光度测定受波长变动的影响也较小，有时也可用谷值、肩峰值与峰值同时作鉴别数据。

图 7-6 为吸收光谱示意。

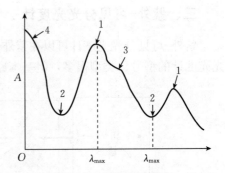

图 7-6　吸收光谱示意
1. 吸收峰　2. 吸收谷　3. 肩峰　4. 末端吸收

【例 7-1】 布洛芬口服液的鉴别方法[《中华人民共和国药典》（2020 年版）]：取本品，加 0.4% 氢氧化钠溶液制成每毫升中约含 0.25 mg 的溶液，按照紫外-可见分光光度法（通则 0401）测定，在 265 nm 与 273 nm 的波长处有最大吸收，在 245 nm 与 271 nm 的波长处有最小吸收，在 259 nm 的波长处有一肩峰。

（二）纯度检测

当纯化合物的吸收光谱与所含杂质的吸收光谱有差别时，可以利用分光光度法进行纯度检测，检测的灵敏度取决于化合物与杂质之间吸光系数的差异程度。

1. 杂质检查　如果某一化合物在紫外或可见光区没有吸收，而所含杂质有较强的吸收，那么含有的少量杂质就能被检查出来，例如，乙醇中可能含有杂质苯，苯的 $\lambda_{max} = 256$ nm，而乙醇在 256 nm 处几乎无吸收，因此可通过测定样品在波长为 256 nm 处的吸收情况来检查乙醇是否含杂质苯。

若化合物在某波长处有强的吸收峰，而所含杂质在该波长无吸收或吸收很弱，则化合物的吸光系数将降低；若杂质在该波长处有比化合物更强的吸收，将会使化合物的吸光系数增大，而且会使化合物的吸收光谱变形。

2. 杂质限量检测 药物中有些杂质的存在会影响疗效，因此这些杂质需要限量。

【**例 7－2**】 肾上腺素在合成过程中产生的一个中间体杂质肾上腺酮，将影响肾上腺素的疗效，因此，要求肾上腺酮的限量为 0.06%。已知肾上腺素和肾上腺酮的吸收光谱如图 7－7 所示。现将某肾上腺素样品制成 2 mg/mL 的溶液，在 1 cm 吸收池中，于 310 nm 测得 A 值为 0.05，求该样品中所含肾上腺酮杂质的含量（$E_{1\,cm}^{1\%}=435$）。

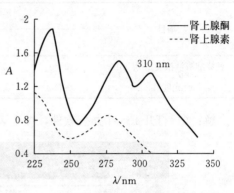

图 7－7 肾上腺素和肾上腺酮的吸收光谱

解：根据 $A=Ebc$，得

$$c=\frac{A}{Eb}=\frac{0.05}{435\times1}=0.000\,11\%=0.000\,11\text{ g/100 mL}=0.001\,1\text{ mg/mL}$$

$$肾上腺酮的含量=\frac{0.001\,1}{2}\times100\%=0.06\%$$

(三)定量分析

1. 标准曲线法 标准曲线法，也称工作曲线法，是紫外-可见分光光度法中最经典的方法，适用于大批试样的分析。测定步骤为：

① 配制标准系列及待测样液。用欲测组分的标准样品配制成不同浓度的标准系列，并在相同条件下配制待测样液。

② 在相同条件下，分别测定标准溶液和待测样液的吸光度。

③ 绘制标准曲线(工作曲线)，求出线性回归方程和相关系数。打开 Excel 办公软件，以标准系列溶液的浓度 c 为横坐标，吸光度 A 为纵坐标，绘制 A-c 曲线(图 7－8)，求出标准曲线的线性回归方程和相关系数 R。分光光度法一般要求其相关系数 $R^2\geqslant0.998$。

④ 计算待测溶液的浓度。由于待测样液和标准系列溶液的配制和测定吸光度都是在相同条件下进行的，因此待测样液的实验点 (A,c) 也应该符合标准曲线的线性回归方程的关系，将待测样液的吸光度 $A_{待}$ 代入标准曲线的线性回归方程，即可计算出与之相对应的 $c_{待}$。

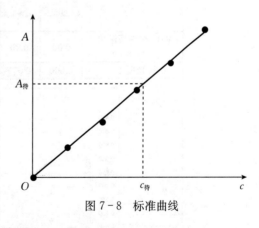

图 7－8 标准曲线

【**例 7－3**】 邻二氮菲分光光度法测定微量铁的含量。将配制好的铁标准系列溶液分别测得吸光度，铁标准溶液浓度与吸光度 A 的数据如表 7－4 所示，用 Excel 办公软件绘制工作曲线，求线性回归方程和 R^2。若相同条件下测得待测铁样液的吸光度 $A=0.262$，则该样液的铁浓度为多少？

表 7－4　铁标准溶液浓度与吸光度 A 的数据

项目	比色管号					
	1	2	3	4	5	6
铁标准溶液浓度/$(\mu g/mL)$	0.00	0.20	0.40	0.60	0.80	1.0
吸光度 A_{510}	0.000	0.077	0.165	0.248	0.318	0.398

解：（1）打开 Excel 办公软件，按上表输入数据。

（2）拖动鼠标，将数据区域选中，然后点击上方工具栏的"插入"，单击"散点图"

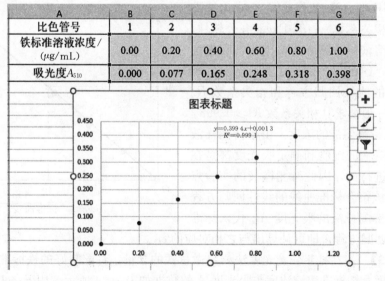

（3）点击散点图上任意一个点，右击鼠标，点击"添加趋势线"，再点击勾选右侧属性

栏下方的"显示公式""显示 R 平方值"，可得该标准曲线的线性回归方程为 $y=0.399\,4x+0.001\,3$，$R^2=0.999\,1$。

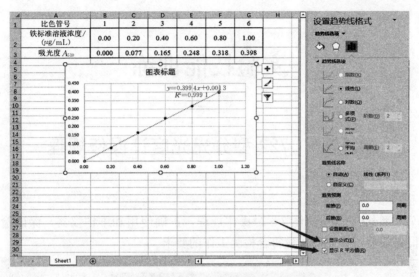

(4)删除多余的线条，添加坐标轴标题，美化标准曲线图。

比色管号	1	2	3	4	5	6
铁标准溶液浓度/$(\mu g/mL)$	0.00	0.20	0.40	0.60	0.80	1.00
吸光度 A_{510}	0.000	0.077	0.165	0.248	0.318	0.398

(5)计算待测铁样液浓度。

$$y=0.262=0.399\,4x+0.001\,3 \qquad x=0.65\ \mu g/mL$$

2. 比较法 在 $\lambda_{\max}$ 处分别测出标准溶液和试样溶液的吸光度，根据朗伯-比尔定律：

$$A_{标}=Kbc_{标} \qquad A_{样}=Kbc_{样}$$

得

$$\frac{A_{样}}{A_{标}}=\frac{c_{样}}{c_{标}}$$

$$c_{样}=c_{标}\times\frac{A_{样}}{A_{标}} \tag{7-5}$$

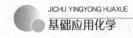
标准曲线法适用于常规分析工作，比较法适用于 $A-c$ 线性关系好、且通过原点的情况。用比较法测定时，为了减少误差，所用标准溶液与被测溶液浓度应尽量接近。

实验技能训练

实验一　722 型分光光度计操作规程

一、实验目的

规范 722 型分光光度计(图 7-9)操作规程，正确使用和维护仪器，保证检测工作顺利进行和设备安全，保证其质量符合检测工作的要求。

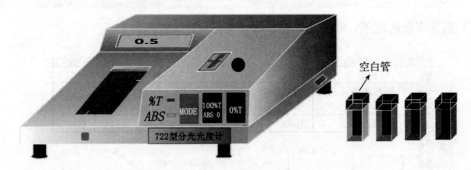

图 7-9　722 型分光光度计

二、适用范围

适用于实验室化学分析被测物质的含量检测使用操作。

三、主要技术指标

(1)波长范围：$350\sim800$ nm。

(2)波长准确度：±2 nm。

(3)波长重复性：1 nm。

(4)透射比准确度：$\pm0.5\%T$。

(5)透射比重复性：$0.3\%T$。

(6)光谱带宽：2 nm。

(7)光度范围：$0\sim110\%T$，$0\sim2$ A。

(8)仪器稳定性：$100\%T$ 稳定性，$0.5\%T/3$ min；$0\%T$ 稳定性，$0.3\%T/3$ min。

(9)光学系统：光栅分光。

(10)电压使用范围：220 V±22 V，50 Hz±1 Hz。

四、操作规程

(1)接通电源，打开开关按钮，使其预热 10 min，调节波长旋钮使波长移到所需处。

(2)清洗 4 个比色皿，并用待装溶液润洗，其中一个放入参比试样，其余 3 个放入待测试样，盖上样品池盖。

(3)按"方式选择"键使透射比指示灯亮，将样池架中的挡光板推入光路，按"0％T"，放入参比溶液，按"方式选择"键使吸光度指示灯亮，使参比溶液处在光路中，盖上样品池盖，显示器应显示"0.000"，若不为"0.000"，则应重调 100％T。

(4)按"方式选择"键使吸光度指示灯亮，并使参比溶液处在光路中，盖上样品池盖，按"100％T"键调 100％，至显示"0.000"。

(5)将待测试样放入样池架并推入光路，盖上样品池盖，显示试样的吸光度值。

(6)待测试结束后，关闭开关按钮，切断电源。

教学视频

分光光度计
的使用

实验二　邻二氮菲光度法测定铁

一、实验目的

(1)掌握邻二氮菲光度法测定铁的原理及方法。
(2)学会制作标准曲线的方法。
(3)掌握 722 型分光光度计的正确使用方法。

二、实验说明

邻二氮菲(phen)与 Fe^{2+} 在 pH＝2.0～9.0 的溶液中生成橙红色配合物，本实验用 HAc-NaAc 缓冲溶液(pH 为 5.0～6.0)，其反应式如下：

$$Fe^{2+}+3(phen)=\!=\!=Fe(phen)_3^{2+}$$

橙红色配合物的最大吸收峰在 510 nm 波长处(最大吸收波长 $\lambda_{max}=510$ nm)。当溶液中有 Fe^{3+} 时，Fe^{3+} 会与邻二氮菲作用形成蓝色配合物，因此在实际工作中常加入盐酸羟胺，使 Fe^{3+} 还原为 Fe^{2+}。

三、仪器及药品

1. 仪器　722 型分光光度计、烧杯、比色管(25 mL)、容量瓶(250 mL)、移液管(10 mL)、吸量管(5 mL、10 mL)等。

2. 药品

(1)铁标准溶液(10 μg/mL)。准确称取 0.176 g 分析纯硫酸亚铁铵[$FeSO_4$·$(NH_4)_2SO_4$·$6H_2O$]于小烧杯中，加水溶解，加入 6 mol/L HCl 溶液 5 mL，定量转移至 250 mL 容量瓶中稀释至刻度，摇匀。所得溶液每毫升含铁 0.100 mg(即 100 μg/mL)。用移液管移取上述溶液 10.00 mL，置于 100 mL 容量瓶中，加入 6 mol/L HCl 溶液 2.0 mL，

加水稀释至刻度,充分摇匀。

(2)0.15%邻二氮菲(又称邻菲咯啉)水溶液(新鲜配制)。称取 1.5 g 邻二氮菲,先用 5~10 mL 95%乙醇溶解,再用蒸馏水稀释至 1 000 mL。

(3)10%盐酸羟胺水溶液(新鲜配制)。

(4)HAc-NaAc 缓冲溶液(pH5.0)。称取 50 g 醋酸钠(CH₃COONa·3H₂O),加 34 mL 冰醋酸,加水溶解后,稀释至 500 mL。

(5)铁待测液。

四、实验步骤

(一)测量波长的选择

邻二氮菲与 Fe^{2+} 在 pH=2.0~9.0 的溶液中生成橙红色配合物,橙红色配合物的最大吸收峰在 510 nm 波长处,一般选用最大吸收波长 λ_{max}=510 nm。

(二)铁含量的测定

1. 配制溶液 按表 7-5 配制标准系列溶液和铁待测液,充分摇匀后,放置 5~10 min。

表 7-5 铁标准溶液浓度与吸光度 A 数据

项目	25 mL 比色管编号							
	1	2	3	4	5	6	7	8
铁标准溶液(10 μg/mL)/mL	0.00	0.50	1.00	2.00	3.00	4.00	5.00	
铁待测液/mL	—	—	—	—	—	—	—	5.00
盐酸羟胺(10%)/mL	0.50	0.50	0.50	0.50	0.50	0.50	0.50	0.50
邻二氮菲(0.15%)/mL	1.00	1.00	1.00	1.00	1.00	1.00	1.00	1.00
HAc-NaAc 缓冲溶液(pH5.0)/mL	2.50	2.50	2.50	2.50	2.50	2.50	2.50	2.50
定容后体积/mL	25.00	25.00	25.00	25.00	25.00	25.00	25.00	25.00
铁的浓度 c/(μg/mL)								
吸光度 A								
标准曲线回归方程								
R^2(要求>0.998)								

2. 绘制标准曲线 用 1 cm 比色皿,以 1 号比色管的溶液为空白(即 0.00 mL 铁标准溶液),在所选择的波长下,测量各溶液的吸光度,并将数据记录到表 7-5 中。以含铁量为横坐标,吸光度 A 为纵坐标,绘制标准曲线,求线性回归方程和 R^2。

3. 计算铁待测液的浓度 根据标准曲线的线性回归方程和铁待测液的 A 值,计算铁待测液的浓度。

五、注意事项

(1)不能颠倒各种试剂的加入顺序。

(2)每改变一次波长必须重新调零。

(3)读数据时要注意 A 和 T 所对应的数据。

(4)最佳波长选择好后不要再改变。

(5)实验报告中要进行数据记录，并进行处理，最后要得出结论。

(6)比色皿使用注意事项：

① 拿取比色皿时，手指不能接触其透光面。

② 装溶液时，先用该溶液润洗比色皿内壁 2～3 次；测定系列溶液时，通常按由稀到浓的顺序测定。

③ 被测溶液以装至比色皿的 3/4 高度为宜。

④ 装好溶液后，先用滤纸轻轻吸去比色皿外部的液体，再用擦镜纸小心擦拭透光面，直到洁净透明。

⑤ 一般参比溶液的比色皿放在第一格，待测溶液放在后面三格。

⑥ 实验中勿将盛有溶液的比色皿放在仪器面板上，以免污染和腐蚀仪器，实验完毕，及时把比色皿洗净、晾干，放回比色皿盒中。

六、实验建议

(1)本任务宜安排 4 学时完成。

(2)本任务由学生单人独立完成。

(3)学生完成实验后，须经教师检查实验记录后方可离开。

(4)学生的实验成绩根据实验结果、实验中分析解决问题的能力、课堂纪律、预习情况、操作技能、数据分析能力等综合评估。

七、实验思考

(1)本实验量取各种试剂时应分别采取何种量器较为合适？为什么？

(2)本实验加入盐酸羟胺、邻二氮菲、HAc-NaAc 缓冲溶液试剂有什么作用？

(3)比色皿盛装溶液时应注意什么？

扫码看答案

项目七实验二
思考题答案

实验三　饲料中总磷的测定($HClO_4 - H_2SO_4$ 法)

一、实验目的

(1)掌握 $HClO_4 - H_2SO_4$ 法测定饲料中磷的原理及方法。

(2)学会制作标准曲线的方法。

(3)掌握 722 型分光光度计的正确使用方法。

二、实验说明

试样中的总磷经消解，在酸性条件下与钒钼酸铵生成黄色的钒钼黄 $[(NH_4)_3PO_4NH_4VO_3 \cdot 16MoO_3]$ 络合物。钒钼黄的吸光度值与总磷的浓度成正比。在波长 400 nm 下测定试样溶液中钒钼黄的吸光度值，与标准系列溶液比较定量。

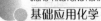

三、仪器与试剂

1. 主要仪器 电子天平(万分之一)、722 型分光光度计、高温炉、电热干燥箱、可调温电炉。

2. 试剂

(1)硝酸。

(2)高氯酸。

(3)盐酸溶液(1+1)。

(4)磷标准贮备液(50 μg/mL)。准确称取在 105℃烘箱中烘干至恒重的 KH_2PO_4(分析纯)0.219 5 g,溶解在 400 mL 水中,加硝酸 3 mL,转入 1 L 容量瓶中,加水至刻度,摇匀。将溶液置于聚乙烯瓶中 4℃下可储存 1 个月。

(5)钒钼酸铵显色剂。称取偏钒酸铵 1.25 g,加水 200 mL 加热溶解,冷却后再加入 250 mL 硝酸,另称取钼酸铵 25 g,加水 400 mL 加热溶解,在冷却的条件下,将两种溶液混合,用水稀释至 1 000 mL,避光保存,若生成沉淀,则不能继续使用。

四、操作步骤

1. 试样制备 取有代表性的饲料样品,用四分法缩减,取约 200 g 制备样品,粉碎后过 0.42 mm 孔径的分析筛,混匀,装入磨口瓶中密封,备用。

2. 试样前处理 可选择以下 3 种方法来处理试样。

(1)干灰化法。精密称取试样 2~5 g,置于坩埚中,在电炉上小心炭化,再放入高温炉,在 550℃灼烧 3 h(或测粗灰分继续进行),取出冷却,加盐酸溶液 10 mL 和硝酸数滴,小心煮沸约 10 min,冷却后转入 100 mL 容量瓶中,加水稀释至刻度,摇匀,即为试样溶液。

(2)湿法消解法。精密称取试样 0.5~5 g,置于凯氏烧瓶中,加入硝酸 30 mL,小心加热煮沸至黄烟逸尽,稍冷,加入高氯酸 10 mL,继续加热至高氯酸冒白烟(不得蒸干),溶液基本无色,冷却,加水 30 mL,加热煮沸,冷却后用水转入 100 mL 容量瓶中并稀释至刻度,摇匀,即为试样溶液。

(3)盐酸溶解法(适用于微元素预混料)。精密称取试样 0.2~1 g,置于 100 mL 烧杯中,缓缓加入盐酸溶液(1+1)10 mL,使其全部溶解,冷却后转入 100 mL 容量瓶中,加水稀释至刻度,摇匀,即为试样溶液。

3. 磷标准曲线绘制 准确吸取磷标准贮备液 0 mL、1 mL、2 mL、5 mL、10 mL、15 mL 于 50 mL 容量瓶中(即相当于含磷量为 0 μg、50 μg、100 μg、250 μg、500 μg、750 μg),于各容量瓶中分别加入钒钼酸铵显色剂 10 mL,用水稀释至刻度,摇匀,常温下放置 10 min 以上,以 0 mL 磷标准溶液为参比,用 1 cm 比色皿,在 400 nm 波长下用分光光度计测各溶液的吸光度。以磷含量为横坐标,吸光度为纵坐标,绘制工作曲线,求线性回归方程和 R^2。

4. 试样测定 准确移取试样溶液 1~10 mL(含磷量 50~750 μg)于 50 mL 容量瓶中,加入钒钼酸铵显色剂 10 mL,用水稀释至刻度,摇匀,常温下放置 10 min 以上,用 1 cm

比色皿，在 400 nm 波长下用分光光度计测定试样溶液的吸光度，通过回归方程计算试样溶液的磷含量。若试样溶液磷含量超过磷标准工作曲线范围，应对试样溶液进行稀释。

5. 试验数据处理

(1)结果计算。试样中磷的含量 w，以质量分数计，数值以％表示，结果按下式计算：

$$w = \frac{m_1 \times V}{m \times V_1 \times 10^6} \times 100\% \qquad (7-5)$$

式中，w 为试样中磷的含量(％)；m_1 为通过标准曲线回归方程计算出试样溶液中磷的含量(μg)；V 为试样溶液的总体积(mL)；m 为试样的质量(g)；V_1 为试样测定时移取试样溶液的体积(mL)；10^6 为将 μg 换算成的 g 的换算系数。

(2)结果表示。每个试样称取两个平行样进行测定，以其算术平均值为测定结果，所得到的结果应表示至小数点后两位。

五、注意事项

(1)本实验所用方法为 GB/T 6437—2018《饲料中总磷的测定　分光光度法》，适用于饲料原料及饲料产品中磷的测定。

(2)当取样量为 5 g，定容至 100 mL 时，检出限为 20 mg/kg，定量限为 60 mg/kg。

(3)比色时，待测液磷含量不宜过浓，最好控制在 0.5 mg/mL 以下。

(4)待测液在加入试液后应先静置 10 min，再测定吸光度，但不能静置过久。

六、实验建议

(1)本任务宜安排 8 学时完成。

(2)本任务由学生单人独立完成。

(3)学生完成实验后，须经教师检查实验记录后方可离开。

(4)学生的实验成绩根据实验结果、实验中分析解决问题的能力、课堂纪律、预习情况、操作技能、数据分析能力等综合评估。

七、实验思考

(1)制备好的试样为什么要装入磨口瓶中密封保存？

(2)为什么在比色时，待测液磷的含量不宜过高？若磷含量过高，会对测定结果有何影响？

扫码看答案

项目七实验三
思考题答案

自　测　题

一、选择题

1. 所谓可见光区，所指的波长范围是(　　)。

A. 200～400 nm　　B. 400～760 nm　　C. 750～1 000 nm　　D. 100～200 nm

2. 一束平行单色光通过均匀的、非散射的有色溶液时，(　　)与(　　)和液层厚度的乘积成（　　）。

    A. 溶液的吸光度 A B. 溶液浓度

    C. 正比   D. 反比

3. 硫酸铜溶液呈现蓝色是由于它吸收了白光中的（　　）。

    A. 黄色光波   B. 绿色光波   C. 蓝色光波   D. 紫色光波

4. 朗伯-比尔定律的数学表达式中吸光系数与下列（　　）因素无关。

    A. 温度   B. 溶液的浓度   C. 溶液的性质   D. 入射光波长

5. 有甲、乙两个不同浓度的同一有色物质的溶液，用同一厚度的比色皿，在同一波长下测得的吸光度分别为甲 0.200、乙 0.300。若甲的浓度为 3.0×10^{-4} mol/L，则乙的溶液为（　　）。

    A. 6.0×10^{-4} mol/L   B. 3.0×10^{-4} mol/L

    C. 4.5×10^{-4} mol/L   D. 1.0×10^{-4} mol/L

6. 用邻二氮菲光度法测定铁中，下述操作中正确的是（　　）。

    A. 手捏比色皿的毛面   B. 手捏比色皿的透光面

    C. 比色皿外壁的水珠不用擦   D. 用滤纸去擦比色皿外壁的水

7. 两种互补色光关系的单色光，按一定的强度比例混合可成为（　　）。

    A. 白光   B. 红色光   C. 黄色光   D. 蓝色光

8. 邻二氮菲光度法测定微量铁实验中，加入盐酸羟胺溶液的目的是（　　）。

    A. 稳定溶液的 pH   B. 使 Fe^{2+} 显色

    C. 将溶液中的 Fe^{3+} 还原为 Fe^{2+} D. 定容

9. 在吸光度测量中，参比溶液的（　　）。

    A. 吸光度为 0.434   B. 吸光度为无穷大

    C. 透光度为 0%   D. 透光度为 100%

10. 吸收曲线是（　　）。

    A. 吸光物质浓度与吸光度之间的关系曲线

    B. 吸光物质浓度与透光度之间的关系曲线

    C. 入射光波长与吸光物质溶液厚度之间的关系曲线

    D. 入射光波长与吸光物质的吸光度之间的关系曲线

11. 标准曲线是（　　）。

    A. 吸光物质浓度与吸光度之间的关系曲线

    B. 吸光物质浓度与透光度之间的关系曲线

    C. 入射光波长与吸光物质溶液厚度之间的关系曲线

    D. 入射光波长与吸光物质的吸光度之间的关系曲线

12. 紫外-可见分光光度法中的测定波长通常选择（　　）。

    A. λ_{min} B. λ_{max}

    C. 仪器可检测的最大波长   D. 任一波长

二、计算题

1. 安络血的相对摩尔质量为 236，将其配成 100 mL 含安络血 0.430 0 mg 的溶液，盛于 1 cm 吸收池中，在 $\lambda_{max}=55$ nm 处测得 A 值为 0.483，试求安络血的 $E_{1\text{ cm}}^{1\%}$ 和 ε 值。

2. 称取维生素 C 0.050 0 g 溶于 100 mL 的 5 mol/L 硫酸溶液中，准确量取此溶液 2.00 mL 并稀释至 100 mL，取此溶液于 1 cm 吸收池中，在 $\lambda_{max}=245$ nm 处测得 A 值为 0.498。求样品中维生素 C 的百分质量分数[$E_{1\text{ cm}}^{1\%}=560$ mL/(g·cm)]。

3. 测定血清中的磷酸盐含量时，取血清试样 5.00 mL 于 100 mL 容量瓶中，加显色剂显色后，稀释至刻度。吸取该试液 25.00 mL，测得吸光度为 0.582；另取该试液 25.00 mL，加 1.00 mL 0.050 0 mg 磷酸盐，测得吸光度为 0.693。计算每毫升血清中含磷酸盐的质量。

扫码看答案

项目七自测题答案

项目八　烃

【知识目标】

(1)了解有机化合物的概念、特性。

(2)掌握有机化合物的分类、官能团和系统命名法，以及烃的主要化学性质。

(3)熟悉有机化合物的结构、烃的物理性质。

【能力目标】

(1)熟练掌握有机化合物的结构表示方法，以及烷烃、烯烃、炔烃的鉴别方法。

(2)学会烃的普通命名法、系统命名法、熔沸点测定，以及重结晶、蒸馏操作方法。

【素质目标】

(1)通过烃在分子结构、性质等特点上的相似性和差异性，进行类比思维训练。

(2)通过对有机物质研究模式的形成，培养学生的自学能力。

(3)认识烃在生产和生活中的重要应用，培养学生对化学知识的兴趣。

【思政课堂】

有机化合物与我们的生活息息相关，衣、食、住、行都离不开它。柴、米、油、酱、醋、茶中都含有有机化合物，很多中药、西药的主要有效成分也是有机化合物。20世纪60年代，世界上首次人工合成结晶牛胰岛素(蛋白质)。2021年9月24日，中国科学院天津工业生物技术研究所在国际学术期刊《科学》发表论文《从二氧化碳无细胞化学酶合成淀粉》，表明研究团队在人工合成淀粉方面取得重大突破性进展，首次在实验室实现了二氧化碳到淀粉的从头合成。该团队提出了一种颠覆性的淀粉制备方法，不依赖植物光合作用，以二氧化碳、电解产生的氢气为原料，先将二氧化碳还原生成甲醇，再转化为淀粉，使淀粉生产从传统农业种植模式向工业车间生产模式转变成为可能。公开资料表明，这一人工途径的淀粉合成速率是玉米淀粉合成速率的8.5倍。

任务一　有机化合物概述

一、有机化合物和有机化学

化合物通常分为无机化合物和有机化合物两大类。人类使用有机化合物的历史很长久，在古代，人们就用谷物酿酒、酿食醋，用靛蓝、茜草等染布，用动植物治病救人等。可以说，有机化合物与人们的生产和衣食住行密切相关。人们出于实用的目的对它产生了一些认识，并随着生产力水平的提高而使人们对它的认识逐步深化。早期人们将从动植物等有机体中获得的物质称为有机化合物，而将非生物或矿物中获得的物质称为无机化合物。有机化学是直到 18 世纪末才开始发展起来的，如 1773 年首次从尿中提取到尿素，到 1805 年才从鸦片中提取到第一个生物碱——吗啡。1828 年，德国化学家维勒（F. Wohler）用无机化合物氰酸钾和氯化铵合成氰酸铵时意外地合成了尿素，才打破了有机化合物只能从有机体中获得的说法，彻底推翻了"生命力"学说。迄今，大多数有机化合物并非来源于有机体，但由于历史的沿用，仍保留"有机化合物"这个词。

有机化合物简称有机物，都含有碳，大多数含有氢，有的还含有氮、氧、硫、磷、卤素等。因此，有机化合物可以定义为碳氢化合物及其衍生物。碳氢化合物又称为烃，其衍生物是指分子中的氢原子被其他原子或基团取代的化合物，但不包括碳的氧化物及硫化物、碳酸、碳酸盐、氰化物、硫氰化物、氰酸盐等含碳化合物。已知的有机物近 8 000 万种。有机物是生命产生的物质基础，所有的生命体（如脂肪、氨基酸、蛋白质、糖、血红蛋白、叶绿素、酶、激素等）都含有机物。生物的新陈代谢和遗传现象，都涉及有机物的转变。此外，许多有机物与人类生产、生活密切相关，如石油、天然气、棉花、染料、化纤、塑料、有机玻璃、天然药物和合成药物等。

有机化学是化学的一个分支，其研究对象是有机物。有机化学是研究有机化合物的化学，是主要研究有机物的结构、性质、合成、应用及变化规律的一门学科。

【知识拓展】
口罩对新型冠状病毒疫情的重要作用

面对新型冠状病毒疫情，越来越多的人意识到了口罩的重要作用。对于新型冠状病毒感染的肺炎有明显阻隔作用的是医用外科口罩和对非油性颗粒的过滤大于等于 95% 的口罩，如 N95、KN95、DS2、FFP2 口罩等。

思考：口罩是什么样的材质呢？为什么口罩能够阻挡病毒的传播呢？

通常，口罩是无纺布材料，是由定向的或随机的纤维构成的，其原料是聚丙烯（polypropylene，简称 PP）。无纺布口罩是由专业用于医疗卫生的纤维无纺布内外两层，中间增加一层过滤防菌达 99.999% 以上的过滤溶喷布经超声波焊接而成。医用外科口罩一般是由三层无纺布制成，这三层材料是纺黏无纺布＋熔喷无纺布＋纺黏无纺布。而 N95 杯型口罩则由针刺棉、熔喷布及无纺布组成。

医用外科口罩能阻挡超过 90% 的直径大于 5 μm 的颗粒，而 N95 口罩的防护功能更强，对直径大于等于 0.3 μm 的颗粒，阻挡率超过 95%，所以这两种口罩都能很好地预防细菌和部分病毒的侵入。

戴好口罩，做好防护，这不仅是对自己的保护，也是为防控疫情做出应有的贡献。

二、有机化合物的特性

有机化合物分子中碳原子之间、碳原子与其他原子之间一般通过共价键相结合，这决定了有机物与无机物相比有很多特性。

1. 热稳定性差，易燃烧　有机物一般对热是不稳定的，有的甚至在常温下就能分解。绝大多数有机物着火点较低，如汽油、柴油、液化气、天然气、木材、油脂、酒精等都容易燃烧。

2. 熔点低　有机物的熔点都较低，一般不超过 300℃。常温下多数有机物为易挥发的气体、液体或低熔点固体。

3. 难溶于水，易溶于有机溶剂　绝大多数有机物难溶于水，而易溶于有机溶剂。有机溶剂是指作为溶剂的液态有机物，如酒精、汽油、甘油、乙醚和苯等。无机化合物则相反，大多数易溶于水，难溶于有机溶剂。

4. 稳定性差　多数有机物不如无机物稳定，有机物常因温度、空气、光照或细菌等因素的影响而发生分解或变质。例如许多抗生素片剂或针剂常注明有效期，就是因为其稳定性差，经过一定时间后会发生变质而失效。

5. 反应速率比较慢，产物复杂　多数有机物之间的反应速率较慢，常采用加热、加催化剂或光照等方式来加快反应的进行。一般来说，温度每增加 10℃，反应速率加快1～2倍。多数有机物之间的反应，常伴有副反应发生，反应产物常常是混合物。

6. 同分异构现象普遍存在　同分异构体是指具有相同分子组成而结构不同的化合物。许多同分异构体有着相同或相似的化学性质，如乙醇和二甲醚(C_2H_6O)、正丁烷和异丁烷(C_4H_{10})等。同分异构现象是有机化合物种类繁多、数量庞大的原因之一。

虽然有机物与无机物的结构和性质有所不同，但是它们都遵循一般化学变化的基本规律。

三、有机化合物结构的表示方式

常用的有机物结构的表示方式有分子式、结构式、结构简式和键线式。

分子式是用元素符号及下标数字表示物质分子的组成及所含原子数目的化学式，如 CH_4、C_2H_6 等。分子式只能表示物质的化学组成，而无法知道分子中各原子的连接次序及空间排列。

结构式是用元素符号和短线表示物质分子中原子的排列和结合方式的化学式，是一种简单描述分子结构的方法。结构式中将原子用短线相连，一根短线代表一个共价键，当原子之间以双键或叁键相连时，则用两根或三根短线相连。结构式完整地表示了组成有机物分子的原子种类和数目、各原子的连接顺序和方式。如：

$$
\begin{array}{c}
H \\
| \\
H-C-H \\
| \\
H
\end{array}
$$

结构简式是结构式的简单表达式。在结构式的基础上，省略碳氢键、碳碳单键的小短线所形成的化学式，如 $CH_3CH_2CH_2CH_3$ 等。但要注意：双键、叁键等官能团不可省略；连接在同一碳原子上的氢原子或基团可以合并书写并标出其数目，如：$CH_3CH_2CH_2CH_3$ 可写成 $CH_3(CH_2)_2CH_3$；有机物结构一般为锯齿形结构，而非直线型结构。

键线式是将结构式中的氢原子和碳原子符号省略(官能团除外),只用键线来表示碳架,即用短线以近似的键角相连,每个端点和拐点均表示一个碳原子。例如 $CH_3CH_2CH_2CH_3$、环己烷可分别表示如下:

在有机物分子中,与 4 个原子或原子团相连的碳原子称为饱和碳原子,只与 3 个或 2 个原子或原子团相连的碳原子称为不饱和碳原子,比如碳碳双键、叁键和碳氧双键中的碳原子为不饱和碳原子。

几种有机化合物的构造式、构造简式和键线式示例见表 8-1。

表 8-1　几种有机化合物的构造式、构造简式和键线式示例

化合物	分子式	结构式	结构简式	键线式
丁烷	C_4H_{10}	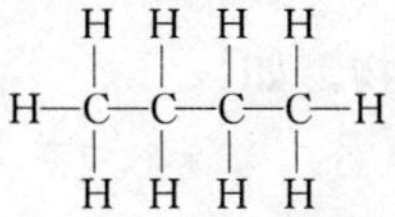 (见图)	$CH_3CH_2CH_2CH_3$	 (见图)
2-丁烯	C_4H_8	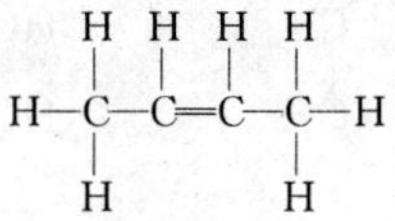 (见图)	$CH_3CH=CHCH_3$	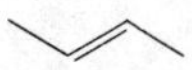 (见图)
环戊烷	C_5H_{10}	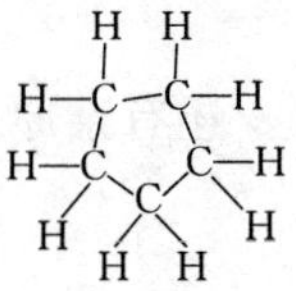 (见图)	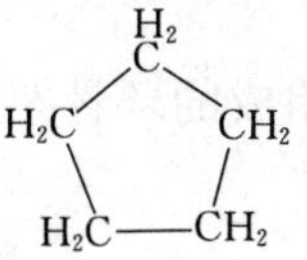 (见图)	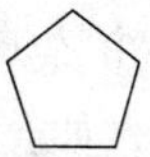 (见图)
2-丁醇	$C_4H_{10}O$	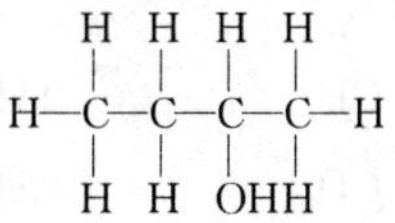 (见图)	$CH_3CH(OH)CH_2CH_3$	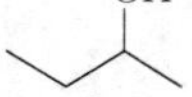 (见图)
2-氯丁烷	C_4H_9Cl	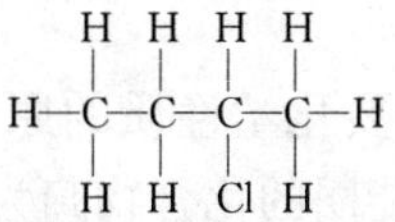 (见图)	$CH_3CHClCH_2CH_3$	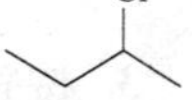 (见图)

四、有机化合物的分类

常见的有机化合物分类方法有如下几种:

1. 按组成元素分类

(1)烃类物质。烃类物质是只含碳、氢两种元素的有机物,如烷烃、烯烃、炔烃、芳香烃等。

(2)烃的衍生物。烃分子中的氢原子被其他原子或原子团所取代而生成的一系列化合

物称为烃的衍生物(或含有碳、氢及其他元素的化合物),如醇、醛、羧酸、酯、卤代烃。

2. 按碳骨架分类　根据碳原子结合而成的基本骨架不同,有机物被分为以下两大类:

(1)链状化合物。这类化合物分子中的碳原子相互连接成链状。因其最初是在脂肪中发现的,故又称为脂肪族化合物。如丙烷($CH_3CH_2CH_3$)、正丁酸($CH_3CH_2CH_2COOH$)、正己醇($CH_3CH_2CH_2CH_2CH_2CH_2OH$)等。

(2)环状化合物。这类化合物分子中含有由碳原子组成的环状结构。它又可分为以下3类:

① 脂环化合物:是一类性质和脂肪族化合物相似的碳环化合物。如:

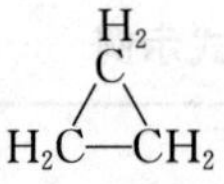

环丙烷 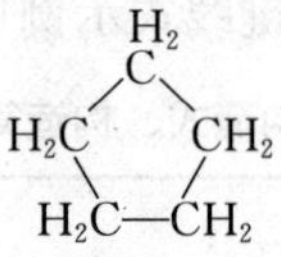　　　　环戊烷 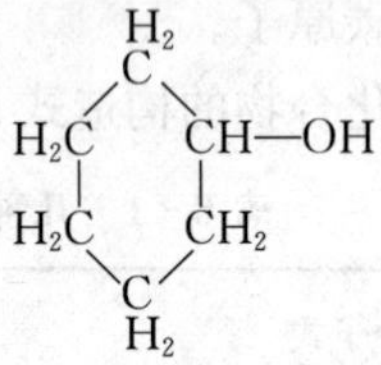　　　　环己醇

② 芳香化合物:是分子中含有苯环的化合物。如:

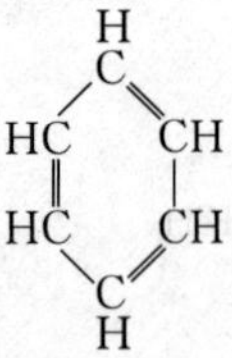

苯 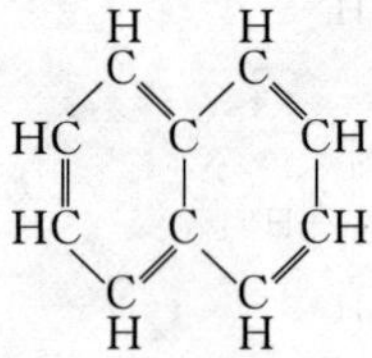　　　　萘 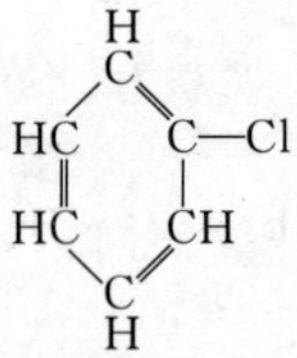　　　　氯苯

③ 杂环化合物:组成的环骨架的原子除 C 外,还有杂原子,这类化合物称为杂环化合物。如:

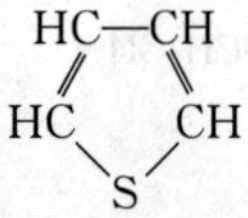

噻吩 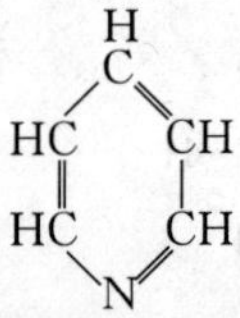　　　　吡啶 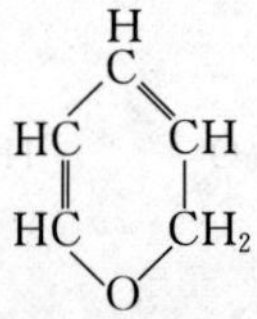　　　　吡喃

3. 按官能团分类　官能团是决定化合物主要化学性质的原子或原子团(基团)。有机化学反应一般发生在官能团上。将具有相同官能团的化合物归为一类,它们一般具有相同或相似的化学性质。表8-2列出了一些常见官能团及化合物的类别。

表 8-2 一些常见官能团及化合物的类别

化合物	官能团	举例	化合物	官能团	举例
烯烃	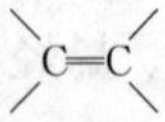 C=C 碳-碳双键	$H_2C=CH_2$ 乙烯	羧酸	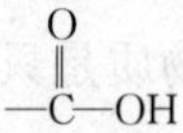 —C—OH（含O双键） 羧基	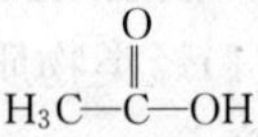 H_3C—C—OH（含O双键） 乙酸

化合物	官能团	举例	化合物	官能团	举例
炔烃	—C≡C— 碳-碳叁键	HC≡CH 乙炔	胺	—NH₂ 氨基	H₃C—NH₂ 甲胺
卤代烃	—X 卤素	H₃C—X 卤代甲烷	酰卤	$\overset{O}{\underset{}{-C-X}}$	$\overset{O}{\underset{乙酰氯}{H_3C-C-Cl}}$
醇	—OH 羟基	CH₃CH₂—OH 乙醇	硝基化合物	—NO₂ 硝基	硝基苯 NO₂
酚	—OH 羟基	苯酚 —OH	磺酸	—SO₃H 磺酸基	苯磺酸 —SO₃H
醚	—C—O—C— 醚键	CH₃CH₂—O—CH₂CH₃ 乙醚	酯	$\overset{O}{\underset{酯基}{-C-O-}}$	$\overset{O}{\underset{乙酸乙酯}{H_3CH_2C-C-O-CH_2CH_3}}$
醛	$\overset{O}{\underset{醛基}{-C-H}}$	$\overset{O}{\underset{乙醛}{H_3C-C-H}}$	酸酐	$\overset{O\quad O}{\underset{酸酐键}{-C-O-C-}}$	$\overset{O\quad O}{\underset{乙酸酐}{H_3C-C-O-C-CH_3}}$
酮	$\overset{O}{\underset{酮基}{-C-}}$	$\overset{O}{\underset{丙酮}{H_3C-C-CH_3}}$	酰胺	$\overset{O}{\underset{酰胺键}{-C-O-N}}$	$\overset{O}{\underset{乙酰胺}{H_3C-C-O-NH_2}}$

任务二　烷　烃

　　烃是碳和氢两种元素组成的化合物，是有机化合物的母体，其他各类有机化合物都可以看作烃的衍生物。根据烃结构的不同分为链烃和环烃。链烃又分为饱和烃、不饱和烃，饱和烃即指烷烃，不饱和烃包括烯烃和炔烃，其结构特征是分子中所有碳原子相互连接成不闭合的链状；环烃又分为脂环烃和芳香烃，其结构特征是分子中所有碳原子相互连接成闭合的环状。链烃广泛分布于自然界中，其主要作用是用作燃料及化工、医药产品的原料，石油和天然气是链烃的主要来源，医药中常用的石蜡和凡士林都是烷烃的混合物。

```
        ┌ 链烃 ┌ 饱和烃（烷烃）
        │      └ 不饱和烃 ┌ 烯烃
烃      ┤                 └ 炔烃
        │ 环烃 ┌ 脂环烃
        └      └ 芳香烃
```

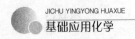
一、烷烃及同系物

烷烃是碳原子之间都以单键相连，其余价键都被氢原子饱和的链烃，故又称为饱和烃。烷烃的分子通式为 C_nH_{2n+2}，最简单的烷烃是甲烷(CH_4)，其余依次为乙烷(C_2H_6)、丙烷(C_3H_8)、丁烷(C_4H_{10})等，它们在分子组成上相差一个或几个—CH_2—原子团。我们把这些具有相同分子通式和结构特征的一系列化合物称为同系列，同系列中的各个化合物互称同系物，相邻的两个同系物的组成差(CH_2)称为同系列差。同系物的结构相似，化学性质也相似，物理性质随碳原子数的增加呈现规律性的变化。

二、烷烃的结构和碳链异构

1. 烷烃的结构 烷烃分子中碳原子都采用 sp^3 杂化，碳碳之间及碳氢之间均以 σ 键结合。甲烷分子中的碳原子以 4 个 sp^3 杂化轨道分别跟 4 个氢原子的 1 s 轨道"头碰头"最大限度地重叠，形成 4 个 C—H σ 键，C—H 键的键角为 $109°28'$，甲烷分子的空间构型为正四面体。C 的 sp^3 杂化及甲烷分子的电子云如图 8-1 所示。

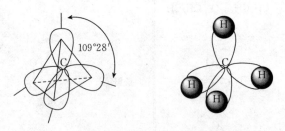

图 8-1　C 的 sp^3 杂化及甲烷分子的电子云

乙烷分子中 2 个碳原子各以一个 sp^3 杂化轨道"头碰头"重叠形成 1 个 C—C σ 键，剩下的 3 个 sp^3 杂化轨道分别跟 3 个氢原子的 1 s 轨道重叠形成 3 个 C—H σ 键，分子中的键角均接近 $109°28'$。乙烷分子的电子云如图 8-2 所示。

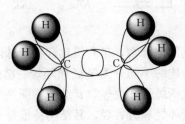

图 8-2　乙烷分子的电子云

2. 烷烃的碳链异构 在有机化学中，将分子式相同、结构不同的化合物互称同分异构体(简称异构体)，也称为结构异构体。将具有相同分子式而具有不同结构的现象称为同分异构现象。同分异构包括构造异构和立体异构，构造是指分子中原子之间相互连接的次序和方式，分子式相同而分子中原子间相互连接的次序和方式不同的现象称为构造异构。烷烃分子中，分子式相同但由于碳链结构不同而产生的同分异构现象，称为碳链异构，碳链异构是构造异构的一种。甲烷、乙烷、丙烷无碳链异构体，丁烷（C_4H_{10}）有两种异构体，戊烷（C_5H_{12}）有三种异构体。随着烷烃分子中碳原子数目的增多，碳链异构体的数目也随之增加。

$$C_4H_{10} \qquad CH_3CH_2CH_2CH_3 \qquad \overset{\displaystyle CH_3}{\underset{\displaystyle |}{CH_3CHCH_3}}$$
$$\text{丁烷} \qquad\qquad\qquad \text{异丁烷}$$

$$C_5H_{12} \qquad CH_3CH_2CH_2CH_3 \qquad \overset{\displaystyle CH_3}{\underset{\displaystyle |}{CH_3CHCH_2CH_3}} \qquad CH_3\overset{\displaystyle CH_3}{\underset{\displaystyle CH_3}{\overset{|}{\underset{|}{C}}}CH_3}$$
$$\text{戊烷} \qquad\qquad\qquad \text{异戊烷} \qquad\qquad \text{新戊烷}$$

3. 烷烃中碳原子的类型　烷烃中的碳原子均为饱和碳原子，根据它所连接的碳原子数目，可分为伯、仲、叔、季碳原子，也称为一级碳原子、二级碳原子、三级碳原子、四级碳原子，分别用 1°、2°、3°、4° 表示。与一个碳原子相连的称为伯碳原子，与两个碳原子相连的称为仲碳原子，以此类推。例如：

连接在伯、仲、叔碳原子上的氢原子，相应地称为伯氢原子、仲氢原子和叔氢原子，也可以称为 1° 氢原子、2° 氢原子和 3° 氢原子，不同类型的氢原子化学反应的相对活性各不相同。

【课堂活动 8-1】

　　某烷烃分子式为 C_6H_{14}，请写出此烷烃的结构简式。

扫码看答案

[QR code]

课堂活动 8-1

三、烷烃的命名

1. 普通命名法　命名原则：①碳原子数在十以内的直链烷烃，分别用天干：甲、乙、丙、丁、戊、己、庚、辛、壬、癸表示对应的碳原子个数，在后面加上"烷"字，如 CH_4：甲烷，C_2H_6：乙烷，C_3H_7：丙烷，C_4H_8：丁烷……$C_{10}H_{22}$：癸烷。碳原子数多于十个的烷烃，用中文数字表示，在后面加上"烷"字，如 $C_{11}H_{24}$：十一烷，$C_{20}H_{42}$：二十烷。1～

10 个碳原子的直链烷烃见表 8 - 3。

表 8 - 3　1～10 个碳原子的直链烷烃

结构简式	中文名	结构简式	中文名
CH_4	甲烷	$CH_3(CH_2)_4CH_3$	己烷
CH_3CH_3	乙烷	$CH_3(CH_2)_5CH_3$	庚烷
$CH_3CH_2CH_3$	丙烷	$CH_3(CH_2)_6CH_3$	辛烷
$CH_3(CH_2)_2CH_3$	丁烷	$CH_3(CH_2)_7CH_3$	壬烷
$CH_3(CH_2)_3CH_3$	戊烷	$CH_3(CH_2)_8CH_3$	癸烷

② 烷烃的异构体可以用"正""异""新"来区分,"正"表示直链烷烃;"异"表示碳链一端有一个侧链;"新"表示碳链一端有两个侧链。

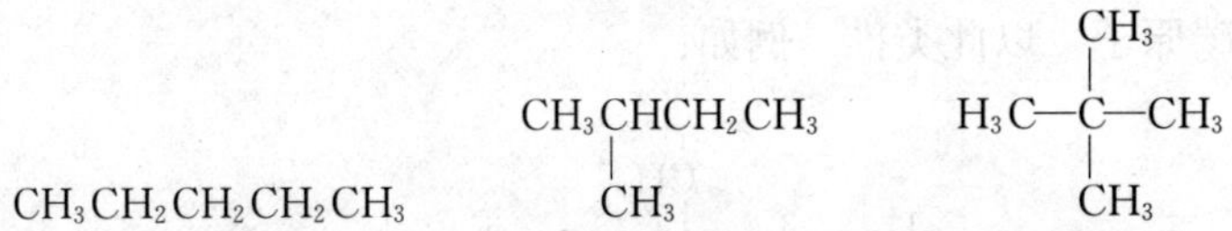

$$CH_3CH_2CH_2CH_2CH_3 \qquad CH_3CHCH_2CH_3 \qquad H_3C-\overset{\displaystyle CH_3}{\underset{\displaystyle CH_3}{C}}-CH_3$$
$$\qquad\qquad\qquad\qquad\qquad\qquad\quad CH_3$$

正戊烷　　　　　　异戊烷　　　　　　新戊烷

【课堂活动 8 - 2】

请用普通命名法命名下列化合物。

$$CH_3CHCH_2CH_2CH_3 \qquad CH_3CCH_2CH_3$$

扫码看答案

课堂活动 8 - 2

普通命名法只适用于结构简单的烷烃,结构比较复杂的烷烃,要用系统命名法来命名。

2. 系统命名法　直链烷烃的命名类似于普通命名法,将"正"字省略即可。

支链烷烃的命名是把支链作为取代基,名称由取代基和母体组成。烷烃中的取代基就是各种烷烃基,即烷烃分子中去掉一个氢原子后剩下的基团,命名时将相应的"烷"字改为"基"字。常见的烷烃基结构和名称见表 8 - 4。

表 8-4　常见的烷烃基结构和名称

烷烃	烷烃名称	烷烃基	烷烃基名称
CH_4	甲烷	$CH_3—$	甲基
CH_3CH_3	乙烷	$CH_3CH_2—$	乙基
$CH_3CH_2CH_3$	丙烷	$CH_3CH_2CH_2—$	丙基
		$CH_3\overset{|}{C}HCH_3$	异丙基
$CH_3CH_2CH_2CH_3$	丁烷	$CH_3CH_2CH_2CH_2—$	丁基
		$CH_3\overset{|}{C}HCH_2CH_3$	仲丁基
$\overset{\displaystyle CH_3}{\underset{\displaystyle CH_3CHCH_3}{|}}$	异丁烷	$\overset{\displaystyle CH_3}{\underset{\displaystyle CH_3CHCH_2—}{|}}$	异丁基
		$\overset{\displaystyle CH_3}{\underset{\displaystyle CH_3CCH_3}{|}}$	叔丁基

系统命名的原则和步骤

(1)选主链，确定母体。选择分子中连续的最长碳链作主链(母体)，并根据主链上的碳原子数命名为"某烷"。如有多条链碳原子数相等时，选取代基最多的链为主链。例如：

$$CH_3—CH_2—\overset{5}{C}H_2—\overset{4}{C}H—\overset{3}{C}H_2—\overset{2}{C}H—\overset{1}{C}H_3$$

2,2,3,6-四甲基-5-丙基辛烷

(2)给主链碳原子编号。根据最低系列原则给主链编号。首先考虑链的长短，长链优先。若有等长碳链时，以取代基数目多的长链为主链。主链确定后，要根据最低系列原则对主链进行编号。最低系列原则的内容是：使取代基的号码尽可能小，若有多个取代基，逐个比较，直至比出高低为止。例如：

$$\overset{8}{C}H_3\overset{7}{C}H_2\overset{6}{C}H\overset{5}{C}H_2\overset{4}{C}H_2\overset{3}{C}H\overset{2}{C}H_2\overset{1}{C}H_3$$

3-甲基-6-乙基辛烷

$$\overset{1}{C}H_3\overset{2}{C}H\overset{3}{C}H_2\overset{4}{C}H\overset{5}{C}H_2\overset{6}{C}H_2\overset{7}{C}H\overset{8}{C}H_3$$

2,4,7-三甲基辛烷

(3)命名。按有机化合物名称的基本格式进行命名。先写出取代基的位次(用阿拉伯数字表示)及名称，再写母体的名称，取代基的位次和名称之间、不同取代基之间用"-"隔开；当有多个取代基时，书写次序是先简单后复杂，相同的取代基合并写出，在取代基名称前用汉字数字表示数目。例如：

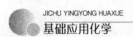

$$CH_3CH_2\underset{\underset{CH_3}{|}}{\overset{\overset{CH_2CH_3}{|}}{C}}CH_2\underset{\underset{CH_3}{|}}{CH}CH_2CH_3$$

3,5-二甲基-3-乙基庚烷

$$CH_3\underset{\underset{CH_3}{|}}{CH}CH_2\underset{\underset{CH_3}{|}}{\overset{\overset{CH_3}{|}}{C}}CH_2\underset{\underset{CH_2CH_3}{|}}{CH}CH_3$$

2,4,4,6-四甲基辛烷

四、烷烃的物理性质

有机化合物的物理性质通常指物理状态、沸点、熔点、相对密度、溶解性、旋光度、折光率等。

烷烃的物理性质常常随着碳原子数的增加而呈现规律性的变化。

1. 物理状态　室温下，$C_1 \sim C_4$ 直链烷烃是无色气体，$C_5 \sim C_{16}$直链烷烃是无色液体，C_{17}直链烷烃是蜡状固体。石蜡就是某些固态烷烃的混合物。

2. 沸点、熔点　直链烷烃的沸点、熔点随着相对分子质量的增加呈现规律性地升高。除很小的烷烃外，每增多一个碳原子，沸点升高 20～30℃。在异构体中，直链烷烃的沸点比支链烷烃的沸点高。

3. 相对密度　烷烃的相对密度随着相对分子质量的增加而逐渐增大。一般烷烃的相对密度都比水的小。

4. 溶解性　烷烃易溶于有机溶剂（如四氯化碳、汽油、苯、醚等），几乎不溶于水。

五、烷烃的化学性质

有机化合物的化学性质取决于它的结构特点。

1. 稳定性　烷烃是饱和烃，分子中的 C—C 键和 C—H 键都是牢固的 σ 键，所以烷烃具有高度的化学稳定性，在室温下与强酸、强碱、强氧化剂及还原剂都不发生反应，但其稳定性是相对的，在适当条件下（如在光照、高温或催化剂作用下），也能发生一些反应，如卤代反应。

2. 卤代反应　烷烃分子中的氢原子被卤原子取代的反应称为卤代反应，包括氟代反应、氯代反应、溴代反应和碘代反应。卤素的反应活性顺序依次为：$F_2 > Cl_2 > Br_2 > I_2$，氟代反应过于剧烈而难以控制，碘代反应很难进行，所以卤代反应通常是指氯代反应和溴代反应。甲烷的氯代反应需要在紫外光照射或温度在 250～400℃ 的条件下进行，产物为一氯甲烷、二氯甲烷、三氯甲烷和四氯化碳的混合物。

$$CH_4 + Cl_2 \xrightarrow{光或热} CH_3Cl + HCl \qquad CH_3Cl + Cl_2 \xrightarrow{光或热} CH_2Cl_2 + HCl$$

$$CH_2Cl_2 + Cl_2 \xrightarrow{光或热} CHCl_3 + HCl \qquad CHCl_3 + Cl_2 \xrightarrow{光或热} CCl_4 + HCl$$

烷烃中常含有不同类型的氢原子，因此，发生卤代反应时常生成不同卤代产物的混合物。例如：

$$CH_3CH_2CH_3 + Cl_2 \xrightarrow[25℃]{光照} CH_3CH_2CH_2Cl + CH_3\underset{\underset{Cl}{|}}{CH}CH_3$$

1-氯丙烷(43%)　2-氯丙烷(57%)

$$CH_3CH_2CH_3 + Br_2 \xrightarrow[127℃]{光照} CH_3CH_2CH_2Br + CH_3\underset{\underset{Br}{|}}{C}HCH_3$$

1-溴丙烷(3%) 2-溴丙烷(97%)

3. 氧化反应 有机化学反应中,把得到氧原子或失去氢原子的反应称为氧化反应。相应地,把得到氢原子或失去氧原子的反应称为还原反应。

烷烃氧化反应有两种反应:一种反应是完全氧化反应,放出能量,如甲烷、汽油、柴油等(它们是人类的主要能源);另一种是控制部分氧化反应,生成烃的各种醇、醛、酮、酸等含氧衍生物,如甲烷的氧化反应。

$$CH_4 + 2O_2 \longrightarrow CO_2 + 2H_2O$$

$$CH_4 + O_2 \xrightarrow[600℃]{NO} HCHO + H_2O$$

低级烷烃的蒸气与空气按一定比例混合,遇明火就爆炸,这个混合物爆炸的比例称为爆炸极限。甲烷的爆炸极限是 $5.53\% \sim 14\%$。

【知识拓展】

自由基与人体健康

自由基是含有一个不成对电子的原子或原子团,人体中也含有自由基。自由基对人体健康是一把双刃剑:一方面,生命活动离不开自由基,它们具有传递能量、信号传导和免疫功能,参与排除毒素,被用来杀灭细菌和寄生虫;另一方面,自由基具有强氧化作用,会损害人体的组织和细胞,当自由基超过一定量并失去控制时,就会给我们的生命带来危害。大量研究表明,肿瘤、炎症、衰老、血液病以及心、肝、肺、皮肤等各种疑难疾病的发生都与体内清除自由基能力的下降或自由基产生过多有着密切关系。降低自由基危害的途径有两条:一是利用内源性自由基清除系统清除体内多余的自由基;二是发掘外源性抗氧化剂——自由基清除剂,阻断自由基对人体的损害。目前,我国已陆续发现很多有价值的天然抗氧化剂,用于人体的保健,增强人体清除自由基的能力或抑制自由基的过多产生。

任务三 烯   烃

一、烯烃

烯烃是分子中含有碳碳双键的不饱和链烃。根据碳碳双键的数目可分为单烯烃、二烯烃和多烯烃,通常说的烯烃是指开链单烯烃,它的分子通式为 C_nH_{2n},比同数碳原子的烷烃少两个氢原子。

二、烯烃的结构和异构

1. 乙烯的结构 单烯烃中,连接碳碳双键的碳原子都采用 sp^2 杂化。以结构最简单的乙烯为例，每个碳原子都有 3 个 sp^2 杂化轨道和 1 个未杂化的 p 轨道，在同一平面上的 3 个 sp^2 杂化轨道之间的夹角为 120°，未杂化的 p 轨道垂直于杂化轨道的平面。两个碳原子各用 1 个 sp^2 杂化轨道"头碰头"重叠形成 1 个 C—C σ 键，未杂化的 p 轨道"肩并肩"重叠形成 1 个 C—C π 键，π 键电子云分布在 σ 键的上下方；其余 4 个 sp^2 杂化轨道分别与氢的 1s 轨道重叠形成 4 个 C—H σ 键。因 sp^2 杂化轨道是平面型的，故乙烯分子中，2 个 C 和 4 个 H 共在同一平面，为平面型结构。C 的 sp^2 杂化及乙烯分子的电子云如图 8 - 3 所示。

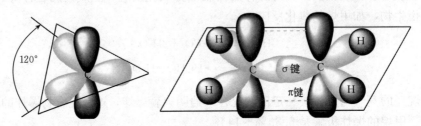

图 8 - 3　C 的 sp^2 杂化及乙烯分子的电子云

其他烯烃分子中的双键的碳原子均采用 sp^2 杂化，碳碳双键均由 1 个 σ 键和 1 个 π 键组成，其余结构与烷烃相似。

2. 烯烃的异构　烯烃与相同碳原子数的烷烃相比，构造更复杂，异构体的数目更多，其构造异构包括碳链异构和位置异构。例如丁烯有三个异构体：

C_4H_8　　　$H_2C=CH-CH_2CH_3$　　　$CH_3-CH=CH-CH_3$　　　$CH_3-\underset{\underset{CH_3}{|}}{C}=CH_2$

　　　　　　　　1-丁烯　　　　　　　　　2-丁烯　　　　　　　　2-甲基丙烯

上述 2-丁烯中，碳碳双键的 π 键的存在限制了 C—C σ 键的旋转，使得双键碳原子所连接的 H 原子和—CH_3 原子团具有固定的空间排列方式，产生了顺反异构。例如：

$$\underset{CH_3}{\overset{H}{\diagup}}C=\underset{CH_3}{\overset{H}{\diagup}}C \qquad \underset{CH_3}{\overset{H}{\diagup}}C=\underset{H}{\overset{CH_3}{\diagup}}C$$

【课堂活动 8 - 3】

　　请写出分子式为烯烃 C_5H_{10} 的结构简式。

扫码看答案

课堂活动 8 - 3

三、烯烃的命名

烯烃的系统命名法与烷烃相似，具体如下：

1. 选主链，确定母体 选择含有官能团（碳碳双键）的最长碳链作主链。

2. 给主链碳原子编号 使官能团的位次最低，在此前提下，使取代基的位次最低。双键的位次写在母体名称之前，并用"-"连接。

3. 命名 与烷烃相似，对取代基的位次进行标示，母体为"某烯"。常见的烯烃基有：

$$-CH=CH_2 \qquad CH_3-CH=CH- \qquad CH_2=CH-CH_2-$$
乙烯基 　　　　　丙烯基 　　　　　　烯丙基

命名举例：

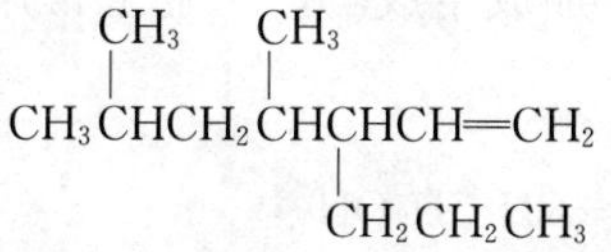

4,6-二甲基-3-丙基-1-庚烯 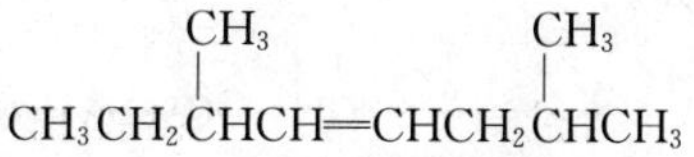　　　　　2,6-二甲基-4-辛烯

四、烯烃的物理性质

室温常压下，$C_2 \sim C_4$ 烯烃为气态，$C_5 \sim C_{18}$ 烯烃为液态，C_{19} 以上烯烃为固态。烯烃的熔点、沸点随碳原子数的增多而升高，直链烯烃的沸点比含有支链的烯烃沸点高。

五、烯烃的化学性质

烯烃的官能团是碳碳双键，其中 π 键重叠程度较小，键不牢固易被破坏，因此易发生以下反应：

1. 催化加氢 在催化剂 Ni、Pt、Pd 的作用下，烯烃与氢易发生加氢反应，生成同碳数的烷烃。

$$R-CH=CH-R'+H_2 \xrightarrow{Ni(或 Pt、Pd)} R-CH_2-CH_2-R'$$

$$CH_2=CH_2+H_2 \xrightarrow{Ni(或 Pt、Pd)} CH_3-CH_3$$

2. 亲电加成反应

(1)与卤素加成。卤素与烯烃发生加成反应的活性顺序为：$Cl_2 > Br_2 > I_2$。由于烯烃与溴的 CCl_4 或水溶液反应，使溴的红棕色很快褪去，因此常用此法鉴别烯烃。

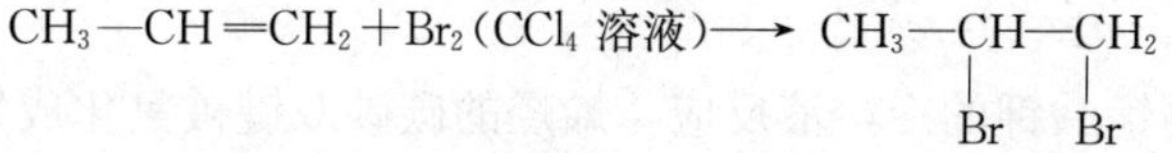

$$CH_3-CH=CH_2+Br_2(CCl_4 溶液) \longrightarrow CH_3-CH-CH_2$$

丙烯　　　　　红棕色　　　　　1,2-二溴丙烷(无色)

(2)与卤化氢加成。卤化氢与烯烃发生加成反应的活性顺序为：$HI > HBr > HCl$，结构对称的烯烃与卤化氢加成只生成一种产物，而结构不对称的烯烃与卤化氢加成则得到两种产物。例如：

$$CH_3CH{=}CHCH_3 + HBr \longrightarrow \underset{\underset{H}{|}\ \underset{Br}{|}}{CH_3CH{-}CHCH_3}$$

$$CH_3CH{=}CH_2 + HBr \longrightarrow \underset{\underset{Br}{|}\ \underset{H}{|}}{CH_3CH{-}CH_2}$$

主要产物

实验证明，丙烯与溴化氢反应主要产物是 2-溴丙烷，符合马尔可夫尼克夫规则（简称马氏规则），即不对称烯烃与 HX 发生加成反应时，HX 中的 H 原子总是加到含氢较多的双键碳原子上，而 X 原子加到含氢较少的双键碳原子上。但在过氧化物（ROOR）存在的条件下，烯烃与溴化氢的加成反应表现出反马氏规则特征，主要产物是 1-溴丙烷。这种因过氧化物的存在而使加成反应的取向发生改变的现象称为过氧化物效应。

（3）与水加成。在酸性条件下，烯烃可以与水加成生成醇。工业上常用此方法制备分子质量较小的醇。

$$CH_2{=}CH_2 + H_2O \xrightarrow[300℃]{H_3PO_4} CH_3CH_2OH$$

酸催化下烯烃与水的加成反应也遵循马氏规则。例如：

$$CH_3CH{=}CH_2 + H_2O \xrightarrow{H_2SO_4(65\%)} \underset{\underset{OH}{|}\ \underset{H}{|}}{CH_3CH{-}CH_2}$$

3. 氧化反应　烯烃很容易被氧化，常见的氧化剂有高锰酸钾、过氧化物、氧气及臭氧等。

与酸性高锰酸钾的热溶液反应，烯烃的碳碳双键发生断裂，不同结构的烯烃被氧化成不同的产物（如羧酸、酮及二氧化碳等），高锰酸钾溶液的紫红色褪为无色。此反应现象明显，常用来鉴别烯烃。还可根据产物的不同推断烯烃的结构。

$$R{-}CH{=}CH_2 \xrightarrow[H_3O^+]{KMnO_4} RCOOH + CO_2 + H_2O$$

$$\underset{\underset{R_1}{|}}{R{-}C{=}CHR_2} \xrightarrow[H_3O^+]{KMnO_4} R{-}\overset{O}{\overset{\|}{C}}{-}R_1 + R_2COOH$$

例如：

$$CH_3CHCH_2 \xrightarrow[H_3O^+]{KMnO_4} CH_3COOH + CO_2 + H_2O$$

$$\underset{\underset{CH_3}{|}}{CH_3{-}\overset{\overset{CH_3}{|}}{C}{=}CH{-}CH_3} \xrightarrow[H_3O^+]{KMnO_4} 2CH_3{-}\overset{O}{\overset{\|}{C}}{-}CH_3$$

与碱性或中性高锰酸钾的冷溶液反应，烯烃的碳碳双键被氧化成邻二醇，高锰酸钾的紫红色褪去，生成二氧化锰褐色沉淀。

$$\underset{R_2}{\overset{R_1}{>}}C{=}C\underset{R_4}{\overset{R_3}{<}} \xrightarrow[KMnO_4]{H_2O} \underset{\underset{OH}{|}\ \underset{OH}{|}}{R_1{-}\overset{R_2}{\overset{|}{C}}{-}\overset{R_4}{\overset{|}{C}}{-}R_3} + MnO_2\downarrow$$

4. 聚合反应　烯烃在催化剂的作用下，碳碳双键的 π 键断裂，相互加成、聚合，生成大分子或高分子化合物。像这种由低分子单体合成聚合物的反应称为聚合反应。用来合成聚合物的小分子化合物称为单体，由许多小分子化合物以共价键结合成的分子质量大的化合物称为聚合物。

单体乙烯通过聚合反应可合成聚乙烯，单体丙烯通过聚合反应可合成聚丙烯。聚乙烯、聚丙烯都是优良的高分子材料，具有良好的耐酸、耐碱、抗腐蚀和电绝缘性能，它们的用途十分广泛，主要用来制造薄膜、包装材料、容器、管道等，并可作为电视、雷达等的高频绝缘材料。

$$n CH_2 = CH_2 \xrightarrow[\text{100~250℃，150~300 MPa}]{\text{少量引发剂}} \overset{}{\underset{}{}} \left[CH_2 - CH_2 \right]_n$$

聚乙物

$$n CH_3 CH = CH_2 \xrightarrow[\text{50℃，1 MPa}]{\text{三烷基铝，三氯化钛}} \left[\begin{array}{c} CH - CH_2 \\ | \\ CH_3 \end{array} \right]_n$$

聚丙烯

【知识拓展】

天然存在的共轭多烯烃——β-胡萝卜素

胡萝卜素是从胡萝卜中提取得到的橘黄色物质，包括多种结构类似物，主要有 α-胡萝卜素、β-胡萝卜素、γ-胡萝卜素三种异构体，其中 β-胡萝卜素是最主要的也是活性最高的组成成分，约占天然胡萝卜素的 80%。β-胡萝卜素是天然存在的共轭多烯烃化合物，是维生素 A(又称视黄醇)的前体，是人体内维生素 A 主要的安全来源。

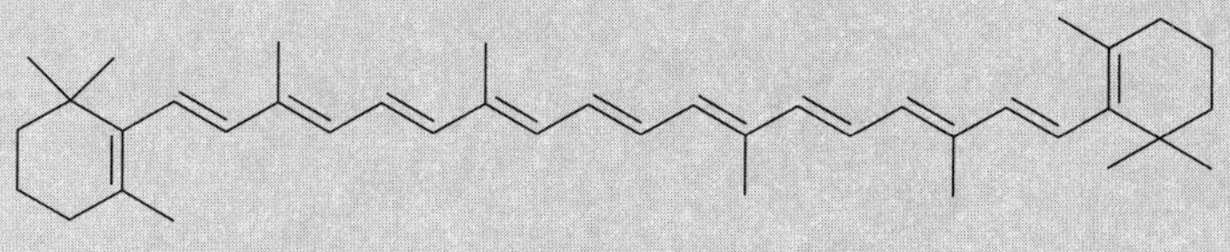

β-胡萝卜素

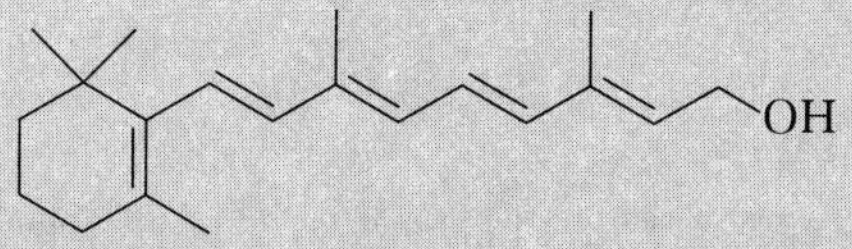

维生素A

β-胡萝卜素是一种抗氧化剂，它可以防止和清除体内代谢过程中产生的自由基，是氧自由基最强的"克星"。此外，β-胡萝卜素还具有防癌、抗癌、防衰老、预防白内障、保护视力、预防心血管疾病、提高机体免疫力等多种作用。

β-胡萝卜素是人体必需的维生素之一，正常人每天的摄入量约 6 mg。许多天然食物(如绿色蔬菜、胡萝卜、甘薯、木瓜、杜果等)中都含有丰富的 β-胡萝卜素。在目前追求绿色食品的潮流下，天然胡萝卜素将会更受欢迎。

任务四 环 烃

环烃是指具有碳环的碳氢化合物。根据其结构和性质不同，环烃可分为脂环烃和芳香烃两类。

一、脂环烃

脂环烃是指性质与脂肪链烃相似的环烃。脂环烃及其衍生物众多，广泛存在于自然界中，如石油中的环烷烃、植物挥发油中的萜类、性激素甾族化合物等。

(一)脂环烃的分类

根据环中是否含有不饱和键，脂环烃分为饱和脂环烃和不饱和脂环烃。饱和脂环烃称为环烷烃，不饱和脂环烃分为环烯烃和环炔烃。例如：

环戊烷　　环己烯　　环辛炔

根据碳环的数目分为单环脂环烃、双环脂环烃和多环脂环烃。单环脂环烃根据成环碳原子的数目分为小环($C_3 \sim C_4$)、普通环($C_5 \sim C_6$)、中环($C_7 \sim C_{12}$)和大环($>C_{12}$)。双环和多环脂环烃根据两个碳环共用的碳原子数目分为螺环烃和桥环烃，两个碳环共用一个碳原子的称为螺环烃，共用两个或更多个碳原子的称为桥环烃。例如：

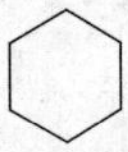

环烷烃(六元环) 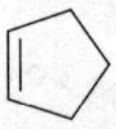　　环烯烃(五元环) 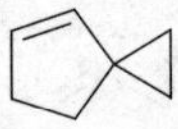　　　螺环烃 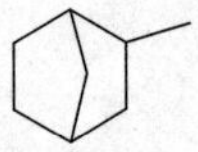　　　　桥环烃

(二)脂环烃的命名

1. 单环脂环烃命名　单环脂环烃的命名与链烃相似，只需在相应的直链烃名称前加"环"字。简单单环脂环烃命名以环为母体，根据环上碳原子数目，称为环某烷或环某烯，如环丙烷、环戊烷、环己烯等。

若环上有不饱和键和取代基，则对碳原子编号时应使不饱和键和取代基的位次尽可能低(小)。例如：

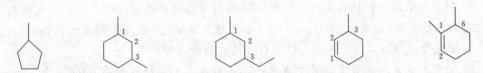

甲基环戊烷　　1,3-二甲基环己烷　　1-甲基-3-乙基环己烷　　3-甲基-1-环己烯　　1,6-二甲基-1-环己烯

2. 多环脂环烃命名

(1)螺环烃命名。两个碳环共用一个碳原子的为螺环烃，共用的碳原子称为螺原子。

单螺命名时根据参与成环的碳原子总数称为"螺[ ]某烃",在方括号内用阿拉伯数字标出每个碳环的碳原子数目(螺原子除外),从小到大,数字之间用小圆点"."隔开。编号从小环邻接螺原子的碳原子开始,通过螺原子编到大环,并使不饱和键和取代基的位次尽可能低(小)。

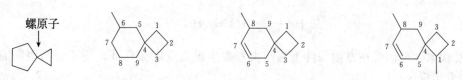

螺[2.4]庚烷　　　6-甲基螺[3.5]壬烷　　　8-甲基螺[3.5]-6-壬烯　　　1,8-二甲基螺[3.5]-6-壬烯

(2)桥环烃命名。桥碳链交汇点的碳原子称为桥头碳原子,两个桥头碳原子之间的碳链称为碳桥。命名二环时根据参与成环的碳原子总数称为"二环[ ]某烃",方括号内用阿拉伯数字标出各桥所含碳原子数(桥头碳原子除外),从大到小,数字之间用小圆点"."隔开。编号从一个桥头碳原子开始,沿长桥编到第二个桥头碳原子,再沿短桥编回到第一个桥头碳原子。环上有不饱和键和取代基时,应使它们的位次尽可能(低)小。

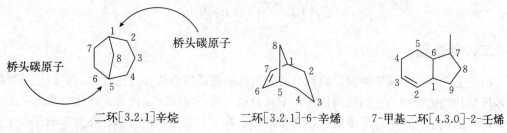

二环[3.2.1]辛烷　　　二环[3.2.1]-6-辛烯　　　7-甲基二环[4.3.0]-2-壬烯

(三)脂环烃的物理性质

脂环烃的物理性质与开链烃类似,相对密度比水轻,不溶于水,易溶于有机溶剂。常温下,环丙烷、环丙烯、环丁烷、环丁烯是气体,环戊烷、环戊烯是液体,高级脂环烃是固体。环烷烃的熔点、沸点随碳原子数的增多而升高。

(四)脂环烃的化学性质

脂环烃的化学性质与链烃相似,例如环烷烃与烷烃相似,常温下不与高锰酸钾等氧化剂反应,高温或光照条件下与卤素发生取代反应;环烯烃与烯烃相似,可以发生加成反应和氧化反应。但由于分子中含有碳环,脂环烃特别是小脂环烃也表现出一些特殊的性质。

1. 取代反应　高温或光照条件下,环烷烃与卤素发生取代反应,生成卤代环烃。例如:

$$\triangle + Cl_2 \xrightarrow{h\nu} \triangle\!-\!Cl + HCl$$

2. 加成反应 脂环烃的化学特性主要是指小环(三元环、四元环)不稳定，容易开环发生加成反应。

(1)加氢。小环环烷烃不稳定，在催化剂存在下，容易加氢开环生成烷烃。

$$\triangle + H_2 \xrightarrow[80^\circ C]{Ni} CH_3CH_2CH_3$$

$$\square + H_2 \xrightarrow[200^\circ C]{Ni} CH_3CH_2CH_2CH_3$$

(2)加卤素。环丙烷在室温条件下易与卤素发生加成反应而开环，环丁烷与卤素需要加热才能发生反应。

$$\triangle + Br_2 \xrightarrow{常温} BrCH_2CH_2CH_2Br$$

$$\square \xrightarrow[\triangle]{Br_2/CCl_4} \underset{Br}{CH_2CH_2CH_2CH_2} \; \underset{Br}{}$$

(3)加卤化氢。环丙烷在室温条件下易与卤化氢发生加成反应而开环，其他环烷烃在室温时很难与卤化氢反应。

$$\triangle + HBr \xrightarrow{常温} CH_3CH_2CH_2Br$$

二、芳香烃

历史上曾将一类从植物提取的具有芳香气味的物质称为芳香族化合物，它们是一类具有苯环结构的化合物。它们结构稳定，不易分解，易于取代。现代芳香族化合物还存在不含有苯环的例子，这些分子中虽然不含苯环但也具有芳香性的化合物，称为非苯芳香化合物。所以现代芳香族化合物是指碳氢化合物分子中至少含有一个带共轭 π 键的环且具有芳香性的一类有机化合物，包括苯系芳香烃及其衍生物(如苯、萘、蒽、菲及其衍生物)和非苯系芳香烃，这些具有芳香性的碳氢化合物称为芳香烃；芳香烃所具有的与开链化合物或脂环烃不同(不易发生加成反应而易发生取代反应)的独特性质称为芳香性。具体分类如下：

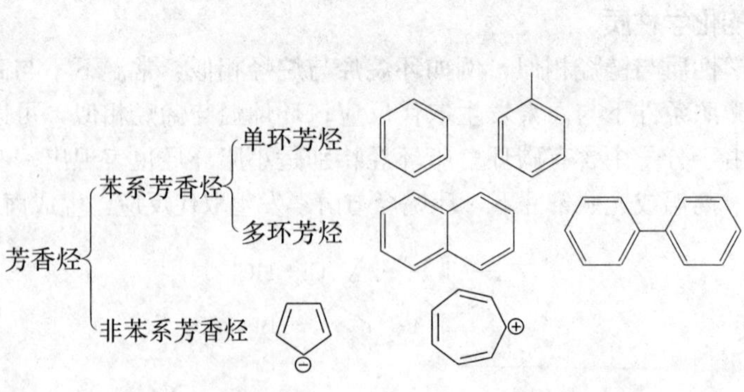

(一)苯的结构

苯是最简单、最典型的单环芳烃代表。苯的分子式是 C_6H_6，苯分子中的碳原子为 sp^2 杂化，6 个碳原子之间以 sp^2 杂化轨道"头碰头"重叠形成 6 个 C—C σ 键，键角都是 120°，形成一个平面正六边形；每个碳原子的 1 个 sp^2 杂化轨道与一个氢原子的 s 轨道结合成 1 个 σ 键，所有的碳原子和氢原子都在同一平面，键角均为 120°。每个碳原子还有 1 个垂直于该平面的未杂化 p 轨道，彼此平行侧面"肩并肩"重叠，形成一个闭合大 π 键。由于大 π 键电子云均匀地分布在环平面的上方和下方，使体系能量降低，所以苯具有特殊的芳香性。由于键较牢固，所以苯环具有特殊的稳定性，体现在化学性质上，苯不容易发生破坏苯环的加成反应和氧化反应。苯分子的 σ 键见图 8-4。

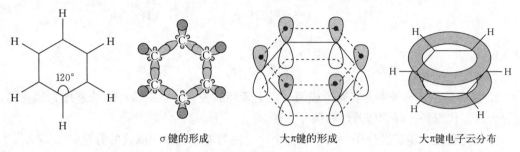

σ键的形成　　　　　大π键的形成　　　　　大π键电子云分布

图 8-4　苯分子的 σ 键

1865 年，凯库勒提出了苯的结构式，即苯的凯库勒式：

苯的凯库勒结构式说明：由于苯的大 π 键平均分布在 6 个碳原子上，所以每个碳碳键的键长和键能是相等的。键长平均化，所有碳碳键的键长（139 pm）介于碳碳单键（154 pm）和碳碳双键（134 pm）之间；苯环上并没有单、双键之分，6 个碳原子和 6 个氢原子是等同的，所以苯的一元取代物、邻位二元取代物都只有一种。

【知识拓展】

　　凯库勒（Friedrich A. Kekule，1829—1896），德国有机化学家。1857 年，他提出了有机分子中碳原子为四价，为现代结构理论奠定基础。他的另一重大贡献是在 1864 年冬天，他在梦中的科学灵感导致苯的结构简式重大的突破，被称为一大美谈。1865 年他发表了"论芳香族化合物的结构"论文，提出了苯的环状结构理论。凯库勒式解决了困扰当时几十年的苯分子的大部分结构问题，但它还不能很好地解释为什么苯分子中有三个双键，但实际不易发生类似于烯烃的加成反应和氧化反应。

　　到 20 世纪 30 年代，由于理论物理及实验方法的进步，人们对苯分子的结构有了更深入的研究，形成近代苯分子结构的概念，现归纳如下：

1. 苯分子结构数据　近代物理方法证明，苯分子是平面正六边形碳架，6 个碳与 6 个氢共处于同一平面；所有键角均为 120°；所有碳键长均为 0.139 nm。

2. 苯分子结构解释　苯分子中的 6 个碳原子均为 sp^2 杂化，每个碳原子的 3 个 sp^2 杂化轨道分别与相邻的 2 个碳和一个氢形成 3 个 σ 键，由于是 sp² 杂化，所以键角都是 120°，并导致苯分子所有原子都在同一平面上连接。

(二)芳香烃的分类

芳香烃根据分子中所含苯环数目分为单环芳烃和多环芳烃。

1. 单环芳烃 分子中只含一个苯环的芳烃。例如：

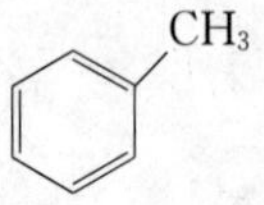

甲苯 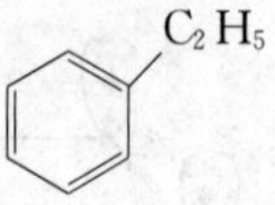　　　　　　　　乙苯 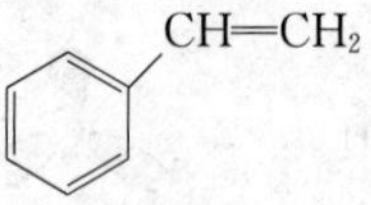　　　　　　　　苯乙烯

2. 多环芳烃 分子中含有两个或两个以上苯环的芳烃。根据苯环间的连接方式不同，可分为多苯代脂烃、联苯型芳烃和稠环芳烃。

多苯代脂烃：脂肪烃分子中两个或两个以上的氢原子被苯环取代的芳烃。

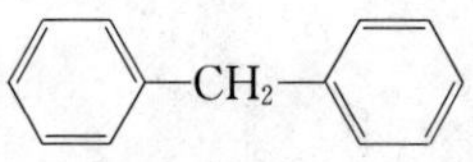

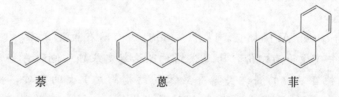

二苯甲烷 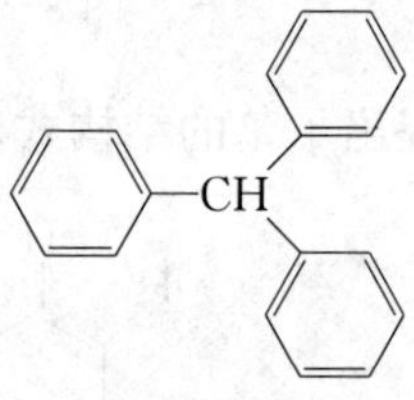　　　　　　　　　　三苯甲烷

联苯型芳烃：分子中两个或两个以上的苯环通过单键相连的芳烃。

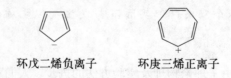

联苯　　　　　　　　　　对三联苯

稠环芳烃：分子中的苯环通过共用两个相邻碳原子稠合而成的芳烃。

萘　　　　　　　　蒽　　　　　　　　菲

还有些环烃虽然不含苯环，但其结构和性质与苯相似，这类环烃被称为非苯芳烃。

环戊二烯负离子　　　　环庚三烯正离子

(三)苯的同系物的结构和命名

单环芳烃中最简单的是苯，苯环上的氢原子被烷基取代的产物称为苯的同系物，通式为 $C_nH_{2n-6}(n \geqslant 6)$。按取代的烃基数目可分为一烷基苯、二烷基苯和三烷基苯等。

一烷基苯的命名：一般以苯环为母体，烷基为取代基，无须编号，称为"某基苯"，

"基"字常省略，如：

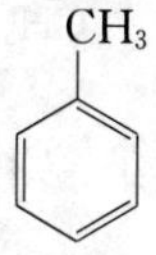

甲苯 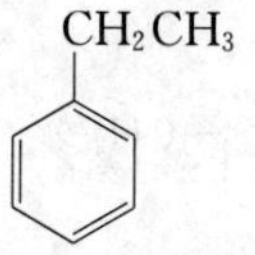　　　　　　乙苯 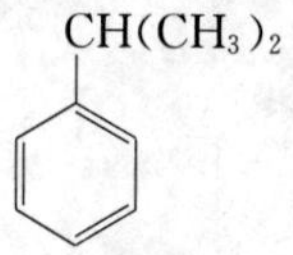　　　　　　异丙苯

二烷基苯的命名：二烷基苯有 3 种位置异构。命名时，可用阿拉伯数字标记取代基的位次，也可用邻、间、对，或用 o、m、p 标识，如：

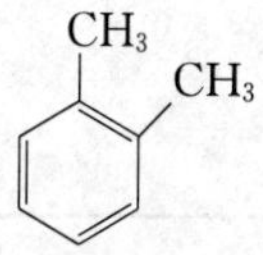

邻二甲苯　　　　　　间二甲苯　　　　　　对二甲苯

o-二甲苯(1,2-二甲苯)　　m-二甲苯(1,3-二甲苯)　　p-二甲苯(1,4-二甲苯)

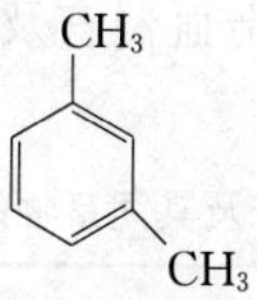

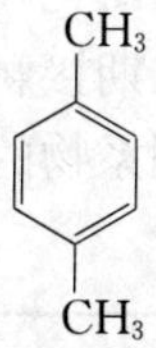

三烷基苯的命名：如果 3 个烃基相同，则有 3 种位置异构体。可用连、偏、均标识，如：

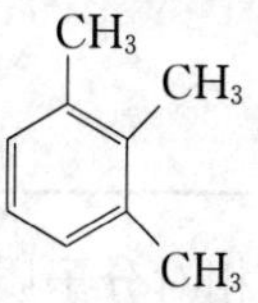

连三甲苯　　　　　　偏三甲苯　　　　　　均三甲苯

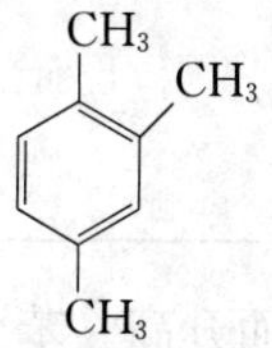

1,2,3-三甲苯　　　　1,2,4-三甲苯　　　　1,3,5-三甲苯

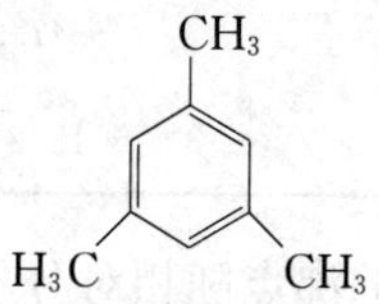

若苯环上所连的几个烷基不同，而其中一个是甲基，则可用甲苯作为母体，如：

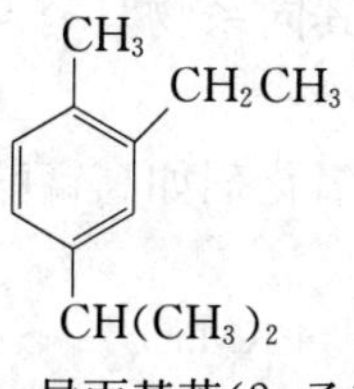

1-甲基-2-乙基-4-异丙基苯(2-乙基-4-异丙基甲苯)

当苯环上结合较复杂的烷基、不饱和烃基(如烯基或炔基)时，以苯环作为取代基(称苯基)，如：

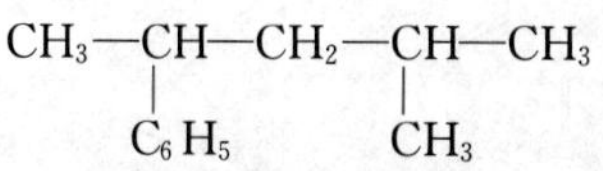

2-甲基-4-苯基-戊烷 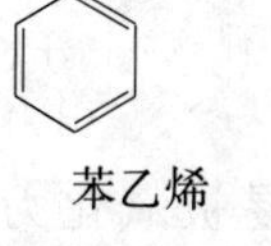　　　　苯乙烯 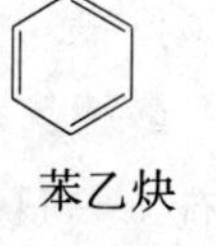　　　　　苯乙炔

芳烃分子失去一个氢原子而成的原子团称为芳烃基，芳烃基可用 Ar—表示，苯基可

用 Ph—（phenyl）表示，常见的芳烃基有：

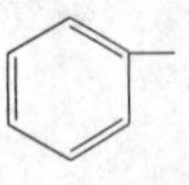

苯基 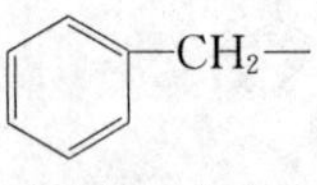   苯甲基（苄基） 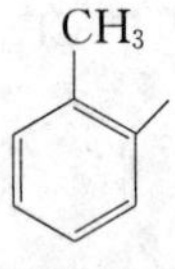   邻甲苯基

(四)苯及其同系物的物理性质

苯及其低级同系物是无色液体，有芳香气味，相对密度比水小，难溶于水，而溶于石油醚、乙醚、四氯化碳等有机溶剂，液态芳烃也是一种良好的有机溶剂。苯及其同系物有一定的毒性，长期接触会损害人体的造血器官及神经系统，使用时应注意防护。表 8-5 列举了苯及其同系物的部分物理常数。

表 8-5 苯及其同系物的部分物理常数

名称	熔点/℃	相对密度 d^{20}	沸点/℃
苯	5.5	0.876 5	80.1
甲苯	−9.5	0.866 9	110.6
邻二甲苯	−25	0.880 2	144.4
间二甲苯	−47.9	0.864 1	139.1
对二甲苯	13.2	0.861 0	138.4

单环芳烃的沸点随相对分子质量增大而升高。苯分子熔点比相对分子质量相近的许多烃分子熔点高，熔点除了与相对分子质量有关，还与结构的对称性有关，通常对位异构体的熔点较高。比如对二甲苯熔点比邻二甲苯与间二甲苯高。

(五)苯及其同系物的化学性质

由于苯环稳定的结构，所以苯及其同系物具有与烯烃、炔烃性质显著不同的特殊性质：易亲电取代，难加成与氧化。

1. 氧化反应 苯环较难被一般的氧化剂如高锰酸钾、重铬酸钾等氧化。

$$+KMnO_4 \longrightarrow 不反应$$

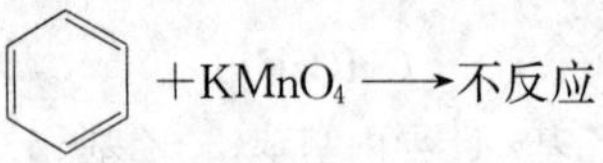

烷基苯上的烷基可被高锰酸钾、重铬酸钾等氧化形成苯甲酸，但苯环不被氧化，这进一步说明苯环的稳定性。

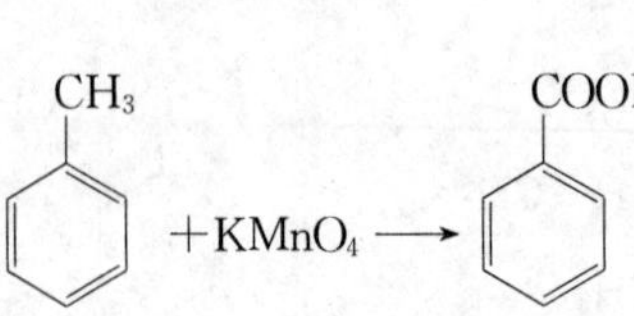

$$+KMnO_4 \longrightarrow$$

只要侧链有 α-H，就易被氧化为羧基，若侧链无 α-H，如叔丁基，则不被氧化。如：

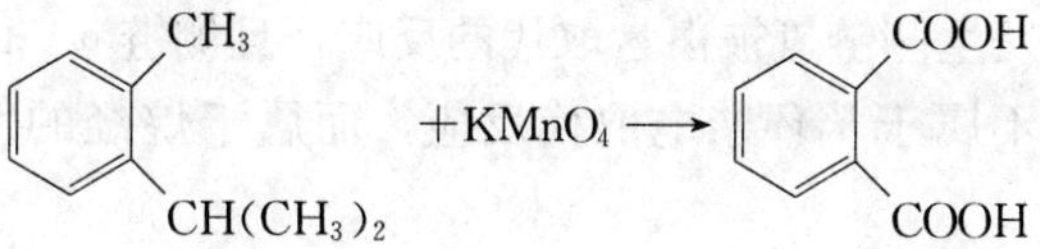

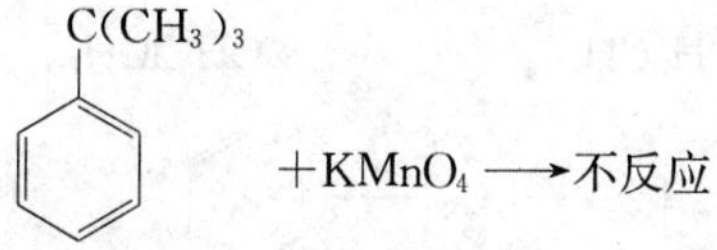

2. 加成反应 苯分子不能与溴水发生加成反应，不能使其褪色。

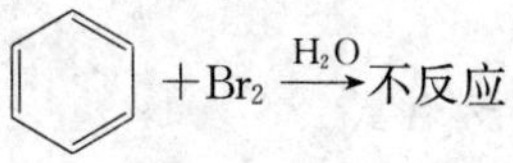

但是在特殊条件下，苯分子可以发生加成反应：

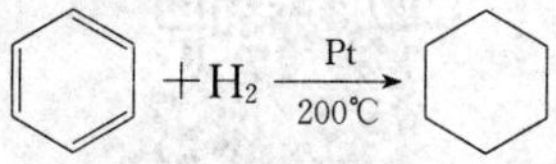

3. 苯环的亲电取代反应 芳烃的取代反应有卤代反应、硝化反应、磺化反应、烷基化反应和酰基化反应等。反应的本质是苯环上的氢被亲电试剂(E^+)取代，即发生亲电取代反应：

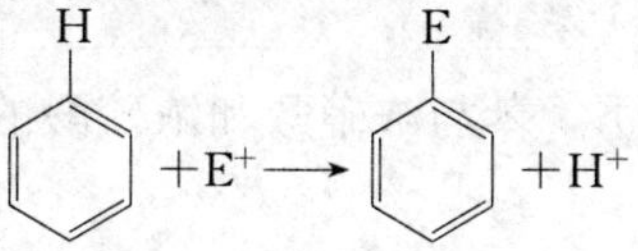

（1）卤代反应。苯与卤素在铁粉或三卤化铁的催化下，苯环上的氢原子被卤原子取代。卤代反应中最重要的是氯代反应和溴代反应，分别生成氯苯和溴苯。

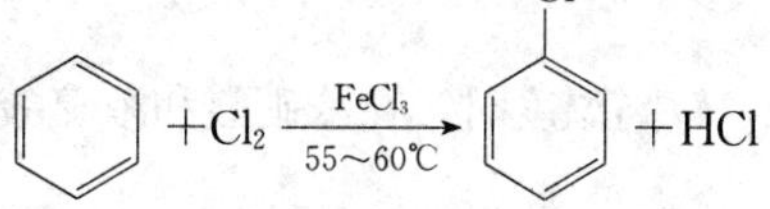

氯苯和溴苯继续卤代比苯难，主要生成邻、对位产物。

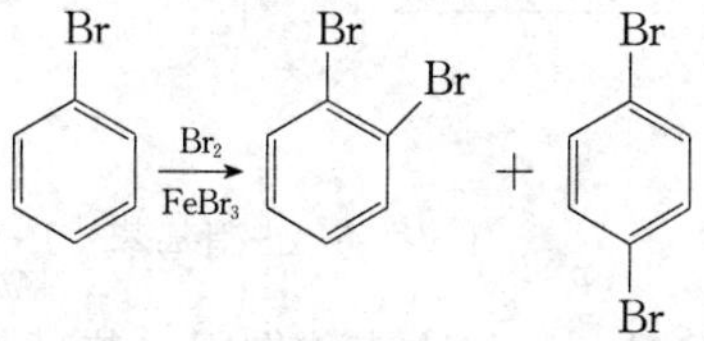

邻二溴苯　对二溴苯

烷基苯比苯更容易发生卤代反应，主要生成邻、对位取代产物。如：

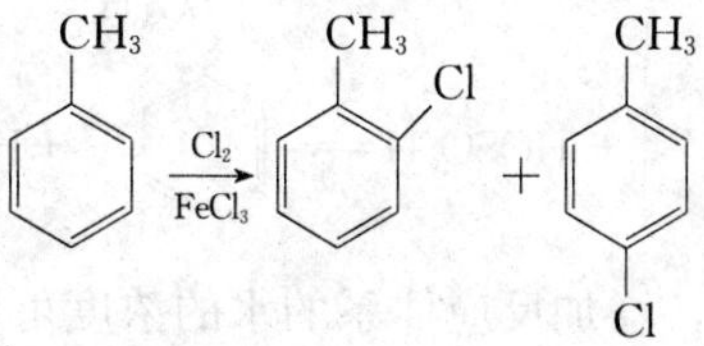

1-氯-2-甲苯　1-氯-4-甲苯

在光照下，烷基苯发生侧链氢被卤素取代的反应，且侧链 α - H 活性突出，优先取代在 α 位上。但是此性质不属于苯环亲电取代反应，而属于烷烃的性质——自由基取代反应。如：

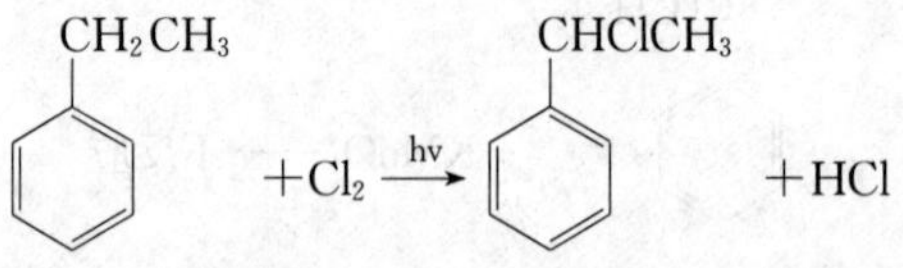

【课堂活动 8 - 4】

写出苯与溴发生卤代反应的方程式。

扫码看答案

[二维码]

课堂活动 8 - 4

---

(2)硝化反应。在一定温度下，苯与浓硝酸和浓硫酸的混合物作用，苯环上的氢原子被硝基取代，生成硝基苯。

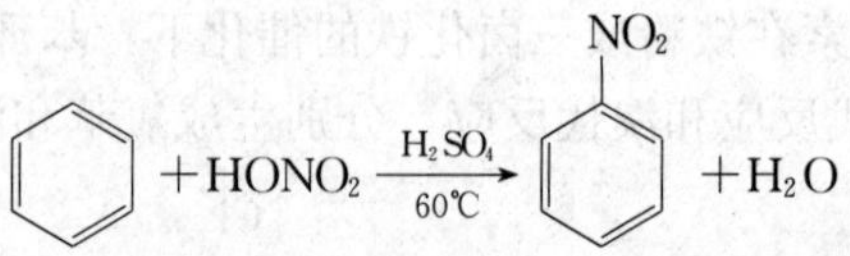

$$\text{苯} + HONO_2 \xrightarrow[60℃]{H_2SO_4} \text{硝基苯}(NO_2) + H_2O$$

硝基苯继续硝化比苯困难，较高温度时，在浓硝酸和浓硫酸作用下，主要生成间位产物。

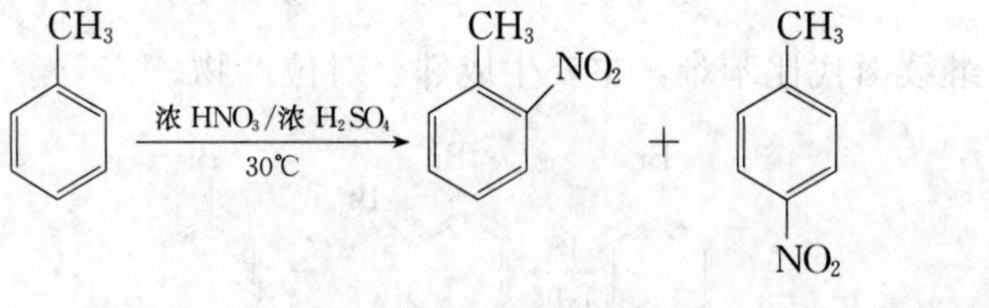

$$\text{甲苯}(CH_3) \xrightarrow[30℃]{浓\ HNO_3/浓\ H_2SO_4} \text{(CH_3, NO_2)} + \text{(CH_3, NO_2)}$$

1-甲基-2-硝基苯　　1-甲基-4-硝基苯

(3)磺化反应。在 75～80℃时，苯与浓硫酸作用，苯环的氢原子被磺酸基取代生成苯磺酸。苯磺酸是一种强酸，其酸性与硫酸相当。

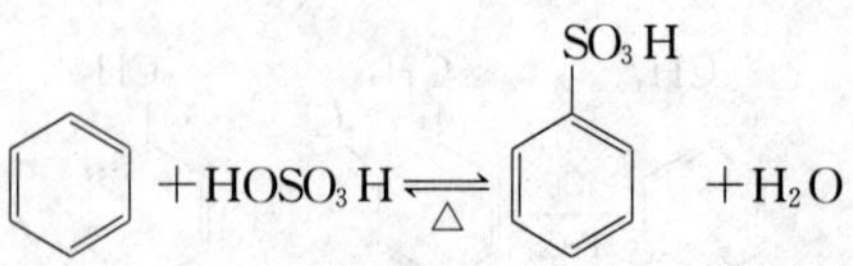

$$\text{苯} + HOSO_3H \underset{\triangle}{\rightleftharpoons} \text{苯磺酸}(SO_3H) + H_2O$$

磺化反应是一个可逆反应，增加反应体系的水的浓度可以使苯磺酸水解成苯。

苯磺酸继续磺化比苯难，使用发烟硫酸并在 200～230℃下反应，主要生成间位产物。

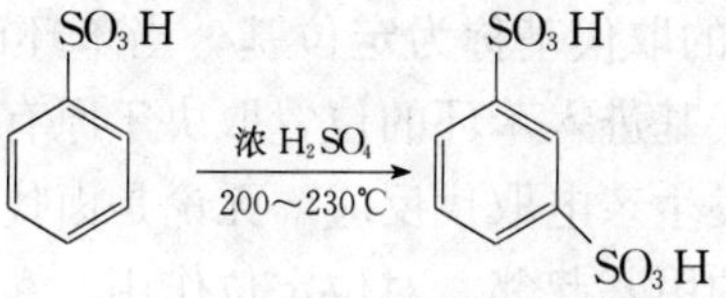

$$\underset{\text{}}{\text{[苯磺酸]}} \xrightarrow[200\sim230℃]{\text{浓 } H_2SO_4} \underset{\text{间苯二磺酸}}{\text{[间苯二磺酸]}}$$

烷基苯比苯容易发生磺化反应，如甲苯与浓硫酸在室温时便可以反应，主要生成邻、对位产物，在较高温度(100℃)时主要生成对位产物。

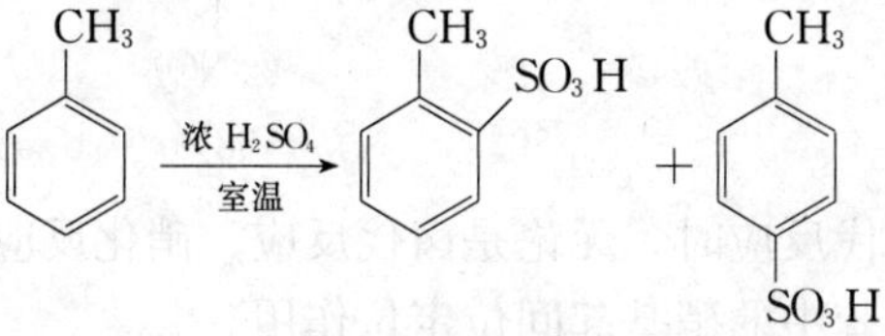

$$\text{甲苯} \xrightarrow[\text{室温}]{\text{浓 } H_2SO_4} \underset{\substack{2\text{-甲基苯磺酸}\\53\%}}{\text{邻}} + \underset{\substack{4\text{-甲基苯磺酸}\\43\%}}{\text{对}}$$

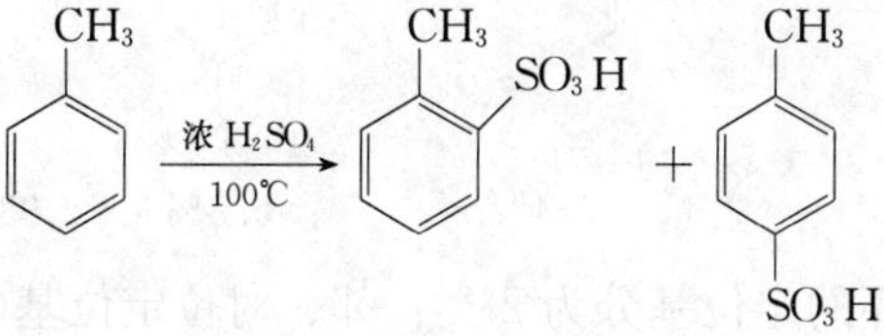

$$\text{甲苯} \xrightarrow[100℃]{\text{浓 } H_2SO_4} \underset{13\%}{\text{邻}} + \underset{79\%}{\text{对}}$$

(4)傅瑞德尔-克拉夫茨反应。傅瑞德尔-克拉夫茨反应简称为傅-克化反应，包括傅-克烷基化反应和傅-克酰基化反应。在无水 $AlCl_3$ 的催化下，苯与卤代烷或酰卤作用，苯环上的氢原子被烷基(—R)或酰基($R\overset{O}{\underset{\|}{-C-}}$)取代生成烷基苯或苯基酮的反应，称为傅-克烷基化反应或傅-克酰基化反应。

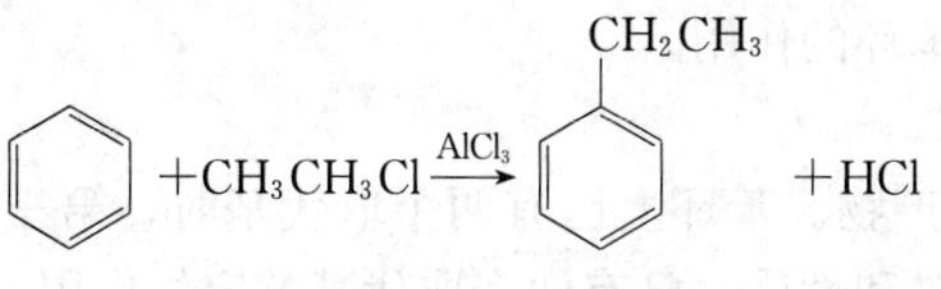

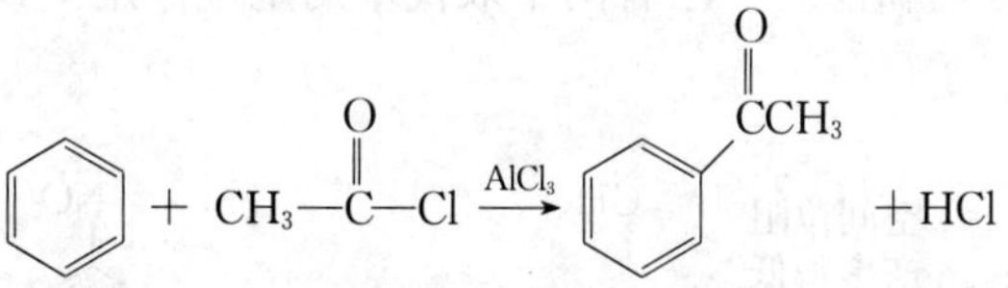

$$\text{苯} + CH_3CH_2Cl \xrightarrow{AlCl_3} \text{乙苯} + HCl$$

$$\text{苯} + CH_3-\overset{O}{\underset{\|}{C}}-Cl \xrightarrow{AlCl_3} \underset{\text{苯乙酮}}{\text{苯乙酮}} + HCl$$

当苯环连有吸电子基如羰基、硝基、磺酸基等，不发生傅-克化反应。

4. 苯环亲电取代的定位规律　苯环亲电取代反应中，甲苯比苯容易硝化，生成邻、对位产物；硝基苯比苯难硝化，主要生成间位产物。说明不同的取代基对苯环的亲电取代影响不同。

（1）定位基。苯环上已有的取代基称为定位基。当苯环已有一个取代基时，如果发生亲电取代反应，则第二个取代基进入苯环的位置取决于原有取代基的性质，而与第二个取代基的性质无关。例如甲苯发生亲电取代反应，无论是卤代、硝化、磺化，都是邻、对位取代为主，这是因为甲苯中的甲基起邻、对位定位作用。

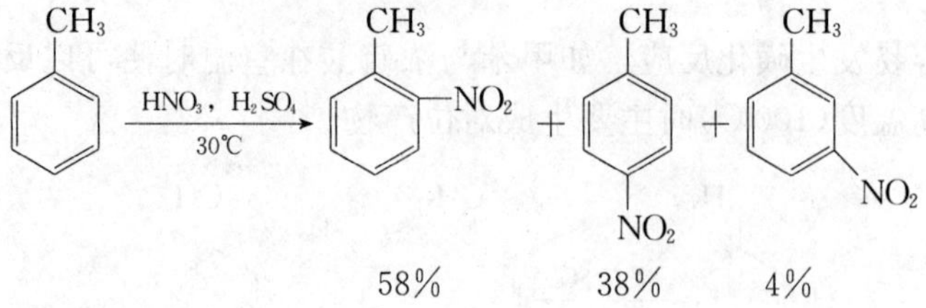

58%　　38%　　4%

当硝基苯发生亲电取代反应时，无论是卤代反应、硝化反应、磺化反应，都是以间位取代为主，这是因为硝基苯中的硝基起间位定位作用。

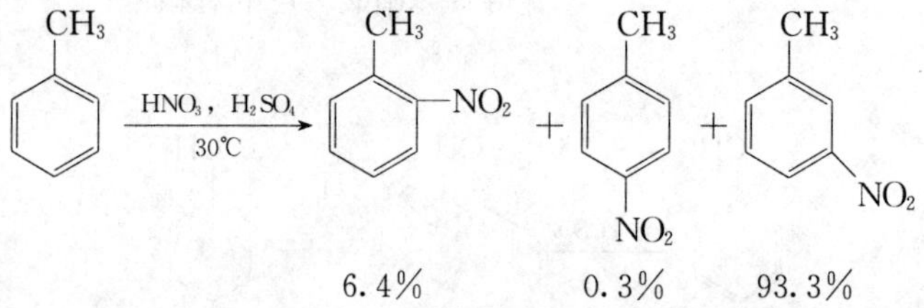

6.4%　　0.3%　　93.3%

（2）定位基分类。苯环的定位基分为 2 类：邻、对位定位基（邻、对位取代产物比例大于 60%）和间位定位基（间位取代产物比例大于 40%）。

① 邻、对位定位基。属于邻位定位基的有—O^-、—$N(CH_3)_2$、—NH_2、—OH、—OCH_3、—$NHCOCH_3$、—$OCOCH_3$、—R、—X 等，定位取代效应依次渐减。邻、对位定位基除了定位效应外，还能增强苯的亲电取代活性（卤素例外），一般来说，定位效应越强，其活化效应也越强，活化效应强的基团具有活化苯环的作用。

② 间位定位基。属于间位定位基的有—NR_3^+、—NO_2、—CN、—SO_3H、—CHO、—COR、—COOH 等，定位效应依次渐减。间位定位基除了定位效应外，还降低苯的亲电取代活性，具有钝化苯环的作用。

（3）定位规律的应用。

① 预测反应的主要产物。苯环上已有两个取代基时，第三个取代基进入的位置取决于已有两个取代基的位置和性质。已有两个取代基的定位作用一致时，第三个取代基进入它们共同作用的位置。

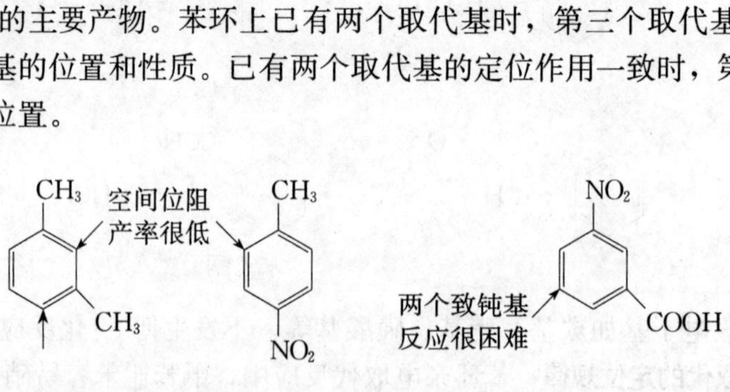

已有两个取代基的定位作用不一致时，如果两个取代基都是邻、对位定位基，第三个取代基进入的位置取决于致活作用强的定位基。

（结构图：2,4-二甲基苯酚邻对位定位；2-甲氧基苯甲酸 空间位阻 产率很低）

② 选择合成路线。合成具有两个或多个取代基的苯的衍生物时，需要应用定位规律设计合成路线。例如以苯为原料合成 1-氯-3-硝基苯时，合成路线有两种可能，即先氯代后硝化，或先硝化后氯代，此时应考虑到氯是邻、对位定位基，而硝基是间位定位基，所以必须选择先硝化后氯代，才能得到预期产物。

（反应式：苯 $\xrightarrow[\text{浓 } H_2SO_4]{\text{浓 } HNO_3}$ 硝基苯 $\xrightarrow[FeCl_3]{Cl_2}$ 1-氯-3-硝基苯）

(六)稠环芳烃

稠环芳烃是由两个以上的苯环以两个邻位碳原子并联在一起的化合物，在煤焦油中有较多种稠环芳烃组分，重要的有萘、蒽、菲等。

1. 萘

(1)萘的结构。萘由两个苯环稠合而成，分子式 $C_{10}H_8$，每个碳原子都以 sp^2 杂化轨道与相邻碳原子的 sp^2 杂化轨道及氢原子的 1 s 轨道"头碰头"重叠形成 σ 键，每个碳原子的 1 个未杂化 p 轨道相互平行侧面"肩并肩"重叠形成一个闭合大 π 键。萘的 10 个碳原子处于同一平面上，每个碳原子的 p 轨道都平行重叠，形成闭合共轭体系。萘分子的 π 键如图 8-5 所示。萘的亲电取代反应易发生在 α 位上，萘分子的 π 键稳定性即"芳香性"比苯差，比苯容易发生加成和氧化反应。

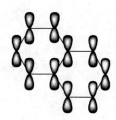

图 8-5 萘分子的 π 键

(2)萘的命名。萘分子中环碳原子的位置可按下列方式编号，其中 C_1、C_4、C_5、C_8 位置等同，标为 α；C_2、C_3、C_6、C_7 位置等同，标为 β。

（萘编号结构图：左图标注 8 1 2 3 4 5 6 7；右图标注 α α β β α α β β）

萘的一元取代物有 α 位和 β 位两种异构体，命名时可以用 α、β 标明取代基的位置：

1-甲基萘（α-甲基萘）　　2-甲基萘（β-甲基萘）

萘的二取代物的命名与二取代苯的类似，命名时只用阿拉伯数字标明取代基的位置：

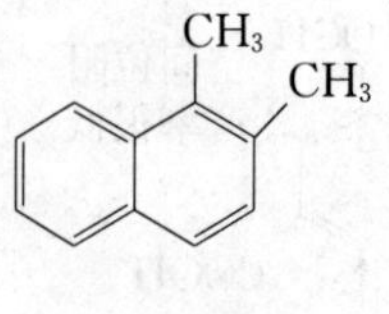

1,2-二甲基萘 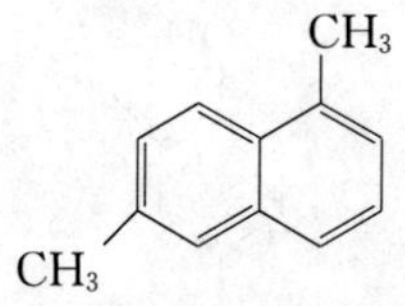   1,6-二甲基萘

（3）萘的性质。萘为无色片状晶体，熔点为 80℃，沸点为 215℃，不溶于水，易溶于苯、乙醚等有机溶剂中，易升华。以前市售卫生丸是用萘做成的，因有害于人体，已禁止使用。

① 取代反应。萘的卤代、硝化反应主要发生在 α 位上。例如：

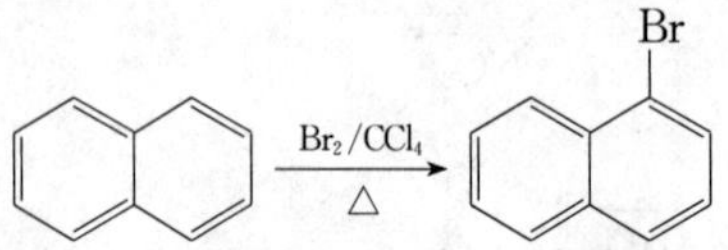

1-溴萘   1-硝基萘
α-溴萘   α-硝基萘

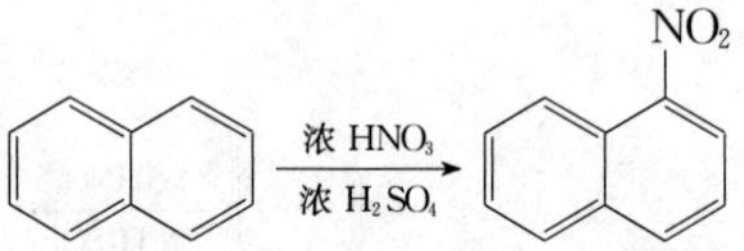

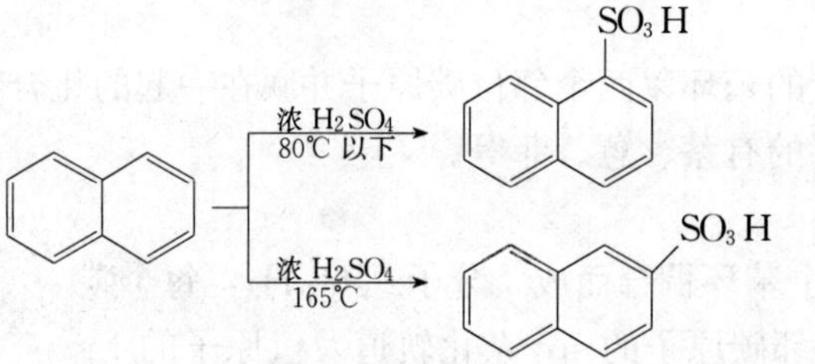

萘-1-磺酸

萘-2-磺酸

② 加成反应。萘加成活性比苯强，控制不同的反应条件，可以得到不同的产物。

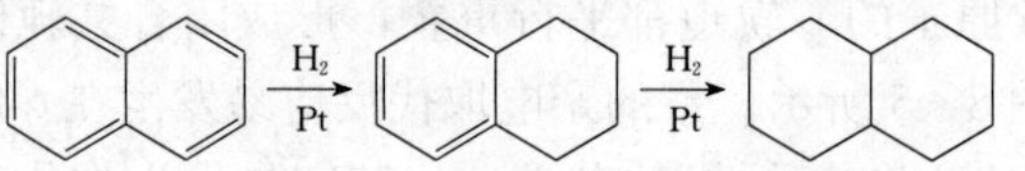

四氢化萘   十氢化萘

2. 蒽和菲　蒽和菲的分子式皆为 $C_{14}H_{10}$，它们互为同分异构体，蒽是三个苯环线形稠合而成的，菲是三个苯环角形稠合而成的，分子中所有的原子都在同一平面上。其结构式碳原子编号表示为：

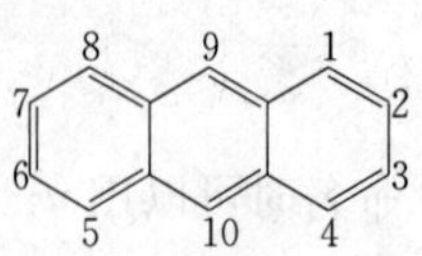

蒽 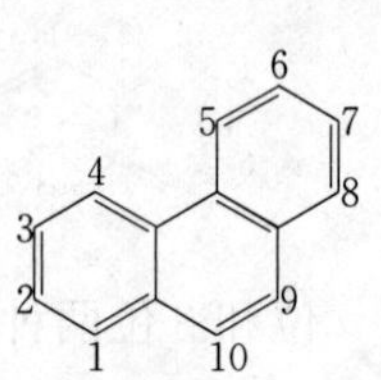   菲

蒽和菲闭合共轭体系上的各碳电子云密度不均等。各碳原子的反应能力相应有所不同，其中的 9、10 位碳原子特别活泼。

蒽为具有淡蓝色荧光的片状晶体，熔点 216℃，沸点 340℃，不溶于水，难溶于乙醇和乙醚，易溶于苯；菲为无色片状晶体，熔点 101℃，沸点 340℃，不溶于水，易溶于苯和乙醚。

自 测 题

1. 什么是有机化学？

2. 从某有机反应液中分离出少量固体，其熔点高于300℃。能否用一简单方法推测它是无机物还是有机物？

3. 按官能团分类法，下列化合物属于哪一类化合物？指出所含官能团。

(1)$CH_3CH_2CH_2OH$

(2)CH_3NH_2

(3)$H_3CHC=CHCH_3$

(4)$H_3CC\equiv CH$

(5)2,2-二甲基-4-乙基辛烷

(6)5-甲基-3-乙基-6-异丙基壬烷

(7)2-甲基-6-乙基-4-辛烯

(8)3,5-二甲基-1-己炔

(9)5,6-二甲基-3-庚烯

(10)2,2-二甲基-3-己炔

(11)2-乙基-1-戊烯

(12)2,4-二甲基-1,3,5-己三烯

(13)2,6,6-三甲基-5-异丙基壬烷

4. 下列化合物哪些易溶于水？哪些难溶于水？

(1) （苯环）

(2) CH_2CHCH_2
    $\quad\ OH\ OHOH$

(3)$CH_3(CH_2)_{16}CH_3$

(4)CH_3OH

(5)CH_3COOH

(6)CCl_4

5. 命名下列化合物。

(1) CH_3 $\quad$ CH_2CH_3
    $\quad\quad\quad |$ $\quad\quad\quad |$
    $CH_3CH_2CH-CHCH_2CHCH_3$
    $\quad\quad\quad\quad |$
    $\quad\quad\quad\quad CH_3$

(2) CH_3
    $\quad\quad\quad |$
    $CH_3CH_2CCHCH_2CH_3$
    $\quad\quad\quad |$
    $\quad\quad CHCH_2CH_3$

(3) $CH_3CHCH_2CH_3$
    $\quad\quad |$
    $\quad\quad C_2H_5$

(4) $(CH_3CH_2)_4C$

(5) $CH_3CH_2CHCH_2CH_3$
    $\quad\quad\quad |$
    $\quad\quad\quad CH=CH_2$

(6) $(CH_3)_2CHCH=CH_2$

(7) $\quad\quad CH_3$
    $\quad\quad\quad |$
    $H_2C=C-CH=CHCH_3$

6. 请写出下列反应的主要产物：

(1) $\quad\quad CH_3$
    $\quad\quad\quad |$
    $H_3C-CH-CH_3\ +Br_2\ \xrightarrow[\triangle]{光照}$

$(2)\ CH_3CH_2C{=}CH_2 \xrightarrow[H_3O^+]{KMnO_4}$
           |
          CH_3

$(3)\ (CH_3)_2C{=}CHCH_3 + HBr \xrightarrow{H_2O_2}$

$(4)\ (CH_3)_2C{=}CHCH_3 + HBr \longrightarrow$

$(5)\ CH_3C{\equiv}CH + AgNO_3(氨溶液) \longrightarrow$

7. 用简便的化学方法鉴别下列各组化合物：

(1)丁烷、1-丁炔、2-丁炔

(2)1-戊烯、2-戊烯、1-戊炔

(3)丙烷、丙烯、丙炔

(4)丙炔、丙烯、环丙烷

(5)苯、甲苯、环己烯

扫码看答案

项目八自测题答案

项目九　烃的衍生物

【知识目标】

掌握烃的衍生物命名，熟悉烃的衍生物的结构特点，熟悉其物理性质及变化规律；掌握烃的衍生物的化学性质和制备，相互转化的条件和规律，注意典型反应，了解典型反应的机理，熟悉有机反应的理论。能熟悉常见的化学试剂和仪器，并能根据实验的内容进行独立的实验。

【能力目标】

掌握烃的衍生物的命名、结构、性质及其在工农业生产中的应用，各类有机物的典型反应和合成方法，各类有机物相互转变的基本规律，烃的衍生物结构与性能的关系，有机反应基本类型及重要的反应历程等。

【素质目标】

学会交流沟通和团队协作，培养主动参与、积极进取、崇尚科学、探究科学的学习态度；培养良好的职业道德和正确的思维方式；培养创新意识和解决实际问题的能力；作为一所农类职业学校，融入耕读教育，厚植“三农”情怀，激励学生毕业后投身农业农村事业发展中去。

【项目引入】

4 月 25 日是世界防治疟疾日。曾经，人们谈“疟”色变，有数字显示，在青蒿素被发现前，全世界每年约有 4 亿人次感染疟疾，至少有 100 万人死于该病。我国从 20 世纪 40 年代每年报告约 3 000 万疟疾病例到 2021 年已完全消除疟疾，这是一项了不起的壮举。其中，“中国神草”青蒿素功不可没。青蒿素类抗疟疾药是中医药给世界的一份礼物。我国科学家屠呦呦发现了青蒿素，推进了抗疟疾新药青蒿素与双氢青蒿素研究，因而荣获 2015 年诺贝尔奖。

任务一　卤代烃

烃分子中的氢原子被卤素原子取代后的化合物称为卤代烃，简称卤烃。卤原子(氟、氯、溴、碘)是卤代烃的官能团。

一、卤代烃的分类与命名

(一)卤代烃的分类

根据卤原子所连接烃基的种类不同，将卤代烃分为饱和卤代烃、不饱和卤代烃和芳香族卤代烃。根据与卤原子相连的碳原子的类型，将卤代烃分为伯卤代烃、仲卤代烃和叔卤代烃。根据卤代烃中所含卤原子的数目不同，将卤代烃分为一卤代烃、二卤代烃和多卤代烃。根据卤代烃分子中卤原子的种类不同，将卤代烃分为氟代烃、氯代烃、溴代烃和碘代烃。

(二)卤代烃的命名

1. 普通命名法　简单的一元卤代烃可以用普通命名法命名，称为"某烃基卤"。在母体烃前面加上"卤代"，直接称为"卤代某烃"。

$$CH_3CH_2Cl \qquad CH_2=CHCH_2Br \qquad \text{〔苯环〕}-CH_2Br$$

氯代乙烷　　　　　　烯丙基溴　　　　　　　苄基溴

2. 系统命名法　选择含有卤素(尽可能包含其他官能团)的最长碳链为主链；碳链编号从靠近取代基的碳原子开始；主链中其他官能团的位置及官能团名写在母体之前。

$$CH_3CH_2\underset{\underset{Cl}{|}}{C}HCH_2\underset{\underset{CH_3}{|}}{C}HCH_3 \qquad\qquad CH_3\underset{\underset{Br}{|}}{C}HCH=CHCH_3$$

2-甲基-5-氯庚烷　　　　　　　　　4-溴-2-戊烯

二、卤代烃的性质

(一)物理性质

室温下，只有少数低级卤代烃是气体，其他低级的卤代烃为液体，含 15 个碳原子以上的高级卤代烃为固体。纯净的卤代烃多数是无色的。卤代烃不溶于水，它们彼此可以相互混溶，也能溶于醇、醚、烃类等有机溶剂中。卤代烃的沸点随分子中碳原子和卤素原子数目的增加(氟代烃除外)和卤素原子序数的增大而升高。卤代烃有毒，有的具有致癌作用。

(二)化学性质

卤代烃的化学性质是由于卤原子(官能团)引起的。碳卤键之间卤原子带部分负电荷，碳原子带部分正电荷，C—X 键为极性共价键($C^{\delta+}$—$X^{\delta-}$)，在化学反应中容易异裂。

1. 取代反应　卤代烃中与卤素相连的碳原子较活泼，易受到带有负电荷的试剂(OH^-、CN^-、OR^-)或含有孤对电子的试剂(NH_2)的进攻，这些试剂称为亲核试剂，通常用 Nu^-(或 $Nu:$)表示。这种由亲核试剂进攻而引起的取代反应称为亲核取代反应，以 S_N 表示。反应可用通式表示如下：

$$R-X+Nu^- \longrightarrow R-Nu+X^-$$

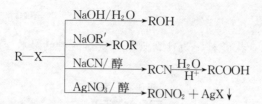

实验事实表明：不同的卤代烃与硝酸银反应的速率不同。烷基相同、卤原子不同的卤代烷，活性顺序为：碘代烷＞溴代烷＞氯代烷；卤素相同、烷基结构不同的卤代烷，活性顺序为：烯丙型＞孤立型＞乙烯型，实验室可用 $AgNO_3$ 的醇溶液鉴别这三类卤代烃。

卤代烃应用于合成醇、腈、醚、胺等化合物，与硝酸银的醇溶液反应可用于鉴别卤代烃。

2. 消除反应　卤代烃与强碱的醇溶液共热，分子内脱去一分子的卤化氢，生成烯烃。

$$R-\underset{\underset{H}{|}}{C}H-\underset{\underset{X}{|}}{C}H_2 + NaOH \xrightarrow{醇} R-CH=CH_2 + HX$$

反应中除 α 碳脱去 X 外，β 碳上脱去 H，这类反应称为 β-消除反应。反应活性顺序为：叔卤代烷＞仲卤代烷＞伯卤代烷。

有两种不同的 β-H 可消去时，就有个取向问题。实验证明：仲卤代烃及叔卤代烃脱卤化氢时，生成的主要产物是双键碳原子上连有最多烃基的烯烃。这一经验规律称为扎依采夫(Saytzeff)规则。

$$CH_3\underset{\underset{Br}{|}}{C}HCH_2CH_3 \xrightarrow[HOC_2H_5, \triangle]{NaOC_2H_5} H_2C=CHCH_2CH_3 + H_3CHC=CHCH_3$$

$$\qquad\qquad\qquad\qquad\qquad\qquad\quad 19\% \qquad\qquad\qquad\quad 81\%$$

任务二　醇、酚、醚

【知识拓展】

"吹气法"是交警用于初步检测司机是否酒后驾车的简便方法，让司机对填充了吸附重铬酸钾($K_2Cr_2O_7$)的硅胶颗粒的装置吹气，若装置里的硅胶变色达到一定程度，即可证明司机是酒后驾车。为什么吸附有重铬酸钾的硅胶变色就可以确定司机是酒后驾驶呢？

【课堂活动 9-1】

问题：请同学们查找资料，为什么吸附有重铬酸钾的硅胶变色就可以确定司机是酒后驾驶呢？

扫码看答案

课堂活动 9-1

醇、酚、醚是烃的含氧衍生物。羟基(—OH)与脂肪烃、脂环烃或芳香烃侧链的碳原子相连的化合物称为醇，羟基(—OH)直接连接在芳香烃的芳环上的化合物称为酚，醚可以看作是醇或酚分子中羟基上的氢原子被烃基取代而得到的化合物。

一、醇

醇可以看成是脂肪烃、脂环烃或芳香烃侧链的氢原子被羟基取代的化合物。其官能团—OH 称为醇羟基。饱和一元醇的通式为 $C_nH_{2n+1}OH$，或简写为 R—OH。

(一)结构、分类及命名

1. 醇的结构　醇的结构特点是羟基直接与饱和的碳原子相连，一般认为羟基的氧原子为 sp^3 不等性杂化，两对未共用电子对分别位于两个 sp^3 杂化轨道，余下的两个 sp^3 杂化轨道分别与碳原子及氢原子结合形成 σ 键。由于氧原子的电负性较强，所以醇分子中的 O—H 键和 C—O 键都具有较强的极性。

2. 醇的分类　根据所含羟基的数目，醇又可分为一元醇、二元醇、三元醇等。

CH_3CH_2OH 　　　　$\begin{matrix}CH_2CH_2\\|\quad\ |\\OH\ OH\end{matrix}$　　　　$\begin{matrix}H_2C—CH—CH_2\\|\quad\ |\quad\ |\\OH\ OH\ \ OH\end{matrix}$

一元醇　　　　　　　二元醇　　　　　　　　三元醇

根据羟基所连饱和碳原子的类型，分为伯醇(1°醇)、仲醇(2°醇)和叔醇(3°醇)。

CH_3CH_2OH　　　　$\begin{matrix}H_3C—CH—CH_3\\|\\OH\end{matrix}$　　　　$\begin{matrix}CH_3\\|\\H_3C—C—CH_3\\|\\OH\end{matrix}$

伯醇(1°醇)　　　　　仲醇(2°醇)　　　　　叔醇(3°醇)

根据羟基所连烃基的不同，可将醇分为饱和醇、不饱和醇、芳香醇和脂环醇。

$CH_3CH_2CH_2OH$　　$CH_2=CHCH_2OH$　　　⬡—CH_2OH　　　⬠—OH

饱和醇　　　　　　不饱和醇　　　　　　芳香醇　　　　　　脂环醇

3. 醇的命名　结构简单的一元醇可用普通命名法命名，通常是在烃基名称后加"醇"

字,"基"字一般可以省去。

$$CH_3CH_2CH_2CH_2OH \qquad (CH_3)_2CHCH_2OH \qquad (CH_3)_3COH$$

正丁醇 异丁醇 叔丁醇

系统命名法:饱和一元醇的命名,选择羟基所连接的碳原子在内的最长碳链为主链,根据主链碳原子的数目称为"某醇";将主链从靠近羟基的一端碳原子开始依次编号;将取代基的位次、数目、名称及羟基的位次依次写在"某醇"前面,在阿拉伯数字和汉字之间用半字线隔开。

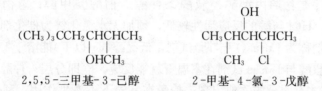

2,5,5-三甲基-3-己醇 2-甲基-4-氯-3-戊醇

不饱和醇的主链则应选择既含有羟基又含有不饱和键在内的最长碳链,编号时应使羟基的位次最小。多元醇命名时应选择连有尽可能多羟基的碳链作为主链,依羟基的数目称为某几醇,并在名称前标明羟基的位次。芳香醇命名时,以脂肪醇为母体,芳基为取代基。

$$CH_3CH=CHCHCH_2OH \qquad CH_2CH_2CH_2 \qquad$$

2-甲基-3-戊烯-1-醇 1,3-丙二醇 2-苯基乙醇

(二)醇的性质

1. 物理性质 4 个以下碳原子饱和一元醇无色液体,含 5~11 个碳原子的醇为黏稠油状液体,一般具有特殊气味;12 个碳原子以上的醇为蜡状固体,一般为无嗅无味的。甲醇、乙醇和丙醇可与水以任意比例混溶;4~11 个碳的醇仅部分可溶于水;高级醇为无臭、无味的蜡状固体,难溶于水。

醇的沸点随相对分子质量的增大而升高,有支链的醇的沸点比相同碳原子数的直链醇低;低级醇的沸点比碳原子数相同的烷烃的沸点高得多,这是由于醇分子间有氢键缔合作用的结果;多元醇分子中可以形成多个氢键,因此沸点更高。

2. 化学性质 醇的化学反应主要发生在羟基及与羟基相连的碳原子上,主要包括 O—H 键和 C—O 键的断裂。此外,醇的 α-H 原子和 β-H 原子的活性可引发氧化反应、消除反应等。

(1)与活泼金属反应(弱酸性)。醇羟基上的氢可以与金属钠反应生成醇钠和氢气,并放出热量。

$$ROH + Na \longrightarrow RONa + H_2$$

醇羟基中的氢不如水中的氢活泼,醇与金属钠的反应比水与金属钠的反应要缓和得多,表明醇是比水弱的酸,或者说烷氧负离子(RO$^-$)的碱性比 OH$^-$ 强,所以当醇钠遇水时,则立即生成醇和氢氧化钠。

$$RONa + H_2O \rightleftharpoons ROH + NaOH$$

不同结构的醇与金属钠反应的活性顺序是：甲醇＞伯醇＞仲醇＞叔醇。

(2)羟基的取代反应。

① 与氢卤酸(HX)的反应。醇与氢卤酸反应，醇中的羟基被卤素取代生成卤代烷。反应速度与氢卤酸的类型和醇的结构有关。

$$ROH + HX \underset{OH^-}{\overset{H^+}{\rightleftharpoons}} RX + H_2O$$

醇的活性顺序是：烯丙型醇＞叔醇＞仲醇＞伯醇＞甲醇；氢卤酸的活性顺序是：HI＞HBr＞HCl。HCl 与醇的反应活性较低，须加无水氯化锌为催化剂。浓盐酸与无水氯化锌所配成的试剂称为 Lucas(卢卡斯)试剂，低级醇(C_6 以下)能溶于 Lucas 试剂，相应的氯代烷则不溶。叔醇与 Lucas 试剂在室温下就能反应，立即分层；仲醇则作用较慢，静置片刻($3\sim10$ min)才有明显的浑浊出现；伯醇在室温下不发生作用。利用卢卡斯试剂可以区别 6 个碳以下的一元伯、仲、叔醇。

② 与无机含氧酸的反应。醇与无机含氧酸(如硝酸、亚硝酸、硫酸和磷酸等)反应，分子间脱水生成无机酸酯，这种醇和酸作用脱水生成酯的反应，称为酯化反应。

$$
\begin{array}{c}
H_2C\!-\!OH \\
| \\
HC\!-\!OH \\
| \\
H_2C\!-\!OH
\end{array}
+3H\!-\!ONO_2
\xrightarrow{H_2SO_4}
\begin{array}{c}
H_2C\!-\!ONO_2 \\
| \\
HC\!-\!ONO_2 \\
| \\
H_2C\!-\!ONO_2
\end{array}
+3H_2O
$$

(3)脱水反应。醇与脱水剂(如浓酸、氧化铝等)分子内脱水生成烯烃，例如乙醇与浓硫酸共热至 170℃发生分子内脱水反应，生成乙烯。

$$
\underset{\underline{OH\ H}}{CH_2\,CH_2}
\xrightarrow[170℃]{浓\ H_2SO_4}
CH_2\!=\!CH_2 + H_2O
$$

醇脱水是一种消除反应。与卤代烃的消除反应一样，当消除取向区域选择性时，则遵循 Saytzeff 规则。

$$
\underset{OH}{\overset{CH_3}{H_3C\!-\!\underset{|}{\overset{|}{C}}\!-\!CH_2CH_3}}
\xrightarrow[\triangle]{H_2SO_4}
\overset{CH_3}{H_3C\!-\!\overset{|}{C}\!=\!CHCH_3}
\ +\
\overset{CH_3}{H_2C\!=\!\overset{|}{C}\!-\!CH_2CH_3}
$$

90%　　　　　　　　10%

醇分子内脱水反应活性与醇的结构有关，醇分子内脱水的反应活性顺序是：叔醇＞仲醇＞伯醇。

醇也可以分子间脱水，例如乙醇与浓硫酸共热至 140℃，发生分子间脱水反应，生成乙醚($C_2H_5OC_2H_5$)。

$$CH_3CH_2O\underline{H + HO}CH_2CH_3 \xrightarrow[140℃]{浓\ H_2SO_4} CH_3CH_2OCH_2CH_3 + H_2O$$

(4)氧化反应。伯醇或仲醇分子中，与羟基相连接的碳原子上的氢（α-H）容易被氧化，在酸性高锰酸钾或重铬酸钾等氧化剂的作用下，伯醇先氧化成醛，再进一步氧化为羧酸，仲醇氧化生成酮。叔醇没有 α-H，一般不被上述氧化剂氧化。

$$RCH_2OH \xrightarrow{[O]} RCHO \xrightarrow{[O]} RCOOH$$

醇的氧化反应除用氧化剂外，还可直接用催化脱氢的方法进行。

(5)多元醇的特性。多元醇除了具有一元醇的一般性质外，还具有其特殊的性质。例如邻二醇可与新鲜的氢氧化铜反应，生成深蓝色的甘油铜配合物，可利用此反应来鉴定具有两个相邻羟基的多元醇。

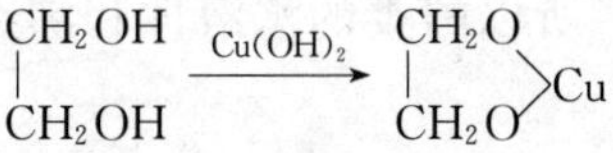

(三)重要的醇

1. 乙醇（CH_3CH_2OH）　乙醇俗称酒精，是一种易燃、易挥发的无色透明液体。乙醇能使蛋白质变性，临床上常用体积分数为 70%～75%的乙醇作消毒剂。95%的酒精可用于制备酊剂、醑剂及提取中草药的有效成分。食用乙醇又称为发酵性酒精，主要是利用薯类、谷物类、糖类作为原料经过蒸煮、糖化、发酵等处理得到供食品工业使用的含水乙醇。

2. 丙三醇（$HOCH_2$—$CHOH$—CH_2OH）　丙三醇俗称甘油，为无色澄清黏稠液体，有甜味，能与水混溶。药物制剂上常用作溶剂、赋形剂和润滑剂。临床上对便秘者，常用甘油栓剂或 50%的甘油溶液灌肠。食品中加入甘油，通常是作为一种甜味剂和保湿物质，使食品爽滑可口。

二、酚

酚是羟基与芳香烃环直接相连接的化合物，通式为 Ar—OH，其官能团是与苯环直接相连的羟基，称为酚羟基。

(一)酚的分类和命名

1. 酚的分类　根据酚羟基的数目可将酚分为一元酚和多元酚。

2. 酚的命名　一般是在芳环的名称后面加上酚字，常见的有苯酚和萘酚。

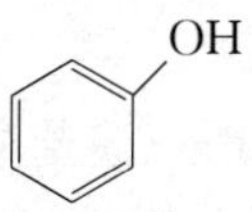

苯酚 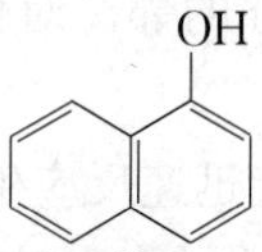　　　　α-萘酚 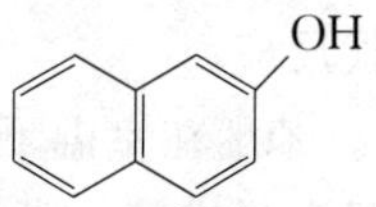　　　　β-萘酚

当芳环上连有取代基时，以酚作为母体，将取代基的位次、数目和名称写在酚前面。

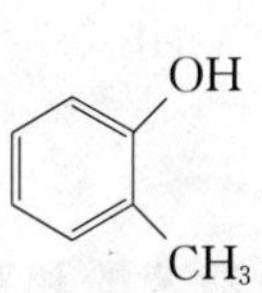

邻甲基苯酚 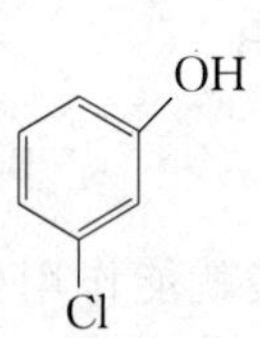　　　对氯苯酚 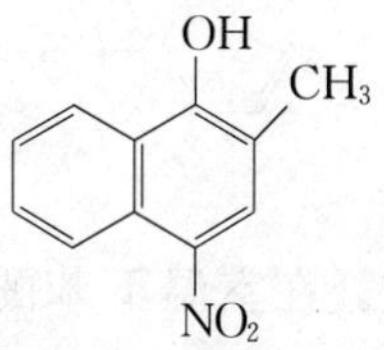　　　2-甲基-4-硝基-1-萘酚

结构比较复杂的酚也可以把酚羟基作为取代基命名。

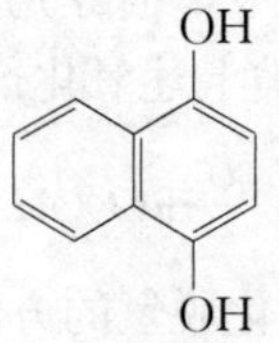

1,4-萘二酚 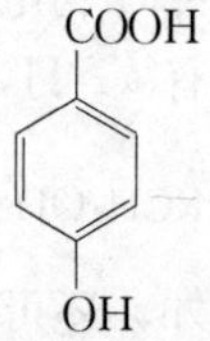   对羟基苯甲酸

(二)酚的性质

1. 物理性质　酚大多为固体，一般没有颜色，但往往由于氧化而带有粉红色或红色。酚羟基能与水分子间形成氢键，所以酚类的水溶性和沸点均比相应分子质量相当的烃类高，其相对密度大于 1。

2. 化学性质　酚类化合物分子中含有酚羟基和芳环，具有羟基和芳环所具有的性质，但酚羟基与芳环直接相连并相互影响，羟基表现出比醇羟基更强的酸性，相应的芳环更容易发生取代反应。

(1)酸性。酚类化合物呈弱酸性，酸性较醇强，苯酚可以与氢氧化钠溶液反应生成酚钠。

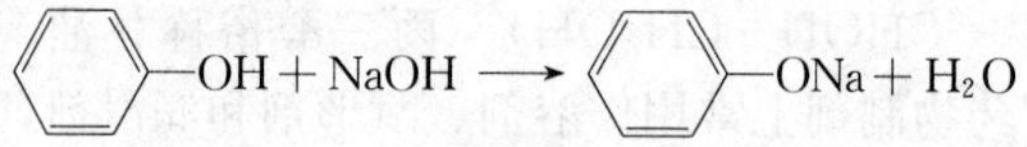

$$\bigcirc\!\!-OH + NaOH \longrightarrow \bigcirc\!\!-ONa + H_2O$$

苯酚的酸性比碳酸弱，向酚钠溶液中通入二氧化碳，苯酚就游离析出。

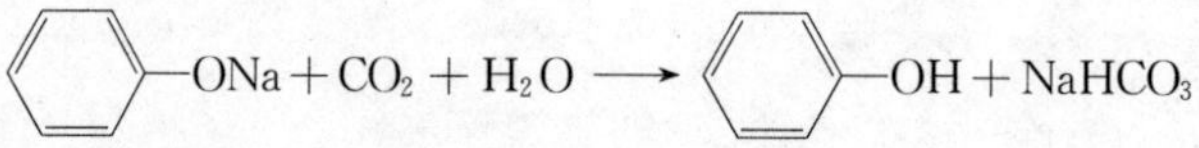

$$\bigcirc\!\!-ONa + CO_2 + H_2O \longrightarrow \bigcirc\!\!-OH + NaHCO_3$$

(2)与三氯化铁的显色反应。多数酚与三氯化铁作用生成有颜色配合物，一般为紫色；烯醇型结构的化合物也能与三氯化铁产生颜色反应。在有机分析上常利用这些反应作为酚类化合物的分析和鉴定。

$$6C_6H_5OH + Fe^+_3 \longrightarrow [Fe(OC_6H_5)_6]_3^- + 6H^+$$

(3)苯环上亲电取代反应。酚羟基是强的邻、对位定位基，能使苯环活化，容易发生芳环上的亲电取代反应。

① 卤代反应。苯酚在室温下与溴水能迅速反应生成 2,4,6-三溴苯酚的白色沉淀。此反应非常灵敏并且定量进行，常用作酚类化合物的定性和定量分析。

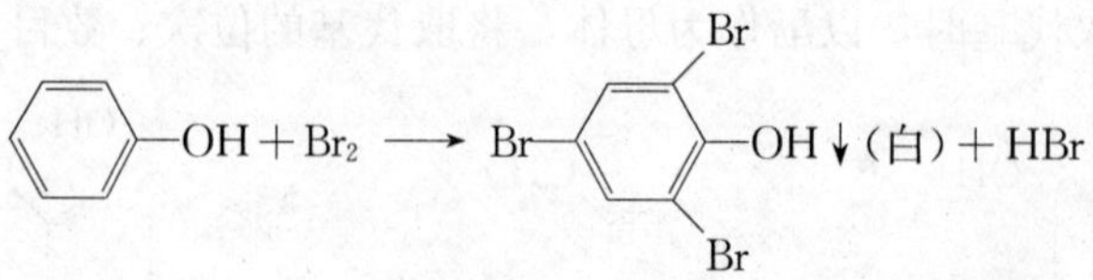

$$\bigcirc\!\!-OH + Br_2 \longrightarrow Br\!\!-\!\!\bigcirc\!\!-OH \downarrow (白) + HBr$$

② 硝化反应。在室温下苯酚与稀硝酸就能作用生成邻硝基苯酚和对硝基苯酚的混合物。

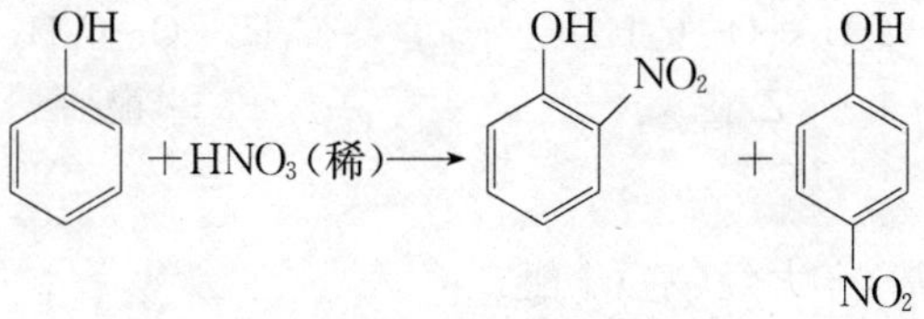

（4）酚的氧化反应。酚比醇容易被氧化，空气中的氧就可以将酚氧化，氧化产物复杂。苯酚氧化后生成对苯醌；邻苯二酚则被氧化为邻苯醌。

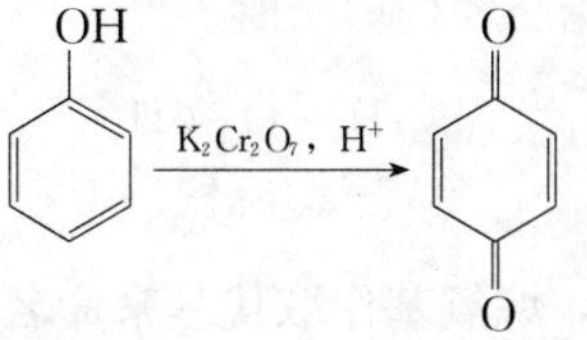

（三）重要的酚

1. 苯酚　苯酚俗称石炭酸，无色针状结晶，有特殊气味，苯酚在空气中放置会因氧化而变成红色，应装于棕色瓶中避光保存。苯酚室温时稍溶于水，在 65℃ 以上可与水混溶，也易溶于乙醇、乙醚、苯等有机溶剂。苯酚是外科最早使用的消毒剂，可以作为生物制剂的防腐剂。苯酚是重要的化工原料，用于制备阿司匹林、磺胺类药物等。在某些天然食品中含有的某些苯酚类化合物对人体有一定致癌性。

2. 萘酚　萘酚有 α-萘酚、β-萘酚两种异构体。

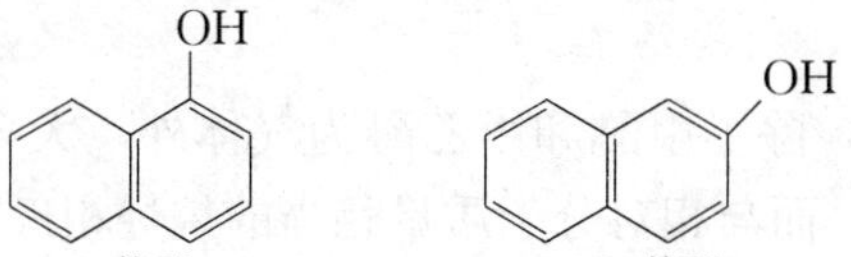

α-萘酚为无色菱形结晶，熔点为 96℃，沸点为 288℃；β-萘酚为无色菱形结晶，熔点为 121～123℃。萘酚是制取医药用品、染料、香料、合成橡胶抗氧化剂等的原料。它也可以作为驱虫剂和杀菌剂。

三、醚

醚可看作是醇或酚分子中羟基上的氢原子被烃基（—R′ 或—Ar′）取代的化合物，醚的官能团是醚键（C—O—C），醚的通式为（Ar）R—O—R′（Ar′）。

（一）醚的结构、分类和命名

1. 醚的结构　醚中的 C—O—C 称作醚键，其中氧原子是以 sp^3 杂化状态分别与两个烃基的碳原子形成两个 σ 键，氧原子另外两个 sp^3 轨道中有电子对。

2. 醚的分类　按照分子中与氧原子相连的两个烃基是否相同，可分为简单醚和混合醚。根据分子中与氧原子相连的两个烃基类型，可分为脂肪醚和芳香醚。如果醚分子成环状则称为环醚。

3. 醚的命名

（1）简单的醚，"（二）某（基）醚"。例如：

$$C_2H_5\!-\!O\!-\!C_2H_5 \qquad\qquad C_6H_5\!-\!O\!-\!C_6H_5$$

乙醚   二苯醚

（2）简单的混醚。

① 脂肪醚。小烃（基）＋大烃（基）＋醚。

$$CH_3\!-\!O\!-\!C_2H_5$$

甲乙醚

② 芳香醚。芳香烃（基）＋脂肪烃（基）＋醚。

$$C_6H_5\!-\!O\!-\!CH_3$$

苯甲醚

（3）复杂混醚。烃基作母体，烷氧基作取代基来命名。

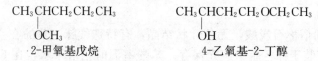

2-甲氧基戊烷   4-乙氧基-2-丁醇

（4）环醚。可以称为环氧"某"烷，也可以按杂环来命名。

环氧乙烷   四氢呋喃

（二）醚的性质

1. 物理性质 常温下，除了甲醚和甲乙醚为气体外，大多数的醚为无色液体，有香味。醚的沸点比醇低得多，而与相对分子质量相当的烷烃相近，这是由于醚分子间不存在氢键的缘故。如乙醇的沸点为 78.5℃，而甲醚的沸点只有 −24.9℃。

醚分子中的氧原子可与水或醇形成氢键，因此醚在水中的溶解度比烷烃大，并能溶于许多极性溶剂中。常用的四氢呋喃和 1,4 -二氧六环能和水完全互溶。

2. 化学性质 醚的化学性质稳定，其稳定性仅次于烷烃，在室温下与氧化剂、还原剂、强碱都不反应。但是，醚中的氧原子上具有孤电子对，能接受质子；醚的碳氧键是极性键，在强酸介质下，醚的 C—O 键可以发生断裂，发生亲核取代反应。

（1）自动氧化。醚对氧化剂很稳定，但如长期与空气接触，其 α - H 可被氧化生成过氧化物，例如：

$$CH_3CH_2OCH_2CH_3 + O_2 \longrightarrow CH_3\underset{\underset{O\!-\!OH}{|}}{C}HOCH_2CH_3$$

过氧化物在受热或受到摩擦等情况下，非常容易爆炸。因此在蒸馏乙醚前必须检验其是否含有过氧化物，需用淀粉碘化钾试纸检验。若试纸变蓝色，则含有过氧化物，可用还原剂如硫酸亚铁、亚硫酸钠或碘化钠等处理。贮存乙醚时，应将其放在棕色瓶中，市售的乙醚中常添加少量抗氧化剂。

（2）锌盐的生成。醚中氧原子上的孤对电子能接受质子，作为路易斯强碱与强酸或路斯强酸生成锌盐。醚的锌盐不稳定，遇水分解为原来的醚。

$$R\overset{..}{\underset{..}{-O-}}R + HCl \longrightarrow [R\overset{H}{\underset{..}{-O-}}R]^+ Cl^-$$

（3）醚键的断裂。醚与氢卤酸共热，醚键断裂，生成醇和卤代烃。氢卤酸的活性顺序为：HI＞HBr＞HCl。

$$ROR + HX \longrightarrow ROH + RX$$

混合醚的醚键断裂时，一般是小的烃基形成卤代烃；芳香烷基醚的醚键断裂时，生成卤代烃和酚。

$$CH_3OCH(CH_3)_2 + HI \longrightarrow CH_3I + (CH_3)_2CHOH$$

(四)重要的醚

1. 乙醚($CH_3CH_2OCH_2CH_3$) 乙醚是无色、易挥发、有特殊气味的液体，沸点 34.6℃，比水轻，易燃。乙醚微溶于水，能溶解多种有机化合物，是一种良好的有机溶剂，常用作提取中草药有效成分的溶剂。

2. 环氧乙烷($\overset{\triangle}{\underset{O}{}}$) 环氧乙烷是一种无色有毒的气体，沸点 11℃，能溶于水、乙醇和乙醚，易燃易爆，是常用的杀虫剂和气体灭菌剂。环氧乙烷分子的环状结构不稳定，其性质很活泼，容易发生开环加成反应，利用其开环加成反应能够合成多种化合物，它是有机合成中非常重要的试剂。

任务三　醛、酮、醌

一、醛、酮

碳原子与氧原子以双键相连的官能团称为羰基。醛和酮分子中都含有羰基官能团，统称为羰基化合物。羰基碳原子分别与一个氢原子和一个烃基相连的化合物称为醛（R—CHO），—CHO 称为醛基；羰基碳原子连接两个烃基的化合物称为酮（$R_2—C=O$)，其中的羰基又称为酮羰基。

甲醛　　　　醛　　　　酮

(一)醛、酮的结构、分类

1. 醛、酮的结构 羰基中的碳原子为 sp^2 杂化，羰基碳氧双键是由一个 σ 键和一个 π 键组成的。羰基碳原子带有部分正电荷，而氧原子则带有部分负电荷，可发生亲核加成反应。

2. 醛、酮的分类 根据羰基所连烃基的不同，可分为脂肪醛、脂肪酮，脂环醛、脂环酮，芳香醛、芳香酮。

CH_3CH_2CHO

脂肪醛

$CH_3CH_2COCH_3$

脂肪酮

脂环醛

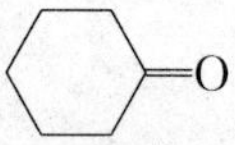

脂环酮

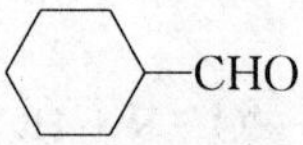

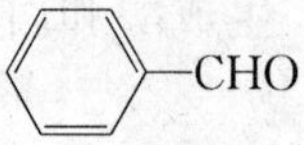

芳香醛

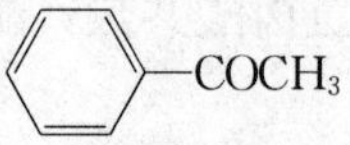

芳香酮

根据烃基的饱和程度，脂肪醛酮分为饱和醛、饱和酮与不饱和醛、不饱和酮。

CH_3CH_2CHO

饱和醛

$CH_3CH_2COCH_3$

饱和酮

$H_2C{=}CCHO$

不饱和醛

$H_2C{=}CHCOCH_3$

不饱和酮

根据分子中所含羰基的数目，分为一元醛、一元酮，二元醛、二元酮与多元醛、多元酮。

$\overset{O}{\overset{\|}{HC}}-\overset{O}{\overset{\|}{CH}}$

二元醛

$CH_3\overset{O}{\overset{\|}{C}}CH_2\overset{O}{\overset{\|}{C}}CH_3$

二元酮

多元酮

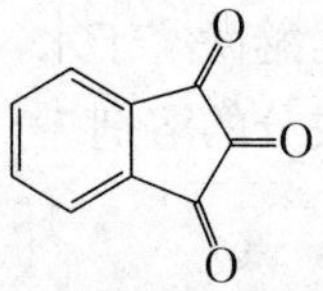

(二)醛、酮的命名

1. 普通命名法 简单的醛和酮可采用普通命名法。脂肪醛按所含碳原子数称为“某醛”，芳香醛则把芳基作为取代基来进行命名。脂肪酮按羰基所连接的两个烃基的名称命名，简单烃基在前，复杂烃基在后；芳香烃基在前，脂肪烃基在后。

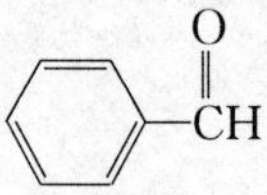

$CH_3CH_2\overset{O}{\overset{\|}{C}}H$

丙醛

苯甲醛

苯乙酮

$CH_3CH_2COCH_3$

甲丙酮

2. 系统命名法 选择包括羰基碳原子在内的最长碳链作主链；从靠近羰基一端开始给主链的碳原子编号，由于醛基一定在碳链的链端，故不必标明其位置，但酮基的位置必须标明。主链中碳原子的编号可以用阿拉伯数字表示，也可以用希腊字母表示，即把与羰基碳直接相连的碳原子用α表示，其他碳原子依次为β、γ……命名时把取代基的位次、名称写在母体名称的前面。酮的位次也写在母体名称的前面。芳香醛、芳香酮的命名，是以脂肪醛、脂肪酮为母体，芳香烃基作为取代基。

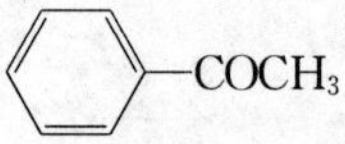

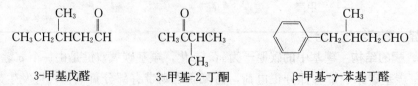

$CH_3CH_2\overset{CH_3}{\overset{|}{C}H}CH_2\overset{O}{\overset{\|}{C}}H$

3-甲基戊醛

$CH_3\overset{O}{\overset{\|}{C}}\underset{CH_3}{\underset{|}{C}H}CH_3$

3-甲基-2-丁酮

β-甲基-γ-苯基丁醛

不饱和醛、不饱和酮的命名：选择同时含有羰基碳和碳碳双键(或叁键)碳在内的最长碳链为主链，称为“某烯(炔)醛”或“某烯(炔)酮”，标明碳碳双键(或叁键)的位次。环酮的

命名根据环上碳原子数称环为某酮，环上有取代基时从羰基碳开始编号。

$$H_3CHC = CHCHO$$

α-丁烯醛

$$HC \equiv CCCH_3$$

3-丁炔-2-酮

2-羟基环己酮

(三)醛、酮的性质

1. 物理性质 常温下，除甲醛是气体外，12 个碳原子以下的脂肪醛、脂肪酮都是液体，高级脂肪醛、脂肪酮和芳香酮多为固体。醛或酮的沸点比相应分子质量相近的醇低，较相应的烷烃和醚高。醛、酮羰基上的氧可以与水分子中的氢形成氢键，因而低级醛、低级酮(如甲醛、乙醛、丙酮等)易溶于水，但随着分子中碳原子数目的增加，它们的溶解度迅速减小。醛和酮易溶于有机溶剂。

2. 化学性质 羰基是醛、酮的反应中心，羰基碳原子带部分正电荷，容易受亲核试剂的进攻，发生亲核加成反应；受羰基极性的影响，α-碳原子上的氢原子(α-H)变得活泼，发生涉及 α-H 的反应。此外，醛、酮还可以发生氧化反应、还原反应和其他一些反应。

(1)加成反应。醛、酮的亲核加成反应，可用通式表示如下：

$$C = O + Nu^- \Longrightarrow \underset{O^-}{\overset{Nu}{C}} \xrightarrow{H_2O} \underset{OH}{\overset{Nu}{C}}$$

① 与氢氰酸的加成反应。醛、脂肪族甲基酮和含 8 个碳以下的环酮都能与氢氰酸发生加成反应，生成的产物称为 α-羟(基)腈，又称 α-氰醇。

$$CH_3-\overset{CH_3}{\underset{}{C}}=O + HCN \Longrightarrow CH_3-\overset{CH_3}{\underset{CN}{C}}-OH$$

HCN 有剧毒，且挥发性较大，为避免直接使用 HCN，通常将醛或酮与氰化钠(钾)水溶液混合，再加入无机强酸以生成 HCN 就立即与醛或酮作用。

② 与亚硫酸氢钠的加成反应。醛、脂肪族甲基酮和 8 个碳以下的环酮与亚硫酸氢钠(NaHSO₃)饱和溶液作用，生成白色结晶状产物 α-羟基磺酸钠。

$$\overset{O}{\underset{}{C}} \underset{H^+}{\overset{NaHSO_3}{\Longrightarrow}} \underset{}{\overset{ONa}{-C-SO_3H}} \Longrightarrow \underset{}{\overset{OH}{-C-SO_3Na}} \downarrow$$

此反应可逆。α-羟基磺酸钠能被稀酸或稀碱分解成原来的醛或甲基酮，故常用这个反应来分离、精制醛或甲基酮。

③ 与醇的加成反应。醛与醇在干燥氯化氢的催化下，发生加成反应，生成半缩醛。半缩醛与另一分子醇进一步缩合，生成缩醛。缩醛遇稀酸则分解成原来的醛(或酮)和醇，

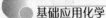
因此在有机合成中，常利用缩醛的生成来保护活泼的醛基。

$$\underset{\text{C}}{\overset{\text{O}}{\parallel}} \underset{\mp\text{HCl}}{\overset{\text{ROH}}{\rightleftharpoons}} -\underset{\text{OR}}{\overset{\text{OH}}{\underset{|}{\overset{|}{\text{C}}}}}- \underset{\mp\text{HCl}}{\overset{\text{ROH}}{\rightleftharpoons}} -\underset{\text{OR}}{\overset{\text{OR}}{\underset{|}{\overset{|}{\text{C}}}}}- +\text{H}_2\text{O}$$

$$\text{(环己酮)}=\text{O} \xrightarrow[\text{TsOH}]{\text{HO}\quad\text{OH}} \text{(螺环)}\overset{\text{O}}{\underset{\text{O}}{}} + \text{H}_2\text{O}$$

④ 与格氏试剂的加成反应。甲醛与格氏试剂的反应产物，水解后得到比格氏试剂多 1 个碳原子的伯醇；其他醛与格氏试剂的反应产物，水解后得到仲醇；酮与格氏试剂反应的产物，水解后得到叔醇。这是制备复杂醇的办法。

$$\underset{}{\overset{\text{O}}{\parallel}} +\text{R}-\text{MgX} \xrightarrow{\text{无水乙醚}} \underset{\text{R}}{\overset{\text{OMgX}}{\underset{|}{\overset{|}{\text{C}}}}} \xrightarrow{\text{H}_3\text{O}^+} \underset{\text{R}}{\overset{\text{OH}}{\underset{|}{\overset{|}{\text{C}}}}}$$

⑤ 与胺及氨的衍生物的加成反应。醛、酮与伯胺发生亲核加成反应，加成反应不稳定，很容易失水生成亚胺（又称席夫碱）。多种氨的衍生物与醛、酮发生亲核反应，失水（消除）后形成含有碳氮双键的化合物。

$$\underset{\text{R}\quad\text{H(R}')}{\overset{\text{O}}{\parallel}} +\text{NH}_2-\text{G} \xrightarrow{-\text{H}_2\text{O}} \underset{(\text{R}')\text{H}}{\overset{\text{R}}{}}\text{C}=\text{N}-\text{G}$$

氨的衍生物及其与醛、酮反应的产物见表 9-1。

表 9-1 氨的衍生物及其与醛、酮反应的产物

氨的衍生物	结构式	产物结构式	产物名称
伯胺	$\text{H}_2\text{N}-\text{R}'$	$\underset{(\text{R}')\text{H}}{\overset{\text{R}}{}}\text{C}=\text{N}-\text{R}'$	Schiff 碱
羟胺	$\text{H}_2\text{N}-\text{OH}$	$\underset{(\text{R}')\text{H}}{\overset{\text{R}}{}}\text{C}=\text{N}-\text{OH}$	肟
肼	$\text{H}_2\text{N}-\text{NH}_2$	$\underset{(\text{R}')\text{H}}{\overset{\text{R}}{}}\text{C}=\text{N}-\text{NH}_2$	腙
苯肼	$\text{H}_2\text{N}-\text{NH}-\text{C}_6\text{H}_5$	$\underset{(\text{R}')\text{H}}{\overset{\text{R}}{}}\text{C}=\text{N}-\text{NH}-\text{C}_6\text{H}_5$	苯腙

（续）

氨的衍生物	结构式	产物结构式	产物名称
2,4-二硝基苯肼	$H_2N-NH-\text{(2,4-二硝基苯环)}$	$\underset{(R')H}{\overset{R}{C}}=N-NH-\text{(2,4-二硝基苯环)}$	2,4-二硝基苯腙
氨基脲	$H_2N-NH-C(=O)-NH_2$	$\underset{(R')H}{\overset{R}{C}}=N-NH-C(=O)-NH_2$	缩氨基脲

（2）α-H 的反应。醛、酮分子中与羰基相连的碳原子为 α-C，α-C 上的氢原子为 α-H。受羰基的影响，α-H 比较活泼。

卤代反应　醛或酮的 α-H 易被卤素取代，生成 α-卤代醛或酮。

$$CH_3-\overset{O}{\overset{||}{C}}-H + 3Cl_2 \xrightarrow{H_2O} Cl-\overset{Cl}{\underset{Cl}{\overset{|}{\underset{|}{C}}}}-\overset{O}{\overset{||}{C}}-H + 3HCl$$

在碱性催化下，α-碳原子上连有三个氢原子的醛、酮（如乙醛和甲基酮），能与卤素的碱性溶液作用，生成三卤代物。三卤代物在碱性溶液中不稳定，立即分解成三卤甲烷（卤仿）和羧酸盐，此反应称为卤仿反应。例如用碘的碱溶液，则生成碘仿（此反应称为碘仿反应）。卤仿反应可用来鉴别是否含有甲基酮或乙醛的羰基化合物。含有 $CH_3CH(OH)-R(H)$ 结构的醇被其氧化成相应的甲基酮或乙醛，因此，也能发生碘仿反应。

$$\underset{H_3C\quad CH_3}{\overset{OH}{\overset{|}{CH}}} \xrightarrow{NaIO} \underset{H_3C\quad CH_3}{\overset{O}{\overset{||}{C}}} \xrightarrow{NaIO} CH_3COONa + CHI_3\downarrow\text{（黄色）}$$

醇醛缩合反应　在稀碱或稀酸的催化下，1 分子醛的 α-碳原子加到另 1 分子醛的羰基碳上，而 α-H 加到羰基氧原子上，生成 β-羟基醛，这类反应称为羟醛缩合反应，又称为醇醛缩合反应。β-羟基醛在加热条件下很容易脱水生成 α,β-不饱和醛。

$$\text{（苯环）}-\overset{O}{\overset{||}{C}}-H + CH_3CHO \underset{}{\overset{OH^-}{\rightleftharpoons}} \text{（苯环）}-\underset{}{\overset{OH}{\overset{|}{CH}}}-CH_2CHO \xrightarrow{-H_2O} \text{（苯环）}-CH=CHCHO$$

（3）还原反应。有机物分子引入氢原子或脱去氧原子的反应称为还原反应。

① 催化氢化还原。醛或酮经催化氢化可分别被还原为伯醇或仲醇。

$$R-\overset{O}{\overset{||}{C}}-H(R') \xrightarrow[\text{Pt, 0.3 MPa, 25℃}]{H_2} R-\underset{H}{\overset{OH}{\overset{|}{\underset{|}{C}}}}-H(R')$$

② 金属氢化物还原。氢化铝锂、硼氢化钠或异丙醇铝等还原剂具有较高的选择性，

只能还原羰基，不还原双键或叁键。与醛、酮作用，生成相应的醇。

$$CH=CH-C-H \xrightarrow{NaBH_4} CH=CH-CH_2$$

（4）氧化反应。

① 银镜反应。托伦试剂是由硝酸银碱溶液与氨水制得的银氨配合物的无色溶液。托伦试剂与醛共热，醛被氧化成羧酸，而弱氧化剂中的银被还原成金属银析出，此反应称为银镜反应，而酮则不易被氧化。利用托伦试剂可把醛与酮区别开来。

$$(Ar)R-\overset{O}{\overset{\|}{C}}-H + 2[Ag(NH_3)_2]^+ + 2OH^- \longrightarrow (Ar)R-\overset{O}{\overset{\|}{C}}-O^-NH_4^+ + 2Ag\downarrow + 2H_2O + 3NH_3$$

② 斐林反应。硫酸铜溶液与酒石钾钠的氢氧化钠溶液等体积混合，摇匀后即得氢氧化铜与酒石酸钾钠形成的深蓝色可溶性配合物，即为斐林试剂。斐林试剂能氧化脂肪醛，但不能氧化芳香醛，可用来区别脂肪醛和芳香醛。斐林试剂与脂肪醛共热时，醛被氧化成羧酸，而二价铜离子则被还原为砖红色的氧化亚铜沉淀。

$$R-\overset{O}{\overset{\|}{C}}-H + 2Cu(OH)_2 + OH^- \xrightarrow{\triangle} R-\overset{O}{\overset{\|}{C}}-O^- + Cu_2O\downarrow + 3H_2O$$

(四)重要的醛、酮

1. 甲醛 甲醛又名蚁醛，是具有强烈刺激性的无色气体，易溶于水。甲醛能使蛋白质凝固，有杀菌和防腐作用。40％的甲醛水溶液称为福尔马林，用作消毒剂和防腐剂。甲醛与氨作用，生成环六亚甲基四胺，商品名为乌洛托品。乌洛托品为白色结晶粉末，易溶于水，在医药上用作利尿剂及尿道消毒剂。

2. 丙酮 丙酮是无色易挥发、易燃的液体，具有特殊的气味，丙酮极易溶于水，几乎能与一切有机溶剂混溶，故广泛用作溶剂。患糖尿病的人，由于代谢紊乱，体内常产生过量的丙酮，从尿中排出或随呼吸呼出。尿中是否含有丙酮可用碘仿反应检验。在临床上，用亚硝酰铁氰化钠$[Na_2Fe(CN)_5NO]$溶液的显色反应来检查：在尿液中滴加亚硝酰铁氰化钠的碱性溶液，如果有丙酮存在，溶液呈现鲜红色。

二、醌

(一)醌的定义、分类和命名

醌是含有共轭环己二烯二酮基本结构的一类化合物，有对位和邻位两种结构。

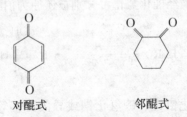

对醌式　　　　邻醌式

醛类化合物是以苯醌、萘醌、蒽醌等为母体来命名的。两个羰基的位置可用阿拉伯数字标明，也可用邻、对或 α、β 等写在醌名前。母体上如有取代基，可将取代基的位置、数目、名称写在前面。

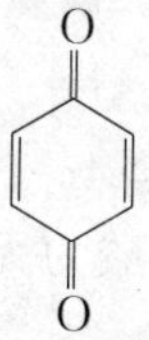

1,4-苯醌   1,2-苯醌 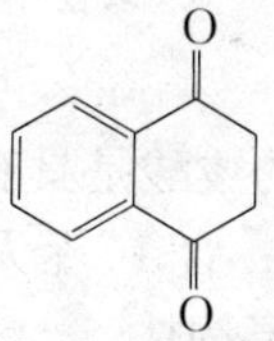   1,4-萘醌   9,10-蒽醌
（对苯醌） （邻苯醌） （α-萘醌）

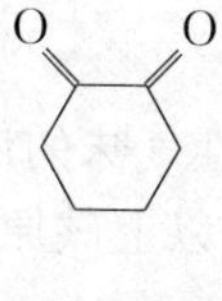

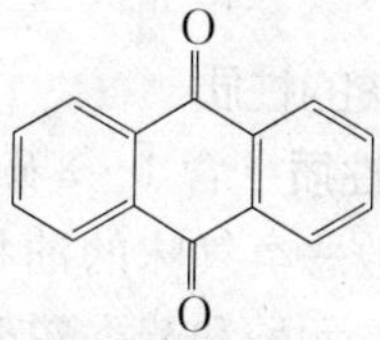

（二）醌的性质

从醌的构造来看，其分子中既有羰基，又有碳碳双键和共轭双键，因此可以发生羰基加成、碳碳双键加成以及共轭双键的 1,4-加成或 1,6-加成反应。

任务四　羧酸及其衍生物

一、羧酸

有机分子中含有羧基（—COOH）的化合物称为羧酸，其通式为 R—COOH，羧基是羧酸的官能团。

（一）羧酸的分类

按羧酸分子中烃基的种类不同，可将羧酸分为脂肪酸和芳香酸，其中脂肪酸还可以分为饱和脂肪酸和不饱和脂肪酸；按羧酸分子中所含的羧基数目不同，可将羧酸分为一元酸、二元酸和多元酸。

（二）羧酸的命名

（1）常见的羧酸所用的俗名，是根据它们的来源命名的。例如：

$HCOOH$ CH_3COOH $HOOCH_2—CH_2COOH$
蚁酸   醋酸   草酸

（2）系统命名法。选择含有羧基的最长碳链作主链，从羧基中的碳原子开始给主链上的碳原子编号。取代基的位次用阿拉伯数字表示。有时也用希腊字母来表示取代基的位次，从与羧基相邻的碳原子开始，依次为 α、β、γ 等。

$CH_3CH_2CHCH_2COOH$ $CH_3CH=CHCOOH$
　　　　CH_3
3-甲基戊酸   2-丁烯酸
（β-甲基戊酸）   （α-丁烯酸）

脂环酸和芳香酸，可把脂环和芳环作为取代基来命名。脂肪族二元羧酸命名时，须选择含有两个羧基的最长碳链作主链，称为某二酸。

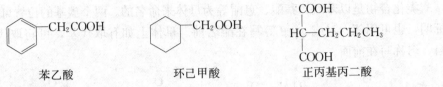

苯乙酸　　　　　　　环己甲酸　　　　　　　正丙基丙二酸

（三）羧酸的性质

1. 物理性质　含 1～3 碳原子的羧酸是具有刺激性气味的液体；含 4～9 个碳原子的羧酸是有腐败恶臭气味的油状液体；含 10 个及 10 个以上碳原子的羧酸为无味石蜡状固体。脂肪族二元酸和芳香酸都是结晶固体。

低级羧酸能与水混溶，随着分子质量的增加，非极性的烃基越来越大，羧酸的溶解度逐渐减小，含 6 个碳原子以上的羧酸就很难溶于水而易溶于有机溶剂。

羧酸的沸点比与之分子质量相近的醇要高得多，这是因为羧酸分子间可以形成两个氢键而缔合成较稳定的二聚体的缘故。

2. 化学性质　羧酸的化学性质是由羧基决定的。羧基与烃基的相互作用和相互影响又使羧酸产生某些新性质。

（1）酸性。羧酸的结构不同，酸性强弱也不同。一般情况下，饱和脂肪酸的酸性随着烃基的碳原子数增加和给电子能力的增强而减弱。一元羧酸强弱的顺序如下：甲酸＞苯甲酸＞其他饱和一元酸。

$$RCOOH \longrightarrow RCOO^- + H^+$$

（2）羧酸衍生物的生成。在一定条件下，羧酸分子中羧基上的羟基可以分别被卤素原子（—X）、酰氧基（—OOCR）、烷氧基（—OR）、氨基（—NH$_2$）等取代，形成酰卤、酰酐、酯或酰胺等羧酸衍生物。

① 生成酰卤。羧酸在三氯化磷、五氯化磷、氯化亚砜等作用下可生成酰氯。

$$RCOOH \xrightarrow{PCl_3} R-\overset{\overset{\displaystyle O}{\|}}{C}-Cl$$

② 生成酸酐。在 P$_2$O$_5$ 等脱水剂的作用下，羧酸加热后脱水可生成酸酐。

$$RCOOH + RCOOH \xrightarrow[\text{加热}]{P_2O_5} RCOOOCR$$

③ 生成酯。羧酸与醇在酸催化的作用下生成酯。酯化反应是可逆反应。

$$R-\overset{\overset{\displaystyle O}{\|}}{C}-OH + R'-OH \underset{\triangle}{\overset{\text{浓 }H_2SO_4}{\rightleftharpoons}} R-\overset{\overset{\displaystyle O}{\|}}{C}-OR' + H_2O$$

④ 生成酰胺。在羧酸中通入氨气或加入碳酸铵，首先生成铵盐，铵盐受热脱水生成酰胺。

$$RCOOH \xrightarrow{NH_3} RCOONH_4 \xrightarrow{\triangle} R-\overset{\overset{\displaystyle O}{\|}}{C}-NH_2$$

（3）α-氢原子的反应。羧基和羰基一样，可使 α-H 活化，使其比其他碳原子上的氢活泼，但羧基的活化作用比羰基小，所以羧酸的 α-H 在三卤化磷的存在下可与卤素(Cl_2 或 Br_2)发生卤代反应。

$$CH_3CH_2CH_2COOH + Br_2 \xrightarrow{PBr_3} CH_3CH_2\underset{\underset{Br}{|}}{CH}COOH$$

二、羧酸衍生物

羧酸衍生物是指羧酸分子中的羟基被其他原子或原子团取代后的产物。羧酸衍生物包括酰卤、酸酐、酯和酰胺等，酰卤、酸酐、酯及酰胺分子结构中均含有酰基，因而也被称为酰基化合物。

(一)羧酸衍生物分类与命名

酰基是羧酸分子从形式上去掉一个羟基分子以后所剩余的部分。某酸所形成的酰基称为某酰基。

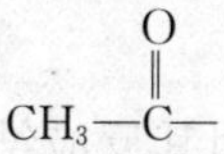

乙酰基 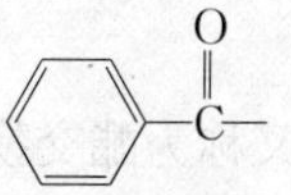   苯甲酰基

1. 酰卤与酰胺 酰卤与酰胺命名是在酰基名称后加上卤素或胺的名称组成。

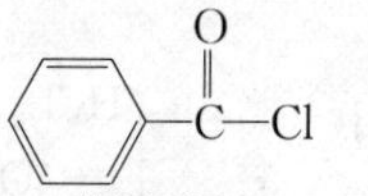

苯甲酰氯 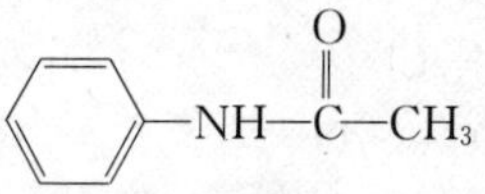   乙酰苯胺

2. 酸酐 是由相应的酸加上"酐"字组成，混合酸酐依次写出形成酸酐的两个酸的名称，后面加上"酐"字，相对简单的酸写在前面。

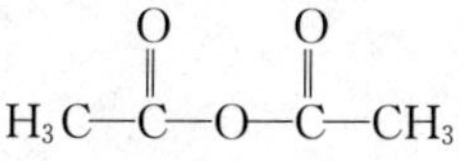

乙酐(醋酐) 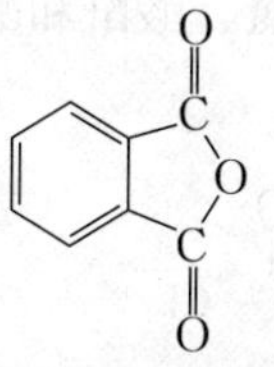   邻苯二甲酸酐

3. 酯 酯由生成酯的酸和醇的名称决定，称为某酸某酯。内酯命名用内酯代替原来酸的"酸"，并标明羟基的位置。

(二)羧酸衍生物的性质

1. 物理性质 低级的酰氯和酸酐是有刺鼻气味的液体，高级的酰氯和酸酐为固体；低级的酯具有芳香的气味。酰胺除甲酰胺外，由于分子内形成氢键，均是固体；当酰胺的氮上有取代基时为液体。酰氯和酸酐难溶于水，低级酰卤和酸酐遇水分解；酯在水中溶解度很小；低级酰胺可溶于水。

2. 化学性质

（1）水解。酰卤、酸酐、酯和酰胺都能水解，生成相应的羧酸。水解活性排序为：酰卤＞酸酐＞酯＞酰胺。酰卤在室温下立即反应，如乙酰氯与水发生猛烈的放热反应；酸酐在室温下与水作用缓慢，乙酸酐在冷水中的反应较慢，在热水中的反应较快；酯的水解在没有催化剂存在时进行得很慢甚至不能进行；酰胺的水解通常须在酸或碱等的催化作用下，经长时间的回流才能完成。

$$
\left.\begin{array}{l}
R{-}\overset{O}{\underset{\|}{C}}{-}Cl \\[4pt]
R{-}\overset{O}{\underset{\|}{C}}{-}O{-}\overset{O}{\underset{\|}{C}}{-}R_1 \\[4pt]
R{-}\overset{O}{\underset{\|}{C}}{-}O{-}R_1 \\[4pt]
R{-}\overset{O}{\underset{\|}{C}}{-}NH_2
\end{array}\right\}+H_2O \longrightarrow R{-}\overset{O}{\underset{\|}{C}}{-}OH +\left\{\begin{array}{l}
HCl \\[2pt]
R_1{-}\overset{O}{\underset{\|}{C}}{-}OH \\[4pt]
R_1{-}OH \\[2pt]
NH_3
\end{array}\right.
$$

（2）醇解。酯的醇解反应又称为酯交换反应，因其反应结果是醇分子中的烷氧基—OR''取代了酯分子中的烷氧基—OR'，生成了新的酯和新的醇。酯交换反应是可逆反应。醇解反应的活性顺序为：酰卤＞酸酐＞酯。

$$
\left.\begin{array}{l}
R{-}\overset{O}{\underset{\|}{C}}{-}Cl \\[4pt]
R{-}\overset{O}{\underset{\|}{C}}{-}O{-}\overset{O}{\underset{\|}{C}}{-}R' \\[4pt]
R{-}\overset{O}{\underset{\|}{C}}{-}O{-}R'
\end{array}\right\}+HOR'' \longrightarrow R{-}\overset{O}{\underset{\|}{C}}{-}OR'' +\left\{\begin{array}{l}
HCl \\[2pt]
R'{-}\overset{O}{\underset{\|}{C}}{-}OH \\[4pt]
R'{-}OH
\end{array}\right.
$$

（3）氨解反应。酰氯、酸酐和酯都能与胺作用生成酰胺。氨解反应的活性顺序为：酰卤＞酸酐＞酯。

$$
\left.\begin{array}{l}
R{-}\overset{O}{\underset{\|}{C}}{-}Cl \\[4pt]
R{-}\overset{O}{\underset{\|}{C}}{-}O{-}\overset{O}{\underset{\|}{C}}{-}R' \\[4pt]
R{-}\overset{O}{\underset{\|}{C}}{-}O{-}R'
\end{array}\right\}+NH_3 \longrightarrow R{-}\overset{O}{\underset{\|}{C}}{-}NH_2 +\left\{\begin{array}{l}
HCl \\[2pt]
R'{-}\overset{O}{\underset{\|}{C}}{-}OH \\[4pt]
R'{-}OH
\end{array}\right.
$$

三、羧酸及其衍生物

1. 乳酸 乳酸最初发现于酸乳中，熔点为 18℃，溶于水、乙醇、丙酮、乙醚等，但不溶于氯仿和油脂。工业上乳酸是用葡萄糖经乳酸杆菌发酵制得。乳酸是糖原的代谢产物。人在剧烈运动时，糖原分解产生乳酸，当肌肉中乳酸含量增多时，人会感到酸胀，恢复一段时间后，一部分乳酸又转变成糖原，另一部分则被氧化成丙酮酸。乳酸有很强的吸湿性，一般呈糖浆状液体，其浓溶液有腐蚀性。它的钙盐不溶于水，所以在工业上常用乳酸做除钙剂，在食品工业中用作增酸剂，乳酸钙是补充体内钙质的药物之一。乳酸分子式如下所示：

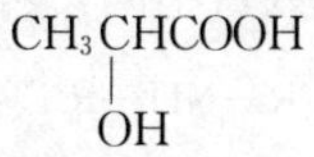

$$\underset{\underset{OH}{|}}{CH_3CHCOOH}$$

2. 对乙酰氨基酚　对乙酰氨基酚(扑热息痛)是白色结晶或结晶性粉末，在空气中较稳定，微溶于冷水，易溶于热水，毒性和副作用小，是一种较优良的解热镇痛药。其分子式如下所示：

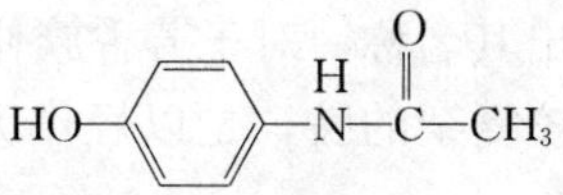

任务五　含氮有机化合物

含氮有机化合物是指分子中氮原子和碳原子直接相连的化合物，也可以看成是烃分子中的一个或几个氢原子被含氮的官能团所取代的衍生物。该类化合物范围广，种类多，与生命活动和人类日常生活关系非常密切。

一、硝基化合物

硝基化合物可以认为是烃分子中的氢原子被—NO_2取代后所得的衍生物。

按烃基的种类不同，可分为脂肪族硝基化合物 R—NO_2 和芳香族硝基化合物 Ar—NO_2。按分子中所含硝基的数目不同，可分为一元硝基化合物、二元硝基化合物、多元硝基化合物。根据硝基所连碳种类不同，可分为伯硝基化合物、仲硝基化合物、叔硝基化合物。

二、重氮化合物和偶氮化合物

重氮化合物和偶氮化合物在结构上都含有 2 个氮原子相连的原子团。

在重氮化合物中，重氮基(—$N^+{\equiv}N$)两个相连的氮原子只有一端与碳原子相连，而另一端与其他原子或原子团相连。

在偶氮化合物中，偶氮基(—$N{=}N$—)两个氮原子以双键相连，两端都与烃基相连。

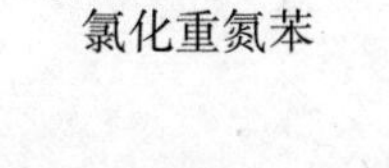

氯化重氮苯 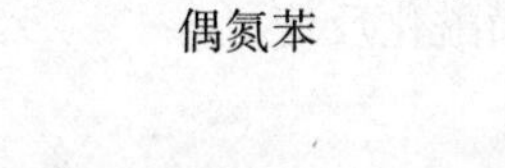　　　　　　　　　　偶氮苯

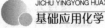
三、胺

(一)胺的分类和命名

1. 胺的分类　胺可以看作是氨的衍生物（R_1NH_2、R_2NH、R_3N）。根据取代的烃基的不同，可分为脂肪胺、芳香胺、芳脂胺；根据氮原子上所连烃基的数目不同，可分为伯（$1°$）、仲（$2°$）、叔（$3°$）胺；根据氨基的数目不同，可分为一元胺、二元胺和多元胺。

$$R—NH_2 \qquad R—NH—R \qquad R—\underset{R}{\underset{|}{N}}—R$$

伯胺 　　　　　仲胺 　　　　　叔胺

2. 胺的命名　结构简单的胺可以根据烃基的名称命名，称为"某胺"。

若氮原子上所连的烃基相同，用二或三表明烃基的数目；若氮原子上所连烃基不同，则按基团的大小次序由小到大写出其名称。对于芳香族仲胺和叔胺，通常把芳香胺作为母体，在取代基前面冠以"N"。比较复杂的胺，是以烃作为母体，氨基作为取代基来命名。多元胺的命名与多元醇相似。

$$CH_3NH_2$$

甲胺

苯胺

$$H_3C—\underset{NH_2}{\underset{|}{CH}}—\underset{CH_3}{\underset{|}{CH}}—CH_2—CH_3$$

3-甲基-2-氨基戊烷

N,N-二甲基苯胺

(二)胺的性质

1. 物理性质　常温下，低级和中级脂肪胺为无色气体或易挥发的液体，有类似氨的气味，有的具有鱼腥气味。高级胺为固体，不易挥发，一般没有气味。芳香胺为高沸点的液体或低熔点的固体，具有特殊气味，且毒性较大。

2. 化学性质　胺与氨一样，分子中氮原子上的未共用电子对能接受质子，因而呈现碱性和亲核性。在芳香胺中，除在氮原子上反应外，芳环也可以发生亲电取代反应，且比苯容易。

(1)碱性。胺与氨一样，分子中氮原子上的未共用电子对能接受质子，因而呈现碱性，在水中存在下列平衡：

$$R—NH_2+H_2O \Longleftrightarrow R—NH_3^+ +OH^-$$

水溶液中胺类化合物的碱性强弱次序一般为：脂肪族仲胺＞脂肪族伯胺＞脂肪族叔胺＞氨＞芳香族伯胺＞芳香族仲胺＞芳香族叔胺。

胺类一般为弱碱，能与许多酸作用生成盐，但遇强碱又重新游离析出生成原来的胺。

$$CH_3NH_2 \underset{OH^-}{\overset{HCl}{\rightleftharpoons}} CH_3NH_3^+ Cl^-$$

(2)酰化反应与磺酰化反应。

① 酰化反应。伯胺和仲胺能与酰卤、酸酐等酰化试剂反应生成酰胺。叔胺分子中的氮原子上没有连接氢原子，所以不能进行酰化反应。

$$HO-\langle\!\!\langle\ \rangle\!\!\rangle-NH_2 \xrightarrow{(CH_3CO)_2O} HO-\langle\!\!\langle\ \rangle\!\!\rangle-\overset{H}{N}-\overset{\overset{O}{\|}}{C}-CH_3$$

酰胺在强酸或强碱的水溶液中加热易水解成胺，因此在有机反应中通常通过酰化反应来保护氨基。

② 磺酰化(兴斯堡)反应。是磺酰化试剂与胺作用生成磺酰胺的反应。叔胺无此反应，而伯胺生成的磺酰胺可溶于碱中。因此常利用苯磺酰氯来分离、鉴别三种胺类化合物。

$$R-NH_2+\langle\!\!\langle\ \rangle\!\!\rangle-SO_2Cl \longrightarrow \langle\!\!\langle\ \rangle\!\!\rangle-SO_2NHR\downarrow \xrightarrow{NaOH} \left[\langle\!\!\langle\ \rangle\!\!\rangle-SO_2NR\right]^-Na^+$$

$$\overset{R}{\underset{R}{\diagdown}}NH+\langle\!\!\langle\ \rangle\!\!\rangle-SO_2Cl \longrightarrow \langle\!\!\langle\ \rangle\!\!\rangle-SO_2NR_2\downarrow \xrightarrow{NaOH} 不反应(沉淀不溶解)$$

(3)与亚硝酸反应。脂肪伯胺在强酸存在下与亚硝酸反应，能定量地放出氮气。芳香伯胺与亚硝酸在常温下的反应与脂肪伯胺相似，生成酚并放出氮气。在强酸性溶液中和低温条件下(0~5℃)，生成重氮盐。注意干燥的重氮盐不稳定，易爆炸。

$$R-NH_2+NaNO_2+HCl \longrightarrow [R-\overset{+}{N}\equiv NCl^-] \longrightarrow N_2\uparrow +\underline{R^++Cl^-}$$

脂肪仲胺和芳香仲胺都能与亚硝酸反应生成 N-亚硝基胺，N-亚硝基胺为黄色不溶于水的油状物，具有强烈的致癌作用。

$$\langle\!\!\langle\ \rangle\!\!\rangle-NHCH_3+HO-NO \longrightarrow \langle\!\!\langle\ \rangle\!\!\rangle-\overset{\overset{N=O}{|}}{N}-CH_3+H_2O$$

脂肪叔胺只能与亚硝酸形成不稳定的盐。芳香叔胺可以在芳环上发生亚硝化反应，生成芳环上有亚硝基的化合物。

$$R_3N+HNO_2 \longrightarrow R_3\overset{+}{N}HNO_2^- \xrightarrow{NaOH} R_3N+NaNO_2+H_2O$$

(4)芳环上的取代反应。芳香族伯胺分子中的氨基使芳环高度活化，在氯化和溴化反应中，迅速生成多氯和多溴化物，难以使反应停留在一氯化或一溴化的阶段。苯胺与卤素(Cl$_2$ 或 Br$_2$)的反应很迅速。例如苯胺与溴水作用，在室温下立即生成 2,4,6-三溴苯胺白色沉淀。

$$\langle\!\!\langle\ \rangle\!\!\rangle\overset{NH_2}{}+Br_2 \xrightarrow{H_2O} \underset{Br}{\overset{NH_2}{\langle\!\!\langle\ \rangle\!\!\rangle}}\overset{Br}{} \quad \downarrow +HBr$$

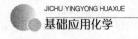
四、季铵盐和季铵碱

季铵化合物是氮原子上连有 4 个烃基的化合物，在结构上可以看作是铵离子中的 4 个氢都被烃基所取代而生成的化合物。季铵化合物分为季铵碱和季铵盐。

$$\left[\begin{array}{c} R_1 \\ R_2-N-R_3 \\ R_4 \end{array}\right]^+ OH^- \qquad \left[\begin{array}{c} R_1 \\ R_2-N-R_3 \\ R_4 \end{array}\right]^+ Cl^-$$

季铵碱　　　　　　　　　　季铵盐

五、重要的含氮化合物

(一)多巴胺[4-(2-氨基乙基)-1,2-苯二酚]

多巴胺是一种用来帮助细胞传送脉冲的化学物质，具有调节躯体活动、精神活动、内分泌和心血管活动等作用。多巴胺不足会令人失去控制肌肉的能力，严重时会令病人的手脚不自主地振动或导致帕金森病。临床常用其盐酸盐，即盐酸多巴胺，用于治疗各种低血压、心力衰竭，并用于休克、心脏复苏时升高血压等。

(二)偶氮染料——苏丹红

偶氮染料除了用作印染天然或合成纤维纺织品外，也用于细胞和组织染色及染色切片。近年来偶氮染料因为环保问题受到了禁用。

苏丹红是偶氮染料的一种，常用作家具漆、鞋油、地板蜡、汽车蜡和油脂的着色。苏丹红作为食品添加剂常被用于辣椒产品的加工当中，这是由于苏丹红不容易褪色，可以弥补辣椒放置久后变色的问题，保持其鲜亮的颜色。进入体内的苏丹红主要通过胃肠道微生物还原酶，肝和肝组织微粒体与细胞质的还原酶进行代谢，在体内代谢成相应的胺类物质。在多项体外致变试验和动物致癌试验中发现苏丹红有致突变性和致癌性。

任务六　立体化学基础

有机物结构复杂、种类繁杂、数量巨大，一个重要原因是有机物中普遍存在异构体。异构体是指具有相同的分子式而有不同结构的化合物，这种产生异构体的现象称为同分异构体现象。有机化学中的同分异构体，可以划分成各种类别，它们之间的关系如下：

$$
同分异构
\begin{cases}
构造异构
\begin{cases}
骨架异构 \\
官能团位置异构 \\
官能团异构
\end{cases} \\
立体异构
\begin{cases}
构型异构
\begin{cases}
顺反异构 \\
对映异构
\end{cases} \\
构象异构
\end{cases}
\end{cases}
$$

构造异构是指有机化合物中各原子相互连接顺序和结合方式不同而产生的异构现象；立体异构是指有机化合物分子具有相同的构造式，只是分子中原子或基团的伸展方向不同而引起的同分异构现象。本教材主要讨论顺反异构和对映异构。

一、顺反异构

顺反异构属于立体异构，顺反异构体不仅在理化性质上有差别，它们的生理活性亦有很大差别。

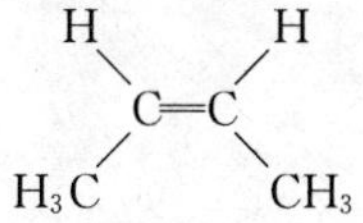

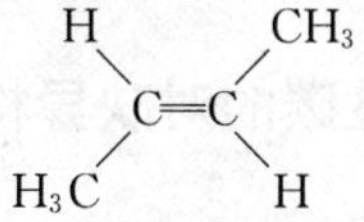

顺反异构体的物理性质有差别，如 2-丁烯的一些物理性质如表 9-2 所示。

表 9-2　2-丁烯的一些物理性质

异构体	沸点/℃	熔点/℃	相对密度
顺-2-丁烯	3.5	-139.3	0.621
反-2-丁烯	0.9	-105.5	0.604

顺反异构产生的原因是分子中存在不能自由旋转的双键式脂环等结构的分子而存在不同的空间排列方式；与双键碳原子相连接的原子或基团各不相同。

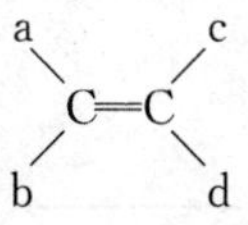

其中 a≠b，同时 c≠d

(一)顺、反命名法

通常将两个相同原子或基团处于双键或脂环同侧的，称为顺式(*cis*)，反之称为反式(*trans*)。书写时分别冠以顺、反，并用半字线与化合物名称相连。例如：

$$CH_3 \quad\quad COOH$$
$$\underset{|}{C}=\underset{|}{C}$$
$$H \quad\quad CH_3$$

顺-2-甲基丁-2-烯酸

$$H \quad\quad COOH$$
$$\underset{|}{C}=\underset{|}{C}$$
$$CH_3 \quad\quad CH_3$$

反-2-甲基丁-2-烯酸

(二)Z、E 命名法

顺、反命名法有一定的局限性，当两个不能自由旋转的原子所连接的四个原子或基团均不相同时，就不能用顺、反命名法命名，而采用 Z/E 命名法。

Z/E 命名法如下：①按"次序规则"分别确定双键碳原子各自相连的原子或基团的优先次序；②两个优先原子或基团在双键同侧的构型为 Z，在两侧的构型为 E。

"次序规则"的要点如下：①将各种取代基的原子按原子序数排列，大者为"较优"基团。若为同位素，则将质量数大的定为"较优"基团。例如：$I > Br > Cl > S > P > O > N > C > D > H$（">"表示"优于"）。②如果两个基团的第一个原子相同，则比较与之相连的第二个原子，以此类推。比较时，按原子序数排列，先比较原子序数最大者，再依次比较第二个、第三个。例如：$-C(CH_3)_3 > -CH(CH_3)_2 > -CH_2CH_2CH_2CH_3 > -CH_2CH_2CH_3 > -CH_2CH_3 > -CH_3$。

含有双键或三键的基团，可以分解为连有两个或三个相同原子。例如：$-COOH > -CHO > -C \equiv N > -C \equiv CH > -CH = CH_2$。

二、含有一个手性碳的对映异构体

(一)偏振光和旋光性

光是一种电磁波，光波的振动方向与其前进方向垂直。普通光在所有垂直于其前进方向的平面上振动。在普通光通过一个 Nicol(尼科尔)棱镜时，只有与尼科尔棱镜晶轴互相平行的光才能通过。这种只在一个平面上振动的光称为平面偏振光(图 9-1)，简称偏振光。

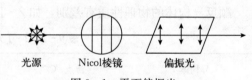

图 9-1　平面偏振光

旋光性：物质使偏振光振动面发生旋转的特性。

旋光性物质：使偏振光振动面发生旋转的物质。

非旋光性物质：不能使偏振光振动面发生旋转的物质。

旋光仪工作原理见图 9-2。

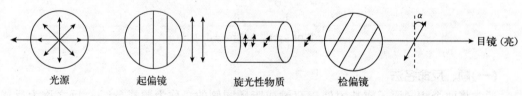

图 9-2　旋光仪工作原理

旋光方向：旋光性物质不仅能使偏振光的振动面旋转一定角度，而且还有旋转方向的差异，这种差异可通过旋光仪测出。

右旋体：使偏振光向顺时针方向偏转的旋光性物质，用符号（＋）标记。

左旋体：使偏振光向逆时针方向偏转的旋光性物质，用符号（－）标记。

物质旋光度的大小和旋光方向，不仅取决于旋光性物质的结构，而且与溶液的浓度、盛液管的长度、测定时的温度、光源波长以及使用的溶剂有关。比较不同旋光性物质的旋光性能，一般用比旋光度 $[\alpha]_{\lambda}^{t}$ 来表示。

$$[\alpha]_{\lambda}^{t}=\frac{\alpha}{L \times c} \qquad (8-1)$$

式中，λ 为测量时所采用的光波波长，通常用钠光 D 线（$\lambda=589.3$ nm）；t 为测量时的温度（℃）；α 为由旋光仪测得的溶液的旋光度；L 为盛液管的长度（dm）；c 为溶液的浓度（g/ml）。

比旋光度和熔点、沸点等一样，是化合物的一种物理性质。在一定条件下，比旋光度是一个物理常数。

例如：葡萄糖 $[\alpha]_{D}^{t}=+52.5°$（水）。

（二）对映异构

1. 手性和手性分子　乳酸有左旋乳酸和右旋乳酸，乳酸分子的两种构型的关系就像左手和右手的关系，互为物体与镜像关系，不能重叠。物质分子互为实物和镜像关系，彼此又不能完全重叠的特征，称为分子的手性。具有手性的分子称为手性分子。如果物质分子与其镜像能够完全重叠，就不具有手性，这样的分子称为非手性分子。

一般来说，一个分子不存在对称面或对称中心这样的对称因素，这个分子就是手性分子，它就具有旋光性和对映异构。反之，若存在对称面或对称中心这样的对称因素，这个分子就是非手性分子，它就无旋光性和对映异构。

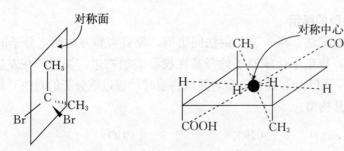

2. 对映异构体与外消旋体　互为实物与镜像关系的两个异构体称为对映异构体，简称为对映体。对映异构与化合物的一种特殊物理性质——旋光性有关，因此，对映异构也

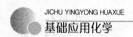

称为旋光异构。

外消旋体，将一对对映体等量混合后，就得到没有旋光性的混合物。用(±)表示。例如：将(＋)-乳酸和(－)-乳酸等量混合，由于旋光度大小相等，但方向相反，互相抵消，使旋光性消失，成为外消旋乳酸，用(±)-乳酸表示。

3. 对映异构体的表示方法　对映异构属于立体异构，最好的表示方法是用三维立体结构式，但书写起来非常不方便。为了便于书写和进行比较，对映体的构型常用费歇尔(Fischer)投影式表示，其投影规则如下：①将手性碳原子放在纸平面上，以十字交叉线的交叉点表示手性碳原子。②一般把主链放在竖线上，并把命名时编号最小的碳原子放在上端。③横线上相连的两个基团指向纸平面前方，竖线上相连的两个基团指向纸平面后方。

使用费歇尔投影式的注意事项如下：①将投影式脱离纸平面"翻转"构型改变。②不离开纸平面"旋转"180°，构型不变；不离开纸平面"旋转"90°或270°，构型改变。③将费歇尔投影式中任意两个基团交换位置时，奇数次交换——构型改变，偶数次交换——构型不变。

4. 对映异构构型的标示

(1)D、L 构型标记法。在 X 光衍射法问世前，没有实验方法测定分子的构型，费歇尔以甘油醛为标准，规定手性碳原子的羟基在投影式的右边，氢原子在左边的为 D 型，它的对映体为 L 型，用 D、L 表示法命名其他物质时，通过该分子的对映异构体与标准甘油醛对比，来确定其构型。

（2）*R/S* 绝对构型标记法。D/L 标记法有很大的局限性，一般只适用于仅含有一个手性碳原子化合物的构型，对于含有多个手性碳的化合物不适用。*R、S* 构型标记法是目前国际上广泛使用的一种方法。它是依据手性碳上四个不同原子或基团在"次序规则"中排列的次序来表示手性碳原子的构型的。其原则是：①基因排序。将连在手性碳上的四个基团按次序规则从大到小排列为：a＞b＞c＞d。②观察方法。将次序最小的基团 d 置于观察者视轴的远

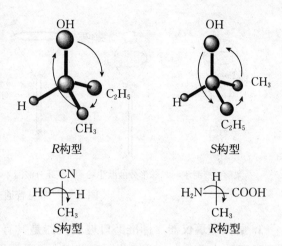

方，其余三个基团置于离观察者较近的平面上，观察三个基团的排列顺序。③构型确定与标记。若 a→b→c 按顺时针方向排列，该手性碳为 *R* 构型（*R* 来自拉丁文 Rectus 的词头，意为"右"）；若以逆时针方向排列，则为 *S* 构型（*S* 来自拉丁文 Sinister 的词头，意为"左"）。

实验技能训练

实验一　有机化学玻璃仪器使用的基本技能

一、任务目的

掌握普通玻璃仪器的名称、外观特点及用途；了解标准磨口仪器的规格。

二、实验说明

掌握玻璃仪器的使用技术。

三、仪器

普通玻璃仪器和磨口玻璃仪器。

四、训练内容

（一）玻璃仪器的认知

有机化学实验室玻璃仪器可分为普通玻璃仪器和磨口玻璃仪器。

1. 普通玻璃仪器　几种常见的普通玻璃仪器如图 9-3 所示：

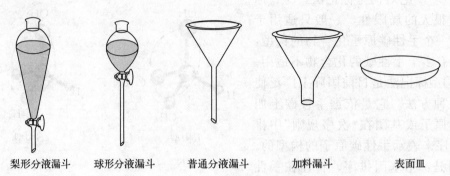

| 梨形分液漏斗 | 球形分液漏斗 | 普通分液漏斗 | 加料漏斗 | 表面皿 |

图 9-3 常见普通玻璃仪器

2. 磨口玻璃仪器 标准磨口玻璃仪器是具有标准化磨口或磨塞的玻璃仪器。仪器磨口和磨塞尺寸标准化、系统化、磨砂密合，凡属同类规格接口，均可任意连接，组装成各种配套仪器，与不同规格的部件无法直接组装时，可用转换接头连接。

使用标准磨口玻璃仪器，既可免去配塞子的麻烦，又能避免反应物或产物被塞子污染，仪器口和塞的磨砂性能要良好，密合性可达到较高真空度，对蒸馏尤其减压蒸馏有利，对于毒物或挥发性液体的实验较为安全。

标准磨口玻璃仪器，均按国际通用的技术标准制造。仪器的每个部件在其口、塞的上或下显著部位均有烤印的白色标志，表明规格。常用有 10、12、14、16、19、24、29、34、40 等。有时标准磨口玻璃仪器有两个数字，如 10/30，10 表示磨口大端的直径为 10 mm，30 表示磨口的高度为 30 mm。

一些常见的磨口玻璃仪器见图 9-4。

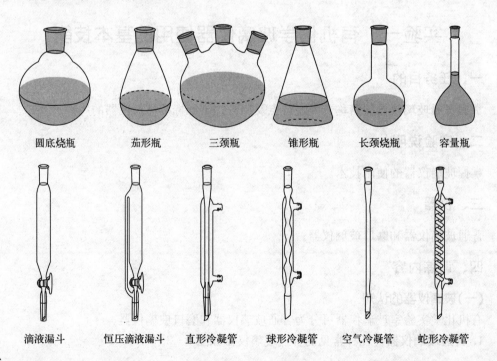

| 圆底烧瓶 | 茄形瓶 | 三颈瓶 | 锥形瓶 | 长颈烧瓶 | 容量瓶 |

| 滴液漏斗 | 恒压滴液漏斗 | 直形冷凝管 | 球形冷凝管 | 空气冷凝管 | 蛇形冷凝管 |

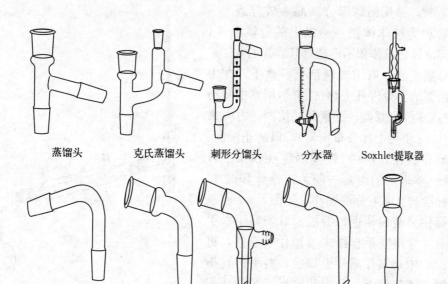

蒸馏头　克氏蒸馏头　刺形分馏头　分水器　Soxhlet提取器

弯管　接引管　真空接引管　弯形接收管　变口接头

图 9-4　常见磨口玻璃仪器

(二)常用装置的使用

1. 回流装置　回流装置(图 9-5)中直立的冷凝管夹套中从下至上通入冷水,使夹套充满水,水流速度不必很快,能保持蒸汽充分冷凝即可,需要控制蒸汽上升高度不超过冷凝管的 1/3。

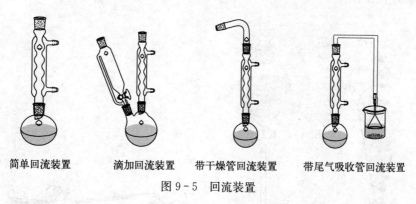

简单回流装置　滴加回流装置　带干燥管回流装置　带尾气吸收管回流装置

图 9-5　回流装置

2. 蒸馏装置　蒸馏(又称简单蒸馏)是分离和提纯液态有机化合物的常用重要方法之一。应用这一方法,不仅可以把挥发性物质与不挥发性物质分离,还可以把沸点不同的物质以及有色的杂质分离。蒸馏时,被蒸馏液体为蒸馏瓶体积的 1/3~2/3。当蒸馏液体的沸点过高,常压下无法实现分离或温度过高会使用液体变质时,可使用减压蒸馏装置(图 9-6)。

3. 萃取装置　萃取是利用物质在两种互不相溶的溶剂中溶解度不同,使物质从一种溶液转移到另一种溶剂中,从而达到分离、提纯或纯化目的的操作。当两相

教学视频

常压蒸馏

密度相近时，采用圆球形分液漏斗较合适。一般选用容积为液体体积一倍以上的分液漏斗，加入全部液体的总体积不得超过其容量的 3/4。

　　取分液漏斗，取出玻璃活塞，擦干，在中间小孔两侧沾上少许凡士林(注意勿堵塞中间小孔)，把活塞放回原处，塞紧，并按同一方向来回旋转几下(使凡士林分布均匀)，以防止渗漏。将分液漏斗放在铁圈中(铁圈固定在铁架上)，装入溶液(萃取剂的用量一般为溶液体积的 1/3)，关好活塞。取下分液漏斗，按图 9-7 所示的方法握住分液漏斗进行振摇。对于惯用右手的操作者，常用左手食指末节顶住玻璃塞，再用大拇指和中指夹住漏斗上口径；右手的食指和中指握在活塞柄上，食指和拇指要握住活塞柄并能将其自由地旋转。对于左撇子的操作者，只需将方向转过来即可。开始时稍慢，每振摇

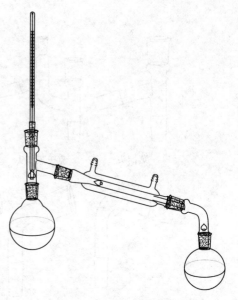

图 9-6　减压蒸馏装置

几次，要将漏斗向上倾斜，打开活塞，把分液漏斗中萃取剂的蒸气放出，此操作称为"放气"，关闭活塞，再振摇，如此重复，振摇 2~3 min。将漏斗放回铁圈中静置。待分液漏斗中两液体层完全分开后，打开上面的塞子，小心旋开活塞，放出下层水溶液，到快放完时，把活塞关紧些，让下层液体逐滴流下，一旦分离完毕，立即关闭活塞，将上层的溶液从分液漏斗的上口倒出。

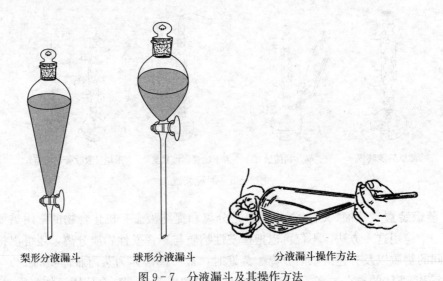

梨形分液漏斗　　　　　球形分液漏斗　　　　　分液漏斗操作方法

图 9-7　分液漏斗及其操作方法

五、实验建议

(1)本任务宜安排 2 学时完成。

（2）本任务由学生单人独立完成。

（3）学生完成实验后，须经教师检查实验记录后方可离开。

扫码看答案

项目九实验一
思考题答案

（4）学生的实验成绩根据实验结果、实验中分析解决问题的能力、课堂纪律、预习情况、操作技能、数据分析能力等综合评估。

六、实验思考

萃取时出现乳化不分层如何处理？

实验二　有机化学实验的基本技能

一、任务目的

掌握产品的干燥及反应加热、冷却等操作；掌握毛细管熔点的测定方法；掌握有机物分离常用的重结晶操作、旋转蒸发仪的使用方法。

二、仪器

熔点测定管、温度计、毛细管、酒精灯、旋转蒸发仪、布氏漏斗、保温漏斗、铁架台等。

三、操作步骤

（一）产品的干燥

1. 液体有机物的干燥　液体有机物的干燥通常是将干燥剂直接放入有机物中，因此选择干燥剂要考虑以下因素：干燥剂与被干燥的有机物不能发生化学反应；不能溶于该有机物中；吸水量大、干燥速度快、价格便宜。可根据干燥剂的吸水量和水在有机物中的溶解度来选择干燥剂的用量，当然也要考虑分子结构，含亲水性基团的化合物用量稍多些。干燥剂的用量要适当：用量少干燥不完全；用量过多则因干燥剂表面吸附而造成被干燥有机物损失。一般用量为 10 mL 液体加 0.5～1 g 干燥剂。加入干燥剂后，振荡，静置观察，若干燥剂黏附在瓶壁上，干燥不彻底。若干燥前液体浑浊，干燥后液体澄清，可认为水分基本除去。干燥剂颗粒大小要适当，颗粒太大吸水慢，颗粒太小吸附有机物较多。

2. 固体有机物的干燥

（1）晾干。将固体样品放在干燥的表面皿或滤纸上，摊开，用一张滤纸覆盖，放在空气中晾干。

（2）烘干。将固体样品置于表面皿中放在水浴上烘干，也可用红外灯或烘箱烘干。必须注意样品不能遇热分解，加热温度要低于样品熔点。

（3）其他干燥方法。如干燥器干燥、减压恒温干燥器干燥等。

（二）加热和冷却

1. 加热　利用热空气间接加热的原理，空气浴加热对沸点在 80℃ 以下的液体均可采

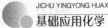
用，实验中常用的方法有石棉网上加热和电热套加热。当加热的温度不超过100℃时，使用水浴加热较为方便。当用到金属钾、钠的操作以及无水操作时，决不能在水浴上进行，否则会引起火灾。由于水浴的不断蒸发，适当时要添加热水，使水浴中的水面保持稍高于容器内的液面。油浴加热范围为100～250℃，油浴加热要注意安全，防止着火，防止溅入水滴。油浴加热的优点是使反应物受热均匀，反应物的温度一般低于油浴温度20℃左右。

2. 冷却　冷却是有机化学实验要求在低温下进行的一种常用方法，根据不同的要求，可选用不同的冷却方法。一般的冷却，可将盛有反应物的容器浸在冷水中；在室温以下冷却，可选用冰或冰水混合物；0℃以下冷却，可用碎冰和无机盐按一定比例混合作为冷却剂。干冰和丙酮、氯仿等溶剂混合，可冷却到-78℃；液氮可冷却到-196℃。必须注意的是温度低于-38℃时，不能使用水银温度计，而是使用装有有机液体的低温温度计。

教学视频

熔点仪的使用

(三)熔点的测定

熔点是固体化合物固、液两态在大气压下达成平衡的温度。纯净的固体有机化合物一般都有固定的熔点，其固、液两态之间的变化是非常敏锐的，从初熔至全熔温度不超过0.5～1℃。熔点的测定常用于固体的纯度的检测。熔点的测定装置见图9-8。

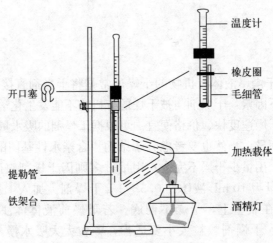

图9-8　熔点的测定装置

1. 毛细管的熔封　取一根长约8cm、直径1～1.5mm的毛细管，将毛细管的一端呈45°角插入酒精灯的外焰处，并不断传动，直到毛细管的开口端完全封闭为止。

2. 样品的填装　少量的干燥样品置于研钵中研成粉末，将粉末置于表面皿并集中成堆。取毛细管开口的一端插入其中，使少许样品进入毛细管中。取一根长30～40cm的玻璃管竖在桌面上，把装有样品的毛细管(封闭端朝下)在玻璃管内自由落下，这样反复几次，使样品紧密填在毛细管的底部，高度2～3mm。毛细管外的样品要擦干净。每个样品填装三根毛细管。

3. 装置搭建 将铁架台置于实验台上，将铁夹固定在铁架台上。将传热液体倒入提勒管中，并使液面刚好能盖住熔点管的上侧支管，并将熔点管用铁夹夹住。在温度计上套一橡皮圈，将装有样品的毛细管插入橡皮圈，橡皮圈位于毛细管的中上部，使样品位于温度计煤油球的中部并与温度计平行。将温度计套入带有缺口的软木塞中，使温度计读数朝向软木塞的缺口；将套入软木塞的温度计插入熔点管中，使温度计水银球及样品位于熔点管上下支管中部，并使温度计的读数正对自己。水银球及样品位于熔点管左右管壁的中部，并与管壁平行。

4. 熔点测定 用酒精灯在提勒管的侧管缓缓加热，未知样可以每分钟升温不超过 $10 \sim 15℃$ 粗测一次熔点；开始时快速升温，至距离熔点 $10 \sim 15℃$ 时，调整火焰使每分钟上升 $1 \sim 2℃$（关键）；加热的同时要仔细观察温度计所示的温度与样品的变化情况，当样品开始塌落并有湿润现象、出现小液滴时表示样品开始熔化，记下此时的温度为始熔温度。继续微热至固体全部变成澄清的液体为全熔，此时的温度为全熔温度。始熔到全熔的温度范围为熔程。每个样品测定 3 次。第一次为粗测，加热可稍快，测出大致熔点范围后再进行精测 2 次，求其平均值。在第二次测定前，先等到传热液温度冷却到样品的熔点以下 $30℃$，重新取新的毛细管测定。

5. 拆卸装置 测定完毕后，撤去酒精灯，取出软木塞与温度计，取下温度计上的毛细管。等到温度计冷却后，用纸擦去传热液，再用水冲洗。传热液冷却后倒回原瓶中。

（四）旋转蒸发仪的使用

旋转蒸发仪，也称为旋转蒸发器，主要用于减压条件下连续蒸馏易挥发性溶剂，应用于化学、化工、生物医药、食品等领域。

教学视频

1. 开冷却水与水泵 用胶管与冷凝水龙头连接，并开冷却水；用真空胶管与水泵相连，并打开水泵开关。

2. 加热锅加水 将水注入加热锅，打开电源开关，并利用温度设置按钮设置水浴锅温度；连接接收瓶，用球磨口夹固定接收瓶。

旋转蒸发仪的使用

3. 加入物料 往蒸发瓶内加入待处理物料，所加物料体积不超过蒸发瓶体积的一半，连接蒸馏物料的蒸发瓶，用塑料夹固定蒸发瓶并用手托住；关上放空阀门，待瓶内达到一定的负压后再松手，以免蒸发瓶掉下来。

4. 蒸发操作 调整主机角度，先松开立柱右侧按钮，转动主机头，达到合适的角度，旋紧即可。调整主机高度，跷板上部下压主机上升，反之下降，调节蒸馏瓶至水浸没待蒸馏物料的液面，手离即停。通过转速调节旋钮设置合适的转速。

5. 停止蒸发操作 蒸发瓶中剩有少量的物料或在规定温度下不再有流出液时，通过转速调节旋钮设置转速为零，停下来。旋蒸结束后，通过跷板升降旋钮调节蒸馏瓶离开水面，打开放空阀门，拆下蒸发瓶，分别收集蒸发瓶和接收瓶中的物料。停水泵，关闭电源开关，关闭冷却水。

（五）重结晶

重结晶（recrystallization）原理：利用混合物中各组分在某种溶剂中的溶解度不同，或在同一溶剂中不同温度时的溶解度不同而使它们相互分离（相似相溶原理）。一般重结晶只适用于纯化杂质含量在 5％ 以下的固体有机物。

重结晶中选用理想的溶剂，必须要求以下几点：①溶剂不应与重结晶物质发生化学反应；②重结晶物质在溶剂中的溶解度应随温度变化，即高温时溶解度大，而低温时溶解度小；③杂质在溶剂中的溶解度或者很大，或者很小；④溶剂应容易与重结晶物质分离；⑤能使被提纯物生成整齐的晶体；⑥溶剂应无毒，不易燃，价廉易得，有利于回收利用。

重结晶的一般过程包括选择适宜的溶剂、配制饱和溶液、热过滤除去杂质、析出晶体、收集并洗涤晶体、干燥晶体。

四、实验建议

(1)本任务宜安排 2 学时完成。

(2)本任务由学生单人独立完成。

(3)学生完成实验后，须经教师检查实验记录后方可离开。

扫码看答案

(4)学生的实验成绩根据实验结果、实验中分析解决问题的能力、课堂纪律、预习情况、操作技能、数据分析能力等综合评估。

项目九实验二
思考题答案

五、实验思考

(1)测定熔点时，加热太快或样品装得太多会对测定结果产生什么影响？

(2)重结晶过程中，活性炭为什么不能在溶液沸腾时加入？

(3)使用旋转蒸发仪时，先关水泵再开空气阀会导致什么后果？

实验三 乙酰苯胺的制备实验

一、实验目的

掌握苯胺乙酰化反应的原理和实验操作，学习固体有机物的提纯的方法——重结晶。

二、实验说明

乙酰苯胺可以由苯胺与乙酸、乙酸酐、乙酰氯等试剂反应制得，其中苯胺与乙酸反应最为温和，而且乙酸较为经济。

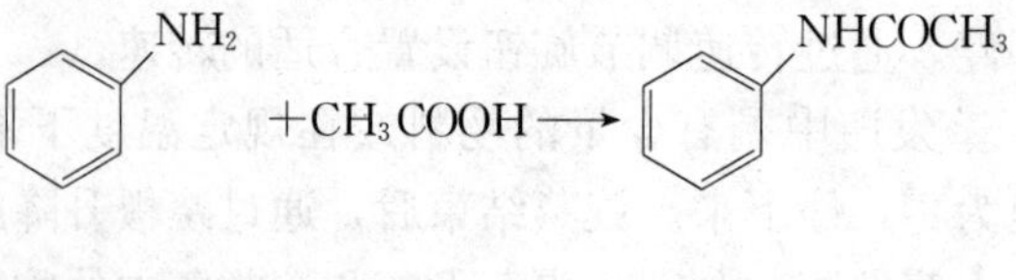

三、实验药品与仪器

苯胺、乙酸、锌粉；圆底烧瓶、分馏柱、蒸馏头、温度计、布氏漏斗与抽滤瓶、表面皿、油浴等。

乙酰苯胺于不同温度的溶解度为：20℃，0.46 g；25℃，0.56 g；80℃，3.50 g；100℃，5.5 g。

四、实验步骤

(一)制备阶段

1. 加料 在反应瓶中放入 5.0 mL(0.055 mol)新蒸馏过的苯胺、7.5 mL(0.13 mol)冰醋酸和 0.1 g 锌粉，缓慢加热至沸腾，保持反应混合物微沸约 10 min，然后逐渐升温，控制温度，保持温度计读数在 105℃左右。

2. 反应 经过 40～60 min，反应所生成的水(含少量醋酸)可完全蒸出。当温度计的读数发生上下波动或自行下降时(有时反应容器中出现白雾)，表明反应达到终点，停止加热。

(二)后处理阶段

1. 粗产品 在不断搅拌下把反应混合物趁热慢慢倒入盛 100 mL 冷水的烧杯中。冷却后，抽滤析出的固体再用 5～10 mL 冷水洗涤以除去残留的酸液。

2. 重结晶 把粗乙酰苯胺放入 150 mL(约过量 20％)热水中，加热至沸腾。如果仍有未溶解的油珠，须补加热水，直到油珠完全溶解为止。稍冷后加入约 0.5 g(1％～5％)粉末状活性炭，用玻璃棒搅动并煮沸 5～10 min。趁热用保温漏斗过滤。冷却滤液，乙酰苯胺呈无色片状晶体析出，置于表面皿上干燥，称重。

五、任务结果与讨论

计算理论产量及产率。

自 测 题

1. 用系统命名法命名下列化合物或写出结构式

(1) 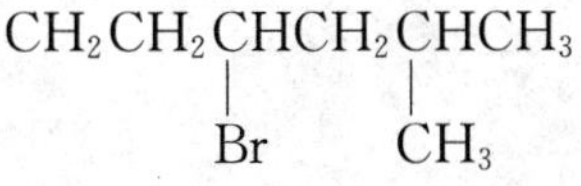 $CH_3CH_2CHCH_2CHCH_3$
　　　　　|　　　|
　　　　　Br　　　CH_3

(2) $\underset{\quad}{CH_3}CH\underset{}{CH}CH_2CHOH$ (with CH_3 and CH_2CH_3 substituents)

(3) 苯环-O-异丙基

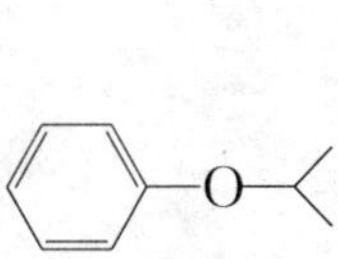

(4) 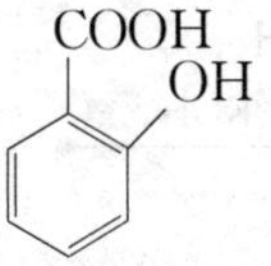 苯环带 COOH 和 OH

(5) 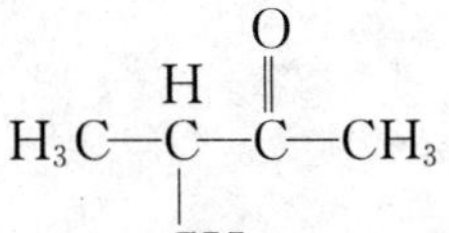 $H_3C-\overset{H}{\underset{CH_3}{C}}-\overset{O}{C}-CH_3$

(6) 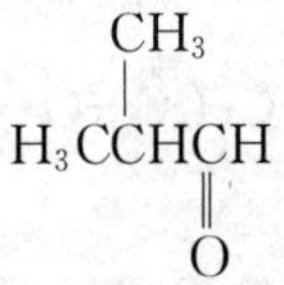 $H_3CCHCH\underset{\quad O}{}$ (with CH_3)

(7) 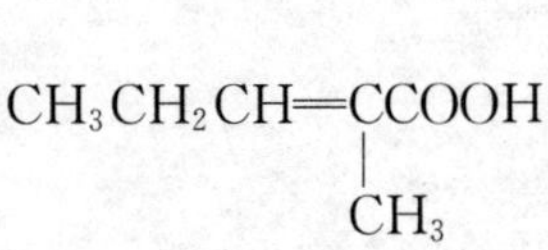 $CH_3CH_2CH=CCOOH$
　　　　　　　　　　|
　　　　　　　　　　CH_3

(8) 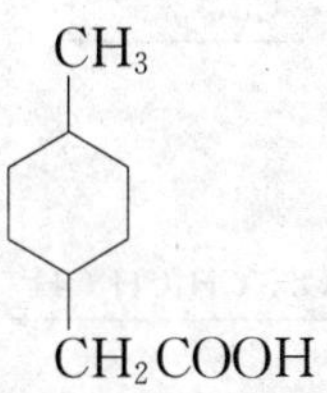 环己烷带 CH_3 和 CH_2COOH

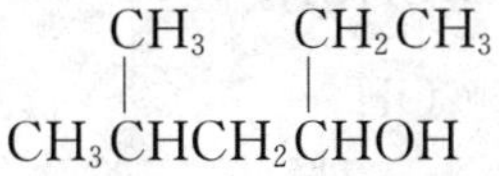

(9)

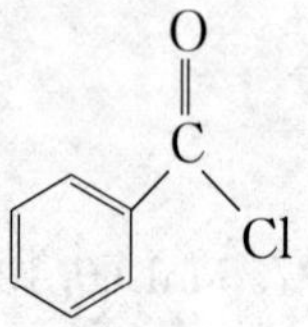

(10)

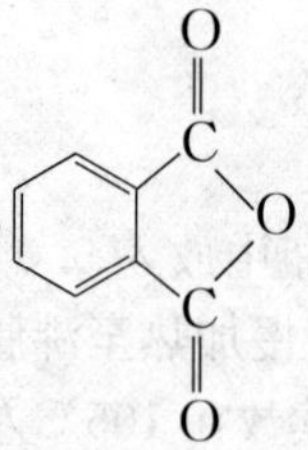

(11) 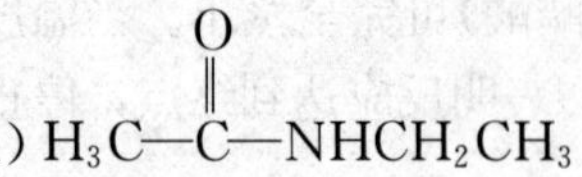 $H_3C-\overset{O}{\overset{\|}{C}}-NHCH_2CH_3$

(12)

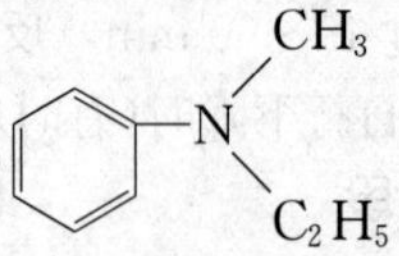

(13) $CH_3NHC_2H_5$

(14)

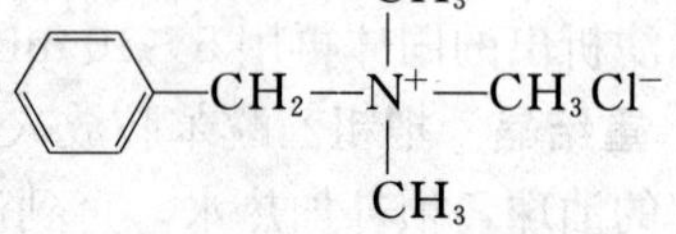

(15)

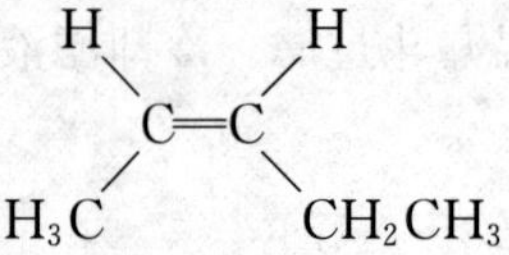

(16) 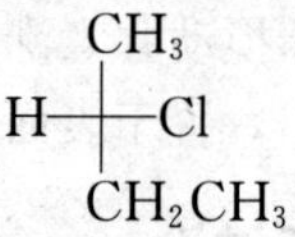 $H-\overset{CH_3}{\underset{CH_2CH_3}{\overset{|}{\underset{|}{C}}}}-Cl$

(17) 烯丙基溴

(18) 苦味酸

(19) 3-溴-2-己醇

(20) 3-甲基环己酮

(21) β-甲基戊醛

(22) 4-硝基苯胺

(23) 草酸

(24) β-萘甲酸

(25) 乙酰苯胺

2. 写出下列反应的主要产物

(1) 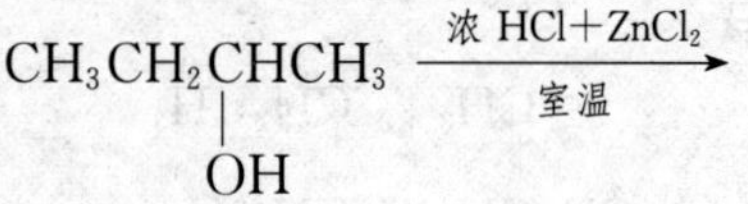 $CH_3CH_2\underset{\underset{OH}{|}}{C}HCH_3 \xrightarrow[\text{室温}]{\text{浓 HCl}+ZnCl_2}$

(2) $H_3C-CH_2-\overset{H}{\underset{OH}{\overset{|}{\underset{|}{C}}}}-CH_3 \xrightarrow[170℃]{\text{浓 }H_2SO_4}$

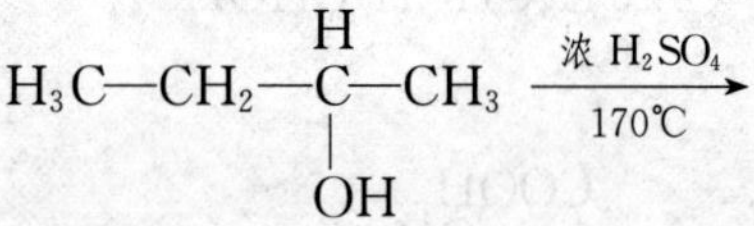

(3) $CH_3CH_2CH_2Br \xrightarrow{\text{KOH, 醇}}$

(4) 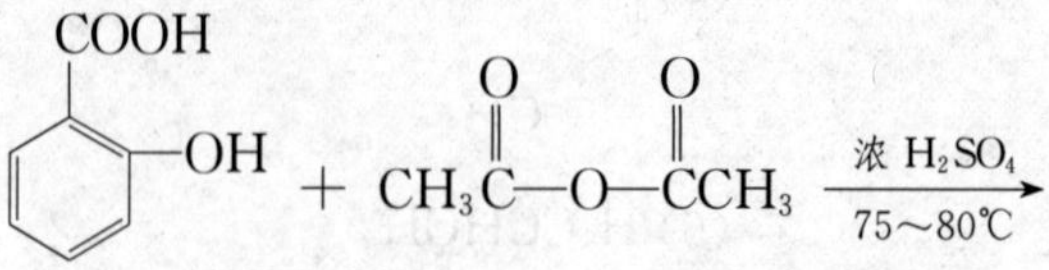 $+ CH_3\overset{O}{\overset{\|}{C}}-O-\overset{O}{\overset{\|}{C}}CH_3 \xrightarrow[75\sim80℃]{\text{浓 }H_2SO_4}$

(5) 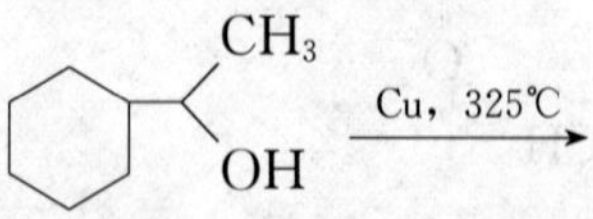 $\xrightarrow{Cu,\ 325℃}$

(6) 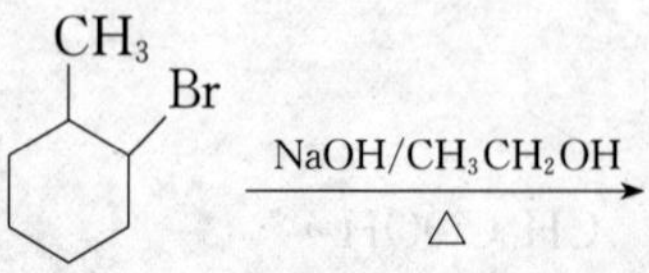 $\xrightarrow[\triangle]{NaOH/CH_3CH_2OH}$

(7) 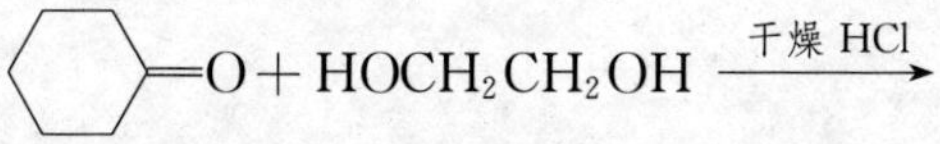 $=O + HOCH_2CH_2OH \xrightarrow{\text{干燥 HCl}}$

(8) 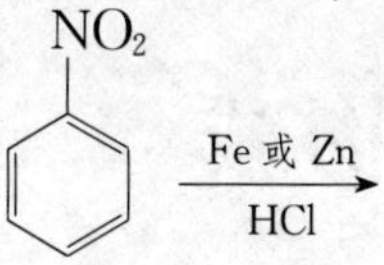 [苯环带 NO_2] $\xrightarrow[\text{HCl}]{\text{Fe 或 Zn}}$

(9) 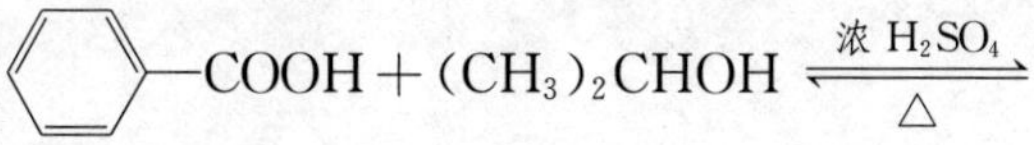 [苯环]$-COOH + (CH_3)_2CHOH \underset{\triangle}{\overset{\text{浓 } H_2SO_4}{\rightleftharpoons}}$

(10) 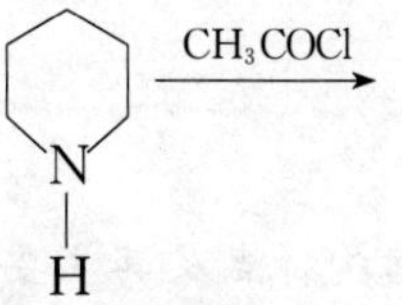 [哌啶环, N—H] $\xrightarrow{CH_3COCl}$

3. 用化学方法鉴别下列各组化合物

(1) 1-氯戊烷、1-溴丁烷、1-碘丙烷

(2) 戊烷、乙醚、正丁醇

(3) 丙醛、丙酮、丙醇

(4) 苯酚、苯胺、苯甲酸、甲苯

4. 推导题

(1) 化合物 A 的分子式为 $C_4H_8O_2$，经水解可得到 B、C，C 在一定条件下氧化可得到 B，写出 A、B、C 的结构式。

(2) 分子式同为 $C_6H_{12}O$ 的化合物 A、B、C 和 D，其碳链不含支链。它们均不与溴的四氯化碳溶液作用，但 A、B 和 C 都可与 2,4-二硝基苯肼生成黄色沉淀；A 和 B 还可与 HCN 作用，A 与 Tollens 试剂作用，有银镜生成，B 无此反应，但可与碘的氢氧化钠溶液作用生成黄色沉淀。D 不与上述试剂作用，但遇金属钠放出氢气。试写出 A、B、C 和 D 的结构式。

扫码看答案

[二维码]

项目九自测题答案

项目十　杂环化合物和生物碱

【知识目标】

　　掌握杂环化合物的命名，掌握五元、六元杂环化合物的结构特点及其主要的化学性质，熟悉生物碱的一般性质。

【能力目标】

　　能判断杂环化合物的结构及其分类，能熟练对杂环化合物进行命名，并能书写出重要杂环化合物结构式；会书写典型烃的杂环化合物的化学反应方程式；会根据杂环化合物的结构理解杂环化合物的性质；会用性质鉴别杂环化合物和生物碱。

【素质目标】

　　课程教学中注重教书与育人相结合，通过思想品德教育的渗透，使学生树立正确的人生价值观，端正生活态度。

【项目引入】

苯丙胺类药物

　　苯丙胺，化学名：3-苯基丙胺，是一种中枢兴奋药及抗抑郁症药。苯异丙胺，化学名：1-苯基-2-丙胺，于1887年首次人工合成，是第一个合成的兴奋剂，其作用类似于麻黄素。近年来，传统的苯丙胺已不再流行，被甲基苯异丙胺等新化合物所代替。甲基苯异丙胺，化学名：N-甲基-1-苯基-2-丙胺。由于它们的致幻性和成瘾性，已被列入一类精神药物进行管制。

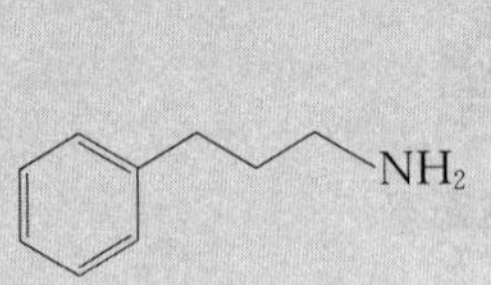

3-苯基丙胺 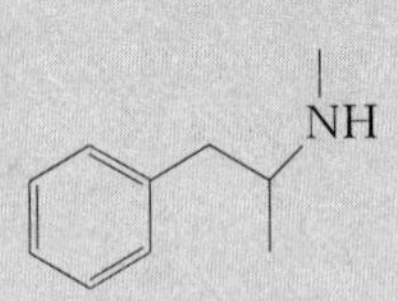　　　　　　　　N-甲基-1-苯基-2-丙胺

任务一　杂环化合物

　　杂环化合物是有机化学的一个重要组成部分。杂环化合物是指由碳原子和氧、硫、氮等杂原子共同组成的，具有环状结构的化合物。本章所要讨论的杂环化合物是环系比较稳

定，具有一定芳香性的化合物。环醚、内酯、内酐和内酰胺等，不在杂环化合物中讨论。在自然界中杂环化合物分布很广，具有重要的生理作用。

一、分类与命名

杂环化合物分类方法较多，应用最多的是按骨架进行分类，根据分子中含环的多少分为单杂环化合物和稠杂环化合物两类，单杂环化合物又可根据环的大小分为五元杂环和六元杂环。常见杂环化合物见表 10-1。

表 10-1　常见杂环化合物

分类		常见杂环化合物
单杂环	五元杂环	呋喃　噻吩　吡咯　噻唑　吡唑　咪唑
	六元杂环	吡啶　吡喃　嘧啶　吡嗪　哒嗪
稠杂环		喹啉　异喹啉　吲哚　吖啶　嘌呤

1. 杂环母环采用译音法命名　根据杂环化合物的英文名称，选择带"口"字偏旁的同音汉字来命名。

噻吩　　　　　　吡啶　　　　　　呋喃

2. 杂环母环的编号规则　含一个杂原子的杂环，从杂原子开始用阿拉伯数字或从靠近杂原子的碳原子开始用希腊字母编号。当有几个不同的杂原子时，则按 O、S、—NH—、—N＝的先后顺序编号，并使杂原子的编号尽可能小。

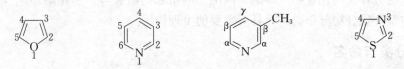

具有特定名称的稠杂环母环的编号，按照稠芳环编号原则进行编号。

3. 取代杂环化合物的命名　首先确定杂环母环的名称和编号，然后将取代基的位置、数目、名称依次写在杂环母环名称之前。习惯上常对只有一个杂原子的杂环，取代基位次用希腊字母 α、β、γ 来编号，靠近杂原子的碳原子为 α 位，其次为 β 位……。当杂环上连有—CHO、—COOH、—SO₃H 等基团时，则将杂环作为取代基，以侧链官能团为母体命名。

5-甲基咪唑　　　　β-甲基吡啶　　　　3-吡啶甲酸

二、含有一个杂原子的五元杂环化合物

(一)吡咯、呋喃、噻吩的结构

吡咯、呋喃、噻吩分子中，构成环的五个原子都为 sp^2 杂化，故成环的五个原子处在同一平面，杂原子上的孤对电子参与共轭形成共轭体系，其 π 电子数符合休克尔规则（π 电子数＝$4n+2$），所以它们都具有芳香性。芳香性的排序为：苯＞噻吩＞吡咯＞呋喃。

(二)吡咯、呋喃、噻吩的性质

吡咯、呋喃、噻吩三个五元杂环化合物都难溶于水，其水溶性的排序为：吡咯＞呋喃＞噻吩。吡咯的碱性很弱，不能与稀酸成盐，反而能与干燥的 KOH 加热反应生成盐，表现出弱酸性。

吡咯、呋喃、噻吩这三个五元杂环属于多电子杂环，碳原子上的电子云密度比苯高，卤代、硝化、磺化等一系列亲电取代反应容易发生，活性排序为：吡咯＞呋喃＞噻吩＞苯，主要发生在 α 位上。

此外，用浓盐酸浸润过的松木片，遇吡咯蒸气显红色，遇呋喃蒸气显绿色，利用此性质可鉴别吡咯和呋喃。

三、含有一个杂原子的六元杂环化合物

(一)吡啶的分子结构及芳香性

吡啶 N 是 sp^2 杂化，孤电子对不参与共轭，碱性较强。环不易发生亲电取代反应，但易发生亲核取代反应。发生亲电取代反应时，环上 N 起间位定位基的作用。发生亲核取代反应时，环上 N 起邻、对位定位基的作用。

(二)吡啶的性质

吡啶可以任何比例与水互溶，同时又能溶解大多数极性和非极性有机化合物，甚至可溶解某些无机盐，是常用溶剂。

吡啶 N 原子有一对未参与共轭的电子，可结合 H^+ 显碱性，但未共用电子对处于 sp^2 杂化轨道，结合 H^+ 能力比 sp^3 杂化的氮原子弱。碱性强弱顺序如下：脂肪胺＞氨＞吡啶＞苯胺。

吡啶比苯难进行亲电取代反应，反应条件较高，取代主要在 β 位。吡啶与硝基苯相似，不发生傅-克反应。

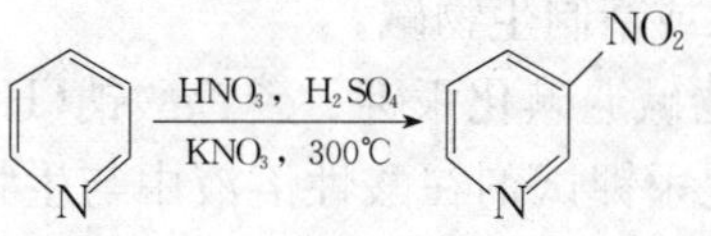

四、稠杂环化合物

稠杂环化合物是指由苯环与杂环稠合或杂环与杂环稠合而成的化合物，由苯环与杂环稠合的杂环化合物又称为苯稠杂环。常见的稠杂环化合物包括嘌呤、吲哚、喹啉等及其衍生物。本节主要讨论嘌呤的结构和主要作用。

嘌呤为无色晶体，熔点为 216～217℃，易溶于水，其水溶液呈中性，但却能与酸或碱反应生成盐，并且嘌呤在水溶液中可发生互变异构，存在以下两种异构体：

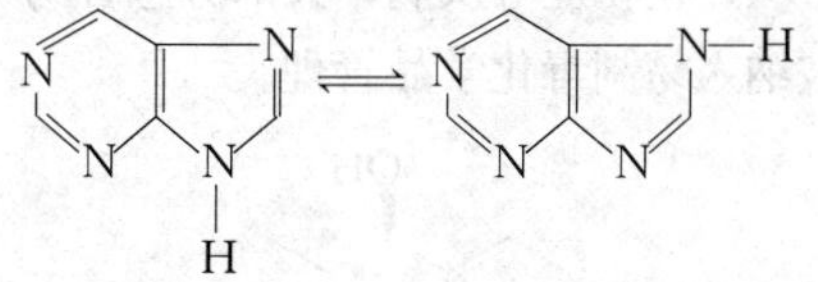

（Ⅰ）　　　　　（Ⅱ）

在这两种互变异构体中，药物分子多为（Ⅱ）式，而生物体中以（Ⅰ）式为多。

嘌呤本身在自然界中并不存在，但它的衍生物却广泛分布于生物体中，并具有较强的生物活性，如腺嘌呤(adenine A)和鸟嘌呤(guanine G)是构成核酸的重要成分，它们与胞嘧啶和胸腺嘧啶是构成核酸的四种碱基。

任务二　生　物　碱

生物碱是一类存在于生物体内(主要为植物体内，但有的也存在于动物体内)的具有明显生理活性的碱性含氮有机化合物，所以又称为植物碱。

一、生物碱的分类和命名

按生物碱的基本化学结构分类：有机胺类、吡啶衍生物、吡咯衍生物、喹啉衍生物等。按照生物碱来源分类：麻黄碱、烟碱、长春碱等。

二、生物碱的性质

(一)物理性质

绝大多数生物碱是无色或白色的结晶性固体，只有少数是液体或有颜色。例如烟碱为液体，小檗碱呈黄色。生物碱一般有苦味。多数生物碱难溶或不溶于水，易溶于乙醇、乙醚等有机溶剂。多数生物碱具有旋光性，多为左旋体。

(二)化学性质

1. 碱性 大多数的生物碱有碱性，能与酸成盐。临床上利用这一性质将生物碱药物制成易溶于水的盐使用，如盐酸吗啡。生物碱形成的盐若遇强碱，生物碱则从它的盐中游离出来，利用这一性质可提取或精制生物碱。

2. 沉淀反应 大多数生物碱遇碘化汞钾、磷钨酸钠($H_3PO_4 \cdot 12WO_3$)等生物碱沉淀剂作用生成有色沉淀，如碘化汞钾试剂在酸性溶液中与生物碱反应生成白色或淡黄色沉淀，硅钨酸试剂在酸性溶液中与生物碱反应生成灰白色沉淀。

3. 显色反应 一般生物碱都能与一些试剂反应而产生不同的颜色，这些试剂被称为生物显色剂，如甲醛-硫酸溶液。吗啡遇甲醛-硫酸溶液呈紫色，可待因与甲醛-硫酸溶液作用呈蓝色，利用这些颜色反应可鉴别生物碱。

(三)重要的生物碱

1. 麻黄碱 麻黄碱分子中含有两个不同的手性碳原子，其中左旋麻黄碱有生理作用，临床上常用它的盐酸盐。麻黄碱能兴奋交感神经，有扩张支气管、发汗、止咳、平喘等功效，临床用于治疗支气管哮喘、百日咳、花粉症等疾病，大部分感冒药中都含有麻黄碱成分。麻黄碱是制造冰毒的重要原料，已被纳入易制毒化学品管理。

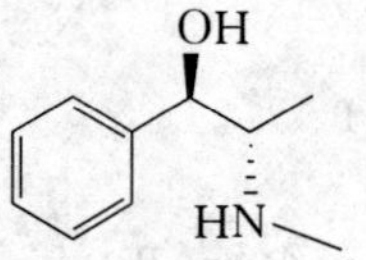

麻黄碱

2. 莨菪碱和阿托品 莨菪碱是一种莨菪烷型生物碱，存在于许多重要中草药中，如颠茄、北洋金花和曼陀罗等。天然存在于植物中的莨菪碱为左旋体，很不稳定，在溶液中易渐渐失去旋光性变为消旋体，即颠茄碱，又称为阿托品。

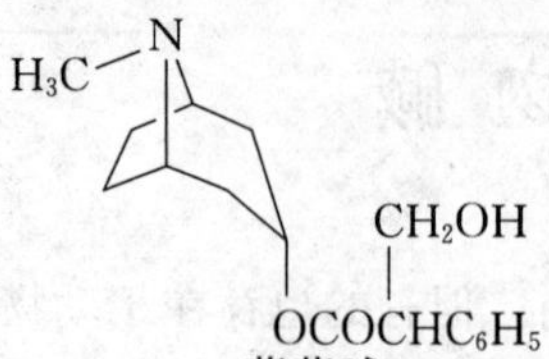

莨菪碱

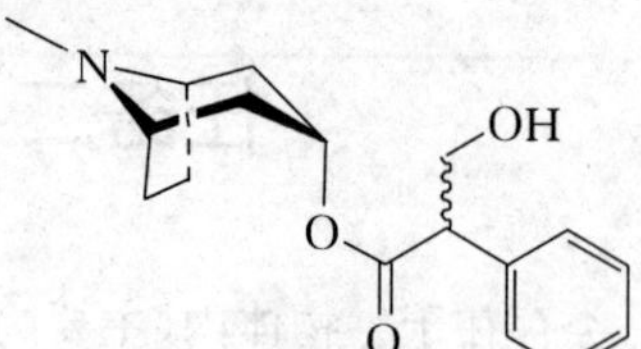

阿托品

自 测 题

1. 用系统命名法命名下列化合物或写出结构式

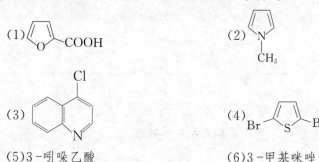

(1) 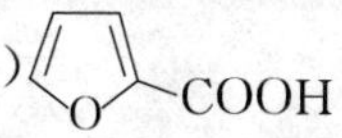

(2) 

(3) 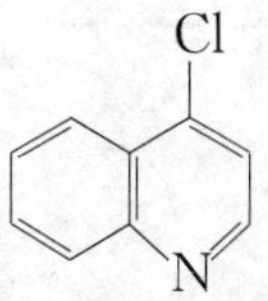

(4) 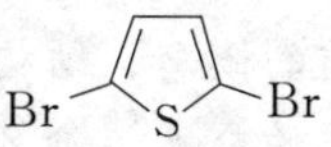

(5)3-吲哚乙酸

(6)3-甲基咪唑

2. 写出下列反应的主要产物

(1) 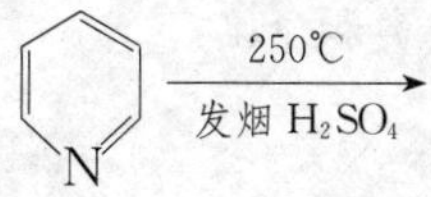

(2) 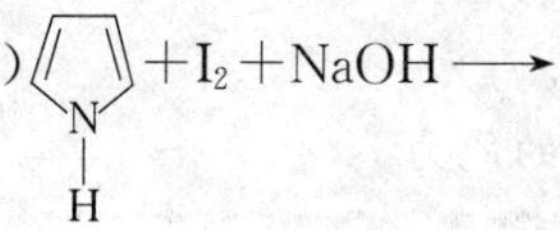

(3) 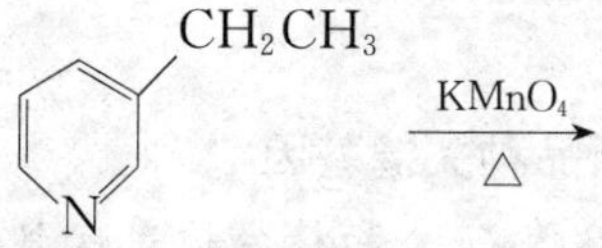

3. 推导题

某杂环化合物分子式为 C_6H_7ON，能与羟胺作用生成肟，但不能发生银镜反应，可以发生碘仿反应生成 2-吡咯甲酸，试推测此杂环化合物的结构。

扫码看答案

项目十自测题答案

项目十一　糖、脂和蛋白质

【知识目标】
(1)了解糖、脂和蛋白质的概念、结构及用途。
(2)掌握糖、脂和蛋白质的分类、命名及其主要化学性质。
(3)熟悉糖、脂和蛋白质的物理性质。

【能力目标】
(1)熟练掌握糖、脂和蛋白质的结构表示方法,并进行分类和命名。
(2)学会运用糖、脂和蛋白质的性质鉴别相关有机物。

【素质目标】
(1)培养自主学习、独立分析与解决问题的科学素养。
(2)加强连贯知识点学习的能力,提升知识综合应用的能力。

【思政课堂】

中国科学家发现培育绿色高产水稻新品种关键基因

水稻是中国最重要的粮食作物之一,对保障国家粮食安全和社会稳定起到非常重要的作用。氮肥是农业生产中需要量最大的化肥品种,它对提高作物产量、改善农产品质量有重要作用。不过,如何从育种源头上提高农作物自身的氮肥利用效率,既保留以矮化育种为特征的"绿色革命"品种的高产特性,又能减少氮肥施用量,达到"少投入、多产出"目标,已成为当前中国农业可持续发展亟待解决的重大问题。

2020年,中国科学院傅向东研究员带领的科研团队历时8年协作与攻关,利用化学诱变和遗传筛选,通过图位克隆方法获得了氮肥高效利用的关键基因 NGR5。该研究成果为"少投入、多产出、保护环境"的绿色高产高效农作物分子设计育种奠定了理论基础,并提供具有育种利用价值的基因资源。找到一条在保证粮食产量不断提高的同时,提高水稻氮肥利用效率,降低化肥投入,减少环境污染的育种新策略,有助于培育"少投入、多产出"的绿色高产水稻新品种,从而实现可持续的粮食安全。

任务一　糖

糖类是自然界存在数量最多、分布最广的天然有机物,是生物体的组成部分,糖类的最主要生理功能之一是提供能量，还可以转化为构成生物体的蛋白质、核酸、脂质等有机分子。

由于人们早期研究发现糖类(如葡萄糖、果糖)是由 C、H、O 三种元素组成，并且 H 和 O 的比例与水相同，具有 $C_n(H_2O)_m$ 的结构通式，所以糖类又称为碳水化合物。但后来研究揭示：有些糖(如脱氧核糖、鼠李糖等)分子中 H 和 O 的比例并不等于 2∶1，而有的物质(如乳酸、乙酸等)的分子式虽符合通式，却不具备糖的性质。所以碳水化合物虽然不能准确代表糖类化合物，但因沿用已久，至今仍在使用。

一、糖的分类

从结构来看，糖类是多羟基醛或多羟基酮以及它们的缩聚物或衍生物。糖类是多官能团化合物，如葡萄糖分子中含有 1 个醛基和 5 个醇羟基。因此，糖类物质既有所含官能团的性质，也有官能团间相互影响的表现。糖类分子中一般具有多个手性碳原子，具有旋光性和立体异构现象。

根据糖类能否水解及水解产物的情况，可将其分为三类：单糖、低聚糖和多糖。单糖是最简单的糖，是不能再水解的多羟基醛或多羟基酮，如葡萄糖、果糖、核糖等。低聚糖是 2~10 个单糖分子的脱水缩合产物，也称寡糖。根据水解后生成单糖的数目，寡糖可分为二糖、三糖等，以二糖最为重要，如麦芽糖、纤维二糖、蔗糖等。多糖是 10 个以上单糖分子的脱水缩合产物，是一种高分子化合物，也称高聚糖，如淀粉、糖原、纤维素等。天然的多糖一般由 100~3 000 个单糖分子缩合而成。

糖类常根据其来源而命名，如葡萄糖、蔗糖等。而有些糖则采用它的俗名，如淀粉、纤维素等。

二、单糖

单糖是不能水解的多羟基醛(酮)，其中羰基通常在 C_1 或 C_2 上。根据分子中所含羰基的类型，可将单糖分为醛糖和酮糖；根据分子中所含碳原子数目的多少，可将单糖分为丙糖、丁糖、戊糖和己糖等。常把这两种分类法结合起来运用，可将单糖称为某醛糖或某酮糖。

最简单的天然单糖是甘油醛(二羟基丙醛)和甘油酮(二羟基丙酮)，它们分别属于丙醛糖和丙酮糖。自然界中碳数最多的单糖是含 9 个碳的壬酮糖，生物体内最常见的是戊糖和己糖，如葡萄糖属于己醛糖，果糖属于己酮糖。重要的单糖有葡萄糖、果糖、核糖和脱氧核糖等。我们以葡萄糖、果糖作为单糖的代表，讨论其结构和性质。

(一)单糖的构型和结构

葡萄糖和果糖的分子式均为 $C_6H_{12}O_6$，两者互为同分异构体，分别是含有多个手性碳原子的醛糖、酮糖。因此，葡萄糖和果糖的构型有 D 型、L 型。D 型、L 型的确定：距羧基最远的手性碳上的—OH 在右者为 D 型，在左者则为 L 型。天然存在的单糖大多是 D 型的。例如：

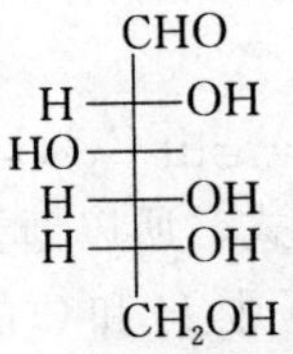

$$
\begin{array}{ccc}
& CHO & & & CHO \\
H & \text{———} & OH & & HO \text{———} H \\
HO & \text{———} & H & & HO \text{———} H \\
H & \text{———} & OH & & HO \text{———} H \\
H & \text{———} & OH & & HO \text{———} H \\
& CH_2OH & & & CH_2OH
\end{array}
$$

D-(＋)-葡萄糖 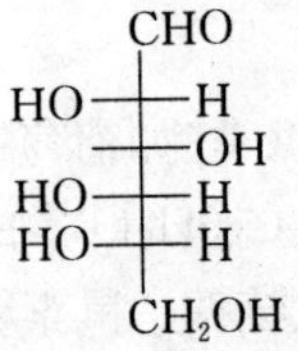　　　　　L-(＋)-葡萄糖

1. 开链式结构　开链式空间结构可用费歇尔投影式表示，其书写规则是：将糖的碳链竖直，主链下行，编号最小的碳原子置于上端。为了书写简便，糖的费歇尔投影式常用简写式。

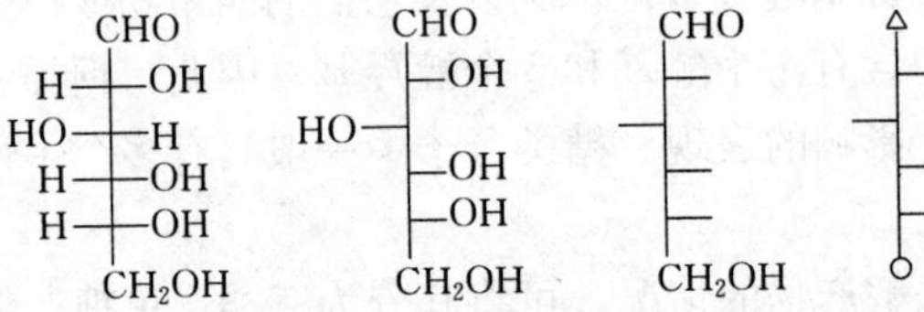

D-葡萄糖的费歇尔投影式和常用简写式

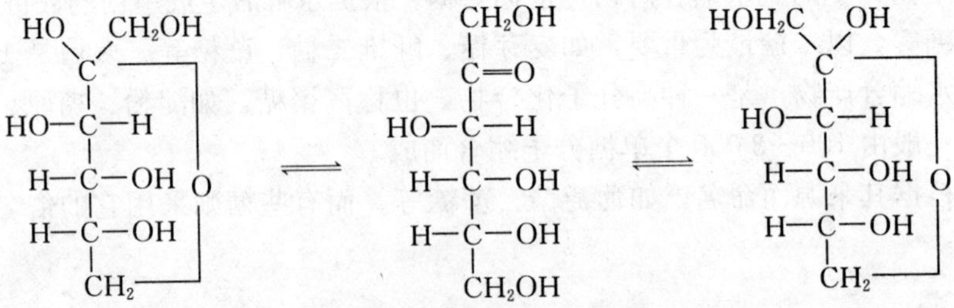

D-果糖的费歇尔投影式

【课堂活动 11-1】

写出 D-果糖的费歇尔投影式简写式。

扫码看答案

课堂活动 11-1

---

2. 氧环式结构　单糖开链式结构无法解释糖的变旋光现象，也不能解释糖的一些性质：如 D-(＋)-葡萄糖具有醛基，却不能与 NaHSO$_3$ 发生加成反应；在干燥 HCl 存在下，只与一分子甲醇作用就能生成稳定的缩醛产物。

经 X 光衍射实验证明，D-(＋)-葡萄糖中既有羟基，又有醛基，一般是以 C$_5$ 上的羟基与醛基发生分子内的羟醛缩合反应，以含氧的六元环半缩醛形式存在，这种环状结构又称为氧环式结构，比较稳定。

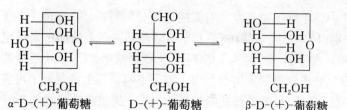

α-D-(+)-葡萄糖　　　　D-(+)-葡萄糖　　　　β-D-(+)-葡萄糖

熔点146℃　　　　　　　　　　　　　　　　　　熔点150℃

水溶液中，D-葡萄糖以 D-(+)-葡萄糖、α-D-(+)-葡萄糖、β-D-(+)-葡萄糖三种形式共存，并处于动态平衡中。平衡时 α 型约占 36%，β 型约占 64%，开链型仅占 0.024%。葡萄糖主要以环状半缩醛结构存在，所以不能与亚硫酸氢钠形成加成产物，在干燥 HCl 存在下只与一分子甲醇作用形成稳定的缩醛。环状结构和开链结构之间的互变是产生变旋光现象的原因。变旋光现象是一种很普遍的现象，凡具有半缩醛羟基的环状结构的单糖或低聚糖都有变旋现象。

D-果糖的氧环式结构。在水溶液中，α-吡喃果糖、开链式果糖、β-吡喃果糖三种形式共存，并处于动态平衡中。

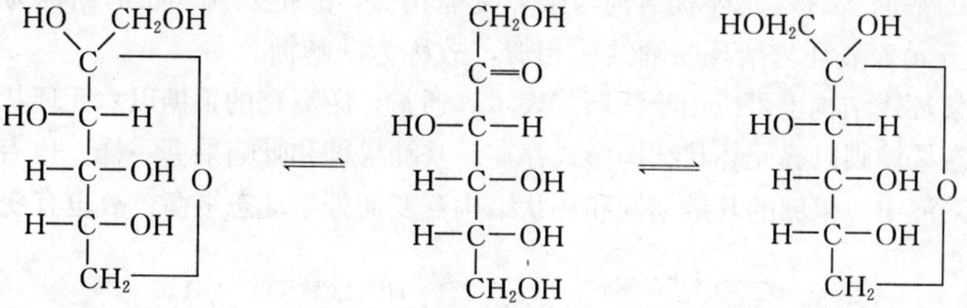

α-吡喃果糖　　　　　　　开链式果糖　　　　　　β-吡喃果糖

3. 哈沃斯透视式　为了更真实和形象地表达单糖的氧环结构，以及分子中各原子及基团在空间的相对位置，通常采用哈沃斯透视式来表示。例如葡萄糖的费歇尔投影式转变成哈沃斯透视式：

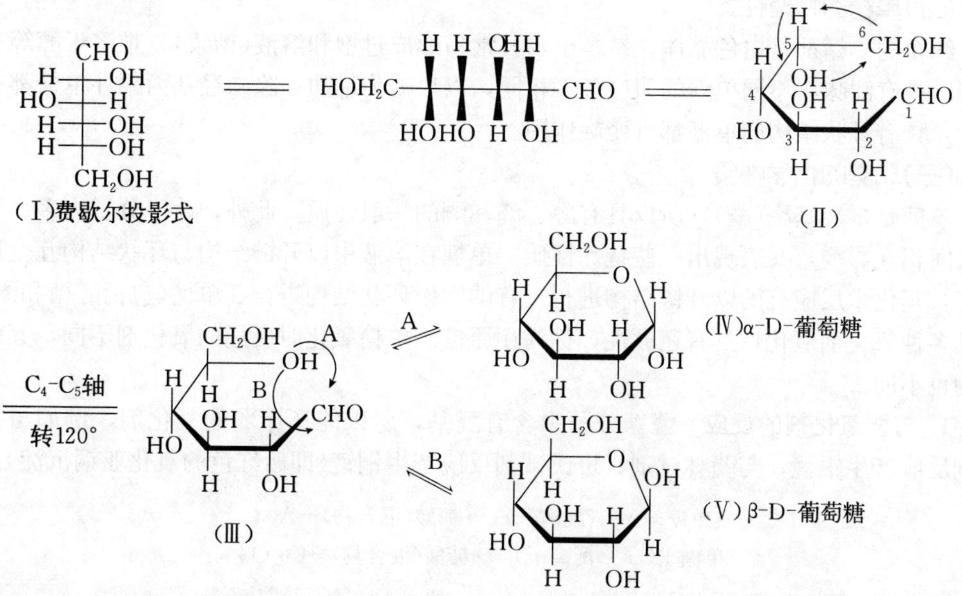

（Ⅰ）费歇尔投影式　　　　　　　　　　　　　　　　　　（Ⅱ）

（Ⅳ）α-D-葡萄糖

C₄—C₅轴
转120°

（Ⅲ）

（Ⅴ）β-D-葡萄糖

265

在哈沃斯式中，手性碳原子左、右侧的羟基分别写在环平面的上、下方，D、L 和 α、β 构型的确定分别以 C_5 上羟甲基和 C_1 上半缩醛羟基在环上的排布来确定，羟甲基在平面上方的为 D 型糖，在平面下方的为 L 型糖；在 D 型糖中，C_1 半缩醛羟基与羟甲基处于同一侧的为 β 构型，处于异侧的 α 构型。为了方便书写，环上的氢原子可省略。

β-D-葡萄糖和 α-D-葡萄糖的哈沃斯式及 D-葡萄糖的费歇尔开链结构三种形式的平衡互变见图 11-1。

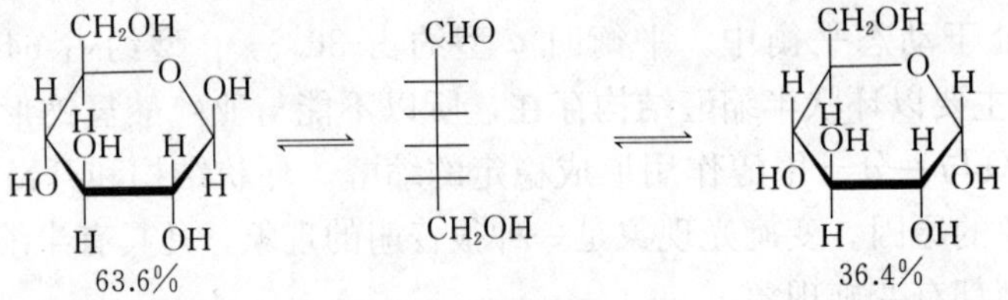

图 11-1　葡萄糖开链结构和环状结构的互变平衡式

葡萄糖的平面含氧六元环状结构与杂环吡喃相似，故把六元环状的糖称为吡喃糖；其他糖形成的五元含氧环与杂环呋喃结构相似，故称为呋喃糖。

果糖的氧环式结构也可以用哈沃斯式表示。通常，游离态的果糖以六元环状结构形式存在，而结合态果糖则以五元环状结构形式存在。呋喃果糖和吡喃果糖一样，也有 α 和 β 两种构型。在水溶液中，果糖的开链结构和环状结构互变而处于动态平衡，故也有变旋现象。

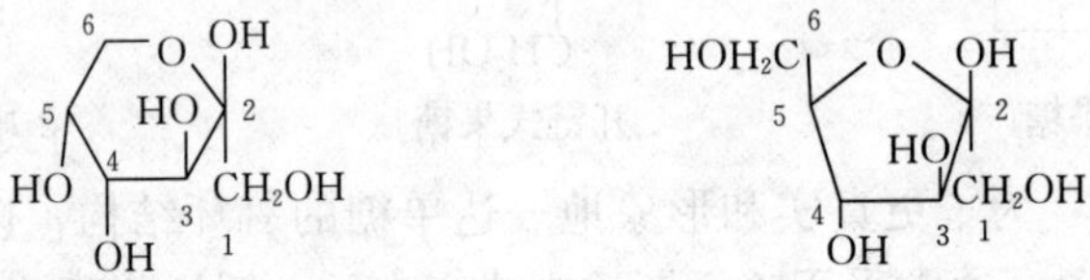

β-D-吡喃果糖　　　　β-D-呋喃果糖

(二)单糖的物理性质

纯净的单糖都是白色晶体，易溶于水，常易形成过饱和溶液(糖浆)，难溶于醇等有机溶剂；具有甜味，不同单糖的甜度各不相同，以果糖为最甜；除二羟基丙酮外单糖都有旋光性，具有环状结构的单糖都有变旋作用。

(三)单糖的化学性质

单糖是多羟基醛(酮)，所以具有醇、醛和酮的一般性质。此外，由于分子内多个官能团之间相互影响，又表现出一些特殊性质。单糖在溶液中以开链结构与环状结构互变形式共存，其化学反应有的以开链结构进行，有的则以环状结构进行。单糖(包括醛糖和酮糖)可被多种氧化剂氧化，具有还原性，称为还原糖。单糖氧化时所用的氧化剂不同，其氧化产物也不同。

1. 与弱氧化剂的反应　醛糖分子中含有醛基，所以能还原弱的氧化剂，例如与托伦试剂反应产生银镜，与斐林试剂、班氏试剂反应产生铜镜(即砖红色的氧化亚铜沉淀)。

$$单糖 + Ag^+(配离子) \longrightarrow 糖酸(混合物) + Ag\downarrow$$
$$单糖 + Cu^{2+}(配离子) \longrightarrow 糖酸(混合物) + Cu_2O\downarrow$$

酮糖分子中含有酮羰基，本身不能被弱氧化剂氧化，但在碱性条件下可异构化为醛糖，因此能显示某些醛糖的性质(如还原性)。托伦试剂、斐林试剂、班氏试剂均为碱性试剂，因此，可使酮糖转化为醛糖而被氧化。

在糖化学中，凡是能与托伦试剂、斐林试剂、班氏试剂发生反应的糖称为还原糖，不反应的糖称为非还原糖。单糖都是还原糖。这些弱氧化剂常用于单糖的定性和定量检测。

2. 与溴水的反应 溴水是弱氧化剂，在弱酸性或中性条件下能把醛糖氧化成相应的醛糖酸，而酮糖则无此反应，因此，可利用棕红色的溴水能否褪色来鉴别醛糖和酮糖。

$$
\begin{array}{ccc}
\text{CHO} & & \text{COOH} \\
| & \xrightarrow{\text{Br}_2/\text{H}_2\text{O}} & | \\
| & & | \\
| & & | \\
\text{CH}_2\text{OH} & & \text{CH}_2\text{OH} \\
\text{D-葡萄糖} & & \text{D-葡萄糖酸}
\end{array}
$$

3. 与稀硝酸的反应 硝酸是强氧化剂。醛糖与硝酸作用，醛基和羟甲基均被氧化成羧基，生成糖二酸。如 D-葡萄糖被稀硝酸氧化形成 D-葡萄糖二酸。

$$
\begin{array}{ccc}
\text{CHO} & & \text{COOH} \\
| & \xrightarrow{\text{稀HNO}_3} & | \\
| & & | \\
| & & | \\
\text{CH}_2\text{OH} & & \text{COOH} \\
\text{D-葡萄糖} & & \text{D-葡萄糖二酸}
\end{array}
$$

在生物体内酶的作用下 D-葡萄糖可转化成 D-葡萄糖醛酸。在肝内 D-葡萄糖醛酸与许多代谢生成的有毒物质(如醇类、酚类)结合，生成易溶于水的结合物并随尿液排出体外，起到解毒作用。如临床上常用的护肝药"肝泰乐"等。

(四)成脎反应

单糖可以与多种羰基试剂发生加成反应，如单糖在加热条件下与过量的苯肼反应时的产物称为糖脎，糖脎是一种结晶化合物，分解又得到原来的糖，因此可以用于糖的提纯，也可用于鉴别糖。

$$
\begin{array}{ccccc}
\text{CHO} & & \text{CH}=\text{N}-\text{NH}-\text{C}_6\text{H}_5 & & \text{CH}_2\text{OH} \\
\text{H}-\text{C}-\text{OH} & & \text{C}=\text{N}-\text{NH}-\text{C}_6\text{H}_5 & & \text{C}=\text{O} \\
\text{HO}-\text{C}-\text{H} & \xrightarrow{\text{H}_2\text{N}-\text{NH}-\text{C}_6\text{H}_5} & \text{HO}-\text{C}-\text{H} & \xleftarrow{\text{H}_2\text{N}-\text{NH}-\text{C}_6\text{H}_5} & \text{HO}-\text{C}-\text{H} \\
\text{H}-\text{C}-\text{OH} & & \text{H}-\text{C}-\text{OH} & & \text{H}-\text{C}-\text{OH} \\
\text{H}-\text{C}-\text{OH} & & \text{H}-\text{C}-\text{OH} & & \text{H}-\text{C}-\text{OH} \\
\text{CH}_2\text{OH} & & \text{CH}_2\text{OH} & & \text{CH}_2\text{OH} \\
\text{D-葡萄糖} & & \text{糖脎} & & \text{D-果糖}
\end{array}
$$

(五)成苷反应

单糖环状结构中的半缩醛(酮)羟基比较活泼，与其他非糖物质中的羟基、氨基、巯基等脱水生成称为糖苷的化合物，此反应称为成苷反应。如在干燥的氯化氢条件下，D-葡萄糖与甲醇作用生成α-D-葡萄糖甲苷、β-D-葡萄糖甲苷混合物，其中以α-D-葡萄糖甲苷为主。

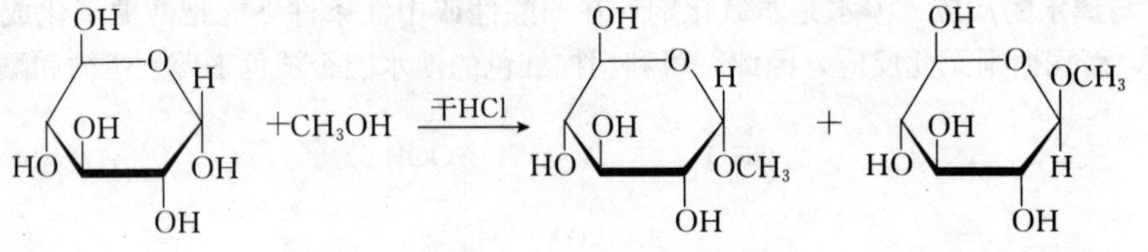

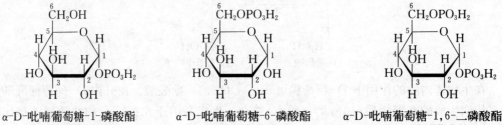

α-D-吡喃葡萄糖甲苷　　　　β-D-吡喃葡萄糖甲苷

糖苷无变旋现象，无还原性，不能成脎。糖苷是一类很重要的天然物质。有些糖苷是某些中草药的有效成分，如杏仁中的苦杏仁苷有止咳平喘作用，洋地黄中的洋地黄苷有强心作用。有些糖苷可用作食品中的色素、鲜味剂等。

(六)成酯反应

单糖分子中的半缩醛羟基和醇羟基均能与酸作用生成酯，与磷酸作用则生成磷酸酯。体内葡萄糖在酶的作用下可与磷酸生成葡萄糖磷酸酯，如1-磷酸葡萄糖、6-磷酸葡萄糖、1,6-二磷酸葡萄糖。其结构式如下：

α-D-吡喃葡萄糖-1-磷酸酯　　　α-D-吡喃葡萄糖-6-磷酸酯　　　α-D-吡喃葡萄糖-1,6-二磷酸酯
　　(1-磷酸葡萄糖)　　　　　　　　(6-磷酸葡萄糖)　　　　　　　(1,6-二磷酸葡萄糖)

单糖的磷酸酯在生命过程中具有重要意义，它们是人体内许多代谢过程中的中间产物。1-磷酸葡萄糖是合成糖原的原料，也是糖原在体内分解的最初产物。因此，糖的磷酸酯的生成是体内糖的贮存和分解的基本步骤之一。

(七)颜色反应

单糖在浓盐酸或浓硫酸存在下加热，可发生分子内脱水反应，生成糠醛或糠醛衍生物。糠醛及其衍生物可与苯酚类、蒽酮、芳胺等缩合生成不同的有色物质，可用于糖的鉴别。

1. 莫立许反应　α-萘酚的酒精溶液称为莫立许试剂。在糖的水溶液中加入莫立许试剂，然后沿试管壁缓慢加入浓硫酸，不得振摇，密度比较大的浓硫酸沉到管底。在糖溶液与浓硫酸的交界面很快出现美丽的紫色环，这就是莫立许反应。单糖、低聚糖和多糖均能发生莫立许反应，此反应非常灵敏，因此常用于糖类物质的鉴定。

2. 塞利凡诺夫反应　间苯二酚的盐酸溶液称为塞利凡诺夫试剂。在酮糖(游离态或结合态)的溶液中，加入塞利凡诺夫试剂，加热，很快出现有色产物，这就是塞利凡诺夫反应。在同样条件下，酮糖比醛糖的显色反应快15～20倍，据此可鉴别酮糖和醛糖。

三、二糖

低聚糖又称寡糖，由 2～10 个单糖分子缩合而成，按照水解生成单糖分子的多少，低聚又可分为二糖、三糖……二糖也称双糖，是最简单的低聚糖，也是最重要的低聚糖。下面以二糖为例，介绍低聚糖的结构特征和主要性质。

二糖的分子式均为 $C_{12}H_{22}O_{11}$，二糖是由两个相同或不同的单糖分子通过脱水以苷键相互连接而成的化合物。其物理性质类似于单糖，均有甜味，广泛存在于自然界。常见的二糖有麦芽糖、乳糖和蔗糖，它们都能在酸或酶的作用下水解生成两分子单糖，这两分子单糖可以相同，也可以不同。根据连接两分子单糖的糖苷键的不同及由此导致化学性质的差异，可将二糖分为还原性二糖和非还原性二糖。

由一分子单糖的半缩醛羟基与另一分子单糖的醇羟基脱水形成的苷键连接而成的二糖，由于分子中还有一个苷羟基，可以还原托伦试剂、斐林试剂、班氏试剂，因此被称为还原性二糖。常见的还原性二糖有麦芽糖、乳糖。由两分子单糖的苷羟基脱水形成的苷键连接而成的二糖，由于分子中不再含有苷羟基，在水溶液中不能进行环状结构和开链结构的相互转变，没有变旋现象，不能还原托伦试剂、斐林试剂、班氏试剂，称为非还原性二糖，最有代表性的非还原性二糖是蔗糖。

(一)麦芽糖

麦芽糖一般存在于发芽的种子中，是制造啤酒的原料。麦芽糖为白色晶体，有甜味，是食用饴糖的主要成分。

麦芽糖是淀粉在淀粉糖化酶的催化下或在稀酸条件下部分水解的中间产物。麦芽糖在麦芽糖酶的作用下水解成 2 个 D-葡萄糖分子。实验证明：麦芽糖是由一分子 α-D-吡喃葡萄糖的 C_1 半缩醛羟基与另一分子 D-葡萄糖 C_4 上的羟基脱水以 α-1,4-苷键结合而成的还原性二糖，其结构为：

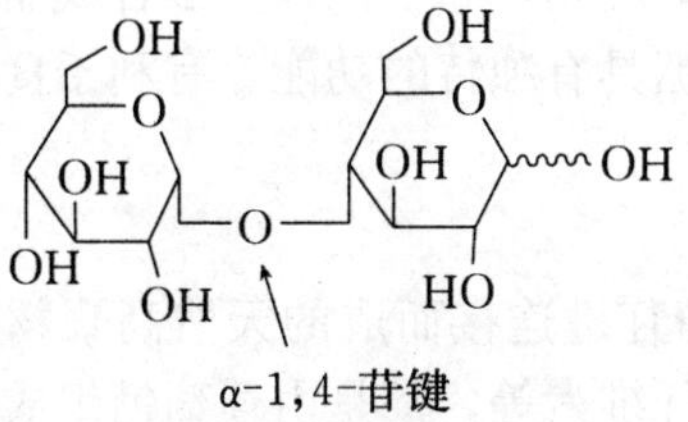

麦芽糖哈沃斯投影式 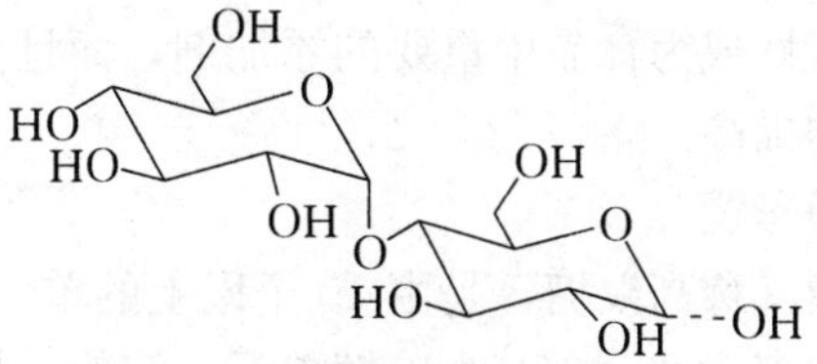　　　　　　麦芽糖构象式

麦芽糖可制备成麦芽糖浆，其用途广泛，用于食品行业的各个领域，如制备固体食品、液体食品、冷冻食品、胶体食品(如果冻)等。主要用于加工焦糖酱色及糖果、果汁饮料、酒、罐头、豆酱、酱油。

(二)乳糖

乳糖存在于哺乳动物的乳汁中，牛乳中乳糖的含量一般为 $4.5\%～5.0\%$，工业上可从乳酪生产的副产物乳清中获得，用于制婴儿食品、糖果、人造奶油等。乳糖可被苦杏仁酶作用水解成 1 个 D-葡萄糖分子和 1 个 D-半乳糖分子。实验证明：乳糖是由 1 分子 β-D-半乳糖 C_1 上的半缩醛羟基和另 1 分子葡萄糖 C_4 上的羟基脱水以 β-1,4-苷键结合而成的二糖，其结构为：

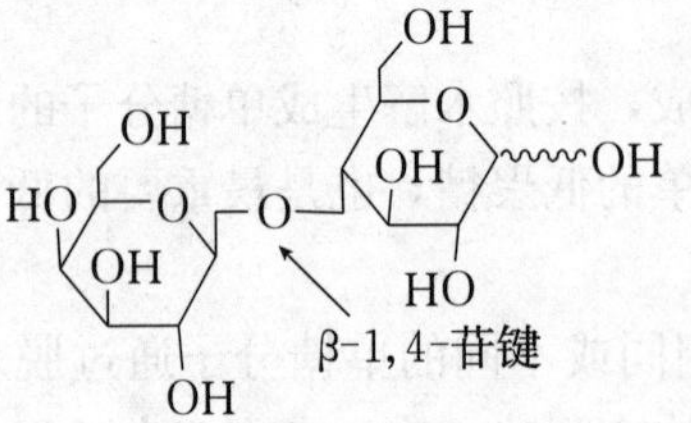

乳糖哈沃斯投影式

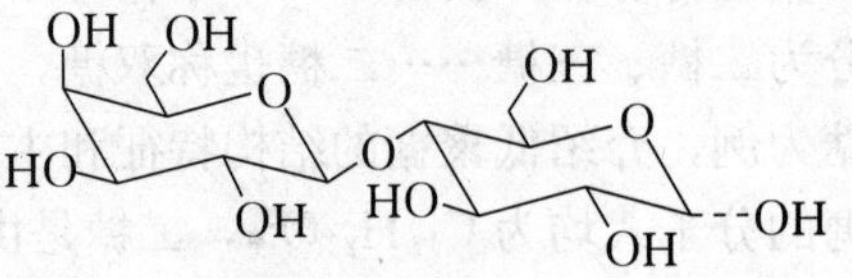

乳糖构象式

(三)蔗糖

蔗糖是自然界分布最广的二糖，尤其以在甘蔗和甜菜中含量最高，蔗糖是食品和饮料业最常用的原料。蔗糖是由两分子单糖的苷羟基脱水形成的苷键连接而成的二糖，由于分子中不再含有苷羟基，因此在水溶液中不能进行环状结构和开链结构的相互转变，没有变旋现象，不能还原 Tollens 试剂、Fehling 试剂和 Benedict 试剂。蔗糖能被稀酸、麦芽糖酶和转化酶水解得到等量的 D-葡萄糖和 D-果糖。实验证明：蔗糖既是一个 α-D-葡萄糖苷，又是一个 β-D-果糖苷，即蔗糖是由一分子 α-D-葡萄糖 C_1 上的半缩醛羟基与一分子 β-D-果糖 C_2 上的半缩酮羟基脱水，以 α,β-1,2-糖苷键连接形成的非还原性二糖。其结构为：

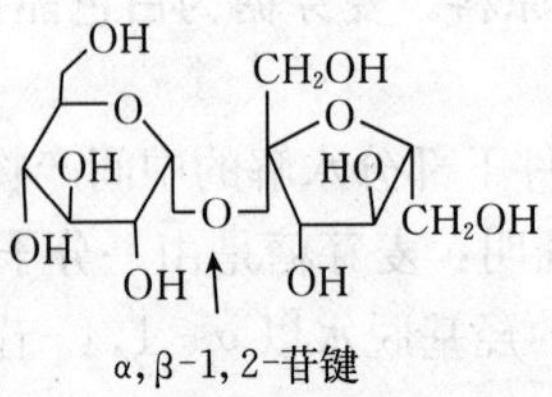

α,β-1,2-苷键

蔗糖哈沃斯投影式

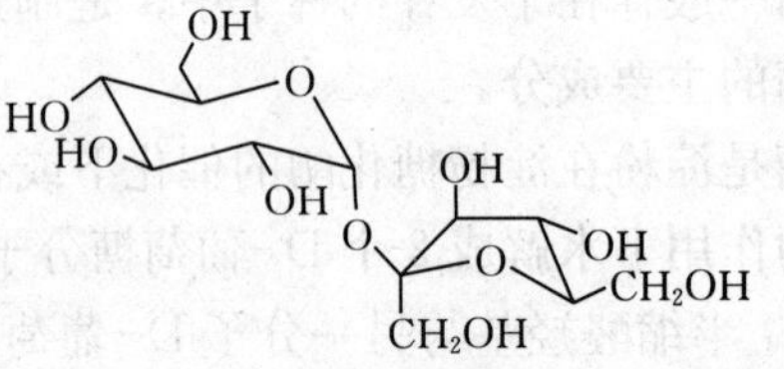

蔗糖构象式

蔗糖是食品中有营养的甜味剂在食品及工业中的应用，它不但以化学合成甜味剂所不具备的特性成为食品中重要的添加剂，而且由于蔗糖具有独特的功能，有利于食品的加工和品质的提高。

(四)多糖

多糖又称高聚糖，是由 10 个以上的单糖通过糖苷键连接而成的天然高聚物。自然界的多糖大多含 80~100 个单糖单元。淀粉、糖原、纤维素等，都是由葡萄糖组成的，可用通式 $(C_6H_{10}O_5)_n$ 表示。根据单糖的连接方式，多糖主要有直链多糖和支链多糖两类，个别也有环状多糖的。直链多糖中连接单糖的苷键主要有 α-1,4-苷键、β-1,4-苷键，支链多糖中链与链间的连接点是 α-1,6-苷键。在糖蛋白中还有 1,2-和 1,3-连接方式。多糖分子中虽有苷羟基，但因分子质量很大，它们并没有还原性和变旋现象。

多糖大多是不溶于水的非晶形固体，无固定熔点、甜味；个别多糖虽溶于水，但只形成胶体溶液。几乎所有的生物体内均含有多糖，多糖是生物储备能量的形式之一，是生命活动不可缺少的物质。

1. 淀粉 淀粉是人类获取糖类物质的主要来源，广泛存在于植物的种子、根茎及果实中。淀粉是由 α-D-葡萄糖单元通过 α-1,4-糖苷键和 α-1,6-糖苷键连接而成的高聚体分子。淀粉为白色无定形粉末，天然淀粉分为直链淀粉和支链淀粉两类。一般淀粉中含直链淀粉10％～20％，支链淀粉80％～90％。但是豆类种子中的淀粉全是直链淀粉，糯米淀粉全是支链淀粉。

直链淀粉又称糖淀粉，是由250～300个α-D-葡萄糖以α-1,4-糖苷键连接而成的链状化合物。直链淀粉难溶于冷水，在热水中有一定的溶解度。

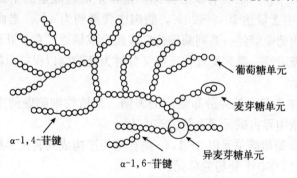

直链淀粉 ($n=250 \sim 300$)

淀粉遇碘变蓝色，是因为碘分子(实际上是I_3^-离子)与淀粉形成一种蓝色的配合物，这是鉴别淀粉的简便方法，也作为分析化学中碘量法的终点指示。当加热时，配合物解体，蓝色消失；冷却后又恢复配合物结构，蓝色重新出现。

支链淀粉又称胶淀粉，是由6 000～40 000个α-D-葡萄糖分子相互脱水缩合而成。支链淀粉不溶于水，在热水中溶胀呈糊状。支链淀粉遇碘呈紫红色。支链淀粉结构示意见图11-2。

图11-2 支链淀粉结构示意

直链淀粉和支链淀粉均可在酸或酶催化下加热水解，其水解过程及与碘液显色情况一般为：淀粉(蓝紫色)→ 紫糊精(蓝紫色)→ 红糊精(红色)→ 无色糊精(无色)→麦芽糖(无色)→ 葡萄糖(无色)。根据淀粉的水解产物与碘液呈现的颜色，可判断淀粉水解的程度。

【课堂活动11-2】
为什么米饭没有甜味，但咀嚼后就会感到有甜味？

扫码看答案

课堂活动11-2

2. 糖原 糖原($C_{24}H_{42}O_{21}$)是一种动物淀粉，又称肝糖，是动物的贮备多糖。糖原是由 α-D-葡萄糖单元组成的链状多聚体，其与支链淀粉的组成基本相同，只是糖原的支链比支链淀粉的支链更多，分支长度更短，一般每 8～12 个葡萄糖单元就出现一个分支，每个分支有 6～7 个葡萄糖单元，糖原和支链淀粉结构示意如图 11-3 所示。

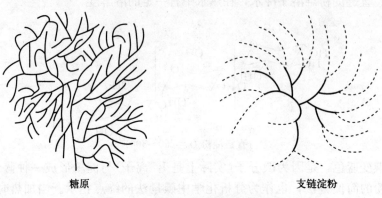

糖原　　　　　　　　　　　　支链淀粉

图 11-3　糖原和支链淀粉结构示意

哺乳动物体内，大多数糖原以颗粒状贮存于肝(约占 1/3)和肌细胞(约占 2/3)中，其他组织(如心肌、肾、脑等)也含有少量糖原，糖原是动物能量的主要来源。人体中约含 400 g 糖原，其中肝中含量达 10%～20%，肌肉中含量约为 4%。当血液中葡萄糖(血糖)含量升高时，多余的葡萄糖经一系列酶催化反应而合成糖原贮存于肝和肌肉中；当血糖水平低于正常值时，糖原经一系列酶催化反应又分解为葡萄糖以保持血糖的正常水平，从而满足正常的生命活动。

3. 纤维素 纤维素是自然界分布最广的多糖，是植物细胞壁的主要成分，也是木材的主要成分，它在植物界占碳元素含量的 50% 以上。

纤维素是 β-D-葡萄糖单元以 β-1,4-糖苷键相连构成的直链多糖大分子。天然的纤维素分子含 1 000～15 000 个葡萄糖单元。

纤维素($n=1\,000\sim15\,000$)

纤维素为白色固体，不溶于水，与碘不发生颜色反应。纤维素在浓 HCl 溶液或 80% 以上浓 H_2SO_4 溶液中水解得到 D-葡萄糖，也可以在纤维素水解酶的作用下先得到纤维二糖，纤维二糖再被 β-水解酶水解得到 D-葡萄糖。人体内的酶(如唾液淀粉酶)只能水解 α-1,4-苷键而不水解 β-1,4-苷键，所以纤维素不能作为人的营养物质，但纤维素能刺激胃肠蠕动，有助于胃肠对食物的消化，所以食物中具有一定量的纤维素对人体是有益的。

任务二　脂

　　脂一般分为油脂和类脂两大类。脂广泛存在于生物体内，是维持正常生命活动不可缺少的物质。油脂是机体需要的重要营养素之一，它与蛋白质、糖类是产能的三大营养素，在供给机体能量方面起着重要作用。类脂是机体细胞组织的组成成分，如细胞膜、神经髓鞘的形成都必须有脂类参与。脂与一般的物质不同，它们在化学组成、结构和生理功能上有较大的差异。脂类化合物的共同特征是：难溶于水而易溶于有机溶剂；具有酯的结构或成酯的可能；具有重要的生理功能。类脂在物理状态及物理性质方面与油脂相似，故称为类脂，类脂包括磷脂、糖脂、甾醇等。

一、油脂

　　油脂是油和脂肪的总称。习惯上把在室温下呈液态的称为油，在室温下呈固态的称为脂肪。油脂分布十分广泛。植物的种子、动物的组织和器官中都有一定量的油脂。贮存和供给能量是脂肪最重要的生理功能，每克油脂分解能提供 38 kJ 的热量（是蛋白质或糖类物质释放能量的两倍）。油脂还是维生素 A、维生素 D、维生素 E、维生素 K 等许多生物活性物质的良好溶剂。

（一）油脂的组成、结构和命名

1. 油脂的组成和结构　从化学结构上看，油脂是一分子甘油和三分子高级脂肪酸形成的酯的混合物。其通式如下：

$$\begin{array}{l} H_2C-O-\overset{\displaystyle O}{\overset{\displaystyle \|}{C}}-R' \\[4pt] HC-O-\overset{\displaystyle O}{\overset{\displaystyle \|}{C}}-R'' \\[4pt] H_2C-O-\overset{\displaystyle O}{\overset{\displaystyle \|}{C}}-R''' \end{array}$$

　　若 R'、R''、R''' 相同，称为单甘油酯；若 R'、R''、R''' 不同，称为混甘油酯。一般油脂多为 2 个或 3 个不同脂肪酸的混合甘油酯。

天然油脂中含有多种脂肪酸，但占主要地位的只有几种，植物脂肪主要含软脂酸、油酸和亚油酸，动物脂肪则含有软脂酸、硬脂酸和油酸。根据脂肪酸含碳原子多少，分为高级脂肪酸（C原子≥10）和低级脂肪酸（C原子≤10）；根据高级脂肪酸碳链中有无双键，分为饱和脂肪酸和不饱和脂肪酸两大类。油脂中常见的脂肪酸见表11-1。

表 11-1　油脂中常见的脂肪酸

项目	俗名	系统名称	结构式
饱和脂肪酸	月桂酸	十二碳酸	$CH_3(CH_2)_{10}COOH$
	肉豆蔻酸	十四碳酸	$CH_3(CH_2)_{12}COOH$
	软脂酸(棕榈酸)	十六碳酸	$CH_3(CH_2)_{14}COOH$
	硬脂酸	十八碳酸	$CH_3(CH_2)_{16}COOH$
	花生酸	二十碳酸	$CH_3(CH_2)_{18}COOH$
不饱和脂肪酸	油酸	9-十八烯酸	$CH_3(CH_2)_7CH=CH(CH_2)_7COOH$
	*亚油酸	9-十八碳二烯酸	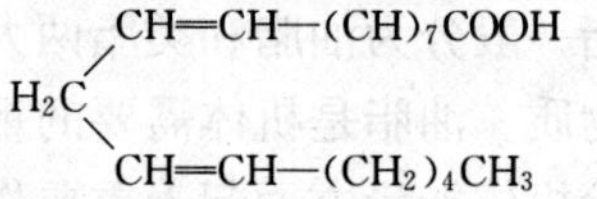
	*亚麻酸	9,12,15-十八碳三烯酸	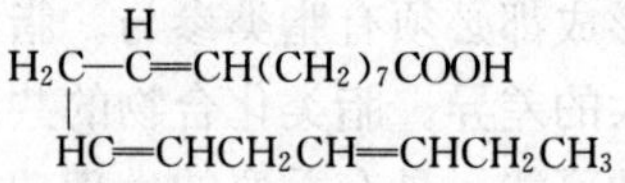
	*花生四烯酸	5,8,11,14-二十碳四烯酸	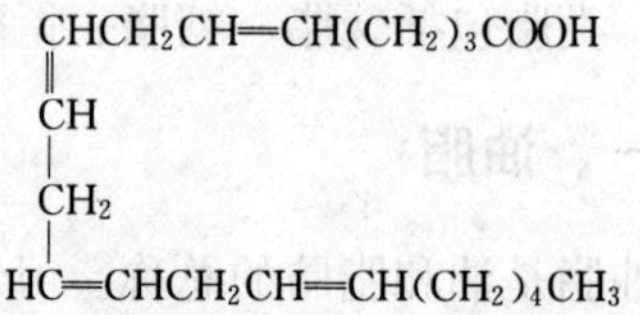

*表示营养必需脂肪酸。

多数脂肪酸在体内均能合成，只有亚油酸、亚麻酸、花生四烯酸等在人体内不能合成而必须由食物供给，故被称为营养必需脂肪酸。

2. 油脂的命名　单甘油酯的命名，一般称为"三某酰甘油"或"甘油三某脂肪酸酯"。混甘油酯的命名，用 α、β、α′（或1、2、3）表明脂肪酸的位次。例如：

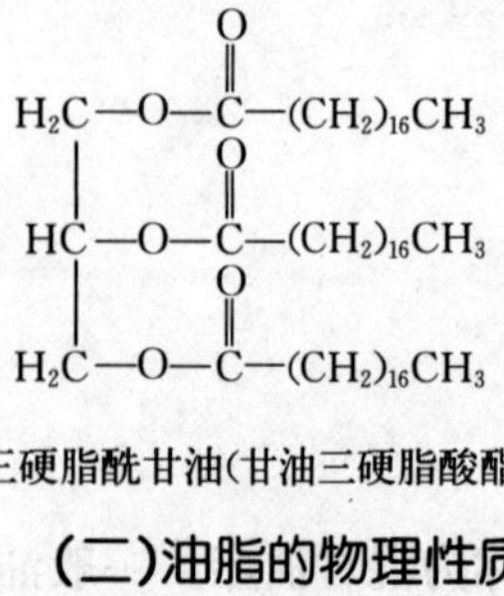

三硬脂酰甘油(甘油三硬脂酸酯) 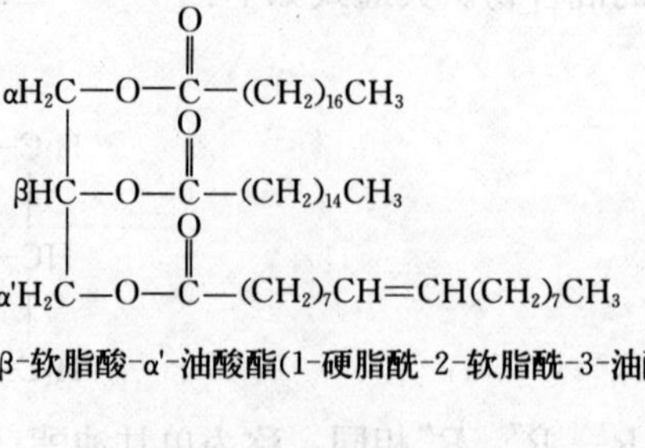　　甘油-α-硬脂酸-β-软脂酸-α'-油酸酯(1-硬脂酰-2-软脂酰-3-油酰甘油)

（二）油脂的物理性质

纯净的油脂是无色、无味的物质，天然油脂都是混合物，所以略有颜色和气味。油脂的相对密度比水小，其熔点和沸点跟组成甘油酯的脂肪酸的结构有关，脂肪酸的链越长越饱和，油脂的熔点越高；脂肪酸的链越短越不饱和，油脂的熔点则越低。油脂不溶于水，易溶于乙醚、氯仿、丙酮、苯及热乙醇中。

(三)油脂的化学性质

1. 水解反应　油脂在酸、碱或酶的作用下，可水解生成一分子甘油和三分子脂肪酸。

$$
\begin{array}{c}
H_2C-O-C-R' \\
\qquad \| \\
\qquad O \\
HC-O-C-R'' + H_2O \xrightarrow{\text{酸}}
\begin{array}{c} H_2C-OH \quad R'COOH \\ HC-OH + R''COOH \\ H_2C-OH \quad R'''COOH \end{array} \\
\qquad \| \\
\qquad O \\
H_2C-O-C-R'''
\end{array}
$$

油脂在不完全水解时，可生成脂肪酸、单酰甘油或二酰甘油。

油脂在氢氧化钠（或氢氧化钾）溶液中水解，得到脂肪酸盐和甘油，该反应称为皂化反应。高级脂肪酸的钠盐就是肥皂。

$$
\begin{array}{c}
H_2C-O-C-R' \\
\qquad \| \\
\qquad O \\
HC-O-C-R'' + 3NaOH \longrightarrow
\begin{array}{c} R'COONa \\ R''COONa \\ R'''COONa \end{array} +
\begin{array}{c} H_2C-OH \\ CHOH \\ H_2C-OH \end{array} \\
\qquad \| \\
\qquad O \\
H_2C-O-C-R'''
\end{array}
$$

使 1 g 油脂完全皂化所需要的氢氧化钾的毫克数称为皂化值。根据皂化值的大小，可判断油脂平均分子质量；皂化值越大，油脂平均分子质量越小。

2. 加成反应　甘油三酯中不饱和脂肪酸的碳碳双键，可以和氢、卤素等发生加成反应。

(1)加氢。含不饱和脂肪酸较多的油脂，可以通过催化加氢使油脂的不饱和程度降低，油脂由液态可以转变为半固态或固态，称为"油脂的硬化"。当油脂含不饱和脂肪酸较多时，容易氧化变质，经硬化后的油脂较难被氧化，而呈半固态或固态，利于贮存和运输。

$$
\begin{array}{c}
H_2C-O-C-C_{17}O_{33} \\
\qquad \| \\
\qquad O \\
HC-O-C-C_{17}O_{33} + H_2 \xrightarrow[\triangle]{Ni}
\begin{array}{c} H_2C-O-C-C_{17}O_{35} \\ HC-O-C-C_{17}O_{35} \\ H_2C-O-C-C_{17}O_{35} \end{array} \\
\qquad \| \\
\qquad O \\
H_2C-O-C-C_{17}O_{33}
\end{array}
$$

三油酸甘油酯　　　　　　　　三硬脂酸甘油酯

(2)加碘。不饱和脂肪酸甘油酯的碳碳双键也可以和碘发生加成反应。把 100 g 油脂所能吸收碘的最大克数称为碘值。根据碘值，可以判断组成油脂的脂肪酸的不饱和程度。碘值大，表示油脂的不饱和度大。碘值也是油脂分析的重要指标之一。

（3）酸败。油脂贮存过程中因生物、酶、空气中氧的氧化作用，产生了酸、醛、酮类以及各种氧化物等，使油脂的游离脂肪酸增加，因而发生变色、气味改变等变化，这种现象称为油脂的酸败。油脂的酸败程度可用酸值来表示。酸值是指中和 1 g 油脂所需要的氢氧化钾的毫克数。酸值越大，酸败程度越高。常用以表示其缓慢氧化后的酸败程度。一般酸值大于 6 的油脂不宜食用。

二、类脂

类脂主要是指在结构或性质上与油脂相似的天然化合物，广泛存在于动植物体内，种类较多，常见的类脂有磷脂、甾族化合物、糖脂、蜡、萜类及一些维生素等。以下介绍磷脂和甾族化合物。

（一）磷脂

磷脂是含有一个磷酸基团的类脂化合物，是构成细胞膜的基本成分，在脑和神经组织以及植物的种子和果实中有广泛分布。磷脂种类较多，主要分为甘油磷脂和鞘磷脂（又称神经磷脂）。

1. 甘油磷脂　甘油磷脂是最常见的磷脂，可看作是磷脂酸的衍生物。L-磷脂酸和甘油磷脂的结构如下：

L-磷脂酸 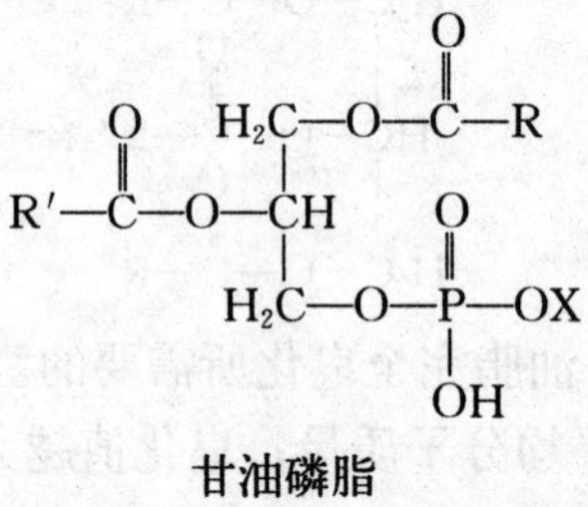　　　　　　　甘油磷脂

最常见的甘油磷脂有两种：卵磷脂和脑磷脂。卵磷脂是磷脂酸中磷酸与胆碱结合形成的酯，也称磷脂酰胆碱；脑磷脂则是磷脂酸中磷酸和乙醇胺（胆胺）所形成的酯，也称磷脂酰乙醇胺。卵磷脂和脑磷脂的结构中，均包含有极性和非极性部分，它们和肥皂、洗涤剂具有相同的结构，也是良好的乳化剂。正是由于这种结构特点，使得磷脂类化合物在细胞膜中起着重要的生理作用。

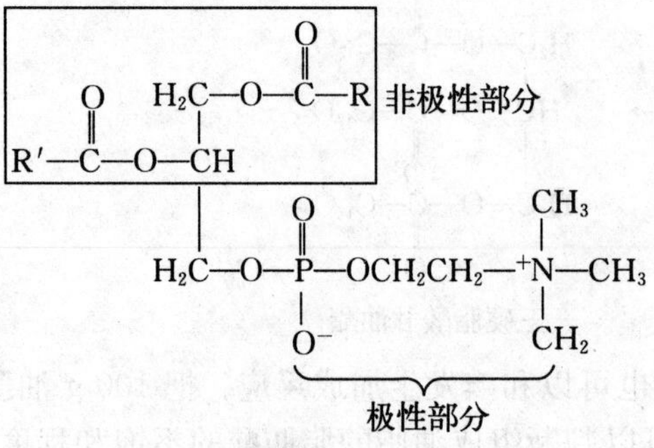

卵磷脂 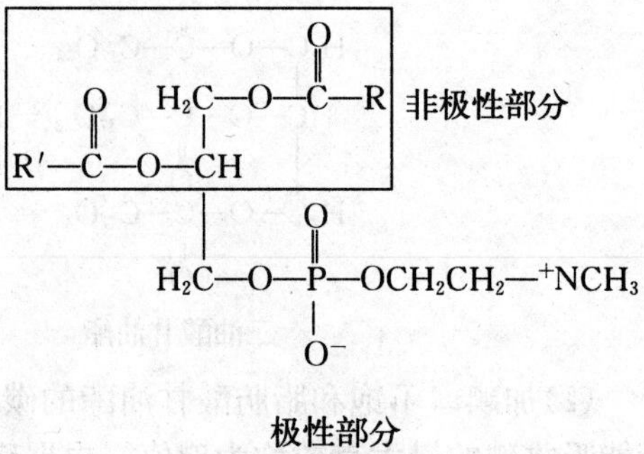　　　　　　　脑磷脂

卵磷脂完全水解可得到甘油、脂肪酸、磷酸和胆碱四种产物。脑磷脂完全水解可得到甘油、脂肪酸、磷酸和胆胺。

2. 神经磷脂 　神经磷脂的组成和结构与甘油磷脂不同，神经磷脂分子中含有一个长链不饱和醇即神经氨基醇而不是甘油。神经磷脂完全水解可得神经氨基醇、脂肪酸、磷酸和胆碱各一分子。神经氨基醇和神经磷脂的结构如下：

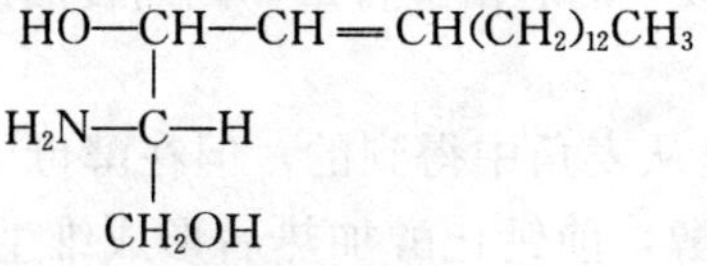

神经氨基醇 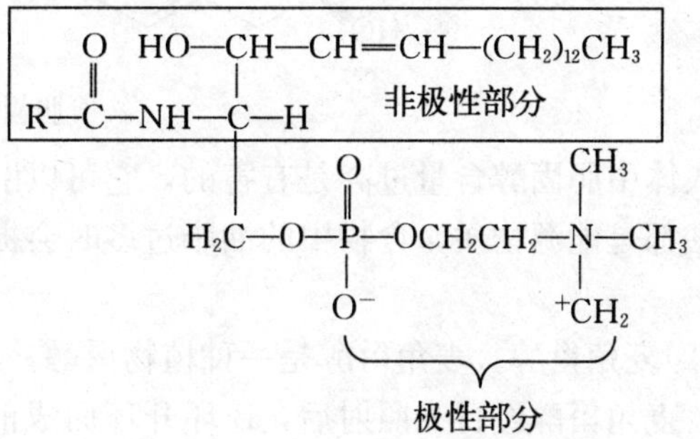　　　　　　　　　　　　　　　　　　神经磷脂

神经磷脂在分子大小、形状和极性方面都与卵磷脂相似，它也是细胞膜的重要成分，大量存在于脑和神经组织中，是围绕着神经纤维鞘样结构的一种成分。

(二)甾族化合物

甾族化合物广泛存在于动植物组织内，并在动植物生命活动中起着重要的作用。

1. 甾族化合物的结构 　甾族化合物的共同特点是分子中都含有环戊烷多氢菲的基本骨架。甾族化合物的"甾"字很形象地表示了这类化合物的基本碳架：R_1、R_2 一般为甲基，称为角甲基，R_3 为其他含有不同碳原子数的取代基。甾是个象形字，是根据这个结构而来的，"田"表示四个环，"巛"表示为三个侧链。许多甾族化合物除这三个侧链外，甾核上还有双键、羟基和其他取代基。四个环用 A、B、C、D 编号，碳原子也按固定顺序用阿拉伯数字编号。

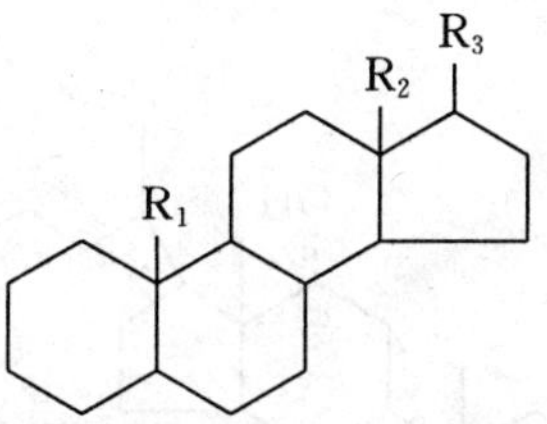

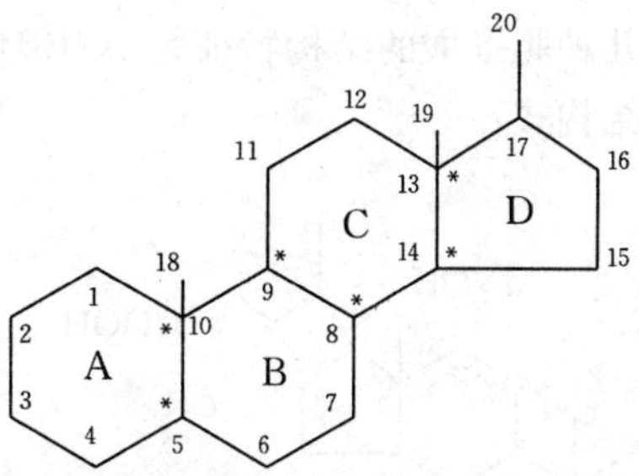

2. 重要的甾族化合物

(1)甾醇。又称固醇，广泛存在于动植物体内，根据其来源分为动物甾醇和植物甾醇。

胆甾醇(胆固醇)是最早发现的一个甾族化合物，存在于人及动物的血液、脂肪、脑髓及神经组织中。因人体内发现的胆结石几乎全是由胆甾醇所组成而得名。

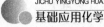

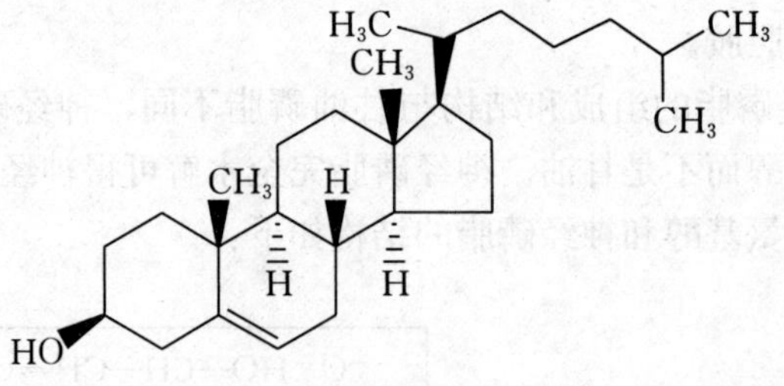

胆甾醇

人体中胆固醇含量过高是有害的，它可以引起胆结石、动脉硬化等症。由于胆甾醇与脂肪酸都是能源物质，食物中的油脂过多时会提高血液中的胆甾醇含量，因而食油量不能过多。

（2）麦角甾醇。麦角甾醇是一种植物甾醇，最初是从麦角中得到的，但在酵母中更易得到。麦角甾醇经日光照射后，B 环开环而成前钙化醇，前钙化醇加热后形成维生素 D_2（即钙化醇）。

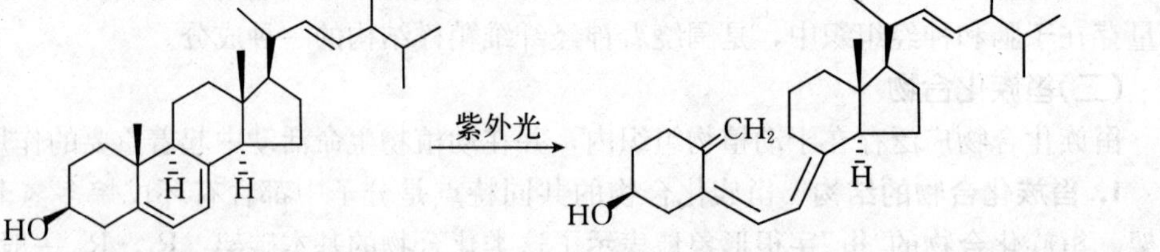

紫外光

麦角甾醇   维生素D_2

维生素 D_2 同维生素 D_3 一样，能抗软骨病，因此，可以将麦角甾醇用紫外光照射后加入牛奶和其他食品中，补充人体所需的维生素 D。

（3）胆甾酸。在人体和动物胆汁中含有几种与胆甾醇结构类似的大分子酸，称为胆甾酸。它们在机体中是由胆固醇形成的。较重要的有胆酸、脱氧胆酸、鹅（脱氧）胆酸、石胆酸等。上面几种胆甾酸的结构特征是 A/B 环均为顺式构型，羟基均为 α 型。下面是胆酸、脱氧胆酸的结构式：

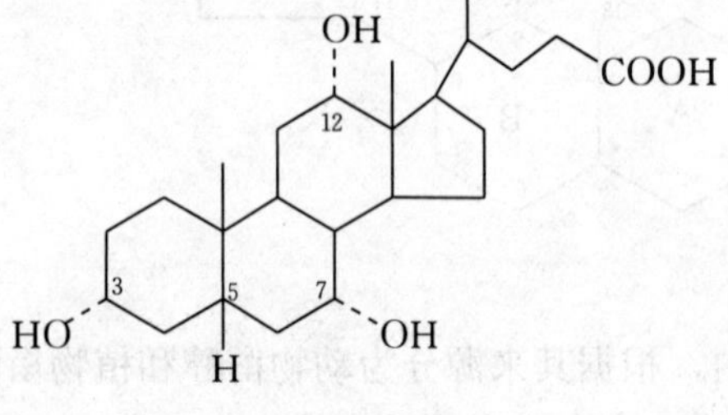

胆酸 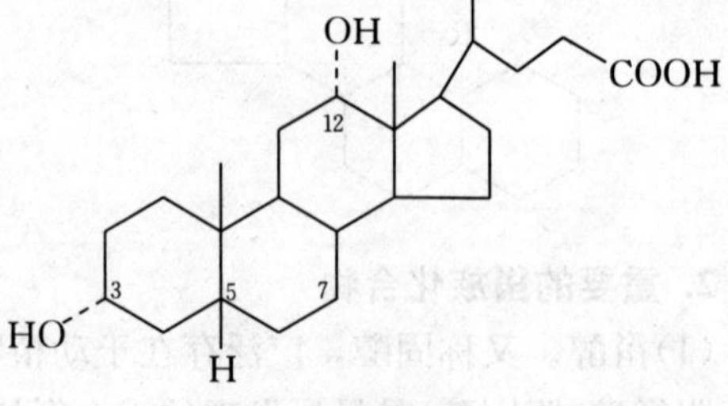   脱氧胆酸

（4）甾族激素。激素是由动物体内各种内分泌腺分泌的一类具有生理活性的化合物，

对各种生理机能和代谢过程起着重要的协调作用。激素可根据化学结构分为两大类：含氮激素（如肾上腺素、甲状腺素）和甾体激素；根据来源分为性激素和肾上腺皮质激素。

① 性激素。性激素是高等动物性腺的分泌物，有控制性生理、促进动物发育、维持第二性征（如声音、体形等）的作用。性激素的生理作用很强，量虽少却能产生很大的影响。性激素分雄性激素和雌性激素两大类。如睾丸酮素、雌二醇。

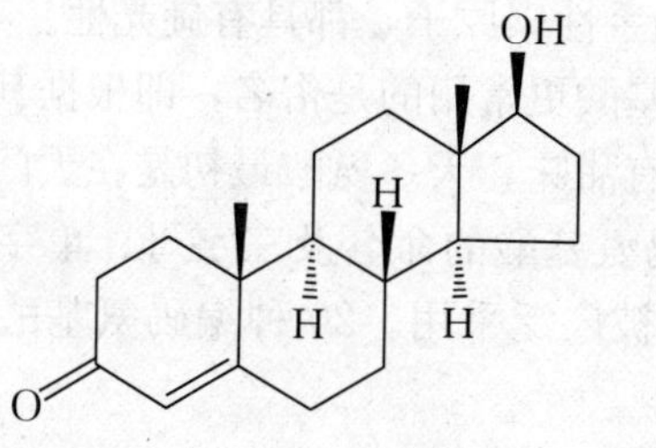

睾丸酮素 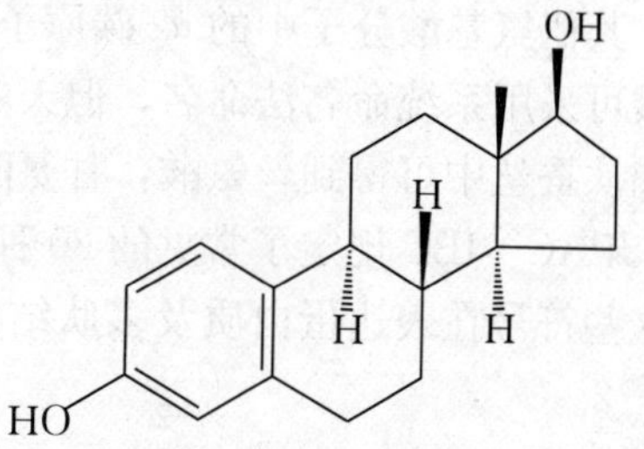　　　　　　　　　　　雌二醇

② 肾上腺皮质激素。肾上腺皮质激素是哺乳动物肾上腺皮质分泌的激素，皮质激素的重要功能是维持体液的电解质平衡和控制糖类的代谢。动物缺乏它会引起机能失常甚至死亡。皮质醇、可的松、皮质甾酮等皆为此类中重要的激素。

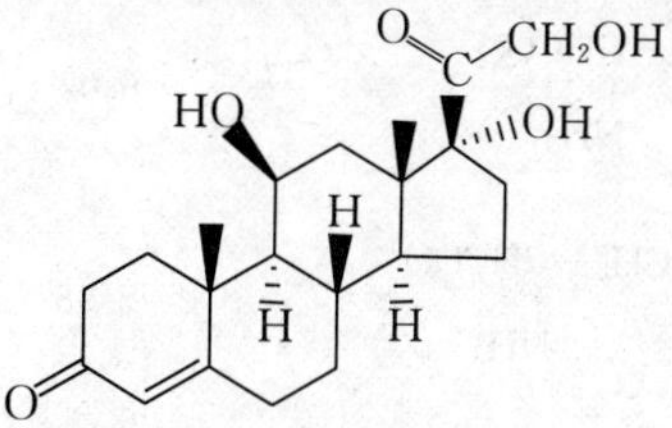

皮质醇 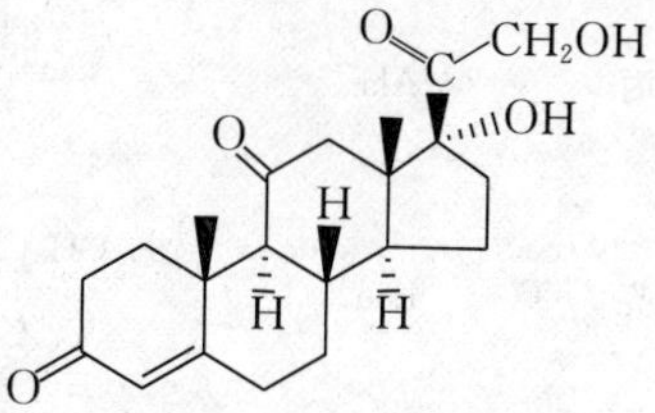　　　　　　　　　可的松 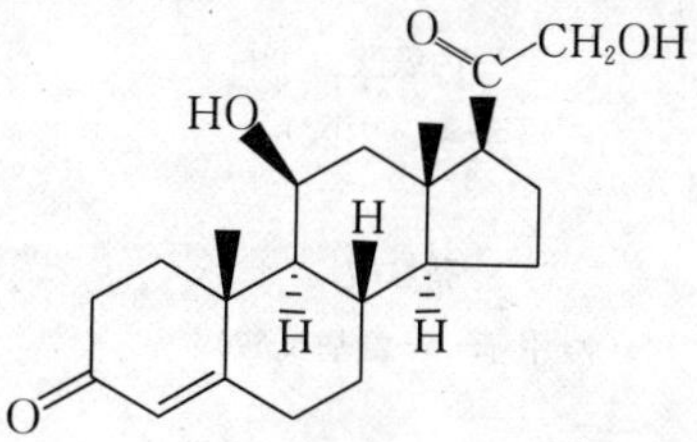　　　　　　　　　皮质甾酮

任务三　蛋白质

一、氨基酸的结构、分类和命名

氨基酸是含有碱性氨基和酸性羧基的有机化合物，是组成蛋白质的基本单位，化学式是 $RCHNH_2COOH$。氨基酸分子中含有氨基和羧基两种官能团。与羟基酸类似，氨基酸可按照氨基连在碳链上的不同位置而分类，可视为羧酸分子中烃基上的氢原子被氨基取代的一类化合物，根据氨基和羧基在分子中相对位置的不同，氨基酸可分为 α-氨基酸、β-氨基酸、γ-氨基酸……ω-氨基酸。

目前在自然界中发现的氨基酸有数百种，但由天然蛋白质完全水解生成的氨基酸中主要有 20 种与核酸中的遗传密码相对应，用于在核糖体上进行多肽合成，这 20 种氨基酸称为编码氨基酸，均属于 α-氨基酸（脯氨酸除外，脯氨酸为 α-亚氨基酸）。由于氨基酸分子中含有酸性的羧基和碱性的氨基，在生理条件下，羧基几乎完全以—COO^- 形式存在，大

多数氨基主要以—NH_3^+形式存在，所以氨基酸分子是一种偶极离子，一般以内盐（偶极离子或两性离子，zwitterion）形式存在，可用通式表示为：

$$R—CH—COO^-$$
$$\underset{+NH_3}{|}$$

式中，R代表侧链基团，不同的氨基酸只是侧链R基团不同。20种编码氨基酸中除甘氨酸外，其他氨基酸分子中的α-碳原子均为手性碳原子，都具有旋光性。

氨基酸可采用系统命名法命名，但天然氨基酸更常用的是俗名，即根据其来源和特性命名，例如从蚕丝中可得到丝氨酸，甘氨酸具有甜味，天冬氨酸最初是在天门冬的幼苗中发现的。IUPAC-IBC规定了常见的20种编码氨基酸的命名及三字母、单字母的通用缩写符号，这些符号在表达蛋白质及多肽结构时被广泛采用。20种编码氨基酸的名称和结构见表11-2。

表 11-2　20 种编码氨基酸的名称和结构

名称	中文缩写	英文缩写	结构式	pI
甘氨酸 （α-氨基乙酸）	甘	Gly	CH_2COO^- $\ \ \ +NH_3$	5.97
丙氨酸 （α-氨基丙酸）	丙	Ala	$CH_3—CHCOO^-$ $\ \ \ \ \ \ +NH_3$	6.02
亮氨酸 （γ-甲基-α-氨基戊酸）*	亮	Leu	$CH_3CHCH_2—CHCOO^-$ $\ \ \ \ CH_3 \ \ \ \ \ \ +NH_3$	5.98
异亮氨酸 （β-甲基-α-氨基戊酸）*	异亮	Ile	$CH_3CH_2CH—CHCOO^-$ $\ \ \ \ \ \ CH_3\ +NH_3$	6.02
缬氨酸 （β-甲基-α-氨基丁酸）*	缬	Val	$CH_3CH—CHCOO^-$ $\ \ CH_3\ +NH_3$	5.97
脯氨酸 （α-吡咯啶甲酸）	脯	Pro	$\overset{+}{N}H_2$环 —COO$^-$	6.3
苯丙氨酸 （β-苯基-α-氨基丙酸）*	苯丙	Phe	苯环—CH_2—CHCOO$^-$ $\ \ \ \ \ \ +NH_3$	5.48
蛋（甲硫）氨酸 （α-氨基-γ-甲硫基戊酸）*	蛋	Met	$CH_3SCH_2CH_2—CHCOO^-$ $\ \ \ \ \ \ \ \ \ +NH_3$	5.75
色氨酸 [α-氨基-β-(3-吲哚基)丙酸]*	色	Trp	吲哚环—CH_2CHCOO^- $\ \ \ \ \ \ +NH_3$	5.89

（续）

名称	中文缩写	英文缩写	结构式	pI
丝氨酸 （α-氨基-β-羟基丙酸）	丝	Ser	$HOCH_2\!-\!\underset{\overset{\mid}{{}^+NH_3}}{C}HCOO^-$	5.68
谷氨酰胺 （α-氨基戊酰胺酸）	谷胺	Gln	$H_2NCOCH_2CH_2\underset{\overset{\mid}{{}^+NH_3}}{C}HCOO^-$	5.65
苏氨酸 （α-氨基-β-羟基丁酸）*	苏	Thr	$CH_3\underset{\overset{\mid}{OH}}{C}H\!-\!\underset{\overset{\mid}{{}^+NH_3}}{C}HCOO^-$	5.6
半胱氨酸 （α-氨基-β-巯基丙酸）	半胱	Cys	$HSCH_2\!-\!\underset{\overset{\mid}{{}^+NH_3}}{C}HCOO^-$	5.07
天冬酰胺 （α-氨基丁酰胺酸）	天胺	Asn	$H_2NCOCH_2\underset{\overset{\mid}{{}^+NH_3}}{C}HCOO^-$	5.41
酪氨酸 （α-氨基-β-对羟苯基丙酸）	酪	Tyr	$HO\!-\!\langle\bigcirc\rangle\!-\!CH_2\!-\!\underset{\overset{\mid}{{}^+NH_3}}{C}HCOO^-$	5.66
天冬氨酸 （α-氨基丁二酸）	天	Asp	$HOOCCH_2\underset{\overset{\mid}{{}^+NH_3}}{C}HCOO^-$	2.77
谷氨酸 （α-氨基戊二酸）	谷	Glu	$HOOCCH_2CH_2\underset{\overset{\mid}{{}^+NH_3}}{C}HCOO^-$	3.22
赖氨酸 （α,ω-二氨基己酸）*	赖	Lys	$H_3\overset{+}{N}CH_2CH_2CH_2CH_2\underset{\overset{\mid}{NH_2}}{C}HCOO^-$	9.74
精氨酸 （α-氨基-δ-胍基戊酸）	精	Arg	$H_2N\!-\!\underset{}{\overset{\overset{+NH_2}{\parallel}}{C}}\!-\!NHCH_2CH_2CH_2\underset{\overset{\mid}{NH_2}}{C}HCOO^-$	10.76
组氨酸 ［α-氨基-β-(4-咪唑基)丙酸］	组	His	$\underset{H}{\underset{N}{\bigcirc\!\!\!\!\!\!N}}\!-\!CH_2\!-\!\underset{\overset{\mid}{{}^+NH_3}}{C}HCOO^-$	7.59

* 为必需氨基酸。

上表中所列大多数氨基酸可在体内合成，但带 * 号的 8 种氨基酸，在人体内不能合成而又是生命活动中必不可少的，必须依靠食物供应，若缺少则会导致许多种类蛋白质的代谢和合成失去平衡从而引发疾病，这些氨基酸称为必需氨基酸。

二、氨基酸的性质

1. 物理性质

(1)α-氨基酸都是无色晶体，熔点比相应的羧酸或胺类要高，一般为 200～300℃（许多氨基酸在接近熔点时分解）。

（2）除甘氨酸外，其他的α-氨基酸都有旋光性。

（3）大多数氨基酸都易溶于水，而不溶于有机溶剂。

2. 化学性质　氨基酸的化学性质取决于分子中的羧基、氨基、侧链 R 基以及这些基团间的相互影响。氨基酸的羧基具有酸性，与碱作用成盐，与醇作用成酯，加热或在酶的作用下脱羧；氨基具有碱性，与酸作用成盐，与 HNO_2 作用定量放出氮气，氧化脱氨基生成酮酸，与酰卤或酸酐反应生成酰胺；侧链 R 基的性质因基团的不同而异，比如两分子半胱氨酸可被氧化成胱氨酸，酪氨酸具有酚羟基的性质等。

（1）两性和等电点。氨基酸分子中同时含有酸性的羧基和碱性的氨基，因此氨基酸是两性化合物，能分别与酸作用生成铵盐或与碱作用生成羧酸盐，但氨基酸的酸性比一般脂肪酸弱，碱性也比一般脂肪胺弱。一般情况下将氨基酸溶于水时，氨基酸不是以游离态的羧基和氨基存在的，而是以内盐的形式存在，此时它的酸性基团是—NH_3^+ 而不是—COOH，碱性基团是—COO^- 而不是—NH_2。若将此溶液酸化，则两性离子与 H^+ 离子结合成为阳离子；若向此水溶液中加碱，则两性离子与 OH^+ 结合成为阴离子。

$$R-\underset{\underset{NH_2}{|}}{CH}-COO^- \underset{OH^-}{\overset{H^+}{\rightleftharpoons}} R-\underset{\underset{NH_3^+}{|}}{CH}-COO^- \underset{OH^-}{\overset{H^+}{\rightleftharpoons}} R-\underset{\underset{NH_3^+}{|}}{CH}-COOH$$

阴离子($pH>pI$)　　　　两性离子($pH=pI$)　　　　阳离子($pH<pI$)

由上可见，氨基酸的荷电状态取决于溶液的 pH，利用酸或碱适当调节溶液的 pH，可使氨基酸的酸性解离与碱性解离相等，所带正、负电荷数相等，这种使氨基酸处于等电状态的溶液的 pH 称为该氨基酸的等电点，以 pI 表示。在等电点时，氨基酸溶液的 $pH=pI$，氨基酸主要以电中性的两性离子存在，在电场中不向任何电极移动；溶液的 $pH<pI$ 时，氨基酸带正电荷，在电场中向负极移动；溶液的 $pH>pI$ 时，氨基酸带负电荷，在电场中向正极移动。

各种氨基酸由于组成和结构不同，具有不同的等电点。等电点是氨基酸的一个特征常数。中性氨基酸由于羧基的电离略大于氨基，故在纯水中呈微酸性，其 pI 略小于 7，一般为 5.0～6.5；酸性氨基酸的 pI 为 2.7～3.2；而碱性氨基酸的 pI 为 9.5～10.7。

（2）与亚硝酸反应。除亚氨基酸（脯氨酸等）外，α-氨基酸分子中的氨基具有伯胺的性质，能与亚硝酸反应定量放出氮气，利用该反应可测定蛋白质分子中游离氨基或氨基酸分子中氨基的含量。此方法称为 Van Slyke 氨基氮测定法。

$$R-\underset{\underset{NH_2}{|}}{CH}-COOH + HNO_2 \longrightarrow R-\underset{\underset{OH}{|}}{CH}-COOH + N_2\uparrow$$

（3）与茚三酮的显色反应。α-氨基酸与水合茚三酮溶液共热，能生成蓝紫色物质——罗曼氏紫。罗曼氏紫在 570 nm 有强吸收峰，可作为 α-氨基酸定量分析的依据，该显色反应也常用于氨基酸和蛋白质的定性鉴定及标记，如在层析、电泳等实验中应用。

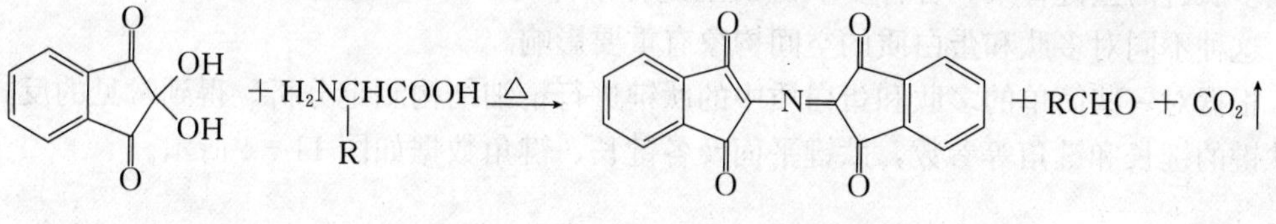

罗曼氏紫

在 20 种 α-氨基酸中，脯氨酸与茚三酮反应显黄色(可在 440 nm 进行定量分析)，而 N-取代的 α-氨基酸以及 β-氨基酸、γ-氨基酸等不与茚三酮发生显色反应。

(4)成肽反应。在适当条件下，氨基酸分子间氨基与羧基相互脱水缩合生成的一类化合物，称为肽。例如二分子氨基酸缩合而成的肽称为二肽。

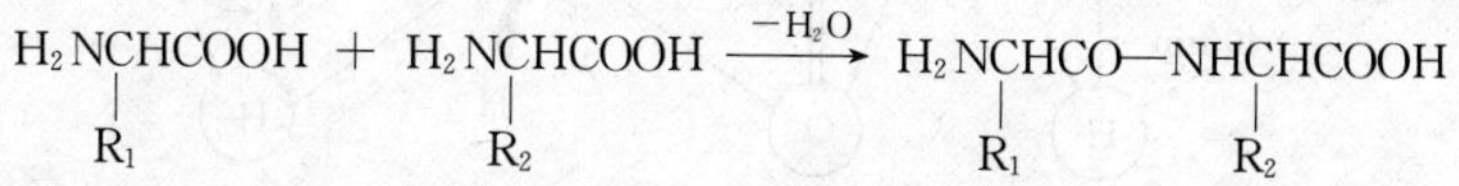

肽分子中的酰胺键(—CO—NH—)常称为肽键。二肽分子中仍含有自由的羧基和氨基，因此可以继续与氨基酸缩合成为三肽、四肽……多肽、蛋白质等。

三、肽的结构和命名

肽是氨基酸分子间通过肽键连接的一类化合物。虽然存在着环肽，但绝大多数多肽为链状分子，以两性离子的形式存在：

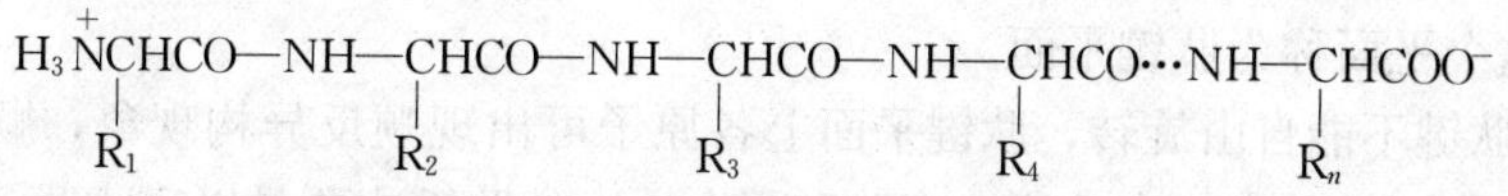

多肽链中的每个氨基酸单元称为氨基酸残基。在多肽链的一端保留着未结合的—NH_3^+，称为氨基酸的 N 端，通常写在左边；在多肽链的另一端保留着未结合的—COO^-，称为氨基酸的 C 端，通常写在右边。肽的结构不仅取决于组成肽链的氨基酸种类和数目，而且也与肽链中各氨基酸残基的排列顺序有关。例如，由甘氨酸和丙氨酸组成的二肽，可有两种不同的连接方式。

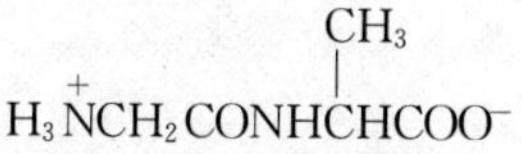

氨酰丙氨酸(甘丙肽)

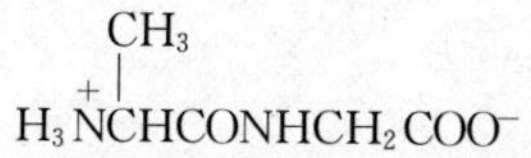

丙氨酰甘氨酸(丙甘肽)

同理，由 3 种不同的氨基酸可形成 6 种不同的三肽，由 4 种不同的氨基酸可形成 24 种不同的四肽，如果肽链中有 n 个不同的氨基酸则可形成 n 种不同的多肽。

肽的命名方法是以含 C 端的氨基酸为母体，把肽链中其他氨基酸名称中的酸字改为酰字，按它们在肽链中的排列顺序由左至右逐个写在母体名称前。

四、肽键的结构

肽键是构成多肽和蛋白质的基本化学键，肽键与相邻的两个 α-碳原子所组成的基团

（—C$_\alpha$—CO—NH—C$_\alpha$—）称为肽单位。多肽链就是由许多重复的肽单位连接而成，它们构成多肽链的主链骨架。各种多肽链的主链骨架都是一样的，但侧链 R 的结构和顺序不同，这种不同对多肽和蛋白质的空间构象有重要影响。

根据对一些简单的多肽和蛋白质中的肽键进行精细结构测定分析，得到常见的反式构型肽键的键长和键角等参数，肽键平面及各键长、键角数据如图 11 - 4 所示。

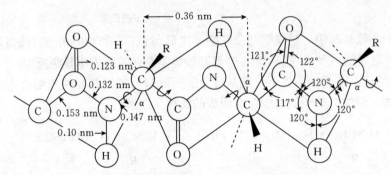

图 11 - 4 肽键平面及各键长、键角数据

肽键具有以下特征：

（1）肽键中的 C—N 键长为 0.132 nm，较相邻的 C$_\alpha$—N 单键的键长（0.147 nm）短，但比一般的 C=N 双键的键长（0.127 nm）长，表明肽键中的 C—N 键具有部分双键性质，因此肽键中的 C—N 之间的旋转受到一定的阻碍。

（2）肽键的 C 及 N 周围的 3 个键角和均为 360°，说明与 C—N 相连的 6 个原子处于同一平面上，这个平面称为肽键平面。

（3）由于肽键不能自由旋转，肽键平面上各原子可出现顺反异构现象，顺式肽键因大基团间的相互作用处于高能态，所以多肽和蛋白质中的肽键主要是以反式肽键存在，即与 C—N 键相连的 O 与 H 或两个 C$_\alpha$ 原子之间呈较稳定的反式分布。然而在与亚氨基酸脯氨酸的氨基和其他氨基酸残基形成的肽键中，顺式肽键的比例会增加。

肽键平面中除 C—N 键不能旋转外，两侧的 C$_\alpha$—N 和 C—C$_\alpha$ 键均为 σ 键，相邻的肽键平面可围绕 C$_\alpha$ 旋转。因此，可把多肽链的主链看成是由一系列通过 C$_\alpha$ 原子衔接的刚性肽键平面所组成。肽键平面的旋转所产生的立体结构可呈多种状态，从而导致蛋白质和多肽呈现不同的构象。

五、蛋白质

蛋白质是一类结构复杂、功能特异的有机大分子化合物，广泛存在于所有的生物体中，是构成细胞的基本有机物，是生命活动的主要承担者，是生命的物质基础，因此生物体内的一切生命活动几乎都与蛋白质有关。例如在人体的新陈代谢中起催化作用的酶和调节作用的某些激素，在红细胞中与氧气结合的血红蛋白，在人体免疫系统中起免疫作用的抗体等都是蛋白质。近代生物学研究表明，蛋白质的作用不仅表现在遗传信息的传递和调控方面，而且对细胞膜的通透性及高等动物的思维、记忆活动等方面也起着重要的作用。

蛋白质的特殊功能是由其复杂的结构决定的。蛋白质经酸、碱或蛋白酶催化水解，分子逐渐降解成相对分子质量越来越小的肽段，直到最终成为α-氨基酸的混合物。α-氨基酸是组成多肽和蛋白质的基本结构单位；蛋白质多肽链中α-氨基酸的种类、数目和排列顺序决定了每一种蛋白质的空间结构，从而决定了其生理功能。

除蛋白质部分水解可产生长短不一的各种肽段外，生物体内还存在很多生物活性肽，它们具有特殊的生物学功能，在生长、发育、繁衍及代谢等生命过程中起着重要的作用。

(一)蛋白质的组成

1. 蛋白质的基本组成　蛋白质的结构极其复杂，种类繁多，人体内就有几十万种以上的蛋白质。蛋白质的组成元素主要是 C、H、O、N 四种；此外大多数含有 S，少数含有 P、Fe、Cu、Mn、Zn，个别蛋白质还含有 I 或其他元素。蛋白质与多肽均是氨基酸的多聚物，它们都是由各种 α-氨基酸残基通过肽键相连，通常将相对分子质量在 10 000 以上的称为蛋白质，10 000 以下的称为多肽。

2. 蛋白质的分类

(1)简单蛋白质。仅由氨基酸组成的蛋白质称为简单蛋白质。

(2)结合蛋白质。由简单蛋白质与非蛋白质成分(称为辅基)结合而成的复杂蛋白质，称为结合蛋白质。

3. 蛋白质的结构　蛋白质是氨基酸的多聚物，它承担着多种多样的生理作用和功能，这些重要的生理作用和功能是由蛋白质的组成和特殊空间结构所决定的。氨基酸彼此间以肽键结合成肽链，再由一条或多条肽链按各种特殊方式组合成蛋白质分子。为了表示其不同层次的结构，通常将蛋白质结构分为一级结构、二级结构、三级结构和四级结构。蛋白质的一级结构又称为初级结构或基本结构，二级以上的结构属于构象范畴，称为高级结构。随着科学的发展，对蛋白质结构的研究还在深入，近年来又在四级结构的基础上提出两种新的结构层次，即超二级结构和结构域。

(1)蛋白质分子的一级结构。蛋白质分子的一级结构是指多肽链中氨基酸残基的连接方式、排列顺序以及二硫键的数目与位置。有些蛋白质分子中只有一条多肽链，而有些则有两条或多条多肽链。在一级结构中肽键是其主要的化学键，另外在两条肽链之间或一条肽链的不同位置之间也存在其他类型的化学键，如二硫键、酯键等。

蛋白质的一级结构是其空间构象的基础，因此测定蛋白质的氨基酸顺序有重要意义，目前主要使用氨基酸自动分析仪和肽链氨基酸顺序自动测定仪来进行测定。

(2)蛋白质分子的空间结构。一条任意形状的多肽链是不具有生物活性的。蛋白质分子有特定的三维结构，在主链之间、侧链之间和主链与侧链之间存在着复杂的相互作用，使蛋白质分子在三维水平上形成一个有机整体。蛋白质的构象又称空间结构、高级结构、立体结构、三维结构等，指的是蛋白质分子中所有原子在三维空间的排布，主要包括蛋白质的二级结构、超二级结构、结构域、三级结构和四级结构。肽键为蛋白质分子的主键，除肽键外，还有各种次级键维持着蛋白质的高级结构。这些次级键包括氢键、二硫键、盐键、疏水作用力、酯键、范德华力、配位键。以上这些次级键中氢键、疏水作用力、范德华力是维持蛋白质空间结构的主要作用力，虽然它们的键能较小，稳定性不高，但数量多，故在维持蛋白质分子的空间构象中起着重要的作用；盐键、二硫键或配位键虽然作用力强，但数量少，也共同参与维持蛋白质空间结构。蛋白质分子中维持构象的次级键见图 11-5。

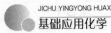
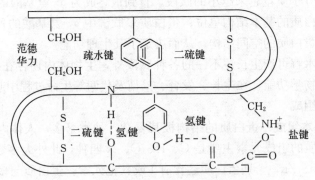

范德华力　CH₂OH　疏水键　二硫键　S S

CH₂OH

二硫键　氢键　N H O 氢键 O—H---O C=O CH₂ NH₃⁺ O⁻ 盐键

图 11-5　蛋白质分子中维持构象的次级键

蛋白质分子的多肽链并不是走向随机的松散结构，而是盘旋、卷曲和折叠成特有的空间构象。蛋白质的二级结构是指蛋白质分子多肽链本身的盘旋、卷曲或折叠所形成的空间结构。二级结构主要包括 α 螺旋、β 折叠、β 转角和无规卷曲等基本类型。二级结构是依靠肽链间的亚氨基与羧基之间所形成的氢键而得到稳定的，是蛋白质的基本构象。

蛋白质分子的三级结构是指一条多肽链在二级结构的基础上进一步卷曲、折叠所形成的一种不规则的、特定的、更复杂的三维空间结构。

许多有生物活性的蛋白质是由两条或多条肽链构成；每条肽链都有各自的一、二、三级结构，相互以非共价键连接，这些肽链称为蛋白质亚单位。由亚单位构成的蛋白质称为寡聚蛋白质。蛋白质分子的四级结构就是各个亚单位在寡聚蛋白质的天然构象中的排列方式。四级结构依靠氢键、盐键、疏水作用力、范德华力等维持。

(二)蛋白质的性质

蛋白质的性质取决于蛋白质的分子组成和结构特征。不同类型的蛋白质其物理性质可存在很大差别，但化学性质却往往相似。

1. 胶体性质　蛋白质分子是高分子化合物，相对分子质量很大，其分子直径一般为 1~100 nm，在水中形成胶体溶液，具有布朗运动、丁达尔效应、电泳现象、不能透过半透膜等特点。

蛋白质的水溶液是一种比较稳定的亲水溶胶，蛋白质分子表面的极性基团可吸引水分子在它的表面定向排列形成一层水化膜。蛋白质分子表面的可解离基团，在适当的 pH 条件下，都带有相同的净电荷，与周围的反离子构成稳定的双电层。蛋白质溶液由于具有水化层与双电层两方面的稳定因素，能在水溶液中使蛋白质分子颗粒相互隔开而不致下沉。

2. 两性电离和等电点　蛋白质分子末端和侧链 R 基团中仍存在着未结合的氨基和羧基，另外还有胍基、咪唑基等极性基团。因此，蛋白质和氨基酸一样，也具有两性电离和等电点的性质，在不同的 pH 条件下，可解离为阳离子和阴离子，即蛋白质的带电状态与溶液的 pH 有关。在等电点时，因蛋白质不带电，不存在电荷的相互排斥作用，蛋白质易沉淀析出。此时蛋白质的溶解度、黏度、渗透压和膨胀性等最小。

3. 变性　某些物理因素或化学因素的作用可以破坏蛋白质分子中的副键，从而使蛋白质分子的构象发生改变，引起蛋白质生物活性和理化性质的改变，这种现象称为蛋白质的变性。物理因素包括加热、高压、紫外线、X射线、超声波、剧烈搅拌等；化学因素包括强酸、强碱、胍、尿素、重金属盐、生物碱试剂和有机溶剂等。蛋白质变性后，分子从原来有规则的空间结构变为松散紊乱的结构，形状发生改变。变性蛋白质与天然蛋白质最明显的区别是生物活性丧失，如酶失去催化能力、抗体失去免疫作用、激素失去调节作用等。此外，还表现出各种理化性质的改变，如溶解度降低、黏度增加、易被蛋白酶水解等。蛋白质变性时，蛋白质中的肽键未被破坏，仍保持原有的一级结构。

4. 沉淀　不同类型的蛋白质在水溶液中的溶解度有很大差异，如果用物理方法或化学方法破坏蛋白质胶体溶液的稳定因素，则蛋白质分子将发生凝聚而沉淀。变性蛋白质一般易于沉淀，但也可不变性而使蛋白质沉淀。此外，在一定条件下，变性的蛋白质也可不发生沉淀。使蛋白质沉淀的方法主要有盐析法、有机溶剂沉淀法、重金属盐沉淀法及某些酸类沉淀法等。

自　测　题

1. 用化学方法分别鉴别下列各组化合物

(1) D-葡萄糖、D-葡萄糖甲苷和D-果糖

(2) 葡萄糖、蔗糖和淀粉

(3) 麦芽糖、淀粉和纤维素

(4) 糖原、果糖和半乳糖

(5) 果糖、葡萄糖、蔗糖和淀粉

2. 完成下列反应式

(1) 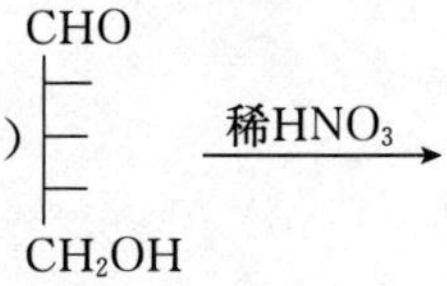
$$
\begin{array}{c}
\text{CHO} \\
\overset{\displaystyle|}{\text{（—）}} \\
\text{CH}_2\text{OH}
\end{array}
\xrightarrow{\text{稀HNO}_3}
$$

(2)
$+ \text{CH}_3\text{OH} \xrightarrow{\text{干燥HCl}}$

(3)
$\xrightarrow{\text{Br}_2/\text{H}_2\text{O}}$

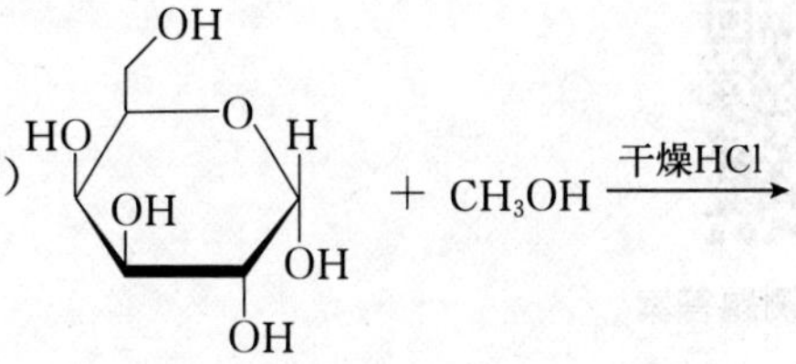

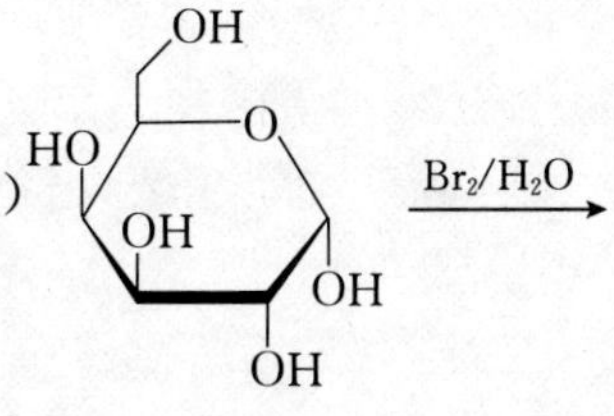

(4) 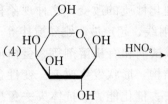 $\xrightarrow{HNO_3}$

3. 解释下列名词。

(1) 皂化值　　　　　(2) 碘值　　　　　(3) 酸败

4. 选择题

(1) 鉴定 α-氨基酸应使用（　　）。

A. Tollens 试剂　　　B. Lucas 试剂　　　C. 茚三酮溶液　　　D. $CuSO_4$ 溶液

(2) 赖氨酸属于碱性氨基酸，它的等电点所在的范围是（　　）。

A. $pI > 7$　　　　B. $pI = 7$　　　　C. $5 < pI < 7$　　　　D. $pI < 5$

(3) 氨基酸具有低挥发性、高熔点以及易溶于水、难溶于有机溶剂的特性，缘于氨基酸主要以（　　）形式存在。

A. 分子　　　　B. 内盐　　　　C. 阳离子　　　　D. 阴离子

(4) 蛋白质的分子直径一般为（　　）。

A. $1 \sim 100$ nm　　　B. $1 \sim 100$ μm　　　C. $10 \sim 100$ mm　　　D. $10 \sim 100$ μm

(5) 下述关于蛋白质性质正确的是（　　）。

A. 可以透过半透膜　　　　　　　　B. 在等电点时最不容易沉淀

C. 变性时形状不发生改变　　　　　D. 在水中的溶解度相差较大

5. 简答题

(1) 组成天然蛋白质的氨基酸有多少种？其结构特点是什么？

(2) 什么是氨基酸的等电点？中性氨基酸的等电点是小于 7，等于 7，还是大于 7？

(3) 什么是蛋白质结构中的主键和副键？

(4) 什么是蛋白质的变性？

(5) 蛋白质的沉淀方法有哪些？

(6) 举例说明什么是必需脂肪酸。

扫码看答案

项目十一自测题答案

附　　录

附录一　国际单位制（SI）的基本单位

量的名称	常用符号	单位名称	单位符号
长度	L	米	m
质量	m	千克	kg
时间	t	秒	s
电流	I	安(安培)	A
热力学温度	T	开(开尔文)	K
物质的量	n	摩(摩尔)	mol
发光强度	I, I_V	坎(德拉)	cd

附录二　我国化学药品等级的划分

等级	名称	符号	适用范围	标签标志
一级试剂	优级纯 （保证试剂）	GR	纯度很高，适用于精密分析工作和科学研究	绿色
二级试剂	分析纯 （分析试剂）	AR	纯度比一级纯略低，适用于一般定性定量分析工作和科学研究	红色
三级试剂	化学纯	CP	纯度比二级差一点，适用于一般定性分析工作	蓝色
四级试剂	实验试剂 医用生物试剂	LR	纯度较低，适用于实验辅助试剂及一般化学准备	棕色或其他颜色 黄色或其他颜色

附录三　一定 pH 溶液的配制方法

pH	配制方法
1.0	0.1 mol/L HCl 溶液
2.0	0.01 mol/L HCl 溶液
3.6	$NaAc \cdot 3H_2O$ 8 g，溶于适量水中，加入 6 mol/L HAc 134 mL，稀释至 500 mL
4.0	$NaAc \cdot 3H_2O$ 20 g，溶于适量水中，加入 6 mol/L HAc 134 mL，稀释至 500 mL
4.5	$NaAc \cdot 3H_2O$ 32 g，溶于适量水中，加入 6 mol/L HAc 68 mL，稀释至 500 mL
5.0	$NaAc \cdot 3H_2O$ 50 g，溶于适量水中，加入 6 mol/L HAc 34 mL，稀释至 500 mL

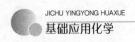
（续）

pH	配制方法
5.7	NaAc·3H$_2$O 100 g，溶于适量水中，加入 6 mol/L HAc 13 mL，稀释至 500 mL
7.0	NH$_4$Ac 77 g，溶于适量水中，稀释至 500 mL
7.5	NH$_4$Ac 60 g，溶于适量水中，加浓氨水 1.4 mL，稀释至 500 mL
8.0	NH$_4$Ac 50 g，溶于适量水中，加浓氨水 3.5 mL，稀释至 500 mL
8.5	NH$_4$Ac 40 g，溶于适量水中，加浓氨水 8.8 mL，稀释至 500 mL
9.0	NH$_4$Ac 35 g，溶于适量水中，加浓氨水 24 mL，稀释至 500 mL
9.5	NH$_4$Ac 30 g，溶于适量水中，加浓氨水 65 mL，稀释至 500 mL
10.0	NH$_4$Ac 27 g，溶于适量水中，加浓氨水 197 mL，稀释至 500 mL
10.5	NH$_4$Ac 9 g，溶于适量水中，加浓氨水 175 mL，稀释至 500 mL
11.0	NH$_4$Ac 3 g，溶于适量水中，加浓氨水 207 mL，稀释至 500 mL
12.0	0.01 mol/L NaOH 溶液
13.0	0.1 mol/L NaOH 溶液

附录四　某些常用试剂溶液的配制方法

试剂名称	配制方法
甲基橙指示剂	溶解 0.1 g 甲基橙于 100 mL 热水中，并进行过滤
酚酞指示剂	溶解 1 g 酚酞于 90 mL 酒精与 10 mL 水的混合溶液中
甲基红指示剂	溶解 0.1 g 甲基红于 60 mL 酒精中，加水稀释至 100 mL
铬黑 T	铬黑 T 与固体无水 Na$_2$SO$_4$ 以质量比 1∶100 混合，研磨均匀，放入干燥的棕色瓶中，保存于干燥器内
钙指示剂	钙指示剂与固体无水 Na$_2$SO$_4$ 以质量比 2∶100 混合，研磨均匀，放入干燥的棕色瓶中，保存于干燥器内
钼酸铵试剂	取 5 g (NH$_4$)$_2$MoO$_4$，加入 5 mL 浓硝酸，加水至 100 mL
卢卡斯试剂	将 34 g 熔融过的氯化锌溶于 23 mL 浓盐酸中，且在冷水浴中不断搅拌，以防氯化氢逸出
斐林试剂	斐林试剂分为 A 液和 B 液两部分，两种溶液分别储藏，使用时等量混合。斐林试剂 A 液：20 g 硫酸铜晶体溶于适量水中，稀释至 500 mL；斐林试剂 B 液：100 g 酒石酸钾钠晶体、75 g 氢氧化钠固体溶于水中，稀释至 500 mL
水合茚三酮试剂	溶解 0.1 g 水合茚三酮于 50 mL 水中，最好现配现用
邻菲罗啉	溶解 2 g 邻菲罗啉于 100 mL 水中
溴水	将大约 16 mL 液溴注入盛有 1 L 水的磨口瓶中，剧烈振荡 2 h。每次振荡后将塞子微开，将溴蒸气放出，将清液倒入试剂瓶中备用
碘水	取 2.5 g 碘和 3 g KI，加入尽可能少的水中，搅拌至碘完全溶解，加水稀释至 1 L
淀粉溶液	将 1 g 可溶性淀粉加入 100 mL 冷水中调和均匀。将所得乳浊液在搅拌条件下倾入 200 mL 沸水中，煮沸 2~3 min 使溶液透明，冷却即可
铬酸洗液	取 10 g 重铬酸钾，溶解于 30 mL 热水中，冷却后，边搅拌边缓缓加入 170 mL 浓硫酸

附录五　常用化合物化学式及相对分子质量

化学式	相对分子质量	化学式	相对分子质量
$AgCl$	143.22	H_2CO_3	62.03
AgI	234.77	H_3PO_4	98.00
$AgNO_3$	169.87	H_2S	34.08
$BaCl_2$	208.24	HF	20.01
$BaCl_2 \cdot 2H_2O$	244.27	FeO	71.58
BaO	153.33	Fe_2O_3	159.69
$BaCO_3$	197.34	$Fe(OH)_3$	106.87
$Ba(OH)_2$	171.34	$FeSO_4$	151.90
$BaSO_4$	233.39	HCl	36.46
BaC_2O_4	225.35	H_2SO_4	98.07
CaO	56.08	KCl	74.55
$CaCO_3$	100.09	$KClO_3$	122.55
$CaCl_2$	110.99	KCN	65.12
$CaCl_2 \cdot H_2O$	129.00	$K_2Cr_2O_7$	294.18
$CaCl_2 \cdot 6H_2O$	219.08	$CuSO_4 \cdot 5H_2O$	249.68
CaF_2	78.08	$HCOOH$	46.03
$Ca(OH)_2$	74.09	KOH	56.11
$Ca_3(PO_4)_2$	310.18	K_2SO_4	174.26
CO_2	44.01	KNO_3	101.10
CuO	79.55	$MgCl_2$	95.21
$CuSO_4$	159.60	$Mg(OH)_2$	58.32
Al_2O_3	101.96	$MgSO_4 \cdot 7H_2O$	246.47
$Al(OH)_3$	78.00	Na_2CO_3	105.99
$Al_2(SO_4)_3$	342.14	$Na_2C_2O_4$	134.00
$H_2C_2O_4$	90.04	$NaCl$	58.44
H_2O	18.02	$NH_3 \cdot H_2O$	35.05
H_2O_2	34.02	$KMnO_4$	158.03
HNO_3	63.01		

附录六　元素周期表

注:
1. 相对原子质量主要录自2016年国际纯粹与应用化学联合会(IUPAC)公布的元素原子质量,方括号内能够稳的是标准原子质量的上、下边界。
2. 稳定元素判定所有天然丰度的同位素、天然放射性元素和人造元素同位素的造列与国际相对原子质量标的所有相关文献一致。

图例说明：
- 稳定同位素的质量数（底纹线相扣取最大的同位素）
- 放射性同位素的质量数
- 外层电子的构型（框号指示可能的构型）
- 相对原子质量（括号内数据为放射性元素最长寿命同位素的质量数）
- 金属　非金属　稀有气体　过渡元素

周期	IA	IIA	IIIB	IVB	VB	VIB	VIIB	VIII		IB	IIB	IIIA	IVA	VA	VIA	VIIA	0
1	1 H 氢																2 He 氦
2	3 Li 锂　4 Be 铍											5 B 硼	6 C 碳	7 N 氮	8 O 氧	9 F 氟	10 Ne 氖
3	11 Na 钠　12 Mg 镁											13 Al 铝	14 Si 硅	15 P 磷	16 S 硫	17 Cl 氯	18 Ar 氩
4	19 K 钾　20 Ca 钙	21 Sc 钪	22 Ti 钛	23 V 钒	24 Cr 铬	25 Mn 锰	26 Fe 铁　27 Co 钴　28 Ni 镍		29 Cu 铜	30 Zn 锌	31 Ga 镓	32 Ge 锗	33 As 砷	34 Se 硒	35 Br 溴	36 Kr 氪
5	37 Rb 铷　38 Sr 锶	39 Y 钇	40 Zr 锆	41 Nb 铌	42 Mo 钼	43 Tc 锝	44 Ru 钌　45 Rh 铑　46 Pd 钯		47 Ag 银	48 Cd 镉	49 In 铟	50 Sn 锡	51 Sb 锑	52 Te 碲	53 I 碘	54 Xe 氙
6	55 Cs 铯　56 Ba 钡	57–71 La–Lu 镧系	72 Hf 铪	73 Ta 钽	74 W 钨	75 Re 铼	76 Os 锇　77 Ir 铱　78 Pt 铂		79 Au 金	80 Hg 汞	81 Tl 铊	82 Pb 铅	83 Bi 铋	84 Po 钋	85 At 砹	86 Rn 氡
7	87 Fr 钫　88 Ra 镭	89–103 Ac–Lr 锕系	104 Rf 𬬻	105 Db 𬭊	106 Sg 𬭳	107 Bh 𬭛	108 Hs 𬭶　109 Mt 鿏　110 Ds 𬭯		111 Rg 𬬭	112 Cn 鿔	113 Nh 𫟼	114 Fl 𫓧	115 Mc 镆	116 Lv 𫟷	117 Ts 鿬	118 Og 鿫

镧系：57 La 镧　58 Ce 铈　59 Pr 镨　60 Nd 钕　61 Pm 钷　62 Sm 钐　63 Eu 铕　64 Gd 钆　65 Tb 铽　66 Dy 镝　67 Ho 钬　68 Er 铒　69 Tm 铥　70 Yb 镱　71 Lu 镥

锕系：89 Ac 锕　90 Th 钍　91 Pa 镤　92 U 铀　93 Np 镎　94 Pu 钚　95 Am 镅　96 Cm 锔　97 Bk 锫　98 Cf 锎　99 Es 锿　100 Fm 镄　101 Md 钔　102 No 锘　103 Lr 铹

图书在版编目(CIP)数据

基础应用化学 / 何春玫主编 . —北京：中国农业
出版社，2023.2(2023.8 重印)
ISBN 978 - 7 - 109 - 30460 - 4

Ⅰ.①基…　Ⅱ.①何…　Ⅲ.①应用化学－高等学校－
教材　Ⅳ.①O69

中国国家版本馆 CIP 数据核字(2023)第 033071 号

中国农业出版社出版
地址：北京市朝阳区麦子店街 18 号楼
邮编：100125
责任编辑：彭振雪　　文字编辑：徐志平
版式设计：书雅文化　　责任校对：刘丽香
印刷：中农印务有限公司
版次：2023 年 2 月第 1 版
印次：2023 年 8 月北京第 2 次印刷
发行：新华书店北京发行所
开本：787mm×1092mm　1/16
印张：19
字数：450 千字
定价：49.80 元